普通高等教育“十一五”国家级规划教材

高等学校计算机基础教育教材精选

计算机辅助工程制图

（第3版）

孙力红　主编

王慧　梁军　副主编

清华大学出版社

北京

内容简介

本书以 AutoCAD 2010 为典型的 CAD 软件，系统介绍了计算机辅助设计与绘图的方法、技术和实用技巧。全书共分 10 章，内容包括工程图的国家标准和投影基础、立体的投影、组合体、AutoCAD 绘图基础、AutoCAD 二维绘图实例、AutoCAD 三维实体造型实例、机件的表达方法、螺纹及螺纹紧固件、零件图、装配图的绘制。此外，附录中提供了常用螺纹、公差与配合，以及各章习题（第 4 章除外）。

本书将计算机绘图技术融于传统的工程制图中，依据现代化的设计理念，强调现代设计从三维构型到二维视图的设计思想，注重"知识＋技能"的结合，具有很强的实用性和可操作性。

本书可作为普通高等学校"计算机绘图""工程制图""CAD 实用技术"等课程的教材，还可作为从事计算机辅助机械设计的工程技术人员的参考书。

图书在版编目（CIP）数据

计算机辅助工程制图 / 孙力红主编，王慧，梁军副主编．—3 版．—北京：清华大学出版社，2018（2023.8重印）

（高等学校计算机基础教育教材精选）

ISBN 978-7-302-50662-1

Ⅰ．①计…　Ⅱ．①孙…　②王…　③梁…　Ⅲ．①工程制图－计算机制图－高等学校－教材　Ⅳ．①TB237

中国版本图书馆 CIP 数据核字（2018）第 156488 号

责任编辑：焦　虹
封面设计：常雪影
责任校对：徐俊伟
责任印制：曹婉颖

出版发行：清华大学出版社
网　　址：http://www.tup.com.cn，http://www.wqbook.com
地　　址：北京清华大学学研大厦 A 座　　**邮　　编**：100084
社 总 机：010-83470000　　**邮　　购**：010-62786544
投稿与读者服务：010-62776969，c-service@tup.tsinghua.edu.cn
质量反馈：010-62772015，zhiliang@tup.tsinghua.edu.cn
课件下载：http://www.tup.com.cn，010-83470236
印 装 者：三河市君旺印务有限公司
经　　销：全国新华书店
开　　本：185mm×260mm　　**印　　张**：22　　**字　　数**：536 千字
版　　次：2005 年 9 月第 1 版　　2018 年 9 月第 3 版　　**印　　次**：2023 年 8 月第 5 次印刷
定　　价：66.00 元

产品编号：077463-02

出版说明

在教育部关于高等学校计算机基础教育三层次方案的指导下，我国高等学校的计算机基础教育事业蓬勃发展。经过多年的教学改革与实践，全国很多学校在计算机基础教育这一领域中积累了大量宝贵的经验，取得了许多可喜的成果。

随着科教兴国战略的实施及社会信息化进程的加快，目前我国的高等教育事业正面临着新的发展机遇，但同时也必须面对新的挑战。这些都对高等学校的计算机基础教育提出了更高的要求。为了适应教学改革的需要，进一步推动我国高等学校计算机基础教育事业的发展，我们在全国各高等学校精心挖掘和遴选了一批经过教学实践检验的优秀的教学成果，编辑出版了这套教材。教材的选题范围涵盖了计算机基础教育的三个层次，即面向各高校开设的计算机必修课、选修课以及与各类专业相结合的计算机课程。

为了保证出版质量，同时更好地适应教学需求，本套教材将采取开放的体系和滚动出版的方式（即成熟一本、出版一本，并保持不断更新），坚持宁缺毋滥的原则，力求反映我国高等学校计算机基础教育的最新成果，使本套丛书无论在技术质量上还是文字质量上均成为真正的"精选"。

清华大学出版社一直致力于计算机教育用书的出版工作，在计算机基础教育领域出版了许多优秀的教材。本套教材的出版将进一步丰富和扩大我社在这一领域的选题范围、层次和深度，以适应高校计算机基础教育课程层次化、多样化的趋势，从而更好地满足各学校由于条件、师资和生源水平、专业领域等的差异而产生的不同需求。我们热切期望全国广大教师能够积极参与到本套丛书的编写工作中来，把自己的教学成果与全国的同行们分享；同时也欢迎广大读者对本套教材提出宝贵意见，以便我们改进工作，为读者提供更好的服务。

我们的电子邮件地址是 jiaoh@tup.tsinghua.edu.cn；联系人：焦虹。

清华大学出版社

前言

“工程制图”是高等学校工科类各专业学生必修的一门技术基础课。随着科技的发展,知识的更新越来越快,传统的教学模式已不能适应现代社会对人才培养的要求。为适应21世纪工程图学教学改革的需要,编者在总结多年教学改革与教学实践经验的基础上,根据教育部制订的《高等学校画法几何与工程制图课程教学基本要求》,并参照最新的国际标准,编写了本书。

本书2005年9月出版了第1版,2010年1月出版了第2版。作为教材,本书中先进的理念和内容拓宽了学生的视野,激发了学生的求知欲。本次再版进一步强化了计算机辅助绘图的功能,内容更加系统和实用;工程制图部分介绍了相关的最新国家标准。

本书基于新时期对人才的需求,定位于加强学生综合素质与创新能力的培养,体现现代高科技对设计与绘图的影响,将现代的设计方法与内容融入传统的教学之中,力求在不增加学生负担的前提下,充分利用教学资源,最大限度地调动学生学习的主动性和积极性。本书将制图基础与绘图应用密切结合,重点介绍了工程制图的基本知识和计算机辅助绘图的方法。在计算机辅助绘图部分,以实例组织教学内容,初学者可以结合实例,边学边用,逐步掌握绘图技术和读图方法。

本书在编写风格上保持了第2版的特色,并有所创新,主要有以下特点:

(1) 适用面较宽。将计算机绘图技术融于传统的工程制图中,依据现代化的设计理念,强调现代设计从三维构型到二维视图的设计思想;将三维建模的原理、方法和技能融入到“工程图学”课程中;采用通用绘图软件 AutoCAD 2010,强调三维构型设计,有助于学生了解 AutoCAD 先进的三维设计理念,为学习其他三维设计软件打下基础。

(2) 注重学习者的认知特点和认知规律。在教学内容的组织上更注重学生的认知规律,在教学内容的选取上更注重理论知识与实际应用的紧密结合,避免了大篇幅的技术性介绍,以应用为目的,以案例为引导,通过丰富的实例帮助学生理解、掌握所学内容。

(3) 注重对学生应用能力的培养。将实例与工程实践紧密联系,针对每个案例均有相应的“操作提示”,进一步引申讲解知识点和该命令所能实现的功能,并贯穿理论知识,避免常见操作错误,以利于培养学生应用计算机绘图软件解决实际问题的兴趣和能力。

(4) 图文并茂,简洁生动。提供了丰富的示例,对于每个实例,都有详细的图解和操作步骤。初学者可以结合实例,边学边用、学用结合。除第4章之外,本书各章都配有相应的习题,既便于教师教学,又便于学生学习。

(5) 知识系统、内容翔实,重点突出。介绍了工程制图的基本知识和计算机辅助绘图的方法，计算机辅助绘图部分从基本二维绘图命令到三维实体生成，环环相扣，紧密相连，有助于提高学生绘图、读图的能力和利用计算机绘制工程图样及进行三维造型设计的能力。

使用本教材时，建议学时数为32～64学时，并安排不少于16学时的上机实践。

本书由孙力红主编，孙力红、梁军、王慧、乐娜、高润泉、郑坚、印平、邬葆苓共同编写，孙力红、梁军、王慧负责全书的统稿工作。

感谢读者选择使用本书。由于CAD技术发展迅速，编者水平和经验有限，书中难免有不当之处，敬请读者批评指正。

编　者

目录

第1章 工程图的国家标准和投影基础

本章主要介绍制图的国家标准和点、线、面的投影知识。通过本章的学习，应掌握以下基本内容：

- 国标中有关图幅、比例、字体和图线的规定；
- 尺寸标注的基本规定和方法；
- 投影的基本概念和正投影的基本特性；
- 点的投影规律及两点的相对位置；
- 各种位置直线的投影特性及两线的相对位置；
- 各种位置平面的投影特性。

1.1 制图的国家标准

工程图样是设计、生产、维护和使用中的重要技术文件。为正确绘制和阅读工程图样，必须熟悉和掌握有关的标准。我国从1959年首次颁布机械制图国家标准以来，已进行了多次修改。本书根据近年来最新颁布的有关国家标准，介绍其中有关图纸幅面、比例、字体、图线及尺寸标注等内容的基本规定。

1.1.1 图纸幅面及格式（GB/T 14689—2008）

1. 图纸幅面

图纸幅面即图纸的大小，以长×宽的尺寸确定。表1-1是国家标准GB/T 14689—2008中规定的基本幅面[①]，绘制工程图样时应优先采用。必要时允许按规定加长幅面，可查阅GB/T 14689—2008。

2. 图框格式

图框的格式分为留有装订边和不留装订边两种，图框线为粗实线，图纸可横放或竖放，如图1-1和图1-2所示。其周边尺寸见表1-1。

① GB是国家标准的缩写，T是推荐的缩写，14689是该标准的编号，2008是该标准颁布的年份。

表 1-1　图纸幅面

幅面代号	A0	A1	A2	A3	A4
尺寸 $B \times L$	841×1189	594×841	420×594	297×420	210×297
a	25				
c	10			5	
e	20		10		

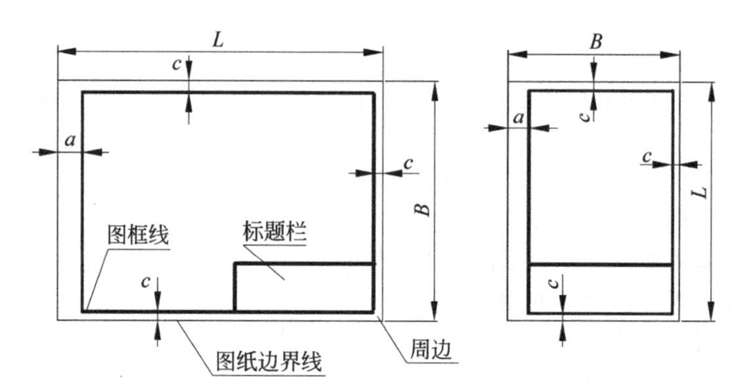

图 1-1　留有装订边的图框格式

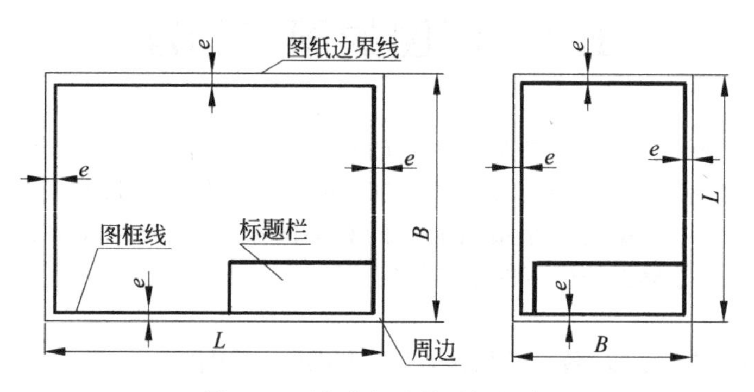

图 1-2　不留装订边的图框格式

3. 标题栏

标题栏用以说明所表达机件的名称、比例、材料、图号、设计者、审核者等，一般位于图纸的右下角，如图 1-1 和图 1-2 所示。有时也可按图 1-3 所示的位置放置，但此时应采用方向符号。

正式的工程图样均需有标题栏。标题栏的格式和尺寸按照 GB/T 10609.1—2008 的规定执行，如图 1-4 所示。

装配图中一般应用明细栏。装配图的尺寸、格式配置及填写等按照 GB/T 10609.2—2009 的规定执行，如图 1-5 所示。

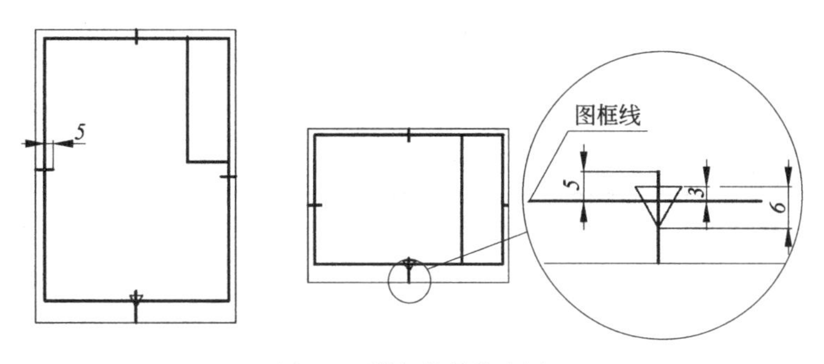

图 1-3　附加符号的应用

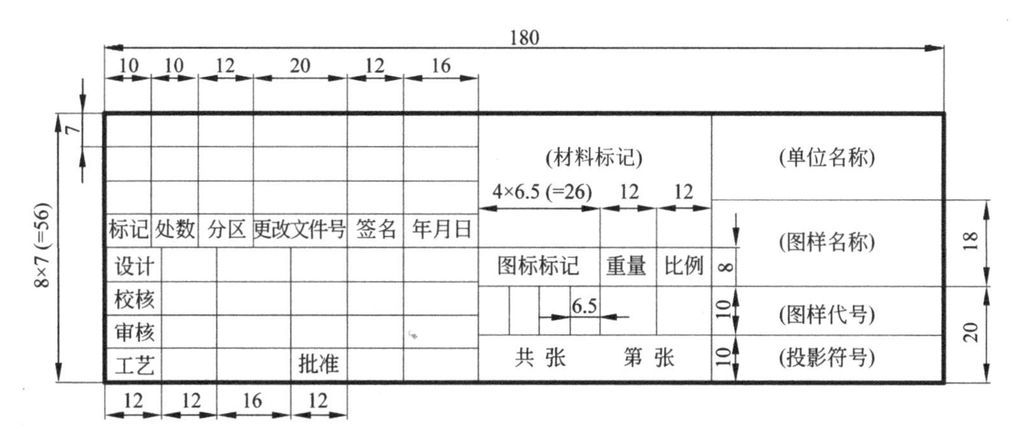

图 1-4　装配图用标题栏格式和尺寸

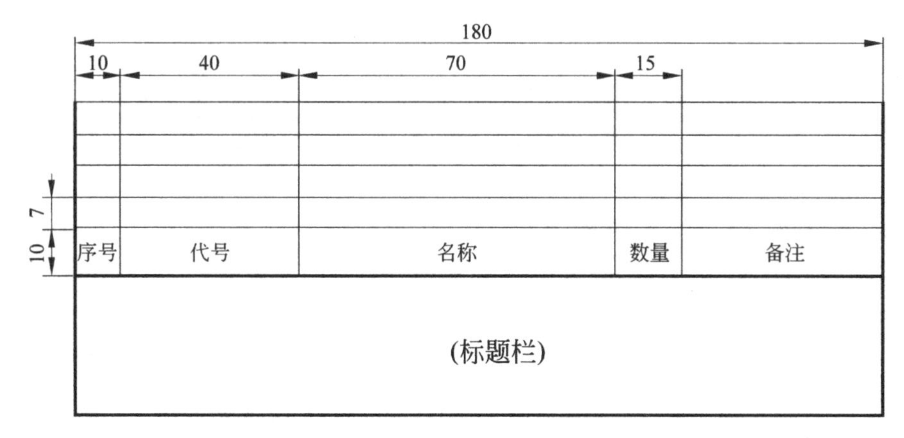

图 1-5　装配图用明细栏格式

在学习本课程期间，制图作业可使用图 1-6 和图 1-7 所示的标题栏格式。

4. 附加符号

(1) 对中符号：为了便于复制及缩微摄影，应在图纸各边的中点处分别画出对中符号，即从每边的中点画入图框内约 5mm 的一段粗实线，如图 1-3 所示。

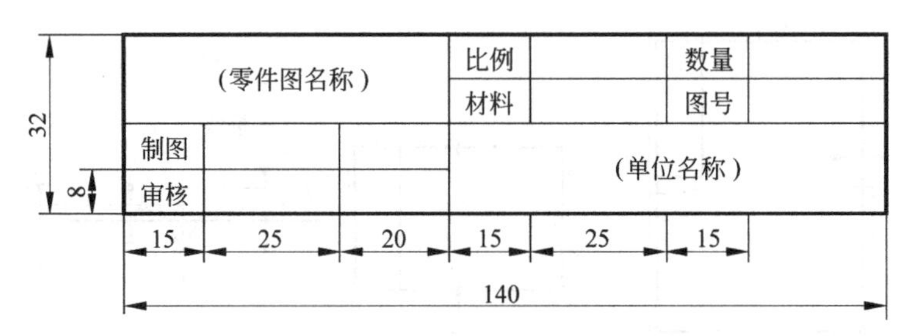

(a) 学校制图作业用零件图标题栏格式 1

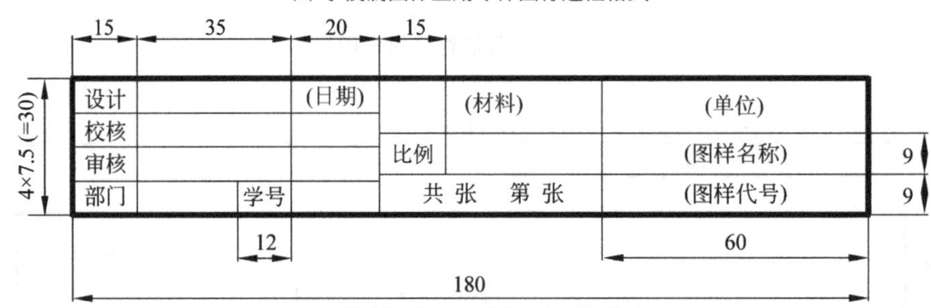

(b) 学校制图作业用零件图标题栏格式 2

图 1-6 学校制图作业推荐零件图用标题栏格式

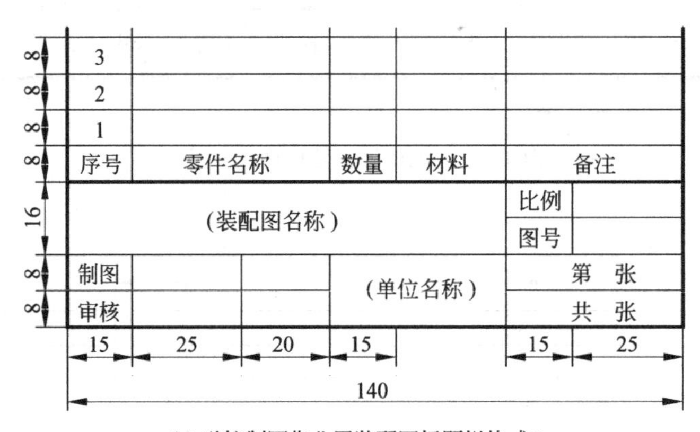

(a) 学校制图作业用装配图标题栏格式 1

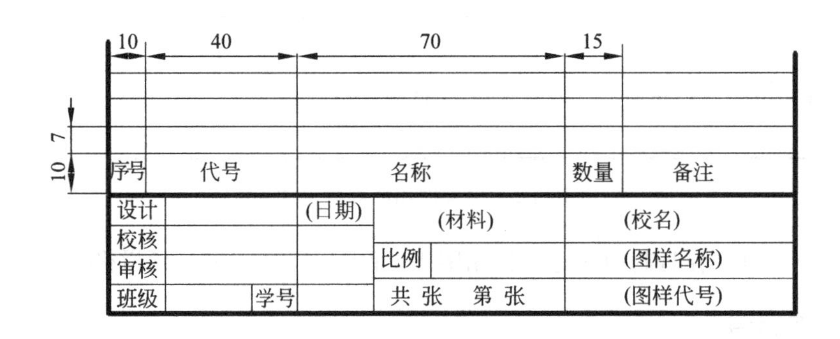

(b) 学校制图作业用装配图标题栏格式 2

图 1-7 学校制图作业推荐装配图用标题栏格式

(2) 方向符号：当标题栏位于图纸右上角时(图 1-3)，为明确绘图与读图的方向，应在图纸的下边对中符号处画出一个方向符号。方向符号是用细实线绘制的等边三角形。

1.1.2 比例(GB/T 14690—1993)

比例的定义：图中图形与其实物相应要素的线性尺寸之比。

绘制图样时，应尽量采用 1∶1 的比例，这样可从图形上获得机件的真实大小。由于物体的大小及结构的复杂程度不同，也可选择放大或缩小的比例，此时应选择表 1-2 中规定的比例，但标注尺寸时必须标注物体的实际尺寸。

表 1-2 国家标准规定的比例

种类	比例
与实物相同	1∶1
放大的比例	2∶1 5∶1 2×10^n∶1 5×10^n∶1 (4∶1) (2.5∶1) (4×10^n∶1) (2.5×10^n∶1)
缩小的比例	1∶2 1∶5 1∶10^n 1∶2×10^n 1∶5×10^n (1∶1.5) (1∶2.5) (1∶3) (1∶4) (1∶6) (1∶1.5×10^n) (1∶2.5×10^n) (1∶3×10^n) (1∶4×10^n) (1∶6×10^n)

说明：① n 为正整数。② 优先选用非括号内的比例。

应采用相同的比例绘制同一物体的各个视图，并在标题栏的比例一栏中填写，但当某个图形需要采用不同的比例绘制时(如局部放大图)，则要在图形的上方标注出该图形所采用的比例。

1.1.3 字体(GB/T 14691—1993)

图样和技术文件中的汉字、数字、字母等都必须按照国家标准的规定书写，做到字体工整、笔画清楚、排列整齐、间隔均匀。汉字、字母及数字的示例见表 1-3。

表 1-3 汉字、字母及数字的示例

文字种类		字体示例
汉字		字体工整、笔画清楚、排列整齐、间隔均匀
阿拉伯数字(斜体)		*1 2 3 4 5 6 7 8 9 0*
罗马数字(斜体)		*Ⅰ Ⅱ Ⅲ Ⅳ Ⅴ Ⅵ Ⅶ Ⅷ Ⅸ Ⅹ*
拉丁字母(斜体)	大写	*A B C D E F G H I J K L M N O P Q R S T U V W X Y Z*
	小写	*a b c d e f g h i j k l m n o p q r s t u v w x y z*

1. 字号

字体的大小用字号表示，字体的高度(单位：mm)即为字号。字号有八种：20、14、

10、7、5、3.5、2.5、1.8。

2. 汉字

汉字应写成长仿宋体(直体),最小高度应不小于 3.5mm,字宽约为字高的 2/3。

3. 数字和字母

数字和字母可写成斜体或直体,一般采用斜体。斜体字的字头向右倾斜,与水平线成 75°。

数字和字母各有 A 型和 B 型两种字体。A 型字体的笔画宽度为其字高的 1/14,B 型字体的笔画宽度为其字高的 1/10。在同一图样中,只能选用一种类型的字体。

1.1.4 图线

图线是构成图样的基本要素之一。绘制工程图样时,应按照国家标准《机械制图图线》(GB/T 17450—1998)和《机械制图图样画法图线》(GB/T 4457.2—2002)中规定的图形进行绘制。

1. 线型及应用

绘制工程图样时常用的图线名称、线型及主要用途见表 1-4。

表 1-4 图线及其用途

图线名称	图线线型	图线宽度	主要用途
粗实线		*b*	可见轮廓线
细实线		*b*/2	尺寸线、尺寸界限、剖面线、辅助线、重合剖面的轮廓线、引出线、过渡线等
虚线	4 1	*b*/2	不可见轮廓线
粗虚线	4 1	*b*	允许表面处理的表示线
细点画线	15 3	*b*/2	轴线、对称中心线
粗点画线		*b*	限定范围表示线
细双点画线	15 5	*b*/2	轨迹线、相邻辅助零件的轮廓线、可动零件的极限位置的轮廓线
波浪线		*b*/2	断裂处的边界线、视图和剖视的分界线
双折线		*b*/2	断裂处的边界线

图线分粗线型和细线型两种。粗线型的宽度为 b,按所绘图样的大小和复杂程度,在 0.5～2mm之间选用,细线型的宽度为 $b/2$。优先采用的线型宽度为 0.5mm 和 0.7mm。

图线的应用示例如图 1-8 所示。

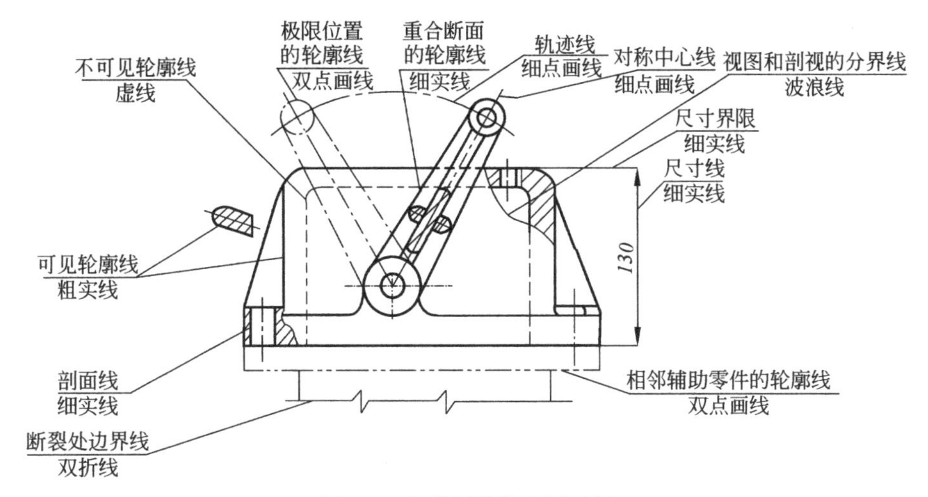

图 1-8　各种图线的应用示例

2. 图线的画法和注意事项

(1) 同一图样中,同类图线的宽度应基本一致。虚线、点画线、双点画线的线段长度和间隔应各自大致相等。

(2) 虚线、点画线、双点画线与任何图线相交时,都应交在线段处(如图 1-9 中 B 处)。

(3) 虚线是其他图线的延长线时,连接处应留有空隙(如图 1-9 中 A 处)。

(4) 点画线两端应是线段,且超出图形轮廓线 2～5mm。

(5) 当在较小的图形上绘制点画线或双点画线有困难时,可用细实线代替。

图 1-9　图线画法示例

(6) 当各种线型重合时,应按粗实线、虚线、点画线的顺序绘制。

1.1.5　尺寸标注(GB/T 4458.4—2003)

1. 尺寸标注的基本规则

(1) 机件的真实大小应以图样上所标注的尺寸数据为依据,与图形的大小及绘图的准确度无关。

(2) 图样中(包括技术要求和其他说明)的尺寸,以毫米(mm)为单位时,不需要标注计量单位的代号或名称。如采用其他单位,则应注明相应计量单位的代号或名称。

(3) 图样中所标注的尺寸,为该图样所示机件的最后完工尺寸,否则应另加说明。

(4) 机件上各结构的每个尺寸，一般只标注一次，并应标注在反映该结构最清晰的图上。

2. 尺寸标注的要素

一个完整的尺寸应由尺寸界限、尺寸线(包括其末端箭头、斜线或黑点)和尺寸数字三部分组成，如图 1-10 所示。

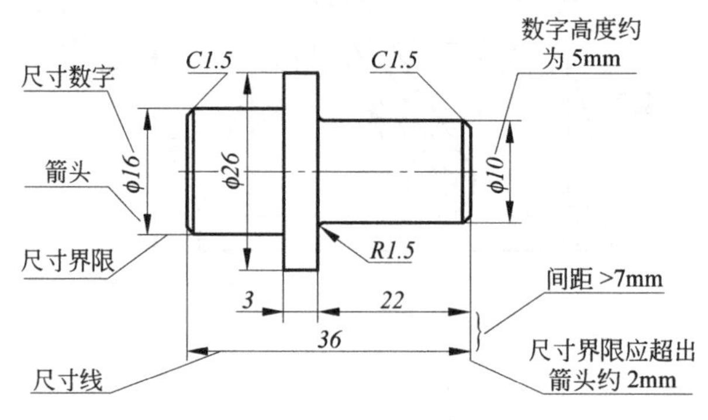

图 1-10 尺寸的组成

1) 尺寸界限

尺寸界限表示尺寸的范围，用细实线绘制，并应从图形的轮廓线、轴线或对称中心线引出。也可以用轮廓线、轴线或对称中心线作为尺寸界限。尺寸界限一般应与尺寸线垂直，并超出尺寸线的终端 2～3mm。

2) 尺寸线

尺寸线表示尺寸度量的方向，用细实线绘制，其终端应画箭头(或斜线)。尺寸线必须单独画出，不能用其他图线代替，也不能与其他图线重合或画在其延长线上。尺寸线必须与所注的线段平行。当有几条互相平行的尺寸线时，大尺寸要注在小尺寸的外面，避免尺寸线与尺寸界限相交。尺寸引出标注时，不能直接从轮廓线上转折，如图 1-11 所示。

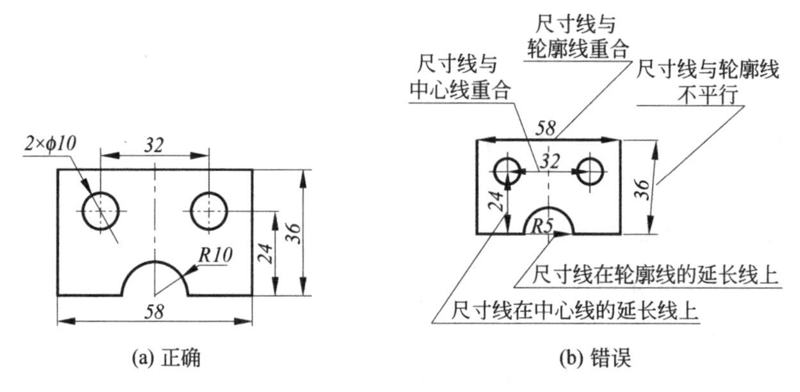

(a) 正确　(b) 错误

图 1-11 尺寸线的正确使用

尺寸线的终端有箭头(包括实心箭头、开口箭头、空心箭头及单边箭头等形式)和斜线两种形式,如图 1-12 所示。国家标准中明确指出:“机械图样中一般采用箭头作为尺寸线的终端”。土建图样常采用斜线的形式。同一张图样中只能采用一种尺寸终端的形式。图1-12 中,b 为粗实线的宽度,h 为字高。当采用箭头时,如果空间不够,允许用圆点或斜线代替箭头。

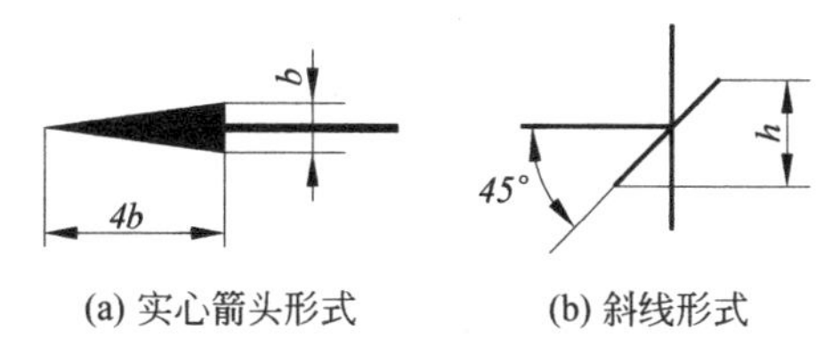

(a) 实心箭头形式　　(b) 斜线形式

图 1-12　尺寸线终端的两种形式

3) 尺寸数字

尺寸数字表示所标注尺寸的大小,一般应写在尺寸线的上方,也允许标注在尺寸线的中断处;当空间不够时,可引出标注。

尺寸数字不能被任何图线通过,不可避免时,必须将该图线断开,如图 1-13 所示。

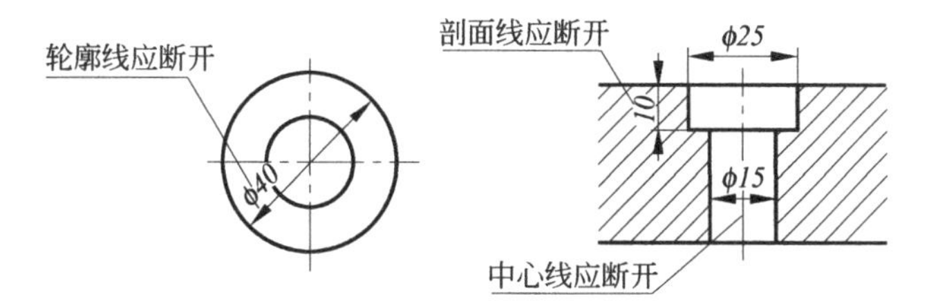

图 1-13　尺寸数字不能被任何图线通过

3. 常用尺寸标注示例

国标规定的一些常用的尺寸标注法见表 1-5。

表 1-5　常用尺寸标注法示例

标注内容	示　　例	说　　明
线性尺寸数字的方向	(1) 线性尺寸 (2) 引出标注	线性尺寸数字应按示例中(1)所示的方向标注,并尽量避免在图示 30°范围内标注尺寸,当无法避免时,可按示例中(2)的形式标注

续表

标注内容	示例	说明
角度	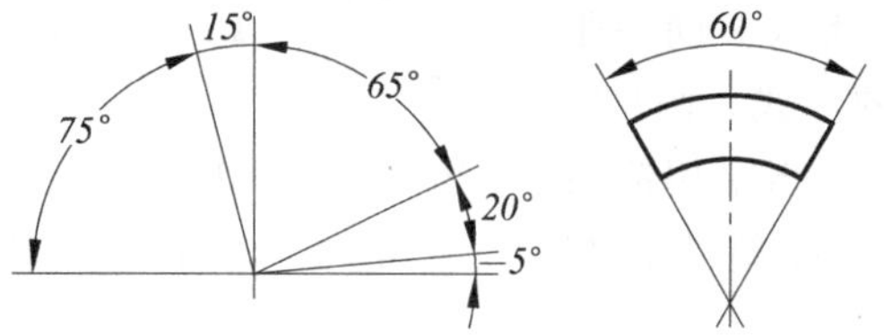 15° 65° 75° 20° 5° 60°	(1) 角度的数字一律水平书写 (2) 角度的数字应标注在尺寸线的中断处，必要时允许写在外面，或引出标注 (3) 角度的尺寸界限应沿径向引出
圆与圆弧	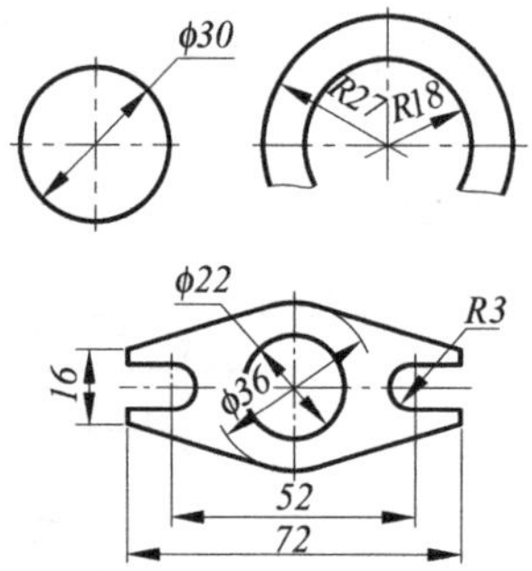 ϕ30 R27 R18 ϕ22 R3 16 ϕ36 52 72	(1) 通常对小于或等于半圆的圆弧标注半径，大于半圆的圆弧标注直径 (2) 标注直径尺寸时，应在尺寸数字前加注符号 ϕ，标注半径尺寸时，加注符号 R (3) 半径尺寸必须标注在投影是圆弧的视图上，且尺寸线应通过圆心
大圆弧	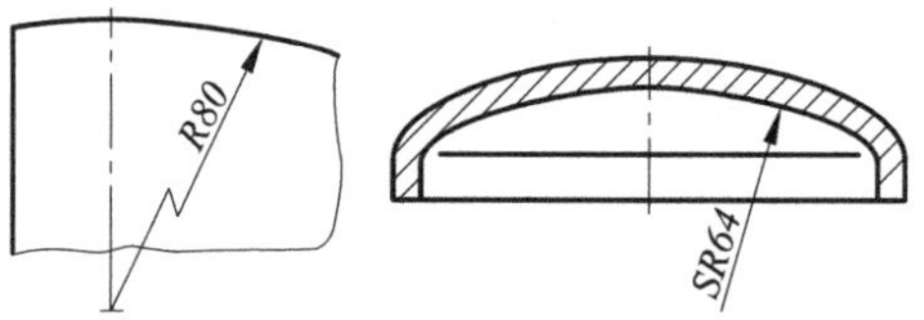 R80 SR64	在图纸范围内无法标出圆心位置时，可按左图标注；不需标注圆心位置时，可按右图标注
小尺寸	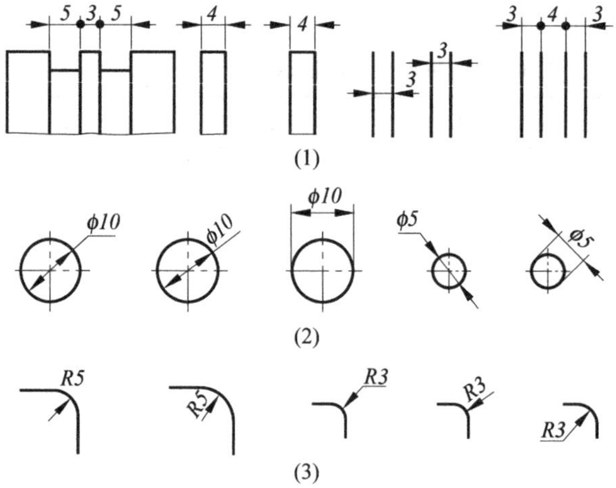 5 3 5 4 4 3 3 3 4 3 (1) ϕ10 ϕ10 ϕ10 ϕ5 ϕ5 (2) R5 R5 R3 R3 R3 (3)	(1) 没有足够空间时，箭头可画在尺寸界限的外面，或用小圆点代替两个箭头；尺寸数字也可写在外面或引出标注 (2) 圆和圆弧的小尺寸可按示例(2)、(3)的形式标注
球面	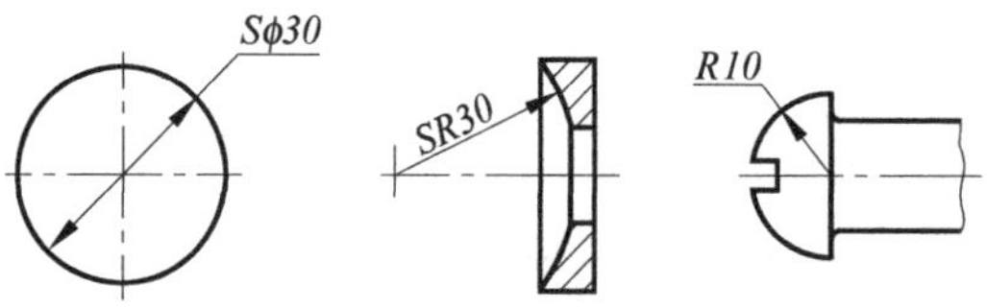 Sϕ30 SR30 R10	标注球面的尺寸时，应在 ϕ 和 R 前加注 S。当不致引起误解时，也可省略 S

续表

标注内容	示　　例	说　　明
正方形结构	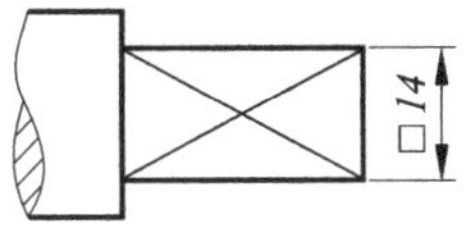 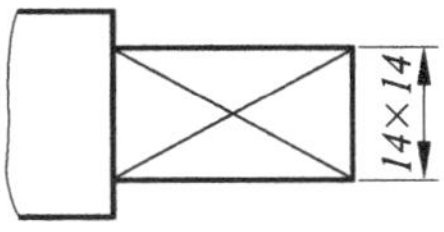	标注断面为正方形结构的尺寸时，可在边长尺寸数字前加注符号□，或用 $B\times B$ 注出（B 为边长）
均匀分布的成组要素	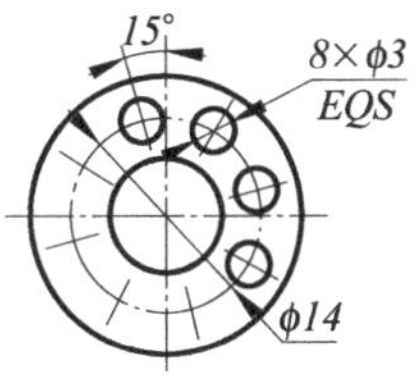 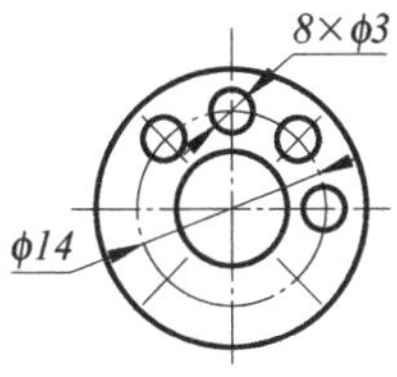	均匀分布的成组要素（如孔等）的尺寸，按左图所示方法标注；当成组要素的定位和分布情况在图中已明确时，可省略 EQS（equipartitions），见右图

1.1.6 CAD 制图标准

目前关于 CAD 制图主要有 GB/T 18229—2000《CAD 工程制图规则》和 GB/T 14665—2012《机械工程 CAD 制图规则》两项常用国家标准。国家标准中对 CAD 制图用图线、字体、字号、尺寸线的终端形式及图样中的各种线型在计算机中的分层颜色做了规定。

1. 图线

1) 图线组别

为满足工程 CAD 制图的需要，将 GB/T 17450—1998 中所规定的八种线型分为以下 5 组，一般优先选用第 4、5 组，见表 1-6 所示。

表 1-6　5 组线型

组　　别	1	2	3	4	5	用　　途
线宽(mm)	2.0	1.4	1.0	0.7	0.5	粗实线、粗点画线
	1.0	0.7	0.5	0.35	0.25	虚线、细实线、细点画线、波浪线、双折线、双点画线

2) 图线的颜色(GB/T 18229—2000)

计算机绘图时，如屏幕颜色为黑色，屏幕上图线的颜色应按照表 1-7 所示的颜色进行设置。

由于图线在屏幕上显示的颜色直接影响到图纸中图线的深浅，如白色图线打印出的效果最深，红色次之，绿色和黄色相对较浅等，因此应合理选择图线的显示颜色，以保证图纸的打印效果，使绘制出的黑白图纸的图线浓淡相宜，富有层次感。

表 1-7　图线颜色

序号	图线类型	显示颜色	序号	图线类型	显示颜色
1	粗实线	白色	5	虚线	黄色
2	细实线	绿色	6	细点画线	红色
3	波浪线		7	粗点画线	棕色
4	双折线		8	双点画线	粉红色

2. 字体

国家标准中，对工程CAD制图所使用的字体、字号等有明确的规定，见表1-8～表1-10。

表 1-8　CAD制图的字体及应用

汉字字体	应用范围
长仿宋体	图中标注及说明的汉字、标题栏和明细栏等
单线宋体	大标题、小标题、图册封面、目录清单、标题栏中设计单位名称、图样名称、工程名称和地形图等
宋体	
仿宋体	
楷体	
黑体	

表 1-9　CAD制图的字号大小

标准	图幅	字号	
		汉字	字母与数字
GB/T 18229—2000	A0 A1 A2 A3 A4	5	3.5

表 1-10　“技术要求”中的字号

图幅	A0	A1	A2	A3	A4
汉字	7	7	5	5	5
字母与数字	5	5	3.5	3.5	3.5

3. 尺寸线的终端形式

工程 CAD 制图所使用的尺寸线的终端形式(箭头)有图 1-14 所示的几种供选用,其具体尺寸比例一般参照 GB/T 4458.4—2003 中的有关规定。

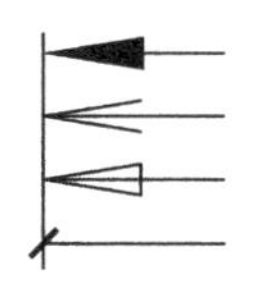

图 1-14 尺寸线的终端形式

1.2 投影的基本知识

1.2.1 投影的基本概念

在灯光或日光的照射下,物体在地面或墙壁上会出现影子,这是在日常生活中经常遇到的一种自然现象。将这种自然现象加以科学的概括,就形成了投影法。

投影法是将投射线通过物体向选定的面(投影面)进行投影,并在该面上生成图形的方法,如图 1-15 所示。根据投影法生成的图形,称为投影图。

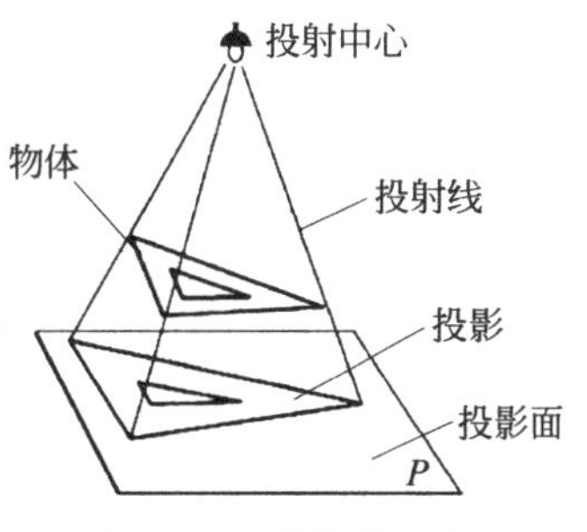

图 1-15 投影的概念

1.2.2 投影的分类

工程上常用的投影方法有两种,即中心投影法和平行投影法。

1. 中心投影法

全部投影线都交于一点(投影中心)的投影法称为中心投影法,如图 1-15 所示。此时投影中心与投影面之间为有限距离。中心投影法常用于绘制建筑物的透视图。

2. 平行投影法

将投影中心移到距投影面无限远处,此时所有投影线相互平行。这种投影线相互平行的投影法称为平行投影法。根据投影线与投影面所成夹角的不同,平行投影法又分为直角投影法(正投影法)和斜角投影法(斜投影法)。

(1) 斜投影法:投影线与投影面相倾斜的平行投影法,如图 1-16(a)所示。

(2) 正投影法:投影线与投影面相垂直的平行投影法,如图 1-16(b)所示。

1.2.3 正投影的基本特性

1. 同类性

空间中点的投影仍然为点。一般情况下,直线的投影仍为直线,平面的投影仍为平

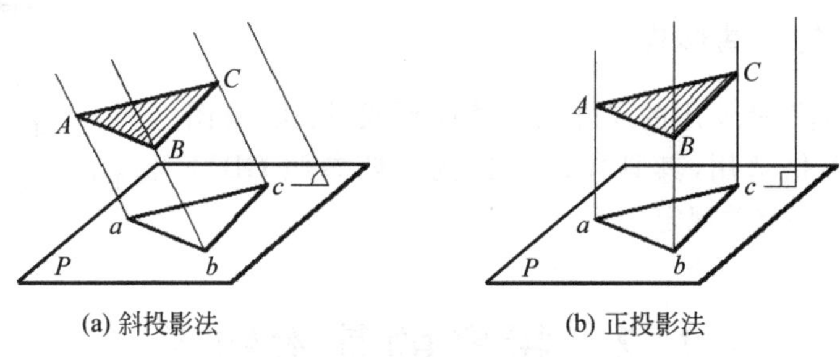

(a) 斜投影法　　(b) 正投影法

图 1-16　平行投影法

面，如图 1-17(a)所示。

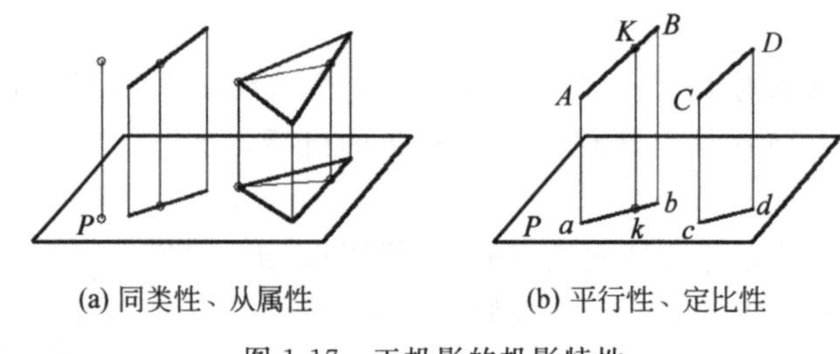

(a) 同类性、从属性　　(b) 平行性、定比性

图 1-17　正投影的投影特性

2. 从属性

直线上的点，其投影必在该直线的投影上；平面上的点、线，其投影必在该平面上，如图 1-17(a)所示。

3. 平行性

空间相互平行的直线，其投影仍相互平行。如图 1-17(b)所示，如果 $AB /\!/ CD$，则 $ab /\!/ cd$。

4. 定比性

点分线段之比等于其投影之比，即 $AK : KB = ak : kb$；空间两平行线段长度之比等于其投影之比，即 $AB : CD = ab : cd$，如图 1-17(b)所示。

5. 实形性

当直线或平面平行于投影面时，其投影反映直线的实长或平面的实形，如图 1-18(a)所示。

6. 积聚性

当直线或平面垂直于投影面时，其投影积聚为一个点或一条直线，如图 1-18(b)所示。

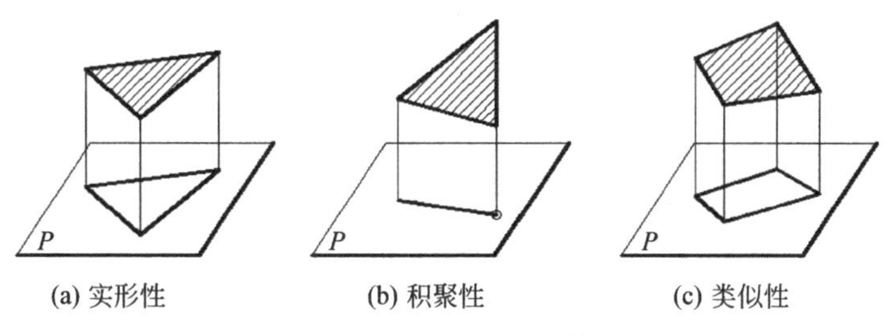

(a) 实形性　　(b) 积聚性　　(c) 类似性

图 1-18　正投影的投影特性

7. 类似性

当直线或平面倾斜于投影面时，直线的投影仍为直线(小于实长)，平面的投影为与原平面图形边数相同的类似形，如图 1-18(c)所示。

1.3　几何要素的投影

物体是由点、线、面等基本几何元素组成的，要完整、准确地绘制物体的视图，学习和掌握这些几何元素的投影规律和特点是非常必要的。

1.3.1　点的投影

1. 点的三面投影及投影规律

如图 1-19(a)所示，建立两两互相垂直的三投影面体系。其中投影面 XOZ 称为正面投影面或 V 面，投影面 XOY 称为水平投影面或 H 面，投影面 YOZ 称为侧面投影面或 W 面。

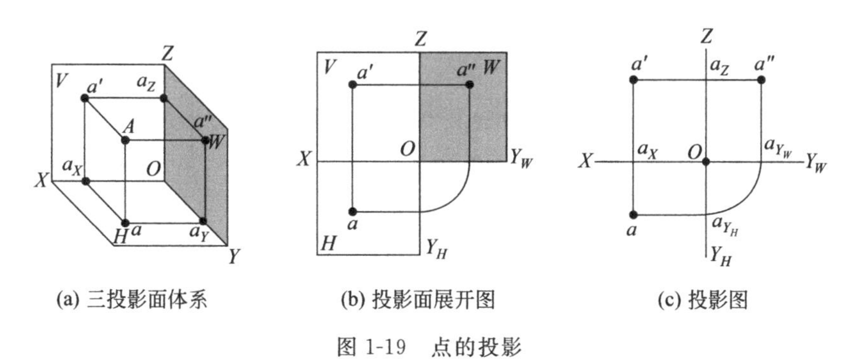

(a) 三投影面体系　　(b) 投影面展开图　　(c) 投影图

图 1-19　点的投影

图 1-19(a)为空间点 A 在三投影面体系中的投影。投影法中规定，用大写字母表示空间点，用相应的小写字母、小写字母加一撇、小写字母加两撇分别表示点的水平投影、正面投影和侧面投影。如空间点 A 的水平投影为 a，正面投影为 a'，侧面投影为 a''。

为了将 H、V、W 面及其投影绘制在一个平面上，规定画图时 V 面保持不动，H 面以 OX 为轴向下转 90°，W 面以 OZ 为轴向后转 90°，与 V 面重合，展开后的投影图如图 1-19(b)所示。由于投影面的周界大小与投影无关，所以作为投影面的边框和字母 H、V、W 均可省去，投影图如图 1-19(c)所示。

由点的投影图 1-19 可以得出，点的投影规律为：

(1) 点的正面投影和水平投影的连线垂直于 OX 轴，即 $a'a \perp OX$（长对正）。

(2) 点的正面投影和侧面投影的连线垂直于 OZ 轴，即 $a'a'' \perp OZ$（高平齐）。

(3) 点的水平投影到 OX 轴的距离等于其侧面投影到 OZ 轴的距离，即 $aa_X = a''a_Z$（宽相等）。

点的投影规律表明了点的任一投影与另两个投影之间的关系。因此如果已知点的任意两个投影，必可求出该点的第三个投影。

2. 点的投影与坐标的关系

将点的三个投影面作为坐标面，投影轴作为坐标轴，以图 1-19 中点 A 为例，点的投影和点的坐标之间的关系为

- A 点的 X 坐标 $X_A = Oa_X = a'a_Z = aa_{Y_H} = A$ 点到 W 面的距离 Aa''；
- A 点的 Y 坐标 $Y_A = Oa_Y = aa_X = a''a_Z = A$ 点到 V 面的距离 Aa'；
- A 点的 Z 坐标 $Z_A = Oa_Z = a'a_X = a''a_{Y_W} = A$ 点到 H 面的距离 Aa。

空间点的位置可由该点的坐标(X、Y、Z)确定。点的任一投影都包含了两个坐标，所以点的两个投影已经包含了确定该点空间位置的三个坐标，可以确定点的空间位置。

【例 1-1】 已知点 $A(20,10,15)$，求该点的三个投影并作图。

分析：

根据点的坐标与投影的关系，可以直接求出点的投影。

作图：

(1) 画投影轴。在 OX 轴上从 O 点向左量取 $X=20$，得 a_X，如图 1-20(a)所示。

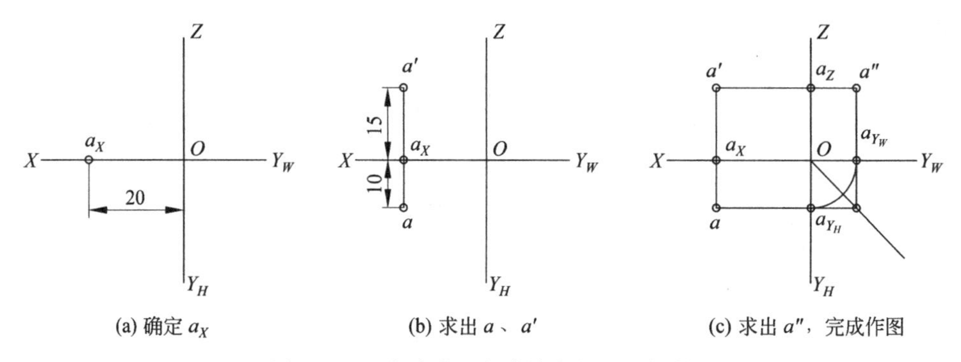

图 1-20 已知点的坐标求该点的三面投影

(2) 过 a_X 作 OX 轴的垂线，在 a_X 上方量取 $Z=15$ 得 a'；在 a_X 下方量取 $Y=10$ 得 a，如图 1-20(b)所示。

(3) 根据点的投影规律，可由 a、a' 求出 a''。方法有两种，如图 1-20(c)所示。

① 过 a' 作 $a'a_Z \perp OZ$ 并延长，量取 $aa_X = a''a_Z$，即可求出 a''。

② 过 a 作 $aa_{YH} \perp Y_H$ 交 OY_H 于 a_{Y_H}，以 O 为圆心画弧保证 $Oa_{Y_H} = Oa_{Y_W}$，过 a_{Y_W} 作 Y_W 的垂线与 $a'a_Z$ 的延长线交于 a''。

3. 两点的相对位置

根据两点的坐标值(X、Y、Z)，可判断该两点在空间的相对位置(左右、前后、上下)。

如图 1-21 所示为三棱柱的三视图，由于 $X_A > X_B$，故 A 点在 B 点的左面；由于 $Y_A < Y_B$，故 A 点在 B 点后方；$Z_A = Z_B$；因此，A 点在 B 点的左后方。

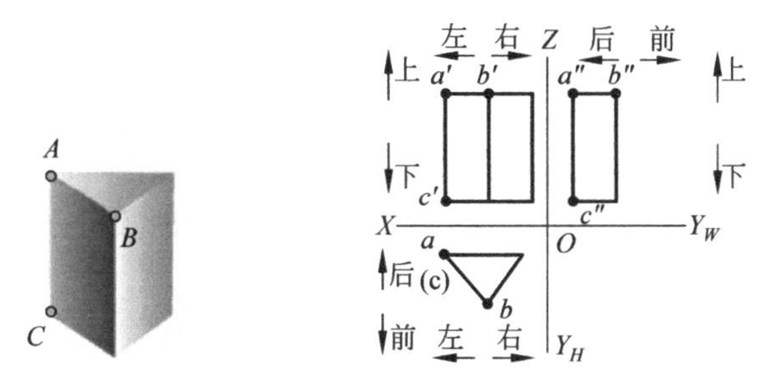

图 1-21　两点的相对位置与重影点

请读者自己判断 B、C 两点或 A、C 两点的相对位置。

4. 重影点

空间两点在某一投影面上的投影重合于一点，则称该两点为相对于此投影面的重影点。重影点有两个坐标值相等，一个投影重合。如图 1-21 中的 A、C 两点是相对于 H 面的重影点，且 $Z_A > Z_C$。说明 A 点在 C 点正上方，从上向下投影时，A 点将 C 点遮挡，因此水平投影 a 可见，c 不可见，需加括号。

重影点均需判断点的可见性。其可见性由两点的不相同的坐标值来判断，坐标值大的点可见、小的点不可见。不可见点的投影加括号表示，如图 1-21 中 C 点的水平投影。

5. 特殊位置点的投影

当空间点在投影面上或投影轴上时，称该点为特殊位置点。

投影面上的点，其一个投影在投影面上，另两个投影在投影轴上，如图 1-22 中 V 面

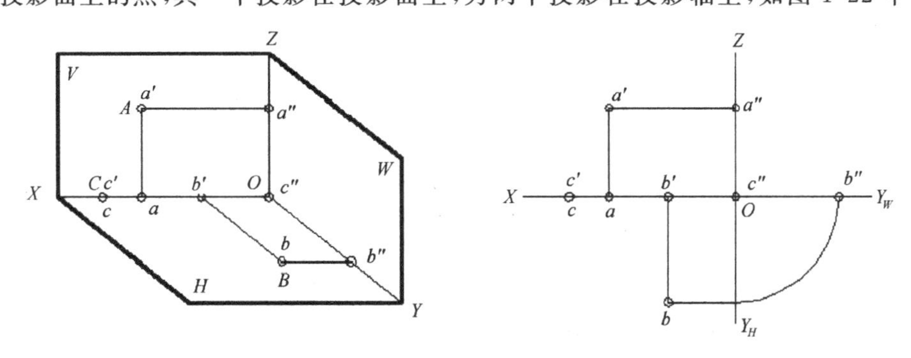

图 1-22　特殊位置点的投影

上的点 A 和 H 面上的点 B。

投影轴上的点，其两个投影在投影轴上，另一个投影在原点，如图 1-22 中 X 轴上的点 C。

1.3.2 直线的投影

直线在立体上可表现为棱线、轮廓线等。由不重合的两个点能够确定并且唯一确定一条直线。因此，只要作出直线上不重合的任意两点的投影，连接这两点的同面投影，即可得到直线的投影。

根据直线在三面投影体系中相对投影面的位置的不同，将其分为投影面平行线、投影面垂直线和一般位置直线。前两种称为特殊位置直线。

直线与投影面之间的夹角称为倾角，其对 H、V、W 面的倾角分别用 α、β、γ 表示。

1. 各种位置直线的投影特性

1）投影面平行线

平行于一个投影面(反映实形性)，且倾斜于另外两个投影面(反映类似性)，这样的空间直线称为投影面的平行线。

根据所平行的投影面的不同，投影面平行线又分为正平线、水平线和侧平线三种。

投影面平行线的投影图及投影特性见表 1-11。

表 1-11 投影面平行线

名 称	实 体 图	立 体 图	投 影 图	投 影 特 性
正平线 (//V)				(1) $a'b'$反映实长 (2) ab // OX，$a''b''$ // OZ，长度缩短 (3) α、γ 为实角，$\beta=0°$
水平线 (//H)				(1) ab 反映实长 (2) $a'b'$ // OX，$a''b''$ // OY_W，长度缩短 (3) β、γ 为实角，$\alpha=0°$
侧平线 (//W)				(1) $a''b''$反映实长 (2) $a'b'$ // OZ，ab // OY_H，长度缩短 (3) α、β 为实角，$\gamma=0°$

从表 1-11 可以归纳出投影面平行线的投影特性：

(1) 在所平行的投影面上，投影为倾斜线段，反映实长，该投影与投影轴的夹角等于空间直线与相应投影面的倾角。

(2) 直线的另两个投影分别平行于相应的投影轴，且均小于实长。

2) 投影面垂直线

垂直于一个投影面(反映积聚性)，且平行于另外两个投影面(反映实形性)，这样的空间直线称为投影面的垂直线。

根据所垂直的投影面的不同，投影面垂直线又分为正垂线、铅垂线和侧垂线三种。

投影面垂直线投影图及投影特性见表 1-12。

表 1-12　投影面垂直线

名称	实 体 图	立 体 图	投 影 图	投 影 特 性
正垂线 ($\perp V$)				(1) $a'b'$ 积聚成一点 (2) $ab \perp OX$，$a''b'' \perp OZ$，且 $ab=a''b''=AB$
铅垂线 ($\perp H$)				(1) ab 积聚成一点 (2) $a'b' \perp OX$，$a''b'' \perp OY_W$，且 $a'b'=a''b''=AB$
侧垂线 ($\perp W$)				(1) $a''b''$ 积聚成一点 (2) $a'b' \perp OZ$，$ab \perp OY_H$，且 $a'b'=ab=AB$

从表 1-12 可以归纳出投影面垂直线的投影特性：

(1) 在所垂直的投影面上，投影积聚为一点。

(2) 另两个投影分别垂直于相应的投影轴，且均反映直线的实长。

3）一般位置直线

既不平行也不垂直于任何一个投影面，即与三个投影面都处于倾斜位置的直线，这样的空间直线称为一般位置直线，如图 1-23 所示。

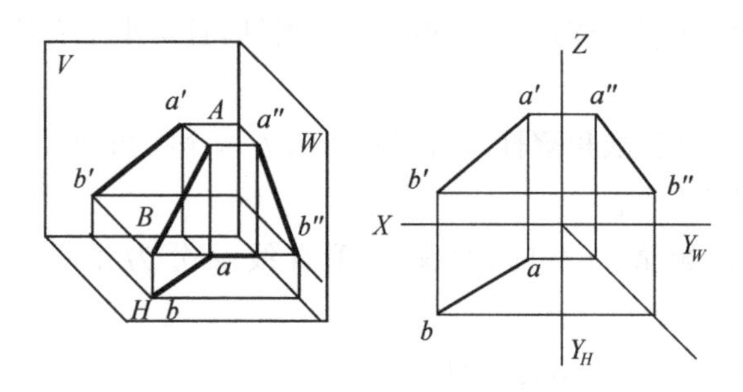

图 1-23　一般位置直线

一般位置直线的投影特性为：三个投影都是倾斜于投影轴的线段，均小于实长，同时也不反映直线对投影面倾角的实际大小。

【例 1-2】 分析并判断图 1-24 中三棱锥各棱线与投影面的相对位置。

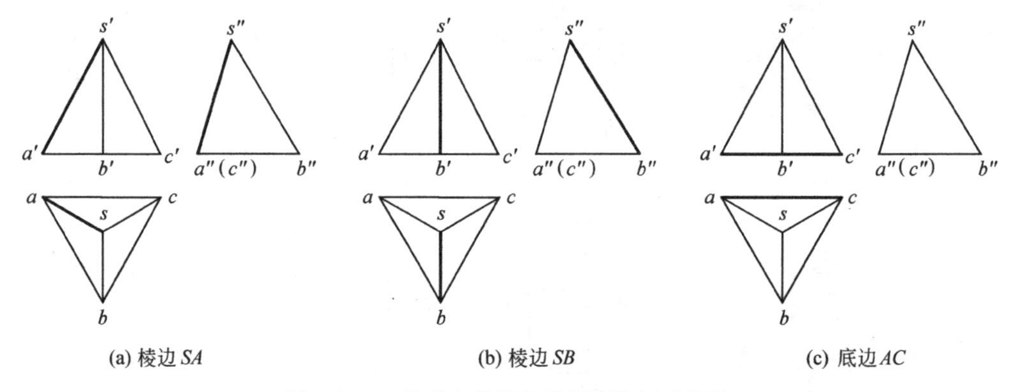

图 1-24　三棱锥各棱线与投影面的相对位置

分析判断如下。

(1) 棱边 SA：如图 1-24(a)所示，其三个投影 sa、$s'a'$、$s''a''$均倾斜于投影轴，因此可判断 SA 必是一般位置直线。同理可分析直线 SC。

(2) 棱边 SB：如图 1-24(b)所示，$sb /\!/ OY_H$，$s'b' /\!/ OZ$，$s''b''$为倾斜线段，因此可判断 SB 必为侧平线。同理可分析直线 AB、BC。

(3) 底边 AC：如图 1-24(c)所示，其侧面投影 $a''(c'')$积聚为一点，因此可判断 AC 必是侧垂线。

2. 直线与点的相对位置

空间点与直线的关系，分为点在直线上和点不在直线上两种情况。

当点在直线上时，由正投影的基本特性可知，点的投影必然同时满足从属性和定比性。即：

(1) 点的投影必在直线的同面投影上(从属性)。

(2) 投影后点分线段的比保持不变(定比性)。

在投影图上,可根据这两个特性来判断一点是否在直线上。当点与直线的三面投影符合上述任一特性时,点在直线上;否则,点不在直线上。

【例 1-3】 如图 1-25(a)所示,已知线段 AB 的两投影和直线上点 K 的正面投影 k',求其水平投影 k。

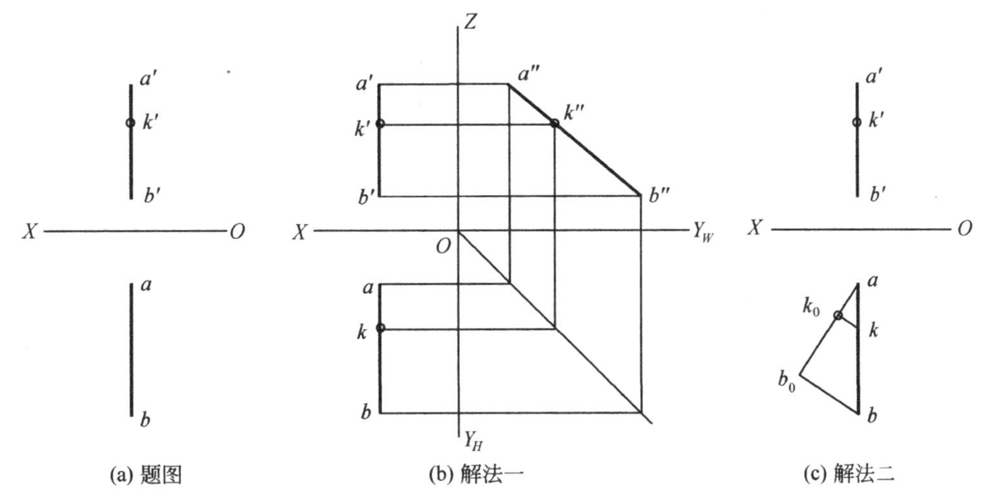

图 1-25　求直线上点的投影的两种方法

解法一:

从图 1-25(a)中可知,AB 为侧平线,因此不能由 k'直接求出 k,但根据点在直线上的投影特性,可知 k''必在 $a''b''$上(从属性)。

作图:

(1) 求出 AB 的侧面投影 $a''b''$,过 k'作 $k'k'' \perp OZ$ 交 $a''b''$于 k'',即求出 k 点的侧面投影 k''。

(2) 根据点的投影规律,由 k'、k''求出水平投影 k,如图 1-25(b)所示。

解法二:

已知空间点 k 在直线 AB 上,根据定比性知 $a'k' : k'b' = ak : kb$,如图 1-25(c)所示。

作图:

(1) 过 a 作任意辅助线,在辅助线上量取 $ab_0 = a'b'$、$ak_0 = a'k'$。

(2) 连接 bb_0,过 k_0 点作 bb_0 的平行线,交 ab 于点 k,则 k 点满足 $ak : kb = ak_0 : k_0b_0 = a'k' : k'b'$,因此 k 点即为所求。

3. 两直线的相对位置及其投影特性

空间两直线的相对位置有三种:平行、相交、交叉(即异面)。

各种相对位置直线的投影及投影特性见表 1-13。

表 1-13　两直线的相对位置及投影特性

相对位置	空 间 情 况	投 影 图	投 影 特 性
平行两直线	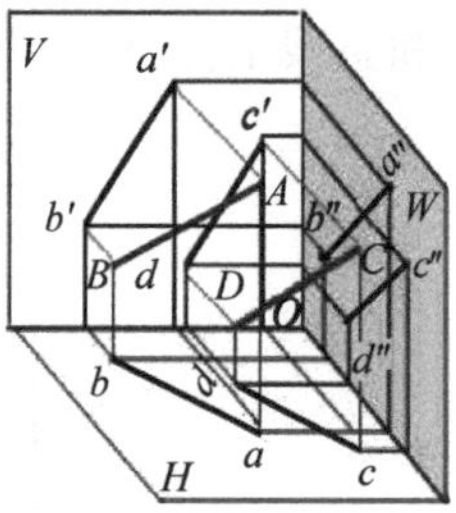	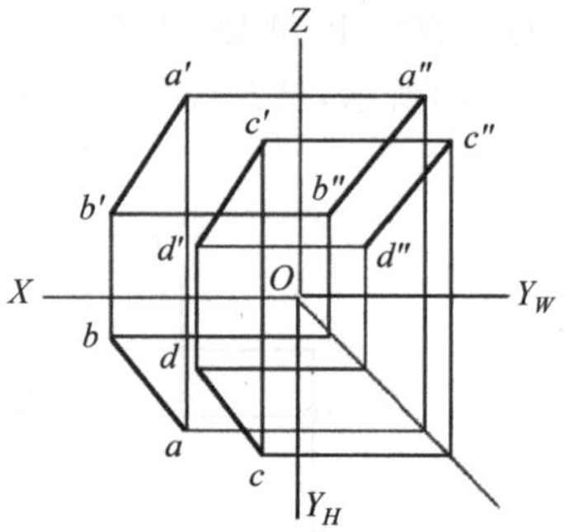	空间两直线平行，其各同面投影必互相平行，且具有定比性
相交两直线	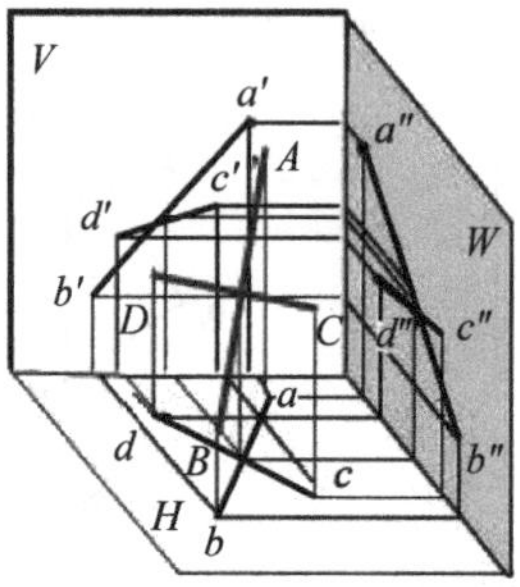	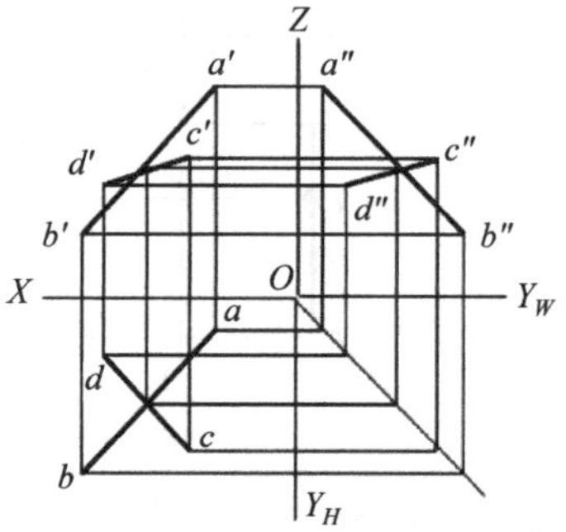	空间两直线相交，其各同面投影必相交，且交点符合点的投影规律，并具有定比性
交叉两直线	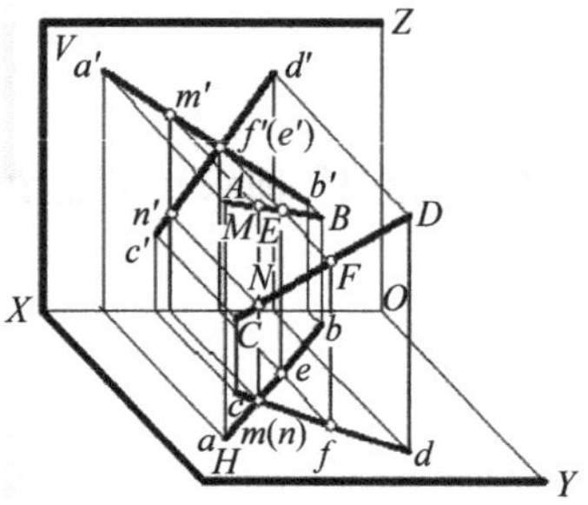	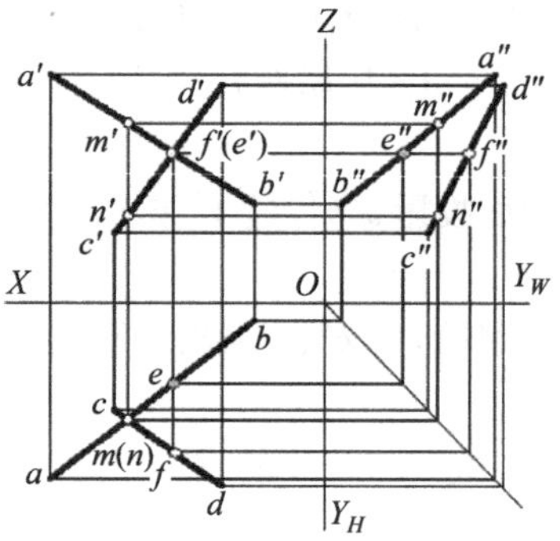	(1) 交叉两直线的某个同面投影可能会平行，但不可能三个投影都平行 (2) 交叉两直线所有同面投影都可能相交，但相交处是重影点而不是交点，即不符合一个点的投影规律 (3) 重影点需判断可见性，即根据它们在另外投影面上的投影来判断

【例 1-4】 判断图 1-26(a)所示的直线 AB 与 CD 的相对位置。

解法一：

从图 1-26(a)中可知，ab、cd 两直线为侧平线，因此根据这两个投影无法确定 ab 与 cd 是平行或是交叉，但可根据第三个投影来判断。

作图：

作出 ab、cd 的侧面投影 $a''b''$ 和 $c''d''$，如图 1-26(b)所示。由于 $a''b''$ 与 $c''d''$ 相交，因此可判断 AB 与 CD 交叉(异面)，见图 1-26(b)。

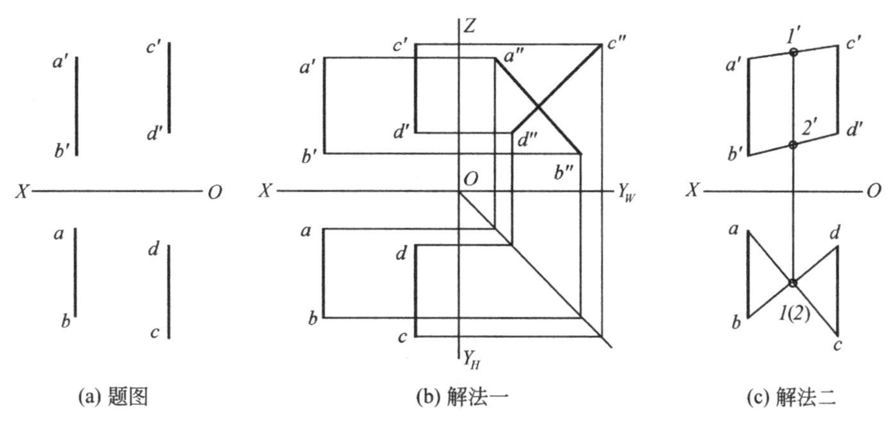

图 1-26 判断空间直线 ab 与 cd 的相对位置

解法二：

如果 ab、cd 两直线平行，则必在同一平面上，连 ac、bd 的直线必有唯一的一个交点。

作图：

连 ac、bd、$a'c'$、$b'd'$，如图 1-26(c)所示，没有唯一的交点（1、2 两点为重影点），因此可判断 AB 与 CD 交叉。

1.3.3 平面的投影

1. 平面的表示法

空间平面可由图 1-27 所示的任一组几何元素来确定：(a)不在一直线上的三点；(b)一直线和直线外一点；(c)相交两直线；(d)平行两直线；(e)任意平面图形。

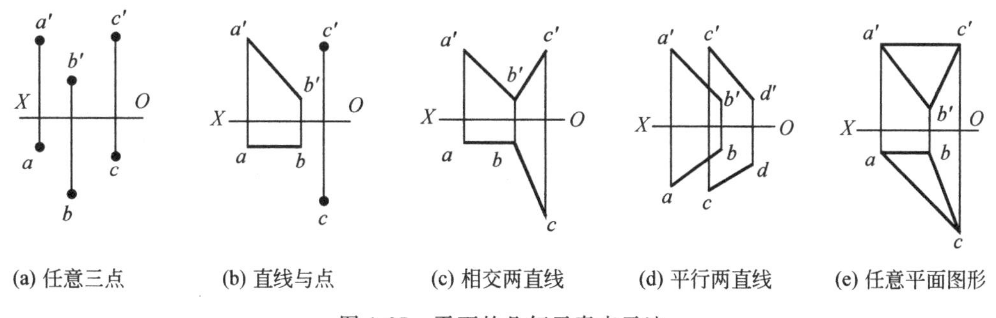

图 1-27 平面的几何元素表示法

2. 各种位置平面的投影特性

平面对投影面的相对位置也有三种：投影面垂直面、投影面平行面、一般位置平面。前两种称为特殊位置平面。

1）投影面垂直面

垂直于一个投影面（反映积聚性），且倾斜于另外两个投影面（反映类似性），这样的空间平面称为投影面的垂直面。

根据所垂直的投影面的不同,投影面垂直面又分为正垂面、铅垂面和侧垂面三种。

投影面垂直面的投影图及投影特性,见表 1-14。

表 1-14 投影面垂直面

名称	实 体 图	立 体 图	投 影 图	投 影 特 性
正垂面 (⊥V)		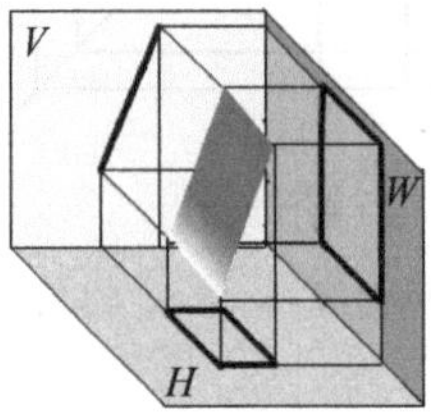 V W H	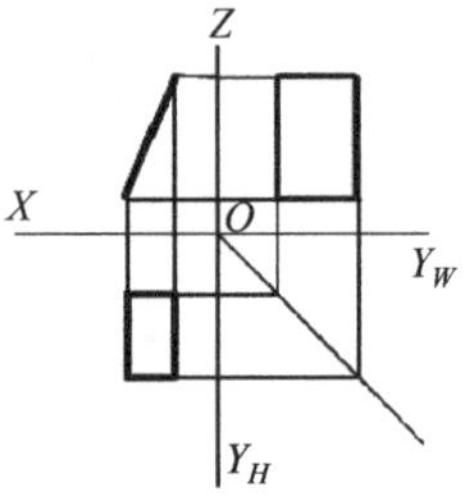 Z X O Y_W Y_H	(1) 正面投影积聚为一条直线 (2) 水平投影和侧面投影为空间平面的类似形
铅垂面 (⊥H)		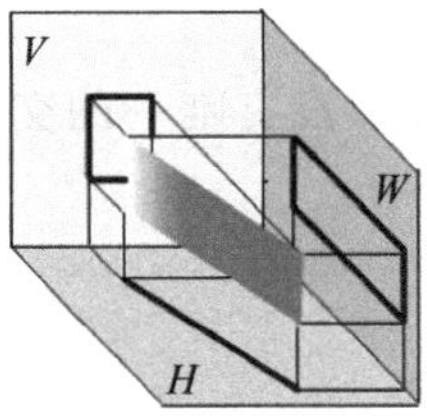 V W H	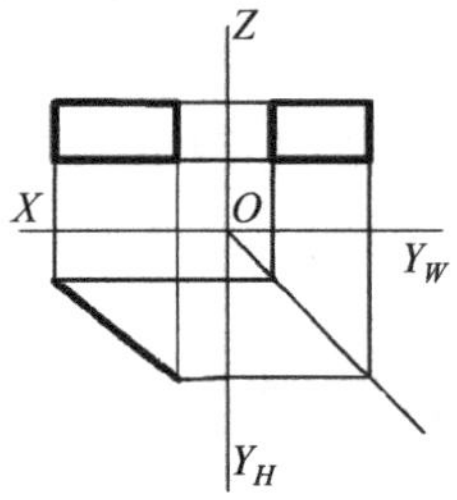 Z X O Y_W Y_H	(1) 水平投影积聚为一条直线 (2) 正面投影和侧面投影为空间平面的类似形
侧垂面 (⊥W)		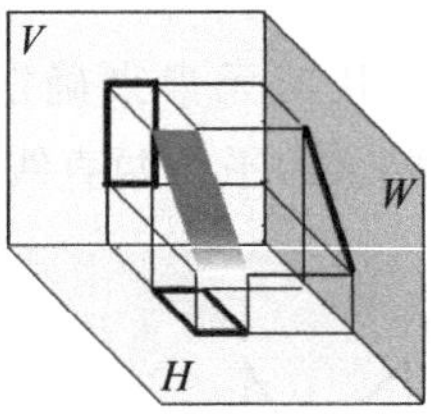 V W H	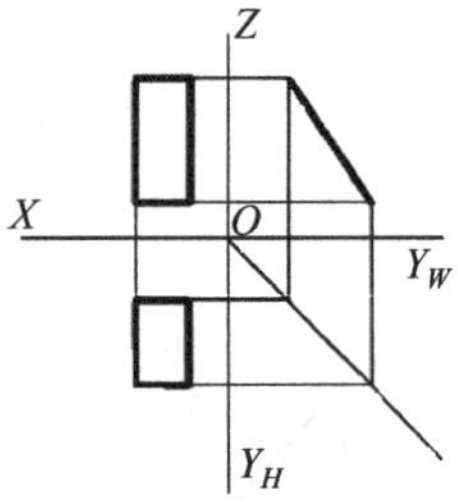 Z X O Y_W Y_H	(1) 侧面投影积聚为一条直线 (2) 正面投影和水平投影为空间平面的类似形

从表 1-14 可以归纳出投影面垂直面的投影特性:

(1) 在所垂直的投影面上,投影为一条倾斜线段,具有积聚性。

(2) 另两个投影都是缩小的类似形。

2) 投影面平行面

平行于一个投影面(反映实形性),且垂直于另外两个投影面(反映积聚性),这样的空间平面称为投影面的平行面。

根据所平行的投影面的不同,投影面平行面又分为正平面、水平面和侧平面三种。

投影面平行面的投影图及投影特性见表 1-15。

从表 1-15 可以归纳出投影面平行面的投影特性:

(1) 在其所平行的投影面上,投影反映实形性,即投影为该平面的实形。

(2) 另两个投影分别平行于相应的投影轴,且具有积聚性,积聚为直线。

表 1-15　投影面平行面

名称	实　体　图	立　体　图	投　影　图	投影特性
正平面 (//V)		V W H	Z X O Y_W Y_H	(1) 正面投影反映实形 (2) 水平投影积聚为直线，且平行于 X 轴 (3) 侧面投影积聚为直线，且平行于 Z 轴
水平面 (//H)		V W H	Z X O Y_W Y_H	(1) 水平投影反映实形 (2) 正面投影积聚为直线，且平行于 X 轴 (3) 侧面投影积聚为直线，且平行于 Y_W 轴
侧平面 (//W)		V W H	Z X O Y_W Y_H	(1) 侧面投影反映实形 (2) 正面投影积聚为直线，且平行于 Z 轴 (3) 水平投影积聚为直线，且平行于 Y_H 轴

3) 一般位置平面

既不平行也不垂直于任何一个投影面，即与三个投影面都处于倾斜位置的平面，这样的空间平面称为一般位置平面，如图 1-28 所示。

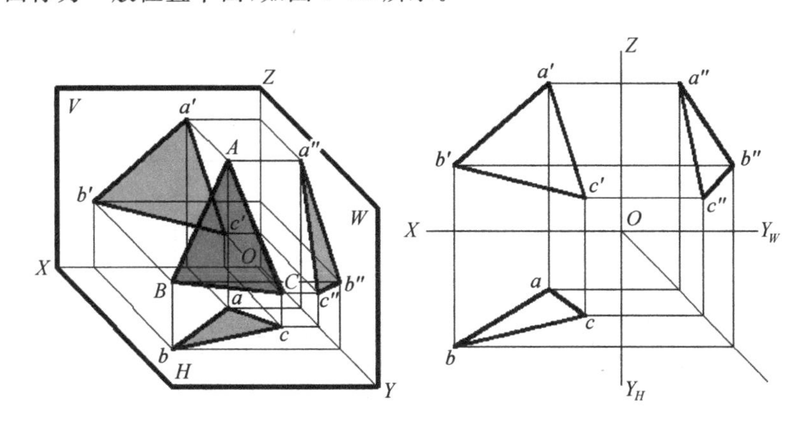

图 1-28　一般位置平面

一般位置平面的投影特性：三个投影均为空间平面的类似形，均小于空间平面的实形。

【例 1-5】 分析并判断图 1-29 中三棱锥各棱面与投影面的相对位置。

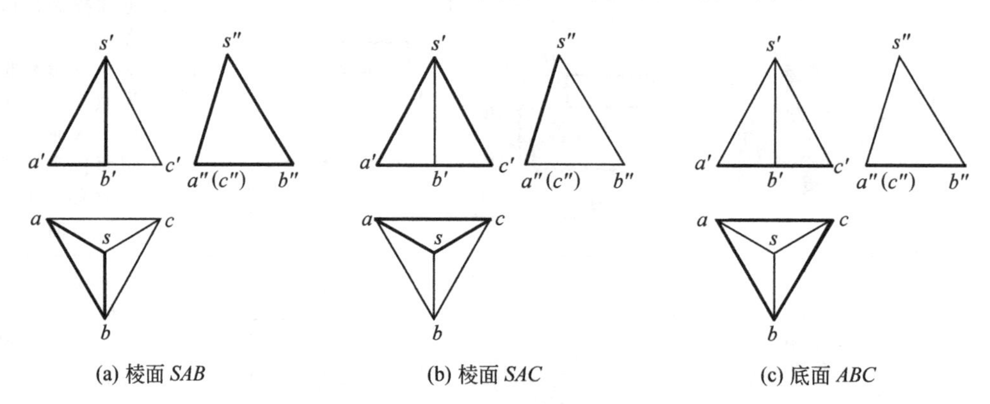

(a) 棱面 *SAB*　　(b) 棱面 *SAC*　　(c) 底面 *ABC*

图 1-29　三棱锥各棱面与投影面的相对位置

分析判断如下。

(1) 棱面 SAB：如图 1-29(a)所示，其三个投影 sab、$s'a'b'$、$s''a''b''$ 均没有积聚性，为棱面 SAB 的类似形，因此可判断 SAB 必是一般位置平面。同理可分析棱面 SBC。

(2) 棱面 SAC：如图 1-29(b)所示，由于其侧面投影 $s''a''c''$ 积聚为一条直线，因此可判断棱面 SAC 必为侧垂面。

(3) 底面 ABC：如图 1-29(c)所示，其正面投影 $a'b'c'$ 和侧面投影 $a''b''(c'')$ 均积聚为直线，且分别平行于 OX 轴和 OY_W 轴，因此可判断底面 ABC 必是水平面。

3. 平面上的点或直线的投影

点和直线在平面上的几何条件：

(1) 点在平面上，其必在平面的一条直线上。

(2) 直线在平面上，其必通过平面上的两个点，或者通过平面上的一个点且平行于平面上的一条直线。

表 1-16 列出了点和直线在平面上的投影及投影特性。

表 1-16　平面上的点和直线

点或直线	几 何 条 件	投　　影	投 影 特 性
点在平面上			点在平面上，则点的投影一定在平面的一条直线的同面投影上

续表

点或直线	几何条件	投影	投影特性
直线在平面上			直线在平面上，则直线的投影一定通过平面上两个点的同面投影
			直线在平面上，则直线的投影一定通过平面上一个点的投影且平行于平面上的一条直线的同面投影

【例 1-6】 如图 1-30(a)所示，判断点 D 是否在平面 ABC 上。

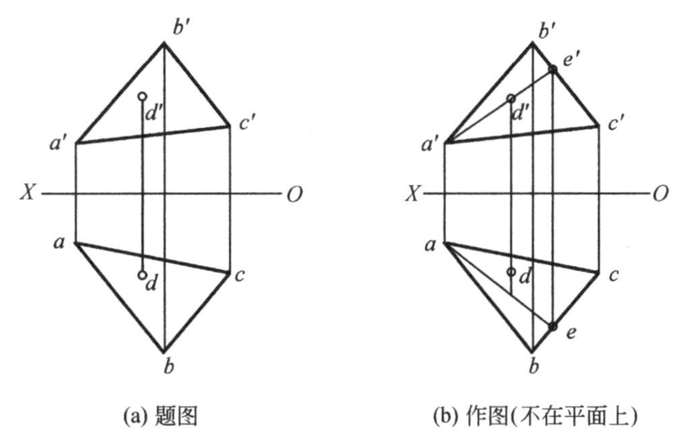

(a) 题图　　(b) 作图(不在平面上)

图 1-30　判断点 D 是否在平面 ABC 上

分析：

如果点 D 在平面 ABC 上，则点 D 一定在平面 ABC 的一条直线上。问题的关键在于能否在 ABC 面内找到这样一条直线。

作图：

(1) 连正面投影 $a'd'$ 并延长交 $b'c'$ 于点 e'，如图 1-30(b)所示。

(2) 过 e' 作 X 轴的垂线交水平投影 bc 于点 e，则 e 点在 bc 线上，ae 在 ABC 面上。

(3) 由于 D 点的水平投影 d 不在 ae 上，说明 D 点不在直线 ae 上，因此 D 点不在 ABC 面上。

如果已知平面上点的一个投影，求点的另一个投影，方法同上，即过已知点作平面上的一条直线，根据线在平面上的条件和点在直线上的条件求得。此方法称为辅助线法。

第2章 立体的投影

本章主要介绍制图的基本知识，包括三视图的形成、基本体的投影，以及立体的截切和相贯。通过本章的学习，应掌握以下基本内容：

- 三视图的投影规律；
- 平面立体及其表面上点的投影的画法；
- 回转体及其表面上点的投影的画法；
- 立体截交线的画法；
- 回转体相贯线的画法。

2.1 三视图的形成及其投影规律

1. 三视图的形成

在工程图样中，用正投影法画出物体在投影面上的图形称为视图。

从图 2-1 可以看出，不同物体在同一投影面上的视图可能完全相同。由此可见，不附加任何说明，只根据一个视图不能确定物体的形状，因此需要建立一个多投影面体系。通常用三面视图来表达物体的空间形状。

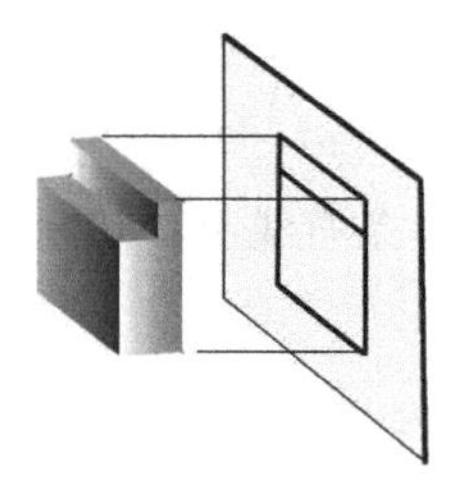
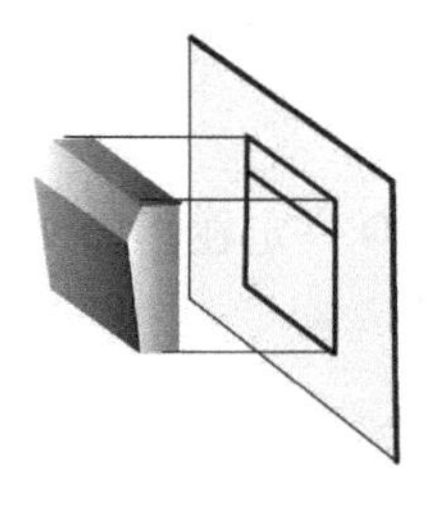
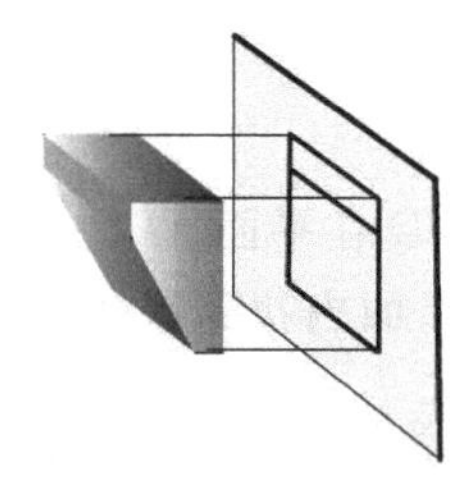

图 2-1 不同物体的相同投影

将物体放在两两互相垂直的三投影面体系中，可根据物体在不同投影面上所得到的视图，确定空间物体的真实形状。

在三投影面体系中，将物体从前向后投影，在正立投影面上得到的图形，称为主视图；由上向下投影，在水平投影面上得到的图形，称为俯视图；由左向右投影，在侧立投影面上得到的图形，称为左视图，如图 2-2(a)所示。

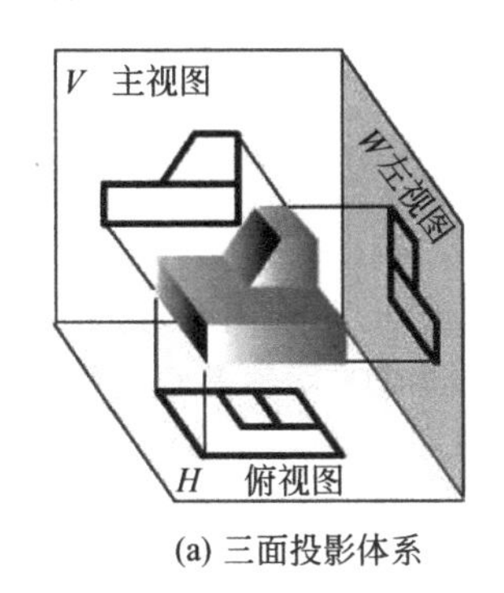

(a) 三面投影体系

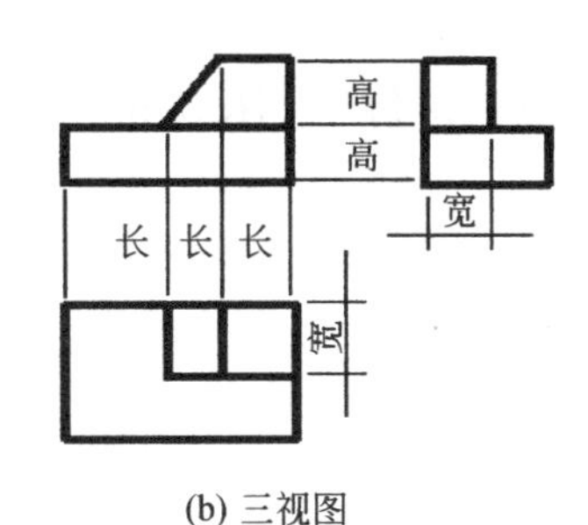

(b) 三视图

图 2-2 三视图的形成和投影规律

投影面与投影面的交线称为投影轴，H 面与 V 面、H 面与 W 面、W 面与 V 面的交线分别称为 X 轴、Y 轴、Z 轴，三个投影轴的交点称为坐标原点 O。

为便于画图和表达，需将物体的三个视图展开在一个平面上。国家标准规定，展开时，V 面保持不动，H 面绕 X 轴向下旋转 90°与 V 面重合，W 面绕 Z 轴向后旋转 90°与 V 面重合。由于画图时不必画出投影面的边框，也不注写视图名称，所以去掉边框就得到了如图 2-2(b)所示的物体在同一平面上的三视图。

2. 三视图的投影规律

三个视图表示的是同一物体，因此三视图是不可分割的一个整体。从图 2-2 可以归纳出三视图的投影规律：

- 主视图与俯视图共同反映物体的长(相同的 x 坐标)，称为“长对正”；
- 主视图与左视图共同反映物体的高(相同的 z 坐标)，称为“高平齐”；
- 俯视图与左视图共同反映物体的宽(相同的 y 坐标)，称为“宽相等”。

“长对正、高平齐、宽相等”这一投影规律揭示了物体各视图之间的内在联系，是画图和读图的依据。

3. 三视图与方位的关系

物体有上下(z 坐标)、左右(x 坐标)、前后(y 坐标)六个方位，如图 2-2 所示。

主视图反映物体的上、下和左、右的相对位置关系；俯视图反映物体的前、后和左、右的相对位置关系；左视图反映物体的上、下和前、后的相对位置关系。

画图和读图时，要特别注意俯视图和左视图的前、后位置。在俯、左视图中，靠近主视图的一面反映物体的后面，远离主视图的一面反映物体的前面。

2.2 基本体的三视图

任何物体都可以看作是由若干个基本体组成的。基本体分为平面立体和曲面立体两大类。所有表面均为平面的立体称为平面立体，如棱柱、棱锥；至少有一个表面是曲面的立体称为曲面立体，工程上常用的曲面立体为回转体(由回转曲面构成)，如圆柱、圆锥、圆球和圆环等。

2.2.1 平面立体及其表面上点的投影

平面立体是由若干平面所围成的，因此绘制平面立体的三视图时，只需绘制组成它的各个平面的投影，即绘制各表面的交线(棱线)的投影，同时注意各表面或棱线对投影面的相对位置关系并判断可见性，不可见的棱线应画成虚线。

常见的平面立体有棱柱、棱锥(包括棱台)。

1. 棱柱的投影

棱柱的所有棱线互相平行，其表面由一组棱面和上、下底面组成。

以图 2-3(a)中所示的正六棱柱为例，分析其投影特征和作图方法。

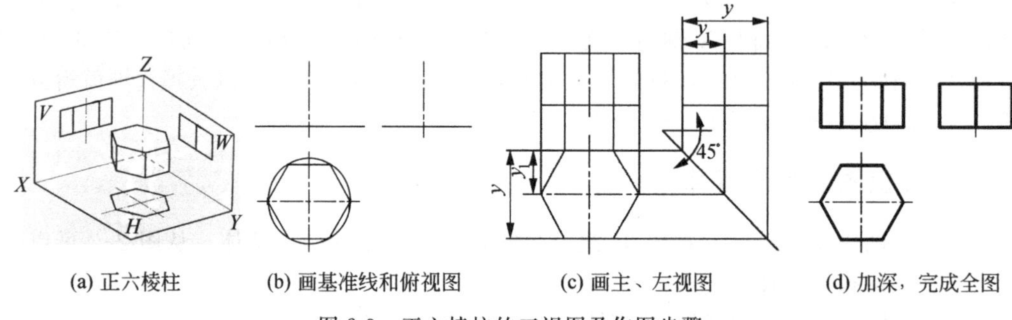

图 2-3 正六棱柱的三视图及作图步骤

投影分析：

图 2-3(a)中的正六棱柱由顶面、底面和六个棱面组成。顶面和底面为水平面，前、后中间的棱面为正平面，其余棱面均为铅垂面，其六条棱线均为铅垂线。

作图步骤：

(1) 作正六棱柱的对称中心线(细点画线)和主、左视图底面的基准线(细实线)，确定各视图的位置，如图 2-3(b)所示。

(2) 先画出具有投影特征的俯视图——反映顶面和底面实形的正六边形，如图 2-3(b)所示。

(3) 根据“长对正”的投影规律和正六棱柱的高度画出主视图(细实线)，根据“高平齐”“宽相等”的投影规律画出左视图。“宽相等”可通过两种方式实现，一种是作 45°辅助线，另一种是直接量取宽度，如图 2-3(c)所示。

(4) 检查无误后，擦去多余线，加深三视图(粗实线)，如图 2-3(d)所示。

2. 棱柱表面上点的投影

绘制平面立体表面上点的投影，首先要确定点所属的立体表面，具体作图原理和方法与平面上取点完全相同。当棱柱的棱面为特殊位置且有积聚性时，棱面上点的投影直接投在有积聚性的线上。

求出点的投影后，要判断其可见性。依据的原则是：面可见，则面上点亦可见。

【例 2-1】 已知正六棱柱表面上点 M 的水平投影 m、点 N 的正面投影 n'，如图 2-4(a)所示，求它们的另外两个投影。

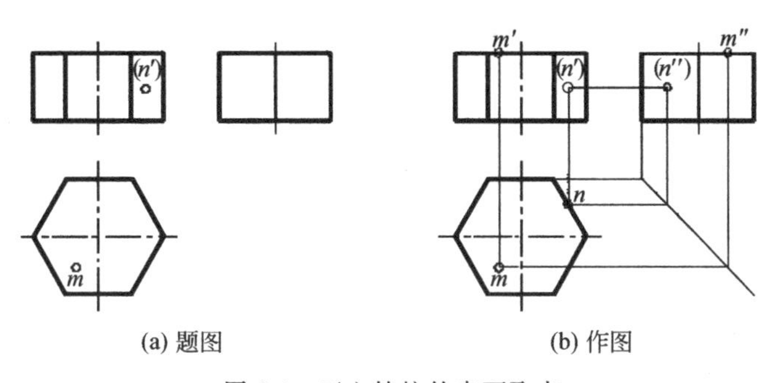

(a) 题图　　(b) 作图

图 2-4　正六棱柱的表面取点

分析：

由于 M 点的水平投影 m 可见，因此 M 点在正六棱柱的顶面；由于 N 点的正面投影 n' 不可见，因此 N 点在右后的铅垂面上。

如图 2-4(b)所示，作图步骤如下：

(1) 过 m 作垂直 X 轴的投影线交顶面于 m'，根据 m、m' 求出 m''。

(2) 过 n' 作垂直 X 轴的投影线交水平投影的右后铅垂面于 n，根据 n、n' 求出 n''。由于 n 点所在的右后铅垂面在左视图中不可见，因此 n'' 不可见。

3. 棱锥的投影

棱锥的所有棱线交于一点(锥顶)，其表面由一组棱面和底面组成。用平行于底面的平面切割棱锥，将其去顶，即为棱台。

以图 2-5(a)所示的正三棱锥为例，分析其投影特征和作图方法。

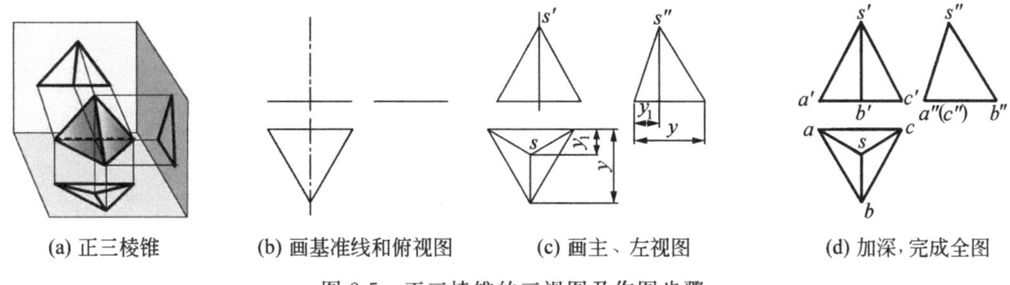

(a) 正三棱锥　　(b) 画基准线和俯视图　　(c) 画主、左视图　　(d) 加深，完成全图

图 2-5　正三棱锥的三视图及作图步骤

投影分析：

图 2-5(a)中的正三棱锥由底面和三个棱面组成。底面为水平面，后面(SAC)为侧垂面，其余棱面为一般位置平面。

作图步骤：

(1) 作正三棱锥的对称中心线(细点画线)和主、左视图底面的基准线(细实线)，确定各视图的位置，如图 2-5(b)所示。

(2) 先画出具有投影特征的俯视图——反映底面实形的三角形，如图 2-5(b)所示。

(3) 确定锥顶 S 在三视图中的投影，连接锥顶与底面各点的同面投影(细实线)，如图 2-5(c)所示。

(4) 检查无误后，擦去多余线，加深三视图(粗实线)，如图 2-5(d)所示。

4. 棱锥表面上点的投影

一般组成棱锥的表面包括特殊位置平面和一般位置平面两类。在特殊位置平面上点的投影，可利用积聚性直接求出；求在一般位置平面上点的投影，与平面上取点的方法相同，即用辅助线法。

【例 2-2】 已知正三棱锥表面上点 M 的正面投影 m'、点 N 的正面投影 n'，如图 2-6(a)所示，求它们的另外两个投影。

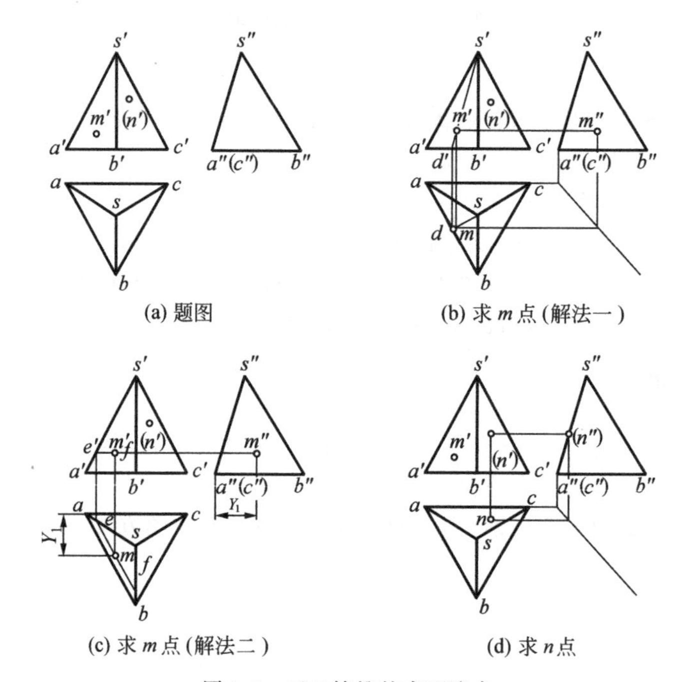

(a) 题图　(b) 求 m 点(解法一)　(c) 求 m 点(解法二)　(d) 求 n 点

图 2-6　正三棱锥的表面取点

分析：

由于 M 点的正面投影 m' 可见，可判断 M 点在正三棱锥的前左棱面 SAB 上；由于 N 点的正面投影 n' 不可见，说明 N 点在侧垂面 SAC 上。

作图求 M 点(用辅助线法)：

解法一：过 M 点作辅助线 SD。连 $s'm'$ 并延长交 $a'b'$ 于 d'，过 d' 作 X 轴垂线交 ab 于 d，连 sd，过 m' 作 X 轴垂线交 sd 于 m，根据 m、m' 求出 m''，如图 2-6(b)所示。

解法二：过 M 点作水平线 EF。过 m' 在 $s'a'b'$ 上作 $e'f' \parallel X$ 轴，$e'e \perp OX$ 轴交 sa 于 e，作 $ef \parallel ab$，过 m' 作 $mm' \perp OX$ 轴交 ef 于 m，由 m、m' 求出 m''，如图 2-6(c)所示。

作图求 N 点：

由于点 N 在侧垂面 SAC 上，因此利用侧面的积聚性先求出 N 点的侧面投影 n''，即作 $n'n'' \perp OZ$ 轴交 $s''a''c''$ 于 n''，再由 n'、n'' 求出 n，如图 2-6(d)所示。

2.2.2 回转体及其表面上点的投影

回转体由回转曲面或回转曲面和平面构成。回转曲面是由一条直线或曲线绕指定轴线旋转而形成的曲面。这条运动的直线或曲线称为母线，母线在回转面上的任一位置称为素线，在极限位置的素线称为转向轮廓线；母线上任一点绕轴旋转，就形成了回转面上垂直于轴线的纬圆。

1. 圆柱的投影

圆柱由圆柱面、顶面和底面围成。圆柱面由一条直母线绕与它平行的轴线旋转而成。以图 2-7(a)所示的直立圆柱体为例，分析其投影特征和作图方法。

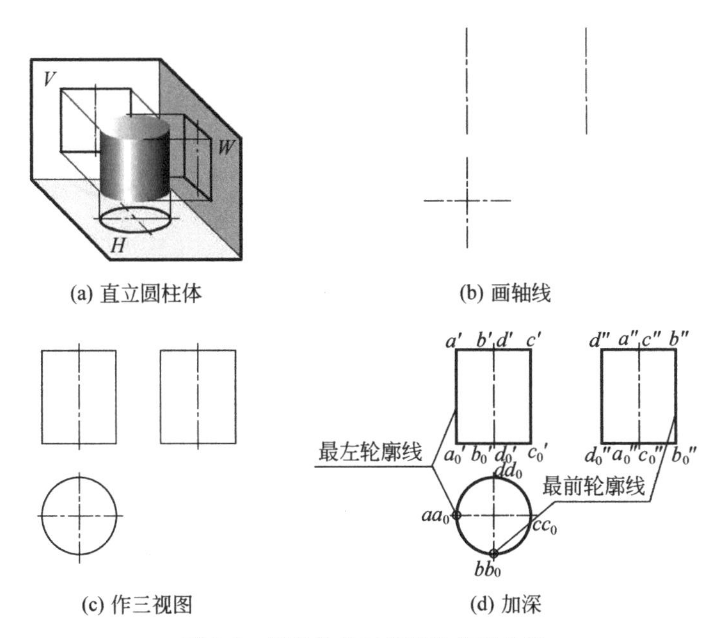

图 2-7　圆柱体的三视图及作图步骤

投影分析：

图 2-7 所示圆柱的轴线为铅垂线，因此圆柱上所有素线均为铅垂线，其水平投影为有积聚性的圆；圆柱的正面投影和侧面投影为大小相同的矩形。在圆柱表面上只有素线为直线。

图 2-7(d)中圆柱的转向轮廓线为 AA_0、BB_0、CC_0 和 DD_0。其中由最左、最右轮廓线 AA_0、CC_0 所形成的平面将圆柱分为前后两部分，在主视图中，前半圆柱面可见，后半圆柱面不可见；由最前、最后轮廓线 BB_0、DD_0 所形成的平面将圆柱分为左、右两部分，在左视图中，左半圆柱面可见，右半圆柱面不可见。

作图步骤：

(1) 画出圆的对称中心线和圆柱轴线的各投影(细点画线)，如图 2-7(b)所示。

(2) 先画出具有投影特征的俯视图——有积聚性的圆，根据“三等”关系及圆柱体的高度画出俯、左视图(细实线)，如图 2-7(c)所示。

(3) 检查无误后，加深三视图(粗实线)，如图 2-7(d)所示。

2. 圆柱表面上点的投影

只要圆柱的轴线垂直于投影面，则圆柱表面上所有点的投影必在有积聚性的圆上。

【例 2-3】 已知圆柱表面上点 A、B、C 的一个投影，如图 2-8(a)所示，求它们的另外两个投影。

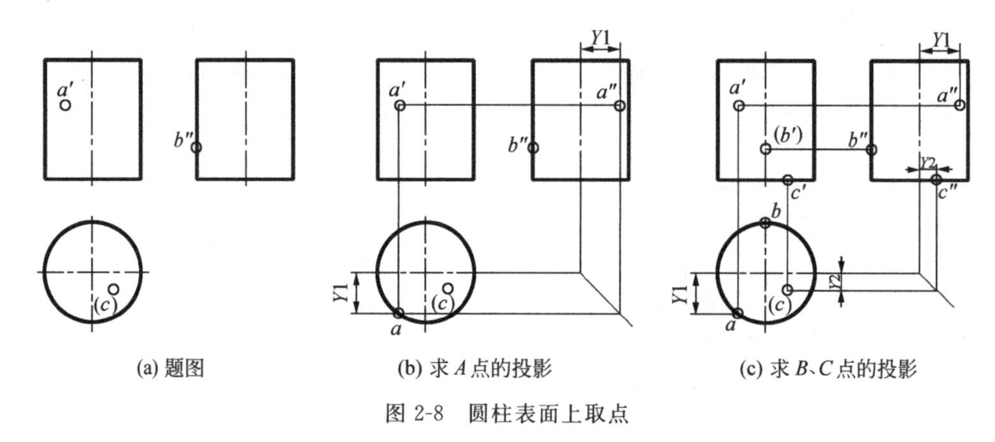

(a) 题图　(b) 求 A 点的投影　(c) 求 B、C 点的投影

图 2-8　圆柱表面上取点

分析与作图：

(1) 求 a、a''：由 a' 可知 A 点在圆柱面上，且 a' 可见，因此点 A 在前半圆柱面上。过 a' 作 $aa' \perp X$ 轴交圆周于 a，根据“三等”关系由 a、a' 求出 a''，如图 2-8(b)所示。

(2) 求 b、b'：由 b'' 可知 B 点在最后轮廓线上，因此可以直接求出 b；过 b'' 作 $b''b' \perp Z$ 轴求出 b'，如图 2-8(c)所示。

(3) 求 c'、c''：由于 C 点的水平投影 c 不在圆周上，说明 C 点在圆柱的顶面或底面上；又由于 c 不可见，因此点 C 在圆柱的底面上。过 c 作 $cc' \perp X$ 轴交圆柱底面于 c'，由 c、c' 求出 c''，如图 2-8(c)所示。

3. 圆锥的投影

圆锥由圆锥面和底面围成。圆锥面由一条直母线绕与它相交且与底面垂直的轴线旋转而成。

以图 2-9(a)所示的直立圆锥体为例，分析其投影特征和作图方法。

投影分析：

图 2-9 所示圆锥的轴线为铅垂线，其水平投影为一圆，是圆锥底面的投影，圆锥表面的投影均在该圆内；圆锥的正面投影和侧面投影为大小相同的等腰三角形。

在圆锥表面只有素线为直线，即过锥顶的直线。

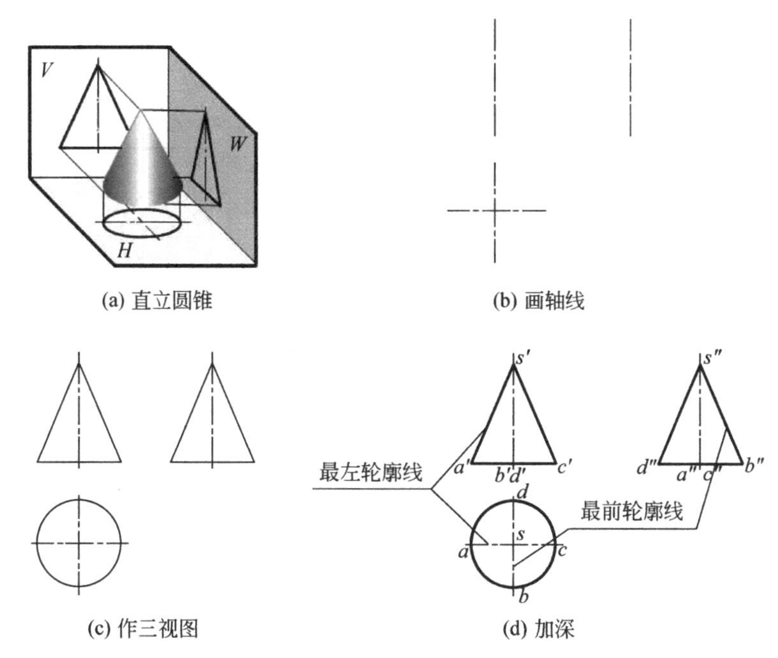

(a) 直立圆锥　(b) 画轴线

(c) 作三视图　(d) 加深

图 2-9　圆锥体的三视图及作图步骤

图 2-9(d)中圆锥的转向轮廓线为 sa、sb、sc、sd。其中由最左、最右轮廓线 sa、sc 所形成的平面将圆锥分为前、后两部分，在主视图中，前半圆锥面可见，后半圆锥面不可见；由最前、最后轮廓线 sb、sd 所形成的平面将圆锥分为左、右两部分，在左视图中，左半圆锥面可见，右半圆锥面不可见；圆锥面上所有点的水平投影均可见。

作图步骤：

(1) 画出圆的对称中心线和圆锥轴线的各投影(细点画线)，如图 2-9(b)所示。

(2) 先画出俯视图中反映底面实形的圆，根据“三等”关系及圆锥体的高度画出俯、左视图(细实线)，如图 2-9(c)所示。

(3) 检查无误后，加深三视图(粗实线)，如图 2-9(d)所示。

4. 圆锥表面上点的投影

由于圆锥表面的投影没有积聚性，所以求圆锥表面上点的投影时须用辅助线法，即作出包括该点的辅助线(素线或纬圆)，先求出辅助线的投影，再利用点在线上的投影关系求出圆锥表面上点的投影。

【例 2-4】 已知圆锥表面上点 M 的一个投影，如图 2-10(a)所示，求它的另外两个投影。

分析与作图：

由 m' 可知点 M 在圆锥面的右前部分，可通过两种方法求出。

方法一，辅助素线法：过锥顶 S 含 M 点作素线 SD(sd、$s'd'$、$s''d''$)，则 m、m'' 必在 sd、$s''d''$ 上。由于 m 在右半圆锥面上，所以左视投影 m'' 不可见，如图 2-10(b)所示。

方法二，辅助纬圆法：在锥面上过 M 点作一水平纬线圆(垂直于圆锥轴线的圆)，点

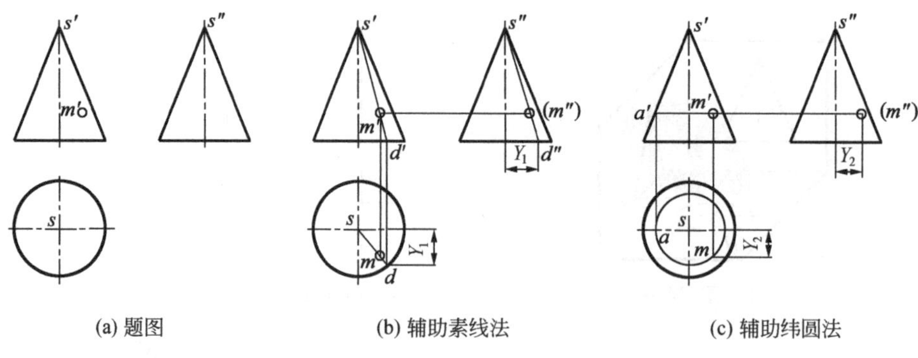

图 2-10　圆锥表面取点

M 的各投影必在该圆的同面投影上。如图 2-10(c)所示，过 m' 作圆锥轴线的垂直线，交圆锥轮廓线于 a'，求出 a。以 s 为圆心，sa 为半径画圆，则 m 必在该圆上，然后由 m、m' 求得 m''。

5. 圆球的投影

圆球是由球面围成的。圆球面可看作由一条圆母线绕其直径旋转而成。

投影分析：

无论球体在三面投影体系中如何放置，其三视图均为直径相等的圆，并且是圆球表面平行于相应投影面的三个不同位置的最大轮廓圆，如图 2-11 所示。

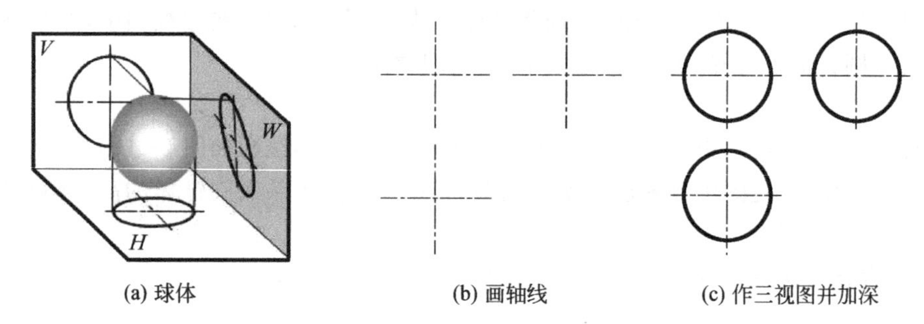

图 2-11　圆球的三视图及作图步骤

球体表面上不存在直线。

如图 2-11(c)所示，主视图的轮廓圆是前、后两半球面可见与不可见的分界线；俯视图的轮廓圆是上、下两半球面可见与不可见的分界线；左视图的轮廓圆是左、右两半球面可见与不可见的分界线。

作图步骤：

(1) 画出圆的对称中心线，确定各视图的位置，如图 2-11(b)所示。

(2) 根据球体的直径，画出三个直径相等的圆，并加深，如图 2-11(c)所示。

6. 球表面上点的投影

由于球体表面上不存在直线，因此求球体表面上的点，只能用纬圆法，即过该点作与投影面平行的圆——纬圆。先求出纬圆的投影(在所平行的投影面上的投影为反映实形的圆,在另外两个投影面上的投影为有积聚性的直线),然后再求纬圆上点的投影。

过点作纬圆有三种方法:平行于正面的圆、平行于水平面的圆和平行于侧面的圆。

【例 2-5】 已知圆球表面上点 A、B、C 的一个投影,如图 2-12(a)所示,求它们的另外两个投影。

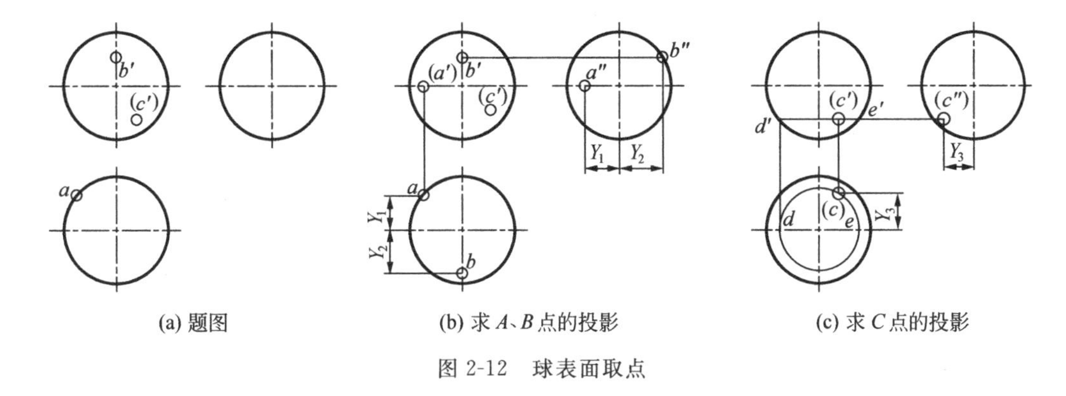

(a) 题图　　(b) 求 A、B 点的投影　　(c) 求 C 点的投影

图 2-12　球表面取点

分析与作图:

(1) 求 a'、a'':由 a 可知 A 点在水平的轮廓圆上,过 a 作 $aa' \perp X$ 轴求出 a',根据宽相等求出 a'',如图 2-12(b)所示。

(2) 求 b、b'':由 b' 可知 B 点在侧面的轮廓圆上,过 b' 作 $b'b'' \perp Z$ 轴求出 b'',根据长对正、宽相等求出 b,如图 2-12(b)所示。

(3) 求 c、c'':由于 C 点不在轮廓圆上,需用作纬圆的方法。过 c' 作球面上水平圆的正面投影,与主视图的轮廓圆交于 d'、e',de 即为水平圆的直径,由此画出水平圆的水平投影;由于点 c 的正面投影 c' 不可见,可知点 c 在后半球面上,求出 c,然后由 c、c' 求出 c'',如图 2-12(c)所示。

2.3　立体表面交线的画法

机件的某些结构是由基本立体经平面切割或由基本立体相交形成的。平面切割立体后,在立体表面上就形成了截交线,该平面称为截平面;两立体相交,在其表面上就形成了相贯线,如图 2-13 所示。本节主要研究截交线和相贯线的画法。

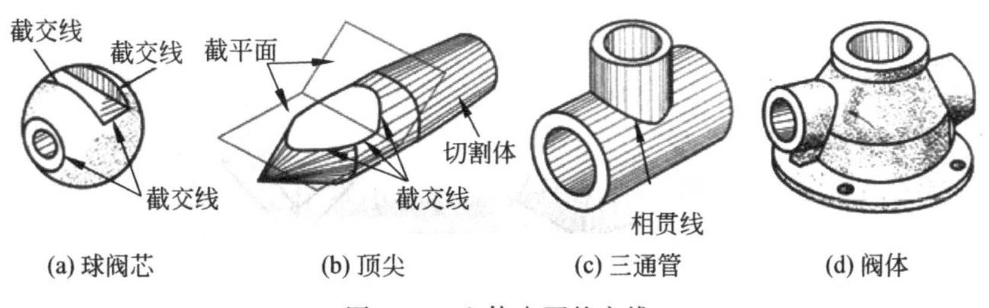

(a) 球阀芯　　(b) 顶尖　　(c) 三通管　　(d) 阀体

图 2-13　立体表面的交线

2.3.1 平面立体表面的截交线

平面与平面立体相交，其截交线形状是由直线段组成的封闭多边形，多边形的顶点是平面立体的棱线(或底边)与截平面的交点，多边形的边是截平面与平面立体表面的交线。因此求截交线实际上就是求平面与平面的交线或平面与棱线的交点。

【例 2-6】 如图 2-14(b)所示，求四棱锥被正垂面 P 截切后的三视图。

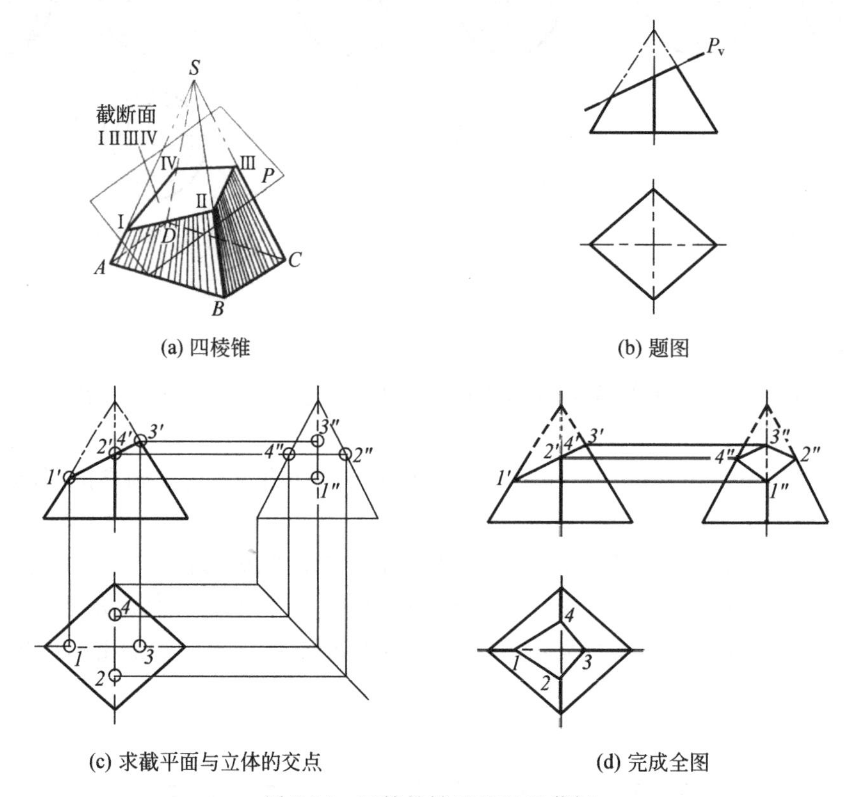

(a) 四棱锥　(b) 题图　(c) 求截平面与立体的交点　(d) 完成全图

图 2-14　四棱锥被正垂面 P 截切

分析：

四棱锥被正垂面 P 截切，截交线为四边形，其每个顶点是四棱锥的棱线与截平面的交点。因截平面 P 垂直于 V 面，其在正面具有积聚性，所以截交线的正面投影积聚在 P_v 上，可利用线上找点的方法，求出各交点的水平投影和侧面投影。

作图：

(1) 作出四棱锥未被截切的左视图，如图 2-14(c)所示。

(2) 作出截交线各顶点的投影，如图 2-14(c)所示。

(3) 将顶点的同名投影依次相连，即得到截交线的投影，如图 2-14(d)所示。

(4) 补齐轮廓线，擦去多余线，完成全图。注意在左视图中，右侧棱线不可见，为虚线。

【例 2-7】 八棱柱被正垂面截切(如图 2-15(a)所示),已知其主视图和左视图如图 2-15(b)所示,求作俯视图。

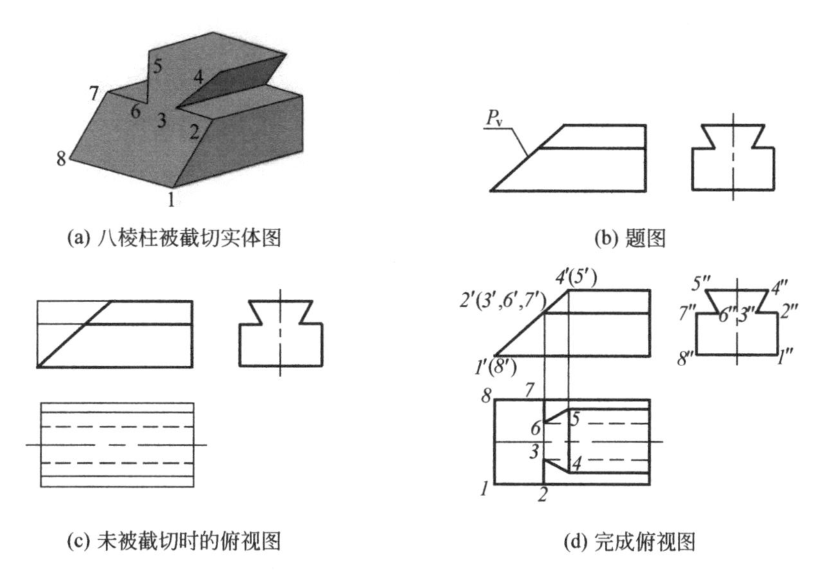

(a) 八棱柱被截切实体图　(b) 题图

(c) 未被截切时的俯视图　(d) 完成俯视图

图 2-15　八棱柱被正垂面截切

分析:

正垂面 P 截切八棱柱时,与八棱柱的八个棱面均相交,共有八条交线,因此其截交线形状为八边形。

由于截平面 P 为正垂面,因此截交线的正面投影积聚在 P_v 上,水平投影和侧面投影均为八边形。又由于八棱柱的棱线均为侧垂线,所以左视图即为截交线的侧面投影。

作图:

(1) 画出八棱柱未被截切时的俯视图,如图 2-15(c)所示。

(2) 截交线八个交点的正面投影和侧面投影均已知,因此可求出各个交点的水平投影;将各点依次相连,即得截交线的水平投影,如图 2-15(d)所示。

(3) 在俯视图上擦除被 P 平面截去部分立体的投影,完成全图,如图 2-15(d)所示。

2.3.2 曲面立体表面的截交线

曲面立体被平面截切,其截交线一般是由平面曲线或直线所围成的封闭的平面图形。作图的基本方法是求出曲面立体表面与截平面的一系列交点,然后将这些点光滑连接起来,即得到立体表面的截交线。

平面切割立体时,截交线的形状取决于立体表面的形状和截平面与立体的相对位置。

1. 圆柱体的截交线

平面与圆柱相交,根据截平面与圆柱轴线的相对位置不同,其截交线有三种基本形状——矩形、圆、椭圆，见表 2-1。

表 2-1　圆柱体的截交线

截平面的位置	平行于轴线	垂直于轴线	倾斜于轴线
截交线的形状	矩形	圆	椭圆
空间形体			
投影图			

【例 2-8】 如图 2-16(a)所示，在圆柱体上开出一方形槽，已知其主视图(如图 2-16(b)所示)，求作左视图并补全俯视图。

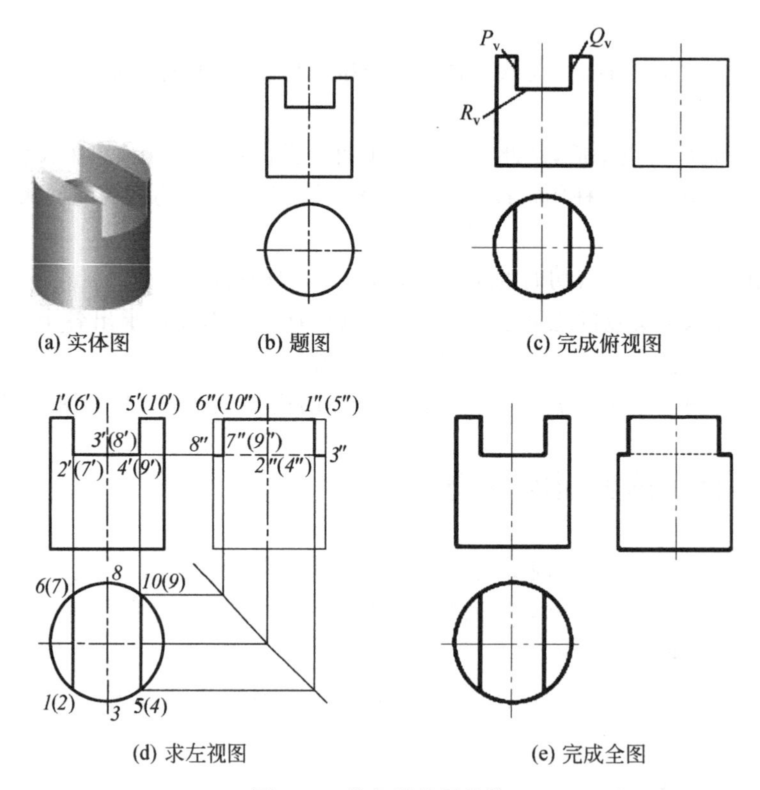

(a) 实体图　(b) 题图　(c) 完成俯视图

(d) 求左视图　(e) 完成全图

图 2-16　带方形槽圆柱体

分析：

圆柱体被两个与轴线平行的平面 P、Q 和一个与轴线垂直的平面 R 截切。

截平面 P、Q 为侧平面，截交线的正面投影分别积聚在 P_v 和 Q_v 上；截平面 R 为水平面，截交线的正面投影积聚在 R_v 上。

作图：

(1) 画出未截切时圆柱体的左视图，补全俯视图，如图 2-16(c)所示。

(2) 根据截交线上各点的正面和水平投影，求出截交线的侧面投影，如图 2-16(d)所示。

(3) 画出 P 面与 R 面、Q 面与 R 面交线的侧面投影(虚线、不可见)，擦去被截去部分的投影，完成全图，如图 2-16(e)所示。

注意，本题中的圆柱由于从前到后开有方形槽，因此前、后转向轮廓线被部分切除，在左视图中方槽部分的轮廓线内缩(为截交线)。

【例 2-9】 如图 2-17(a)所示，已知圆柱截切后的主视图和俯视图(如图 2-17(b)所示)，求作左视图。

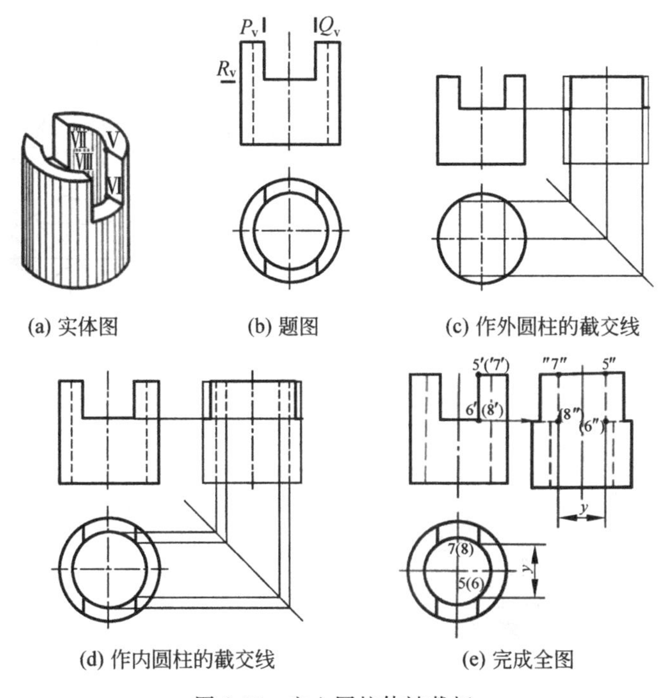

(a) 实体图　(b) 题图　(c) 作外圆柱的截交线

(d) 作内圆柱的截交线　(e) 完成全图

图 2-17　空心圆柱体被截切

分析：

本题情况与例 2-8 相似，只是圆柱体由实心改为空心，这时截平面 P、Q、R 不仅与外圆柱表面有交线，而且也与内圆柱表面有截交线，因此产生了内、外两层截交线。

作图：

(1) 作出截平面与外圆柱的截交线，与例 2-8 完全相同，如图 2-17(c)所示。

(2) 作出内圆柱未被截切时的左视图。按照上述方法，作出截平面与内圆柱的截交线，由于内孔不可见，所以轮廓线和截交线均为虚线，如图 2-17(d)所示。

(3) 擦去多余线，加深并完成全图。此时应注意，外圆柱和内圆柱的前后轮廓线均有一部分被切掉了；同时截平面 R 的中间部分被内孔切去了，所以左视图中(6″)(8″)之间没有线，如图 2-17(e)所示。

2. 圆锥体的截交线

平面与圆锥相交，根据截平面与圆锥轴线的相对位置不同，其截交线有五种基本形状——三角形、圆、椭圆、双曲线和抛物线，见表 2-2。

表 2-2 圆锥体的截交线

截平面的位置	过锥顶	与轴线垂直	与所有素线相交	与轴线平行	平行某一素线
截交线的形状	三角形	圆	椭圆	双曲线	抛物线
空间形体					
投影图					

【例 2-10】 如图 2-18(a)所示，已知圆锥被水平面 P 和正垂面 Q 截切后的主视图，求作左视图并完成俯视图。

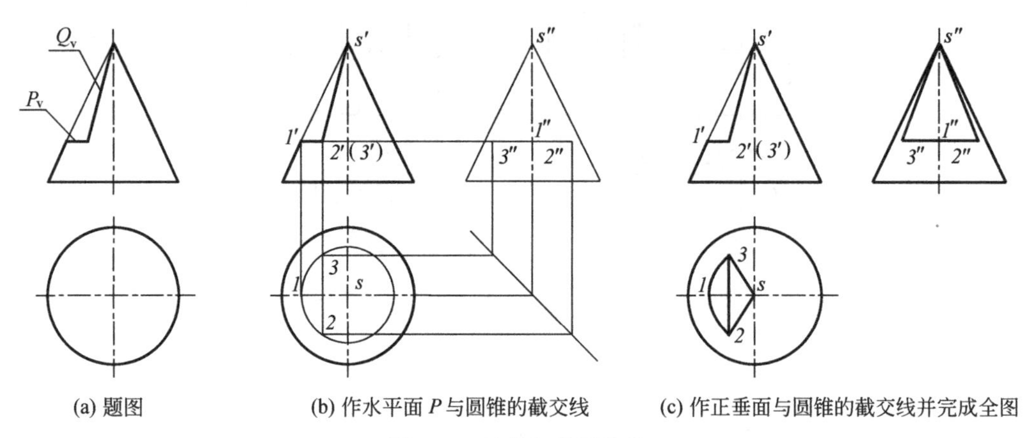

(a) 题图　(b) 作水平面 P 与圆锥的截交线　(c) 作正垂面与圆锥的截交线并完成全图

图 2-18 被截切的圆锥体

分析：

截平面 P 垂直于圆锥的轴线，其截交线为圆弧；截平面 Q 过锥顶，其截交线为过锥顶的直线。

作图：

(1) 作截平面 P 与圆锥的截交线。由 $1'$ 求出其水平投影 1，以 s 为圆心，以 $s1$ 为半径画圆，并求出 II、III 点的水平投影 2、3，则 213 即为截交线的水平投影；然后根据点的投影规律求出其侧面投影 $2''1''3''$，如图 2-18(b)所示。

(2) 作截平面 Q 与圆锥的截交线。连接 $s2$、$s3$、$s''2''$、$s''3''$，即为截交线的侧面投影。

(3) 画出截平面 P、Q 的交线 II、III 的投影，加深、整理并完成全图，如图 2-18(c)所示。

3. 球体的截交线

平面切割圆球时，无论截平面在什么位置，截交线的空间形状均为圆。如表 2-3 所示，当截平面平行于某一投影面时，截交线在该投影面上的投影为反映真实大小的圆，另外两个投影积聚成直线；当截平面垂直于某一投影面时，截交线在该投影面上的投影积聚成直线，另两个投影为椭圆；当截平面倾斜于三个投影面时，截交线的空间形状虽为圆，但三个投影均为椭圆。

表 2-3　圆球的截交线

正面投影为截交线圆的实形	水平投影为截交线圆的实形	截交线圆的水平投影为椭圆
截平面为正平面	截平面为水平面	截平面为正垂面
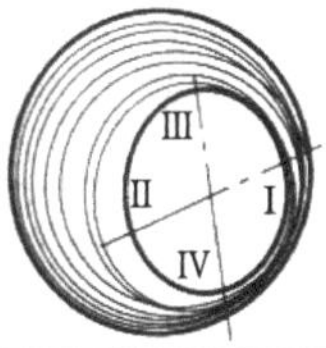 III, II, I, IV	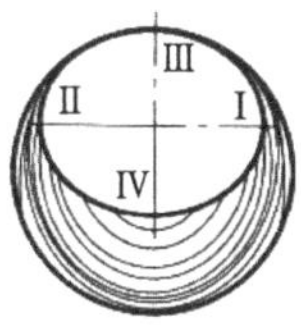 III, II, I, IV	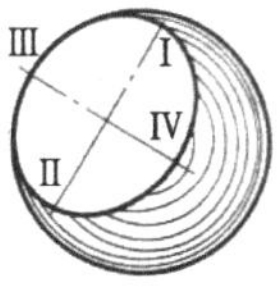 III, I, IV, II
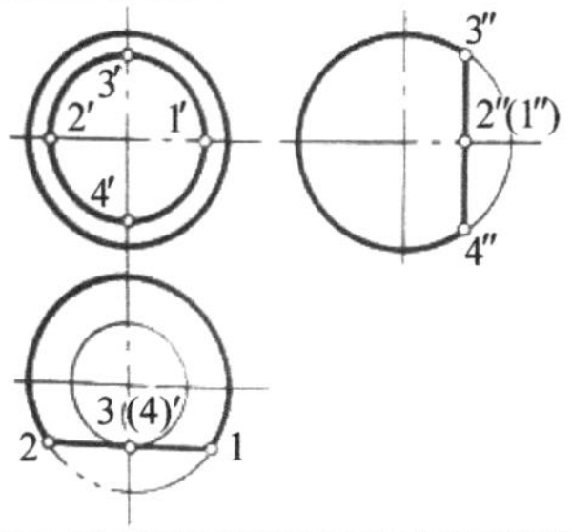 $3'$, $2'$, $1'$, $4'$, $3''$, $2''(1'')$, $4''$, 3(4)′, 2, 1	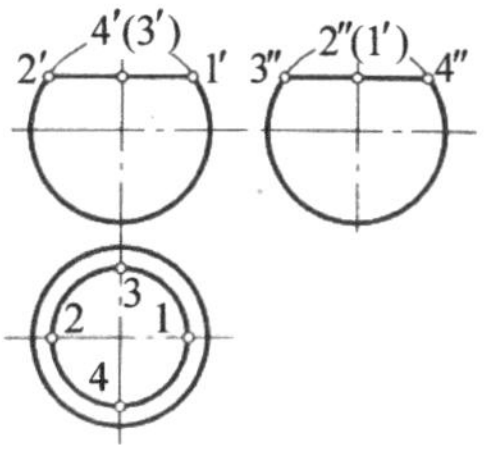 $4'(3')$, $2'$, $1'$, $3''$, $2''(1'')$, $4''$, 3, 2, 1, 4	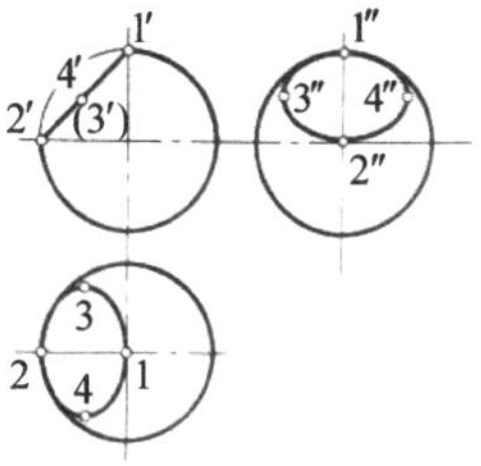 $1'$, $4'$, $2'$, $(3')$, $1''$, $3''$, $4''$, $2''$, 3, 2, 4, 1

【例 2-11】 如图 2-19(a)所示，在半球上开一方槽，已知主视图(如图 2-19(b)所示)，补画俯视图和左视图。

分析：

半球体被一个水平面 P 和两个侧平面 Q 截切。截平面 P 截切球体，其截交线的水平投影为反映实形的圆；截平面 Q 截切球体，其截交线的侧面投影为反映实形的圆。

作图：

(1) 作水平面 P 与球体的截交线。其水平投影为以 R_1 为半径的圆，侧面投影为有积聚性的高平齐的直线，如图 2-19(c)所示。

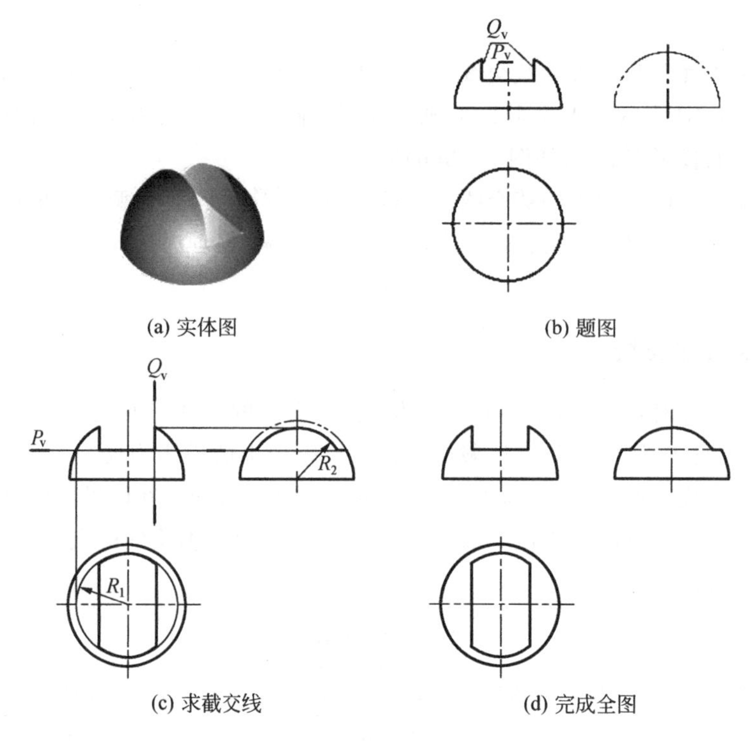

(a) 实体图　(b) 题图

(c) 求截交线　(d) 完成全图

图 2-19　上部开方槽的半球体

(2) 作侧平面 Q 与球体的截交线。因两个侧平面左右对称，故侧面投影重合，其侧面投影为以 R_2 为半径的圆，水平投影为有积聚性的长对正的直线，如图 2-19(c)所示。

(3) 整理、完成全图。注意 P 平面与 Q 平面的交线在左视图上不可见，同时左视图中方槽范围内的转向轮廓线被切去了，故应擦掉，如图 2-19(d)所示。

2.3.3　两回转体表面的相贯线

两立体表面的交线称为相贯线。两立体相交可分为两平面立体相交、平面立体与曲面立体相交、两曲面立体相交三种情况，前两种情况在求截交线时已经介绍了，本节主要介绍两回转体相交时相贯线的特点和画法。

相贯线的特点：

(1) 相贯线是两曲面立体表面的共有线，也是两曲面立体表面的分界线，相贯线上的点是两曲面立体表面的共有点。

(2) 一般情况下，相贯线为封闭的空间曲线，特殊情况下可能是平面曲线或直线。

相贯线的形状取决于相交两曲面立体的形状、大小及相对位置。求作相贯线实际上就是求相交两曲面立体表面的一系列共有点，再顺序光滑连接，其实质仍是立体表面取点的问题，可利用有积聚性的投影或辅助平面法求得。

1. 圆柱与圆柱相贯

轴线正交(垂直相交)的两圆柱体的相贯线，是最常见也是最基本的。通常两圆柱体相交表现为外表面与外表面相交、外表面与内表面相交、内表面与内表面相交三种形式，见表 2-4。不论是哪种形式，相贯线的形状和作图方法都是相同的。

表 2-4　正交两圆柱相贯的三种形式

相 交 形 式	两外表面相交	外表面与内表面相交	两内表面相交
实体图			
视图			

【例 2-12】 如图 2-20(a)所示，求圆柱体的相贯线。

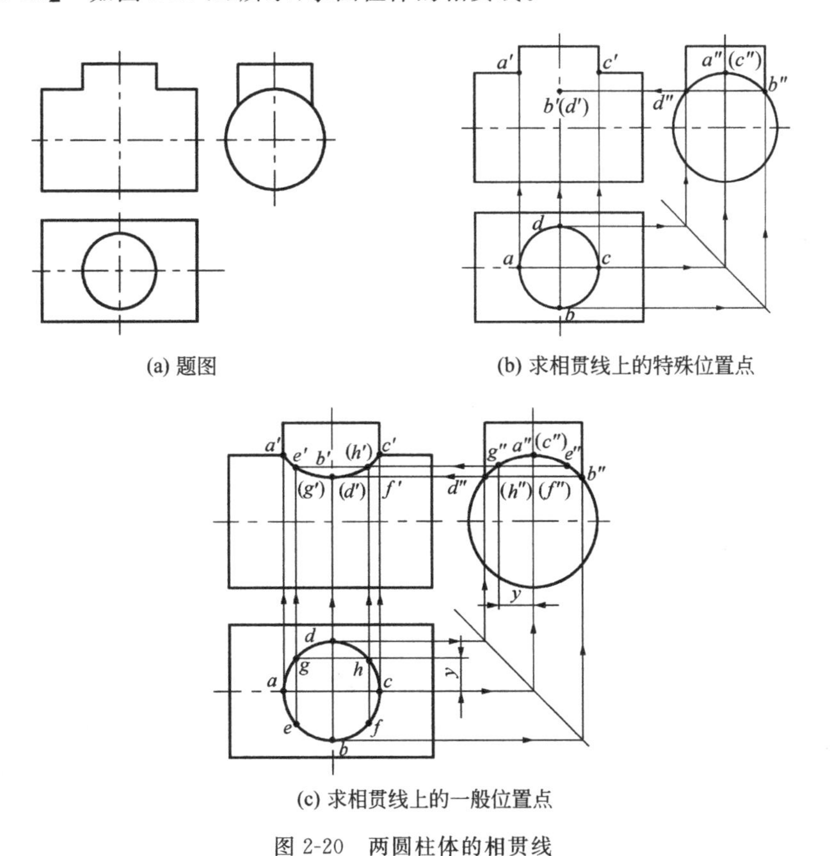

(a) 题图　　(b) 求相贯线上的特殊位置点

(c) 求相贯线上的一般位置点

图 2-20　两圆柱体的相贯线

分析：

此题两圆柱体的轴线垂直相交，直立小圆柱全部穿进水平大圆柱内，有公共的前后、左右对称面，故相贯线是一条封闭的空间曲线，且前后、左右对称。

小圆柱的水平投影积聚为圆，即为相贯线的水平投影；大圆柱的侧面投影积聚为圆，则相贯线的侧面投影为一段圆弧。因此只求作相贯线的正面投影即可。由于相贯线的前后、左右对称，在其正面投影中，可见的前半部分与不可见的后半部分重合，且左右对称。

作图：

(1) 求特殊位置点的投影，如图 2-20(b)所示。

水平圆柱的最上轮廓线与直立圆柱的最左、最右轮廓线的交点 a、c 是相贯线上的最高点，也是最左、最右点；直立圆柱的最前、最后轮廓线与水平圆柱表面的交点 b、d 是相贯线上的最低点，也是最前、最后点。依据投影规律求出它们的正面投影 a'、b'、c'、d'。

(2) 求一般位置点的投影，如图 2-20(c)所示。

在相贯线的水平投影上任找两点 G、H 的水平投影 g、h，利用 y 相等的关系求出其侧面投影 g''、h''，根据点的投影规律求出其正面投影 g'、h'。同理，可求出相贯线上一系列点的三面投影，如 e、f。顺序光滑连接各点，即求出了相贯线的正面投影。

2. 两圆柱相对大小的变化对相贯线的影响

当两圆柱轴线垂直相交时，若相对位置不变，改变两圆柱直径的相对大小，则相贯线也会随之改变，见表 2-5。

表 2-5　两圆柱相对大小的变化对相贯线的影响

两圆柱直径的关系	水平圆柱直径较大	两圆柱直径相等	垂直圆柱直径较大
相贯线的特点	上、下两条空间曲线	两个垂直的椭圆	左、右两条空间曲线
实体图	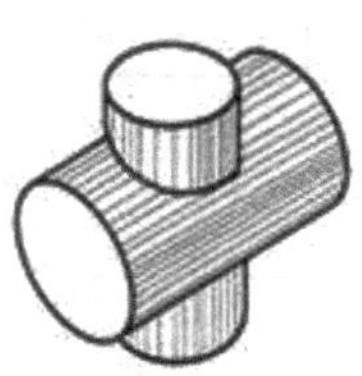	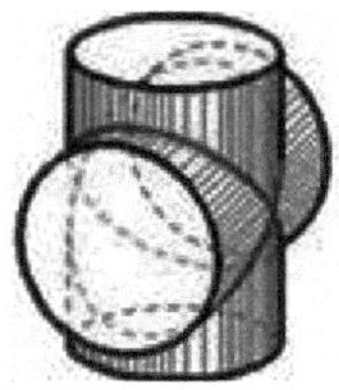	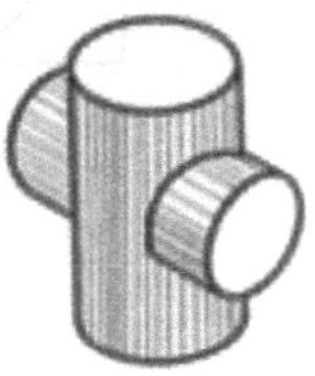
视图	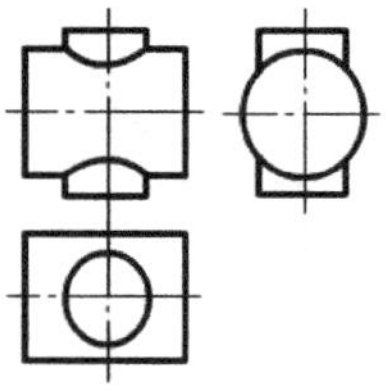	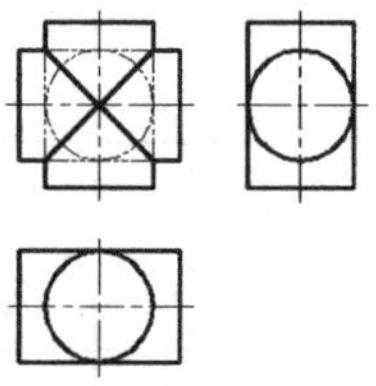	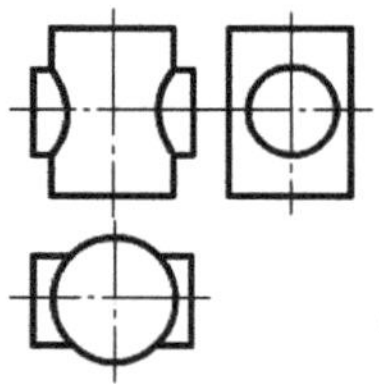

由表 2-5 中可以看出，两个不等径正交圆柱的相贯线，总是由小圆柱向大圆柱轴线方向弯曲，并且两圆柱直径相差越小，曲线顶点越向大圆柱轴线靠近；当两圆柱直径相等时，相贯线为两个相交的椭圆，正面投影为相交两直线。

3. 相贯线的特殊情况

一般情况下，两回转体的相贯线是空间曲线；特殊情况下，也可能是平面曲线或直线。

(1) 当两回转体共切于同一球面时，其相贯线为两个相交的椭圆，如图 2-21(a)所示。

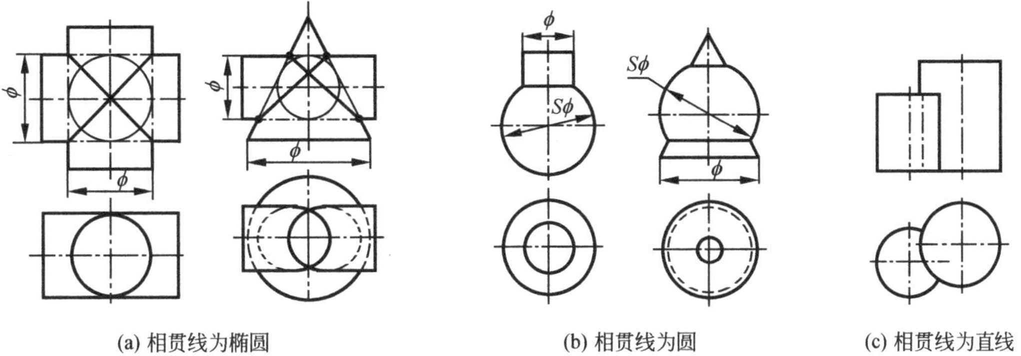

(a) 相贯线为椭圆　　(b) 相贯线为圆　　(c) 相贯线为直线

图 2-21　相贯线的特殊情况

(2) 当两回转体共轴线时，其相贯线为垂直于该轴线的圆，如图 2-21(b)所示。

(3) 当两圆柱体的轴线平行时，其相贯线为直线，如图 2-21(c)所示。

4. 相贯线的简化画法

轴线正交的两圆柱体相贯，当它们的直径不相等，且不会引起误解时，允许用简化画法，即用与大圆柱半径相等的圆弧来代替空间曲线。

简化作图方法：以相贯两圆柱中较大圆柱的半径为半径，圆弧过两圆柱体轮廓线的交点，其圆心在小圆柱的轴线上，如图 2-22 所示。

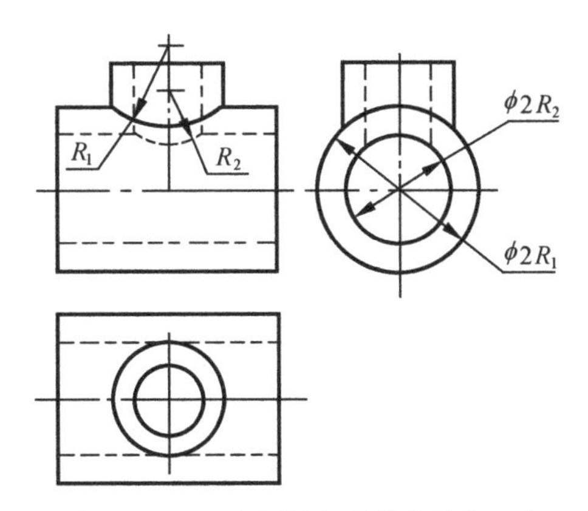

图 2-22　两正交圆柱相贯线的简化画法

第3章 组合体

由单一基本体构成的机器零件或物体是比较少见的，更多的是由几个基本体组合而成。由若干基本体组合而形成的立体称为组合体。因此，需要在分析基本体投影的基础上，进一步分析组合体的三视图。

本章主要介绍有关组合体的基本知识，绘制和阅读组合体三视图的方法，以及组合体尺寸的标注方法。通过本章的学习，应掌握以下基本内容：

- 组合体的组成形式和分析方法；
- 组合体的绘制方法；
- 组合体的读图方法；
- 组合体的尺寸标注；
- 组合体的构型设计基本方法。

3.1 组合体的组成形式及分析方法

3.1.1 组合体的组成形式

组合体的组成形式可分为叠加、切割或两者相混合的方式。叠加式是指由若干基本体叠加而成，如图 3-1(a)所示；切割式是指由基本体经过切割或穿孔后形成的，如图 3-1(b)所示。通常，组合体的构成既有叠加又有切割，称其为混合式，如图 3-1(c)所示。

3.1.2 基本体之间表面连接关系

从组合体的整体来分析，各基本体之间具有一定的相对位置关系，并且各形体之间的表面也存在一定的连接关系。

1. 共面(平齐)

当相邻两形体的表面相互平齐连成一个平面时(共面)，结合处没有界线，在相应的视图上应该没有图线将它们的投影隔开，如图 3-2(a)所示。

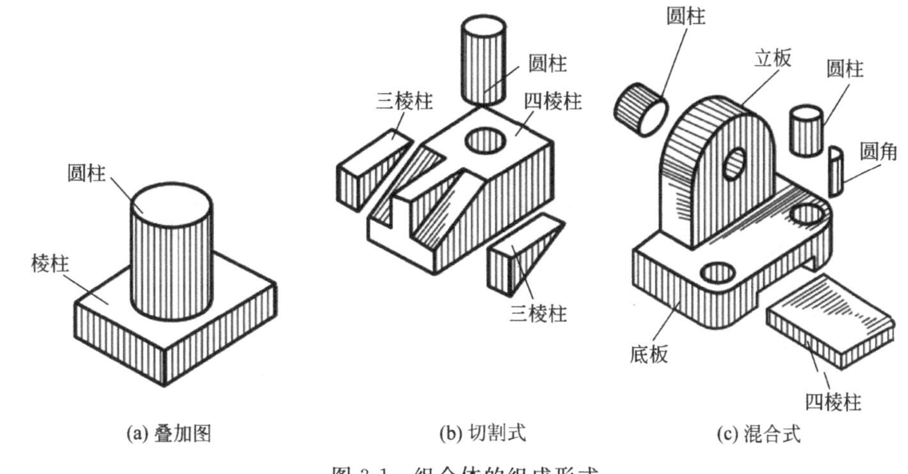

图 3-1 组合体的组成形式

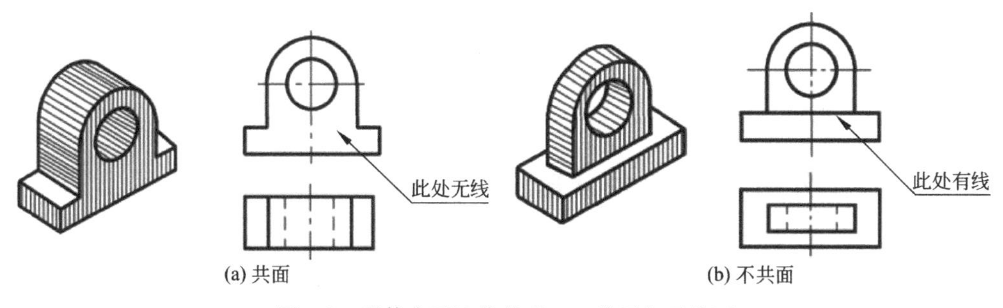

图 3-2 形体表面连接关系——共面与不共面

2. 不共面(不平齐)

当相邻两形体的表面不共面而是相错时,在相应的视图上应有图线将它们的投影隔开,如图 3-2(b)所示。

3. 相切

相邻两基本体的表面光滑过渡,称为相切。相切处不存在轮廓线,因此在相应的视图中,两表面相切处的投影不画投影线,如图 3-3 所示。

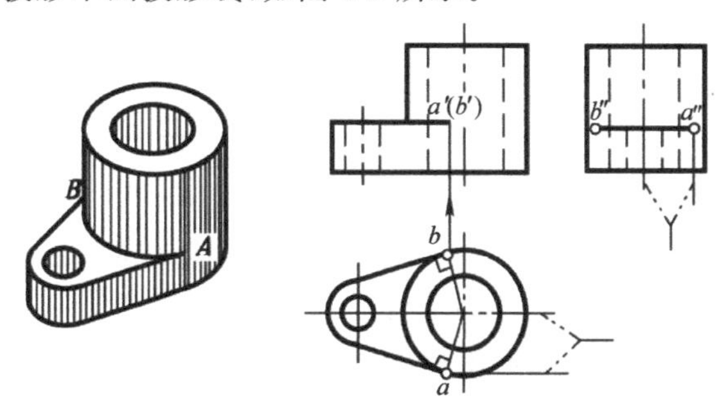

图 3-3 形体表面连接关系——相切

4. 相交

两基本体表面相交必有交线(截交线或相贯线),应画出交线的相应投影,如图 3-4 所示。

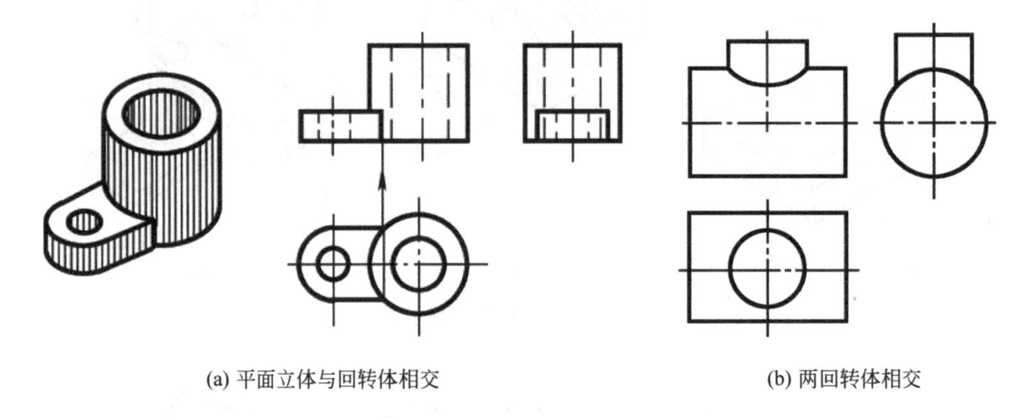

(a) 平面立体与回转体相交　　(b) 两回转体相交

图 3-4　形体表面连接关系——相交

3.1.3　形体分析法和线面分析法

如何正确绘制组合体的三视图,如何通过三视图解读组合体的结构信息,是工程技术人员要掌握的基本功。由于任一组合体均可看成是由若干基本体组合而成,因此为了便于理解组合体的形状及结构,可将组合体分解成若干基本体,并分析这些基本体之间的相对位置、表面连接关系,从而得出整个组合体的形状与结构,这种方法称为形体分析法。该方法是进行工程图的绘制、阅读及尺寸标注的基本方法。

在识读较复杂的切割式或混合式的组合体的视图时,可依照线、面的投影规律在组合体视图中分析线、面所表达的形体。分析视图中的线框(即面)、线、点,并确定它们之间的相对位置及对投影面的相对位置,从而想出组合体的整体空间形状,这种方法称为线面分析法。

3.2　组合体的画图

画组合体的三视图,实际上是画出组成该组合体的各基本体的投影,并依照它们的相对位置及表面连接关系,分析所画的投影,从而完成组合体的三视图。通常采用以下三个步骤:

(1) 采用形体分析法,分析组合体是由哪些基本体组成的,它们的组成方式、相对位置和连接关系是怎样的,对该组合体的结构有一个整体的概念。

(2) 进行视图选择,并首先确定主视图,因为主视图选择的准确与否,将直接影响组合体视图表达的清晰性。选择主视图的原则:将组合体按自然位置放平、摆正,将反映组合体的各组成形体和它们之间相对关系最多的方向作为主视图的投影方向,同时还要考虑使各视图中的不可见部分最少。

(3) 依据投影规律作图。根据形体的大小,选定比例,确定图幅,布局图面,画出底稿;然后检查底稿,修正错误,清理图面;最后按规定线型加深完成。

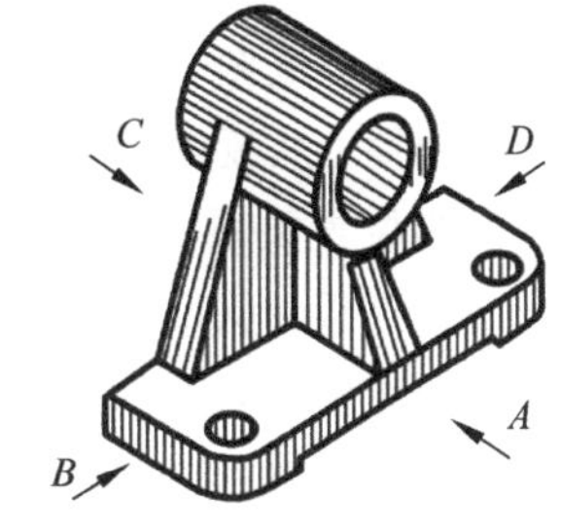

图 3-5　组合体——轴承座

【例 3-1】 以如图 3-5 所示的轴承座为例具体说明组合体的三视图画法。

1) 形体分析

通过分析图 3-5 的轴承座,可以将其分解为图 3-6(a)所示的 4 部分: Ⅰ——套筒、Ⅱ——支撑板、Ⅲ——肋板、Ⅳ——底板。图 3-6(b)中的 4 幅图分别为这 4 部分形体的三视图。它是一个左右对称的组合体,支撑板与底板后表面平齐,肋板后表面中点与支板前表面中点对齐,它们叠加在底板上表面中间位置,共同支撑套筒。

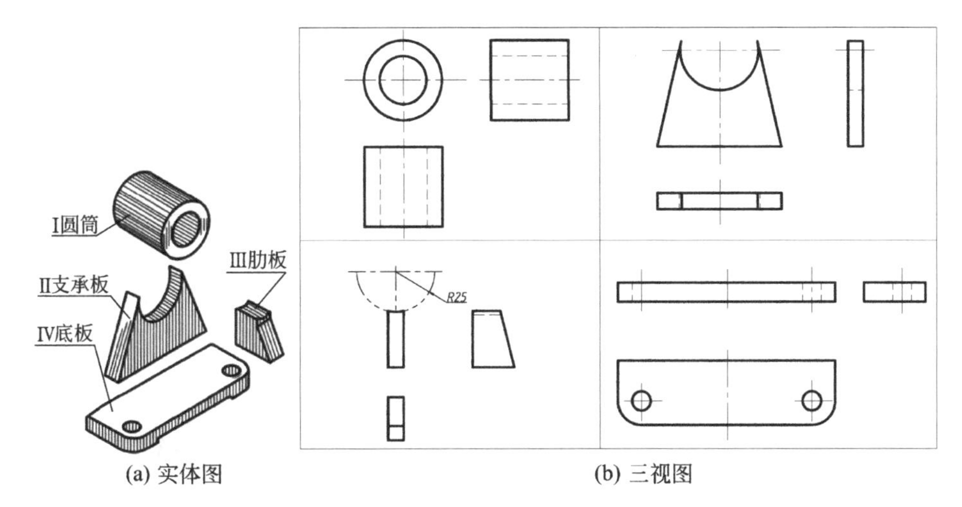

(a) 实体图　(b) 三视图

图 3-6　轴承座形体分析

2) 选择主视图

按照前面所述的主视图选择原则对轴承座进行分析,图 3-5 中箭头 B、D 所示方向不能很好地反映该组合体的形状特征,箭头 C 所示方向投影虚线多,故决定采用箭头 A 所示方向作为主视图方向。

3) 画图

(1) 选比例、定图幅。根据轴承座尺寸大小和复杂程度,并考虑图面布局合理性,视图与视图之间及视图与边框之间距离得当,选取符合国家标准的绘图比例和图幅。本轴承座最大外形尺寸为长 140、宽 60、高 97,选择绘图比例 1∶1,并预留出尺寸标注和标题栏的位置,故选择 A3 图幅。

(2) 画底稿。

① 画出各个基本视图作基准线、对称轴线、套筒圆孔中心线及其对应轴线、底面和背面位置线,如图 3-7(a)所示。

② 画出各形体的三个视图。从反映形体特征的视图开始画，三个视图对照画；先画整体，后画局部；先定位置，后定形状。

画底板：从俯视图入手，按"三等"关系画出底板三视图，如图 3-7(b)所示。

画套筒：从反映套筒特征的主视图入手，要特别注意在俯、左视图中套筒前、后端面与底板的位置关系。按"三等"关系画出套筒三视图，如图 3-7(c)所示。

画支撑板：从反映支撑板特征的主视图入手，注意支撑板左、右侧面与套筒外圆柱面相切处无轮廓线，应通过主视图准确求出切点的投影，并按"三等"关系画出支撑板在俯、左视图的投影位置。最后擦去套筒与支撑板衔接处的轮廓线，绘图过程如图 3-7(d)所示。

画肋板：需要主、左视图配合着画。特别注意图 3-7(e)中所注左视图上一段交线取代了套筒外圆轮廓线，在俯视图中要擦去支撑板和肋板连接处的轮廓线，绘图过程如图 3-7(e)所示。

(3) 检查描深。画完底稿后，应逐个检查所画三视图，特别注意各基本形体表面之间的连接关系，确定无误后，按国家标准所要求的标准线型描深，如图 3-7(f)所示。

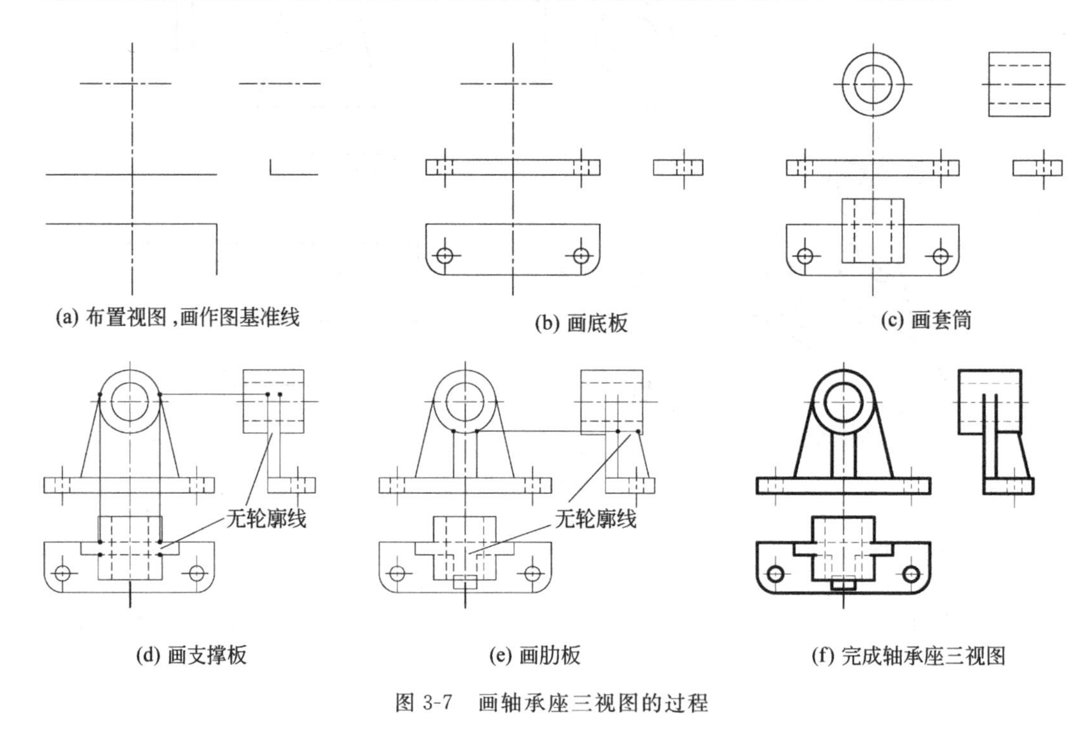

图 3-7 画轴承座三视图的过程

3.3 组合体的读图方法

画图的过程是根据物体画出它的视图，而读图的过程则是根据投影图想象出物体的形状结构。读图的方法和画图的方法是一样的，也是以形体分析法为主，对视图中比较复杂、不易看懂之处，还要结合线、面的投影来分析和想象这些局部的结构形状。在读图过程中还应逐步培养丰富的空间想象能力。

例如从图 3-8(a)所示的一个视图，可以想象出图 3-8(b)、(c)、(d)等若干不同形状的物体。这说明了仅仅看一个视图是不能确定物体形状的，必须要通过两个或两个以上的视图互相对照，分析视图中每个封闭线框及每条图线的含义，才能正确地想象出该物体的形状。

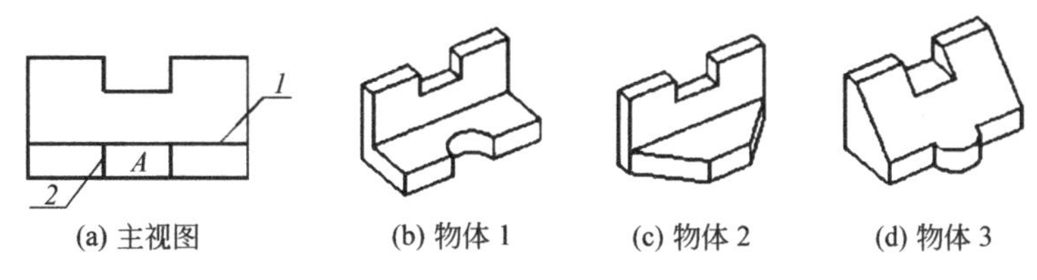

(a) 主视图　(b) 物体 1　(c) 物体 2　(d) 物体 3

图 3-8　视图中图框和图线的含义

例如：在图 3-8(a)中的线框 A，可以代表图 3-8(c)中的一个平面投影，也可以分别代表图 3-8(b)和(d)中凹进或凸出圆柱面的投影。又如：图 3-8(a)中的线段 1，是物体上一个面(水平面)的有积聚性的投影；图线 2 则是物体上的一条线(铅垂线)的投影。

通过以上分析可知：在一般情况下，视图中的每个封闭线框，表示物体上的一个面的投影；视图中的每条图线，可以表示物体上垂直于投影面的一个面的投影，或者表示物体表面上的一条线(直线或曲线)的投影。

读图时，通常先进行粗略的形体分析，从主视图着手，配合其他视图，按线框划块，分隔成几部分，从视图反映的形状特征来分析这个组合体是由哪几部分组成的，大致弄清各个部分的形状和相对位置，以及它们的组合方式，从而对组合体的形状有一个初步的概念。

然后，再按画线框、对投影的方法，逐步看懂各部分的具体形状。

【例 3-2】 已知组合体的主、俯视图如 3-9(a)所示，想象出它的形状并补画左视图。

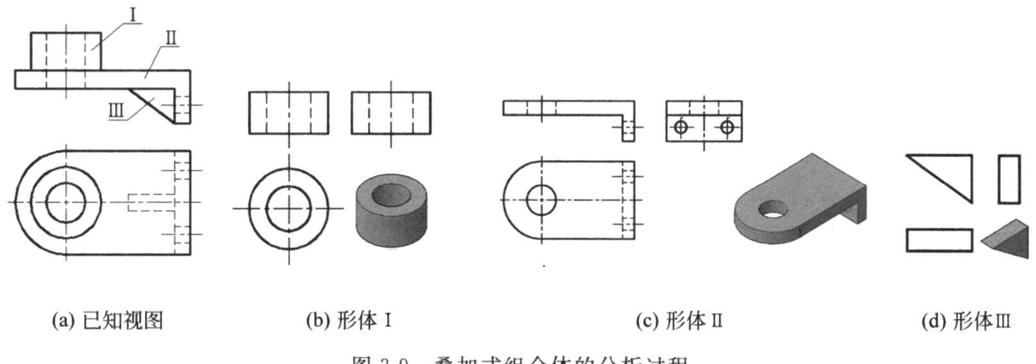

(a) 已知视图　(b) 形体Ⅰ　(c) 形体Ⅱ　(d) 形体Ⅲ

图 3-9　叠加式组合体的分析过程

分析：

该组合体是由若干基本体叠加而成的，故采用形体分析法。解题方法及过程如下。

(1) 看视图，对线框。从主视图入手，将整个视图分成如图 3-9(a)所示的Ⅰ、Ⅱ、Ⅲ三个独立的封闭实线线框，这些线框分别代表组成组合体的各个基本体。

(2) 对投影，定形体。从主视图出发，分别将每个线框的其余已知投影找出，将有投影关系的线框联系起来考虑，想象出各线框所表达的真实形状及对应的左视图，如图 3-9(b)、(c)、(d)所示。

(3) 综合起来想象整体。在分别想象出各部分的基础上，分析它们之间的相对位置和表面连接关系，想象出该组合体的总体形状，完成左视图，如图 3-10 所示。

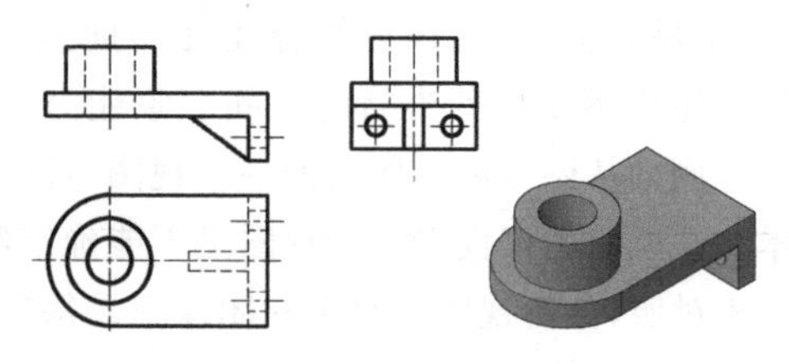

图 3-10　叠加体组合体的分析结果

【例 3-3】 已知组合体的三视图如图 3-11(a)所示，分析、想象出它的形状。

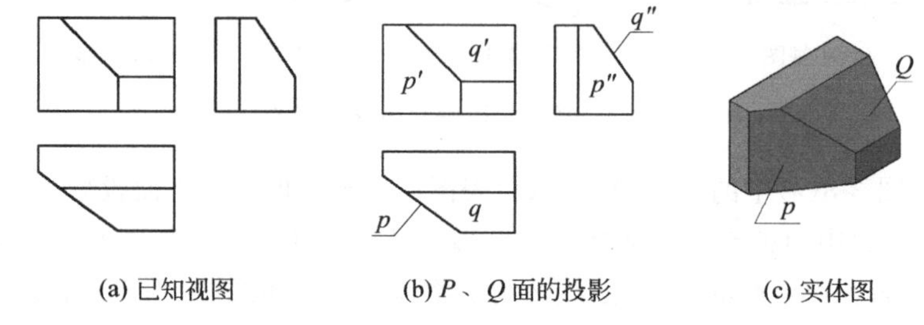

(a) 已知视图　(b) P、Q 面的投影　(c) 实体图

图 3-11　切割式组合体的分析过程及结果

分析：

该组合体是由长方体经切割而成的，故采用线面分析法。解题方法及过程如下。

(1) 分线框，对投影。主视图有三个封闭线框，俯、左视图各有两个封闭线框，由线面分析法可知，一个封闭线框一般可视为一个平面。

(2) 找垂面，想面形。由切割形成的组合体，垂面(即投影面的垂直面)对其形状影响较大，也增加了读图的难度，故应优先判断是否存在垂面及有几个垂面。本题在俯视图中缺一角，说明长方体左端被切掉一角，是被铅垂面 P 切掉的，在左视图中也缺一角，说明长方体前面被切掉一角，是被侧垂面 Q 切掉的。按照垂面投影特性：垂面在所垂直的投影面投影积聚成线，而另外两个投影为类似形，可以轻松将图中这些面的投影分别找出并标明，如图 3-11(b)所示，而其他平面则是投影面的平行面，形状易于分析。

(3) 综合起来想象整体。通过上述分析，进行综合构思，就可得出该组合体的真实形状，如图 3-11(c)所示。

3.4　组合体的尺寸标注

视图只能反映物体的形状结构，而其真实大小及组成物体的各形体之间的相对位置，则要通过尺寸来确定。因此，尺寸标注与视图表达一样，都是构成工程图的重要内容。

工程图尺寸标注的基本要求如下：

正确：所注尺寸要符合国家标准的有关规定。

完整：尺寸标注必须齐全，不遗漏、不重复。

清晰：尺寸应标注在最能反映物体特征的位置上，且排列整齐，便于读图。

合理：尺寸标注既要满足工程设计的要求，又要符合制造工艺（加工、检测、装配等）的要求。

1. 基本体的尺寸标注

在图 3-12 中标注了一些常见的基本体的尺寸。

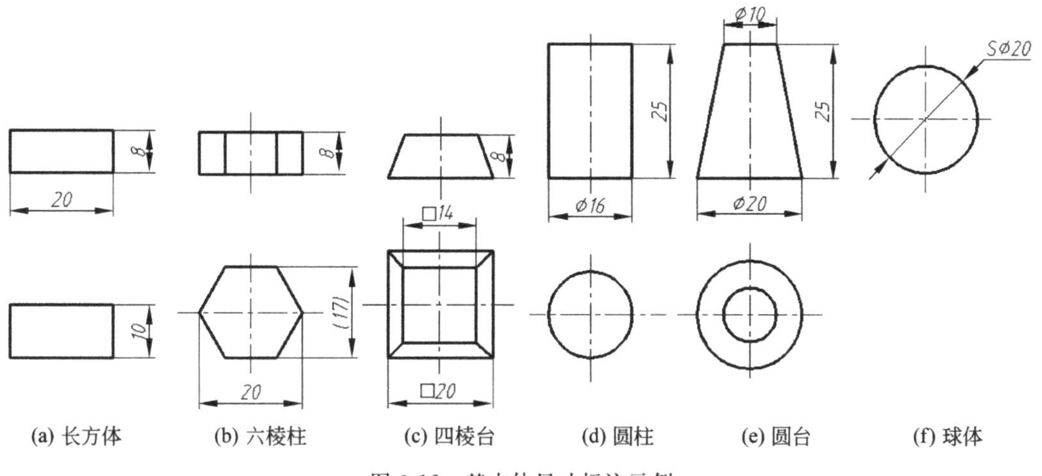

图 3-12 基本体尺寸标注示例

一个基本体一般要标注长、宽、高三个方向的尺寸。在图 3-12 中，长方体标注了长、宽、高；正六棱柱只需标注它的对面距（或对角距）及柱高；四棱台只需标注顶面、底面矩形的尺寸和高度尺寸，就能确定其大小。有些基本体在标注尺寸后，可以减少视图，如圆柱、圆台等回转体，在不反映圆的视图上，标注出直径和高度，就能确定它们的形状和大小，其余的视图可省略不画；球体也只需画出一个视图，并在直径尺寸前加注字母 S 就可以了。

2. 截切、缺口的尺寸标注

具有斜截面和缺口的基本体，除了标注基本体的几何尺寸外，还要标注截平面的定位尺寸，如图 3-13 中标注 A 的那些尺寸。截平面与基本体的相对位置确定后，立体表面的截交线也就完全确定了。因此，截交线处不必标注尺寸。

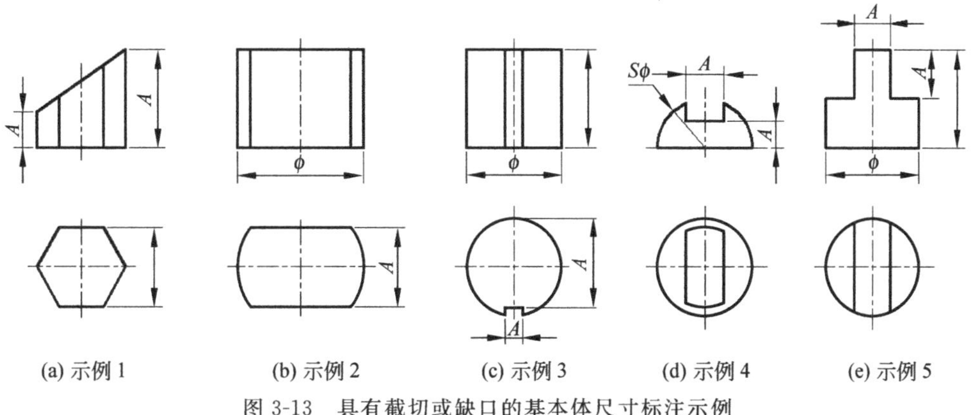

图 3-13 具有截切或缺口的基本体尺寸标注示例

3. 组合体的尺寸标注

标注组合体尺寸的基本要求仍是正确、完整、清晰、合理。也就是说：要符合国家标准中尺寸注法的规定；在长、宽、高三个方向，尺寸齐全，没有遗漏，并且一般也不标注重复尺寸(包括可按已标注尺寸计算或作图得出的尺寸)；从便于看图出发，将尺寸清晰地标注在图中合理的地方。

在一般情况下，下述标注组合体尺寸的步骤可供参考：

(1) 对组合体进行形体分析。将组合体分解成由若干部分(基本形体)叠加或切割而形成，在此基础上标注尺寸。

(2) 标注定形尺寸，即确定各基本形体大小的尺寸。需标注组成组合体的各个基本形体的定形尺寸。

(3) 标注定位尺寸，即确定各基本形体之间相对位置的尺寸。在标注定位尺寸时应该在长、宽、高三个方向上分别选定尺寸基准，使所注的定位尺寸与基准有所联系。通常选用底面、对称平面、回转体的轴线等作为尺寸基准。

(4) 标注组合体的总体尺寸，并按照实际情况调整已标注的尺寸。组合体的总体尺寸是表示组合体总长、总宽、总高的尺寸。在标注总体尺寸时要具体分析，有时要调整已标注过的尺寸，以避免尺寸重复；有时总体尺寸可省略标注(由定位尺寸＋相应半径尺寸确定)。

在标注组合体尺寸时，也可以在确定了尺寸基准后按各基本形体依次标注它们的定形尺寸和定位尺寸，然后再标注总体尺寸，同时还必须充分考虑局部和整体的关系。有时，一个尺寸可能既是定形尺寸，又是定位尺寸，不能完全单纯地只考虑各个基本形体单独的情况，还应考虑到各基本体是组成组合体整体的一个部分。

图 3-14 中标注了一些不同形状板的尺寸。图中标注 A(或 ϕA)的尺寸是形体上孔或槽的定位尺寸，其中有些也兼作定形尺寸。其余是确定这些板形状大小的定形尺寸。

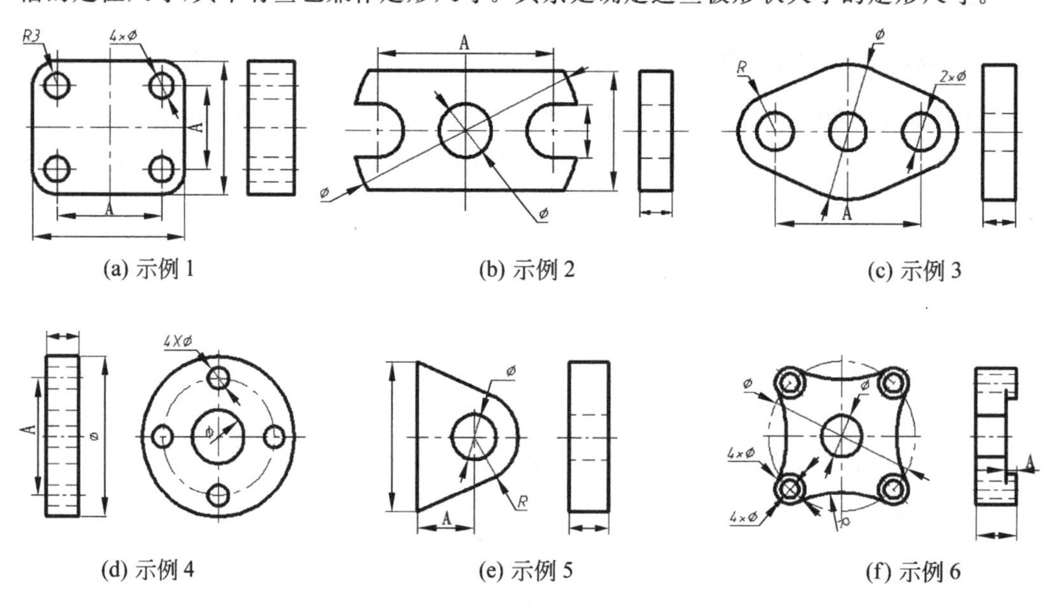

图 3-14　不同形状板的尺寸标注示例

在图 3-14 中还有些尺寸可采用简化注法，这里不详细介绍，请参阅国家标准。

【例 3-4】 以如图 3-15 所示的轴承座为例，标注组合体尺寸。

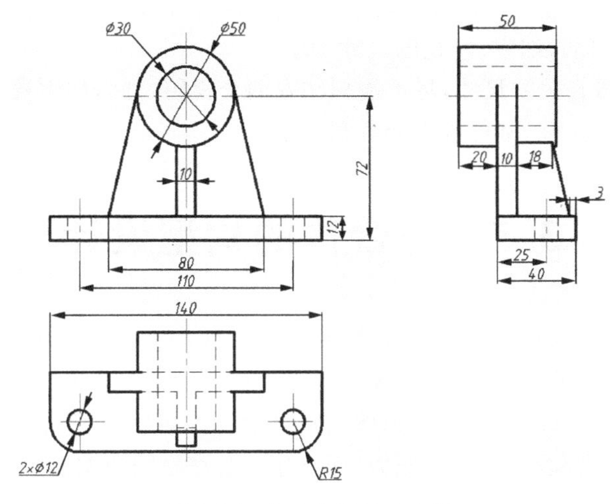

图 3-15 轴承座的尺寸标注

1) 形体分析

看懂轴承座的三视图，分析各个部分(底板、支板、套筒、肋板)的形状和相对位置。

2) 标注定形尺寸

底板：140、40、12、2×ϕ12、R15。

套筒：ϕ30、ϕ50、50。

支板：80、10。支板与 ϕ50 套筒相切，其高度尺寸无须标注而由作图确定。

肋板：18、27(由尺寸 3 可计算出)、10。肋板凹槽的半径尺寸与套筒外直径相同，不需重复标注；肋板与套筒的交线由作图确定，不应标注其高度尺寸。

3) 标注定位尺寸

首先应确定尺寸基准：选取轴承座的底面为高度方向的基准；选取轴承座的左右对称面为长度方向的基准；选取轴承座的底板后面为宽度方向的基准。

110、25：底板上两个圆孔相对长度基准的位置和宽度基准的位置。不用标注高度定位尺寸。

72：套筒轴线相对高度基准的位置，长度方向定位在对称面上。

20：套筒后端面相对宽度基准的位置。

4) 标注总体尺寸

考虑是否对已标注的尺寸进行调整。总长尺寸为 140，已作为底板的长度标注。总高尺寸由套筒高度方向的定位尺寸 72 和套筒半径 R25 确定，不必重复标注和调整已标注的尺寸。总宽尺寸由套筒宽度方向的定位尺寸 20 和底板宽度尺寸 40 确定，也不必重复标注和调整已标注的尺寸。

另外，还要注意清晰、合理的要求，因此必须注意以下几点：

(1) 尺寸应尽可能标注在形状特征最明显的视图上，不能从虚线引出尺寸界线，如套筒的直径；半径尺寸应标注在反映圆弧的视图上，如俯视图尺寸 R15。

(2) 对于在形体分析中属于同一基本形体的尺寸，应尽量集中标注，如主视图尺寸 $\phi30$、$\phi50$ 和左视图尺寸 25、40。

(3) 尺寸尽可能标注在视图外部，但为了避免尺寸界线过长或与其他图线相交，必要时也可标注在视图内部，如主、左视图尺寸 10。

(4) 与两个视图有关的尺寸，尽可能标注在两个视图之间，如主视图尺寸 12、72。

(5) 尺寸布置要齐整，避免过于分散和杂乱。

3.5 组合体的构型设计

组合体是由基本体叠加、切割而成的，根据组合体所要实现功能的要求，以不同的基本体为素材，构思合理的组合体形状、大小并表达成图的过程称为组合体的构型设计。组合体的构型设计能将空间想象、构思形体及形体表达三者结合起来。通过构思形体的学习和训练，不仅能提高画图、读图的能力，而且还能提高空间想象能力，是培养工程图学思维方式的重要方法，也是培养创造性思维能力的重要手段。

3.5.1 组合体构型设计的方法

1. 通过给定的组合体视图进行构型设计

图 3-16 给出了通过已知的俯视图，构思出几个不同的组合体的实例；图 3-17 给出了通过已知的主、俯两个视图，构思出几个不同的组合体的实例。

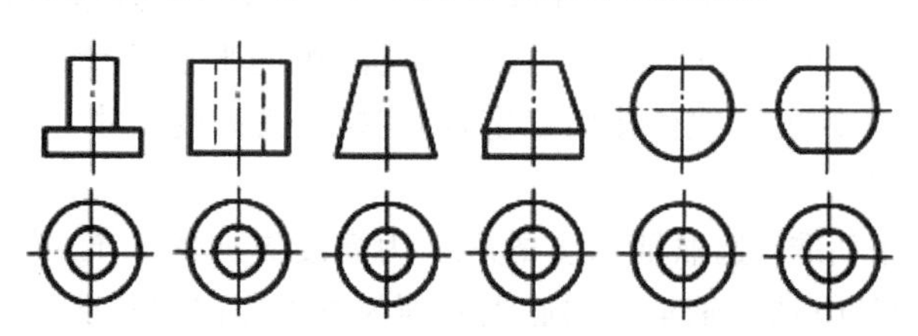

图 3-16 给定一个视图构思不同的组合体

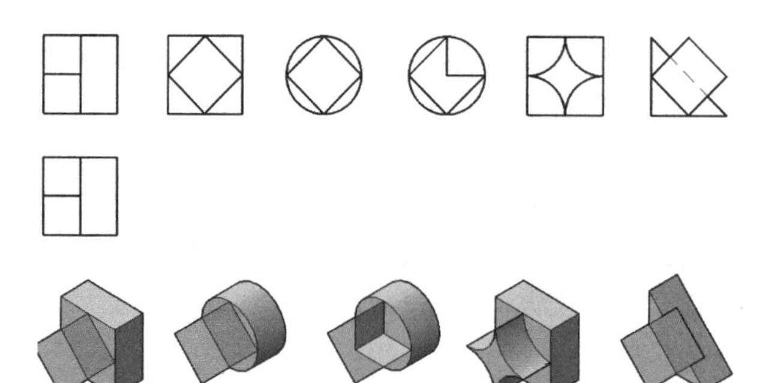

图 3-17 给定两个视图构思不同的组合体

2. 通过给定组合体的外形轮廓图进行构型设计

图 3-18 是给定组合体的两个外形轮廓图进行构型设计的实例，图 3-19 是给定组合体的三个外形轮廓图进行构型设计的实例。

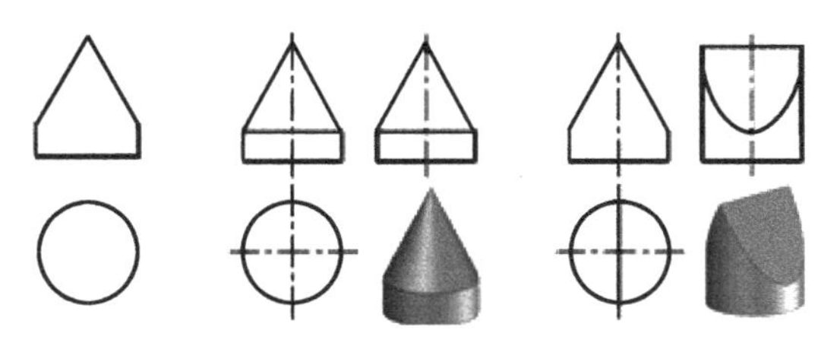

图 3-18　给定组合体的两个外形轮廓图进行构型设计

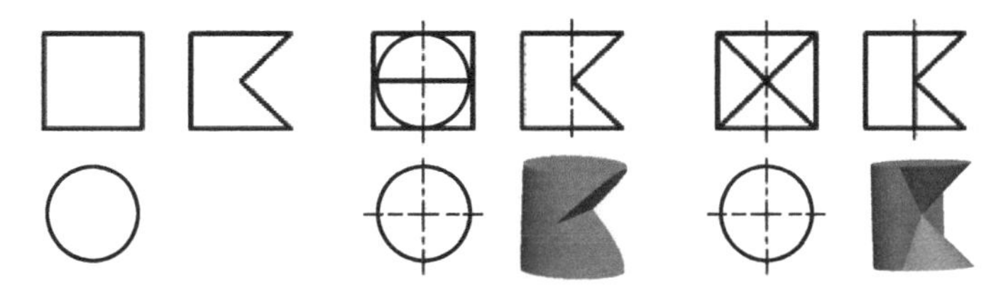

图 3-19　给定组合体的三个外形轮廓图进行构型设计

3. 通过给定构成组合体的基本体元素进行构型设计

可以利用给定基本体的平面图形或立体图形构型设计组合体。图 3-20 为利用给定基本体的立体图形通过叠加、切割等方式构型设计组合体的实例。

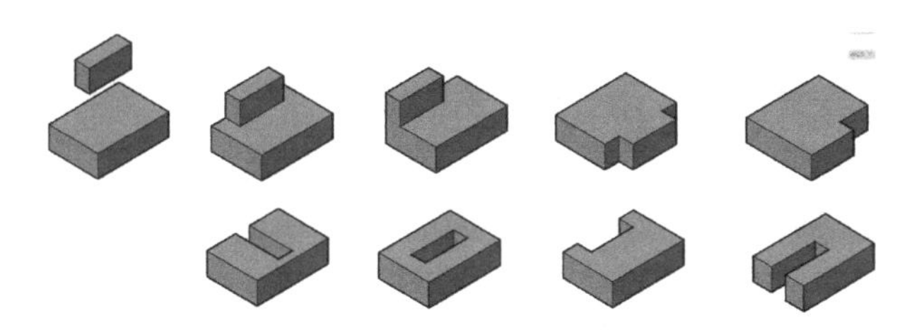

图 3-20　给定基本体的立体图形进行构型设计

4. 由给定已知组合体补形另一组合体结构的构型设计

图 3-21(b)所示为通过已知组合体补形另一组合体结构的构型设计实例。

5. 根据语言描述的要求进行构型设计

图 3-22(a)是按照“设计一个七面体，使其包含特殊位置平面和一般位置平面”的要求而构型设计的组合体，图 3-22(b)是按照“设计一个七面体，使其包含所有的特殊位置平面和一般位置平面”的要求构型设计的组合体。

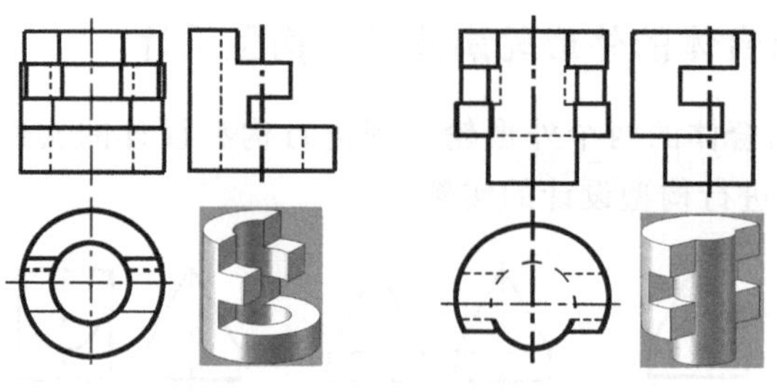

(a) 已知组合体　　(b) 补形设计组合体

图 3-21　通过已知组合体补形构型设计另一组合体

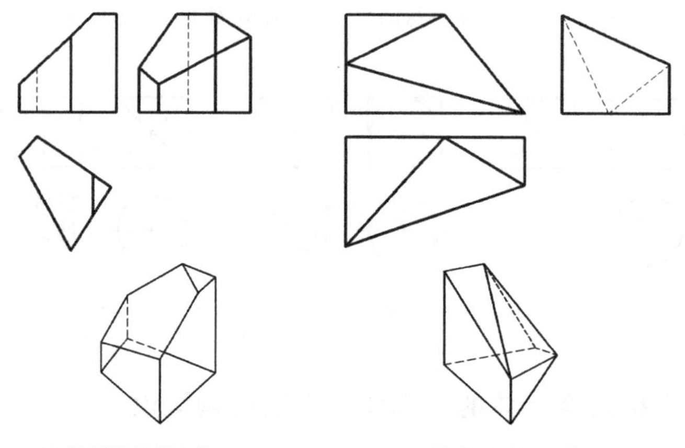

(a) 构型设计组合体 1　　(b) 构型设计组合体 2

图 3-22　根据语言描述的要求进行构型设计

3.5.2　组合体构型设计应注意的问题

1. 构型应优选基本体

从理论上讲组合体的构型应符合工程上零件结构设计的一般要求(具体可参阅本书第 9 章有关内容),同时又不是完全的工程化。可优选基本体构思和搭建组合体。如图 3-23所示的组合体——机器人,便是由几个基本体通过一定的组合方式构成的。

(a) 组合体——机器人　　(b) 组合体的基本构成

图 3-23　基本体构型设计实例

2. 构型应具有多样性和创新性

在满足已给条件下，要想设计不同种类且构思新颖的组合体，就要多观察事物，熟悉与组合体有关的知识；同时还应充分发挥空间想象力，从组合方式及同一个线框所表达的平面体、回转体等信息，进行统筹考虑和组合。如图 3-24(a)所示投影图中整个外框是四边形，四边形可以是四棱柱、圆柱或者为斜切四棱柱的投影；图 3-24(a)中的六个封闭线框是六个不同基本形体的投影，这些基本形体可以是平面立体，也可以是曲面立体，它们的位置可高可低，还可倾斜。将这些基本形体进行不同的组合，可以设计出不同形状的组合体。图 3-24(b)和图 3-24(c)即可理解为由不同的平面切割四棱柱而成，也可理解为由不同的平面立体叠加组合而成；而图 3-24(d)既有切割平面立体，又有切割曲面立体，还有叠加组合，构思新颖，富于变化。

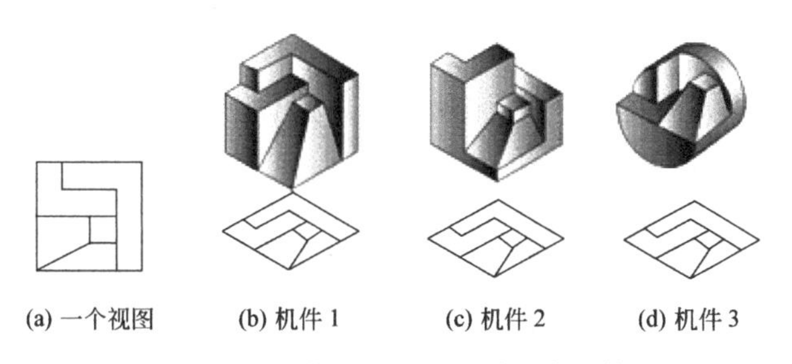

(a) 一个视图　(b) 机件 1　(c) 机件 2　(d) 机件 3

图 3-24　根据一个视图设计组合形体

3. 应避免出现不合理和不易成型的构型

组合体的构形不但应合理，还要便于实现。组合体各组成部分应牢固连接，两形体之间不能以点、线、面连接，如图 3-25 所示。封闭的内腔不便于成型，如图 3-26 所示，因此不宜采用。

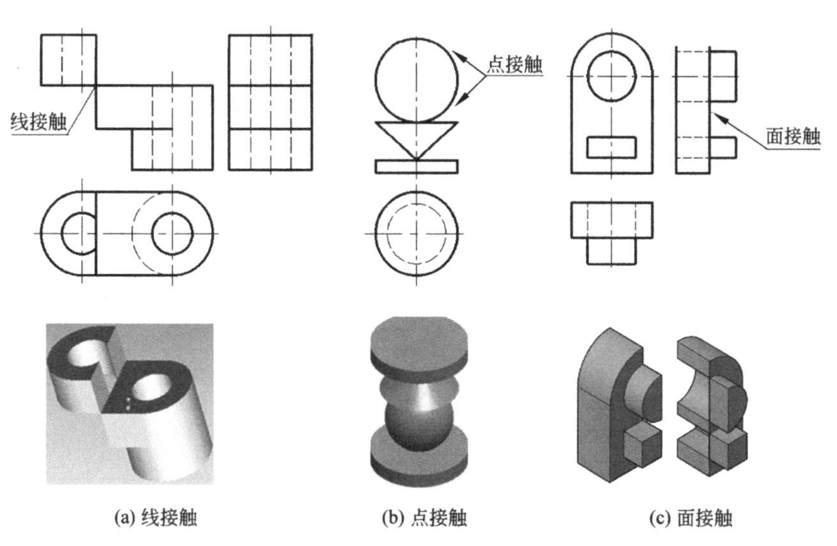

(a) 线接触　(b) 点接触　(c) 面接触

图 3-25　两形体之间不能以点、线、面连接

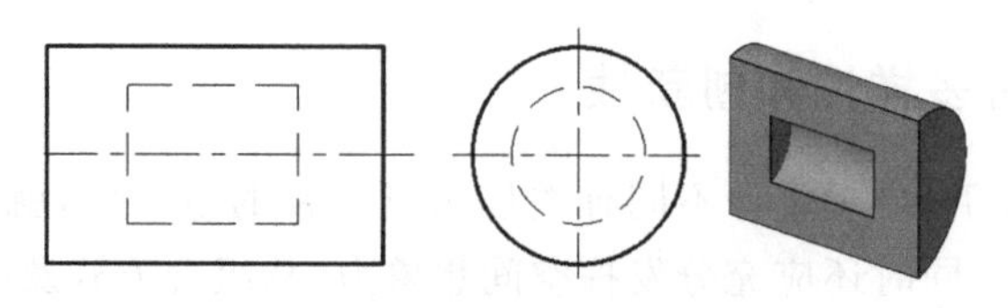

图 3-26　封闭的内腔不便于成型

4. 构型应体现造型艺术的一般原则

在现实生活中，由于人们经济地位、文化素质、习俗、生活理想、价值观念等不同而有不同的审美追求，然而评价某一事物或某一造型设计时，大多数人对于美或丑的感觉存在着一种相通的共识，这种共识是人类从长期社会生产、生活实践中积累的，它的依据就是客观存在的美的形式法则。因此，提倡构型设计时体现形式美的法则，如对称与均衡、对比与调和、比例和尺度等，是很有必要的。如图 3-27(a)的对称结构能使组合体具有平衡、稳定的效果；而对于非对称的组合体，采用适当的形体分布，可以获得心理上与视觉上的平衡感和稳定感，如图 3-27(b)所示。

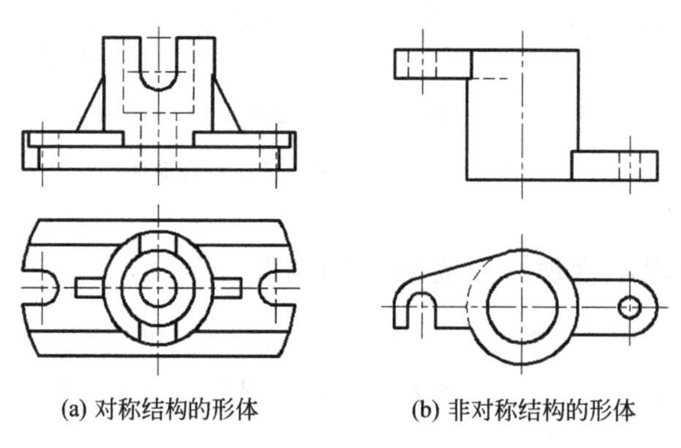

(a) 对称结构的形体　　(b) 非对称结构的形体

图 3-27　构型应体现造型艺术的一般原则

第4章 AutoCAD 绘图基础

本章主要介绍 AutoCAD 的基本风格、AutoCAD 的基本知识，以及利用 AutoCAD 绘图的方法和技巧等。通过本章的学习，应掌握以下内容：

- AutoCAD 的工作界面；
- 配置 AutoCAD 的系统环境；
- 命令与数据的输入方式；
- 直角坐标和极坐标的使用；
- 图形文件的管理；
- 图形显示的控制方法；
- 图层的特性与设置。

4.1 AutoCAD 的工作界面

启动 AutoCAD，常用以下两种方式：

(1) 双击 Windows 桌面上的快捷图标(见图 4-1)。

(2) 单击 Windows 桌面左下角的“开始”按钮，然后选择“所有程序”→Autodesk→AutoCAD 2010-Simplified Chinese→AutoCAD 2010，并单击 AutoCAD 2010(见图 4-2)。

图 4-1　启动 AutoCAD 的快捷图标

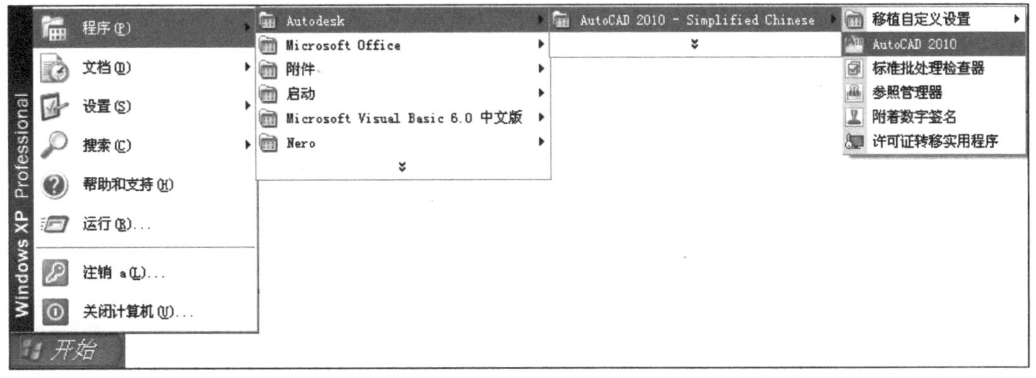

图 4-2　通过任务栏启动 AutoCAD 2010

启动 AutoCAD 后，首先会弹出一个如图 4-3 所示的“启动”对话框，供用户选择是否研习 AutoCAD 2010 的新功能。执行默认选项，单击“确定”按钮，即可进入 AutoCAD 2010 的初始设置工作空间(见图 4-4)，而新功能专题研习可以在 AutoCAD 工作空间的

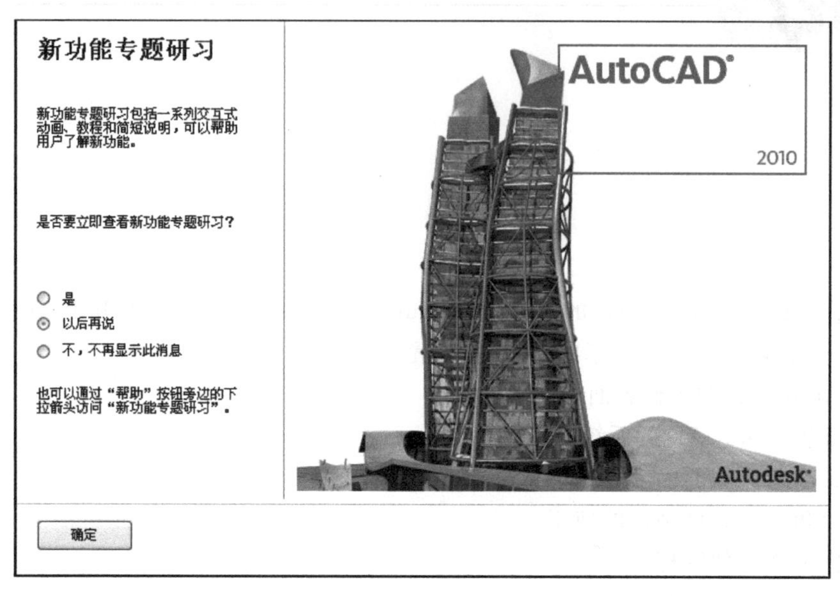

图 4-3 “启动”对话框

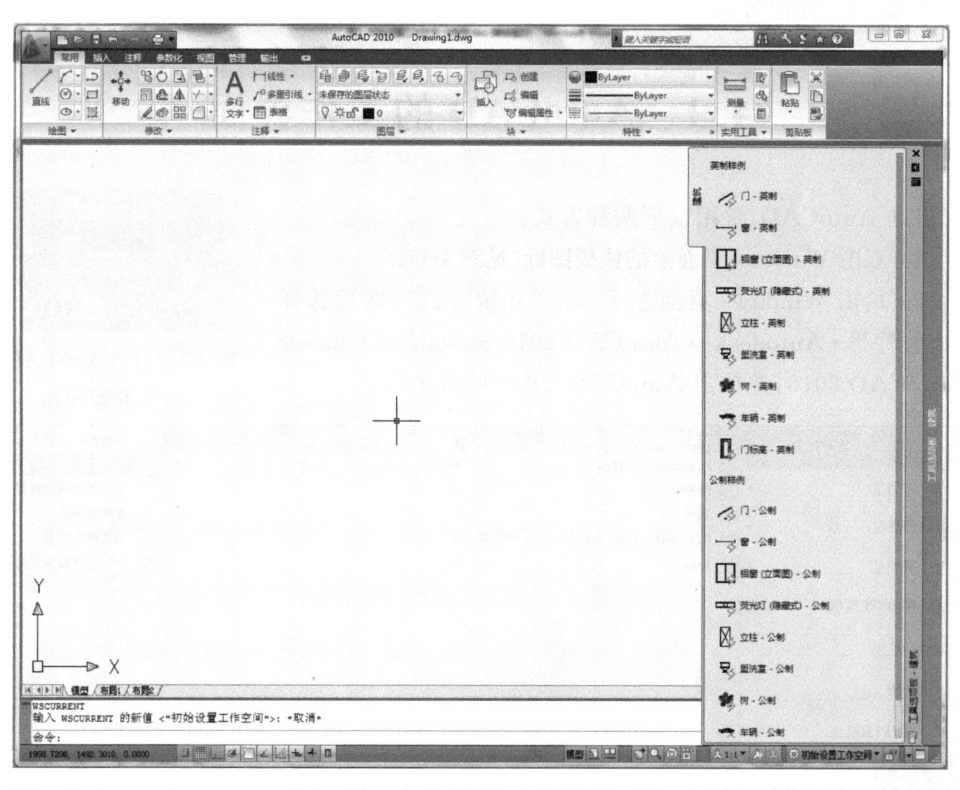

图 4-4 初始设置工作空间

“帮助”菜单中访问。

为适应 AutoCAD 2010 之前版本用户的使用习惯以及绘图特性，可以单击“切换工作空间”列表的下拉箭头，在如图 4-5 所示的列表项中选择“AutoCAD 经典”，系统会自动转换至“AutoCAD 经典”工作空间，如图 4-6 所示。

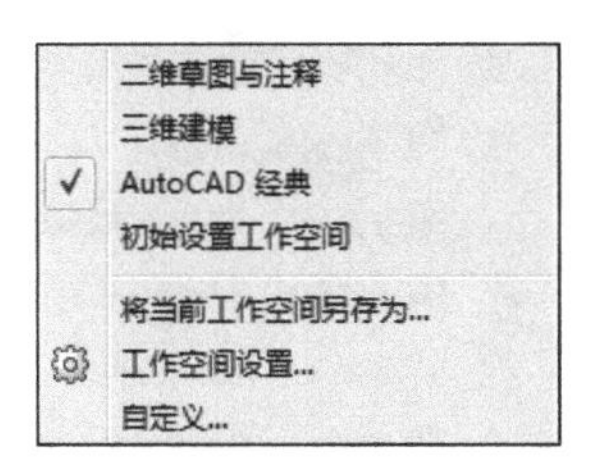

图 4-5 “切换工作空间”列表

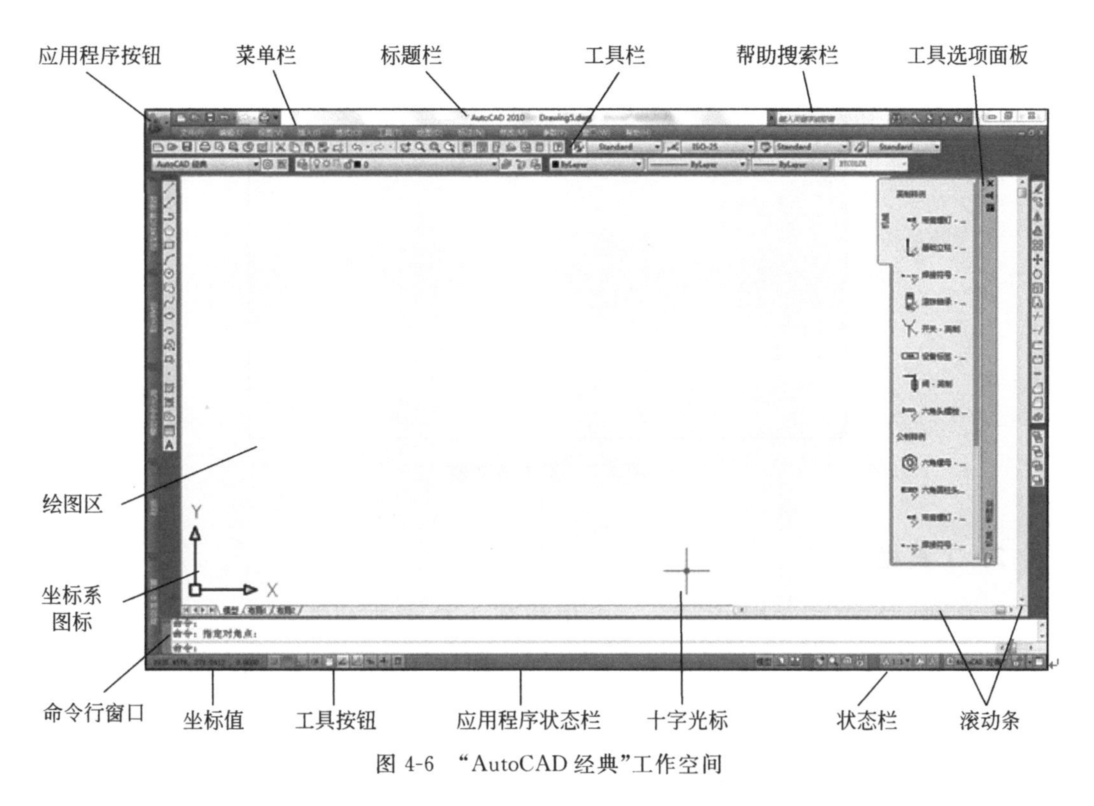

图 4-6 “AutoCAD 经典”工作空间

“AutoCAD 经典”工作空间通常由应用程序按钮、标题栏、菜单栏、工具栏、命令行窗口、绘图区(含十字光标和坐标系图标)、状态栏、工具选项面板以及功能区面板(单击“工具”→“选项板”→“功能区”菜单加载)等组成。

1. 应用程序按钮

应用程序按钮是 AutoCAD 2010 的新增功能。

单击，可调出如图 4-7 所示的菜单浏览器，方便用户的快捷操作。

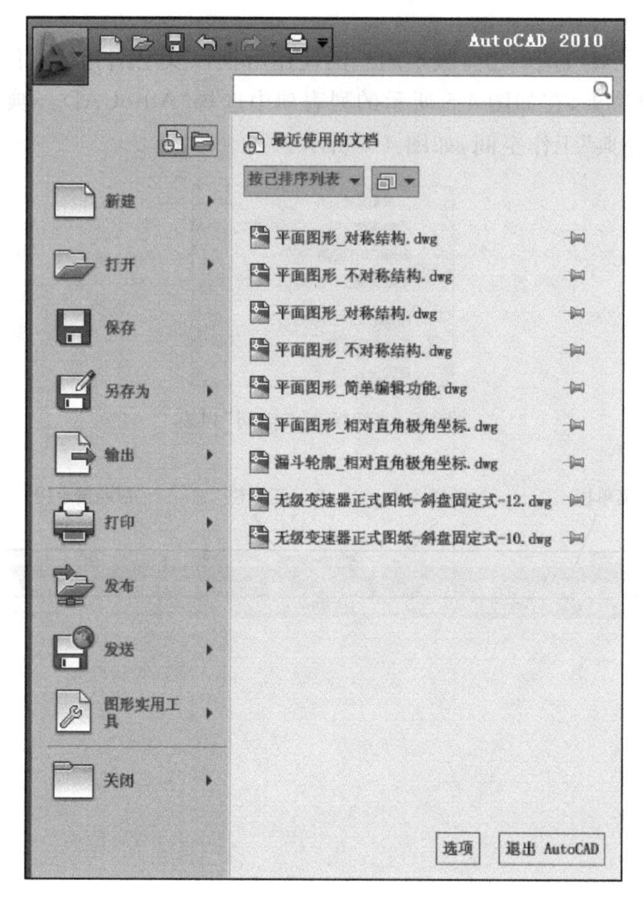

图 4-7 菜单浏览器

2. 工具栏

工具栏(Toolbars)是 Windows 应用软件中最主要的命令工具之一,由代表 AutoCAD 命令与功能的图标按钮组成,单击某一图标按钮即可执行相应的命令。因此,工具栏的设置为快速绘图提供了更简单、更直接、更方便的途径。建议使用者熟练掌握,以大大地提高绘图效率。

AutoCAD 2010 标准菜单提供了 44 个工具栏。在默认选项下,位于绘图区顶部的"自定义快速访问工具栏""访问帮助工具栏""标准""样式""工作空间""图层""特性"工具栏;位于绘图区左侧的"绘图"工具栏;位于绘图区右侧的"修改"和"绘图次序"工具栏。"AutoCAD 经典"默认工具栏如图 4-8 所示。

要添加或关闭工具栏,可在任意工具栏的任意按钮上,右击,弹出如图 4-9 所示的快捷工具栏菜单,在需要屏幕显示的工具栏名称前单击鼠标勾选即可。若想关闭某些屏幕显示的工具栏,可再在快捷工具栏菜单的对应选项上单击,取消勾选即可;或直接拖曳出工具栏,单击其上的☒按钮。

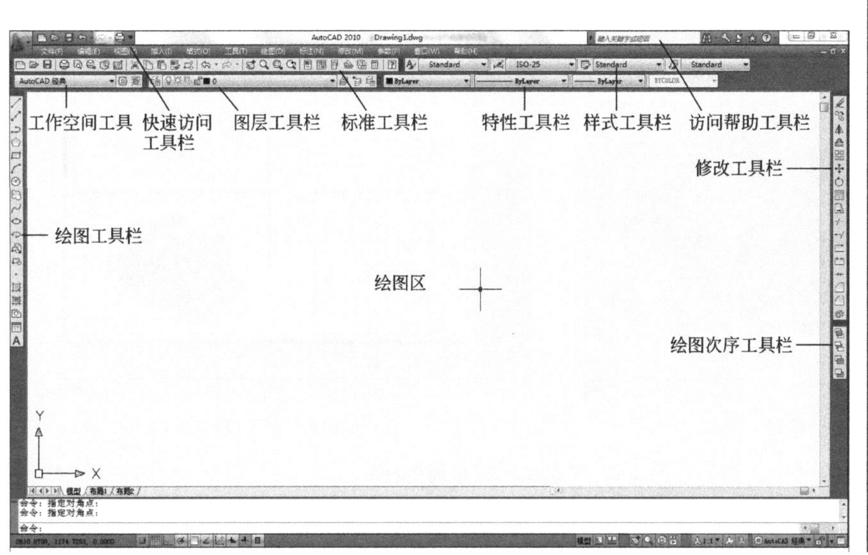

图 4-8 “AutoCAD 经典”默认工具栏

CAD 标准
UCS
UCS II
Web
标注
标注约束
✓ 标准
标准注释
布局
参数化
参照
参照编辑
测量工具
插入点
查询
查找文字
动态观察
对象捕捉
多重引线
✓ 工作空间
光源
✓ 绘图
✓ 绘图次序
几何约束
建模
漫游和飞行
平滑网格
平滑网格图元
三维导航
实体编辑
视觉样式
视口
视图
缩放
✓ 特性
贴图
✓ 图层
图层 II
文字
相机调整
✓ 修改
修改 II
渲染
✓ 样式

图 4-9 快捷工具栏菜单

3. 绘图区

绘图区是进行绘图工作的区域。用户所做的一切操作,包括绘制的图形、输入的文本、对图形的标注等,均显示在绘图区内。绘图区的图形对象,可以利用图 4-10 所示的“二维导航”显示命令进行无级缩放;绘图区的背景颜色是图纸的底色,可以进行设置(关于绘图区参数设置详见 4.2.1 节)。

实际上在 AutoCAD 系统中有两类空间,即模型空间和布局空间。通常,由几何对象组成的模型是在“模型”空间中创建的,特定视图的最终布局和此模型的注释是在“图纸”空间中创建的。用户可以在坐标系图标底部的两个或多个选项卡中访问这些空间,图 4-11 是“模型”选项卡和“布局”选项卡。

在“模型”选项卡中进行操作时,可以按 1∶1 的比例绘制主题模型。在“布局”选项卡中,可以放置一个或多个视口、标注、注释和一个标题栏,以表示图纸。

图 4-10 “二维导航”图标按钮

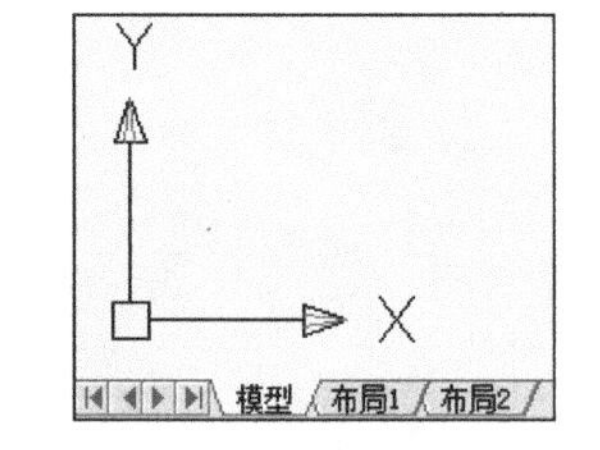

图 4-11 绘图区域选项卡

在“布局”选项卡中，每个布局视口类似于包含模型“照片”的相框。系统中的每个布局视口包含一个视图，该视图按用户指定的比例和方向显示模型。用户也可以指定在每个布局视口中可见的图层，如图 4-12 所示。单击“模型”或“布局”，可以在模型与图纸状态之间切换。

(a) “模型”空间

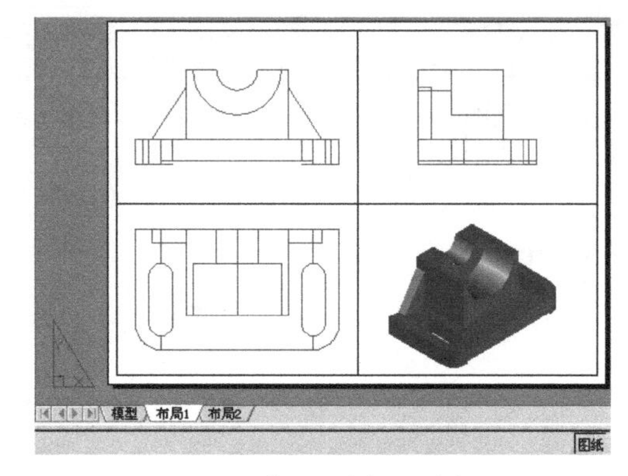

(b) “布局”空间(四个视口)

图 4-12 “模型”与“布局”空间

布局整理完毕后，关闭包含布局视口对象的图层。视图仍然可见，此时可以打印该布局，而无须显示视口边界。

4. 十字光标

在绘图区内鼠标状态为一个十字短线，其交点反映当前光标的位置，称为十字光标。在绘图状态，十字光标可用于确定点的位置；在编辑状态，十字光标可由十字短线变为拾取方框，用于选择图形中的对象。

5. 命令行区与文本窗口

在“动态输入”按钮关闭时，接收来自键盘的命令，并显示当前命令的提示信息。命令行区默认为三行，最下面一行显示“命令：”提示符时，表示处于接收命令的状态。通过拖曳绘图区与命令行区之间的分隔条，可将命令行区设置为需要的任意行，还可以通过单击命令行区右侧的滚动箭头翻看所使用过的命令操作过程，也可以按 F2 键显示整个文本窗口。

6. 应用程序状态栏

应用程序状态栏位于 AutoCAD 命令行区的下方，如图 4-6 所示，由左至右依序可显示光标所在的坐标值、绘图工具、导航工具以及用于快速查看和注释缩放的工具等。

(1) 坐标值 5905.9636, -2235.5013, 0.0000 ：同步显示十字光标当前所在的坐标位置。

(2) 绘图工具 ：实现按钮开/关状态的切换。单击按钮亮显(激活)，表示相应绘图工具处于开启状态；单击按钮暗显，表示处于关闭状态。各按钮基本功能说明如下。

捕捉模式：锁定定点设备与不可见矩形栅格对齐的模式，即规定光标按指定的间距移动。

栅格显示：控制栅格的显示，有助于形象化显示距离。

同时激活“捕捉模式”与“栅格显示”按钮，可根据“捕捉模式”设定的间距将十字光标锁定在与栅格点对齐的位置上。

正交模式：将定点设备的输入限制为水平或垂直(与当前捕捉角度和用户坐标系有关)。

极轴追踪：以距离和角度(距离<角度)作为图形对象的定位点。默认情况下，角度沿逆时针方向为正并且角度值逐渐增大，沿顺时针方向为负并且角度的绝对值逐渐增大。

对象捕捉：指定对象上的精确位置。默认情况下，当光标移到对象的对象捕捉位置时，将显示标记和命令行提示。

对象捕捉追踪：按照指定的极轴角(增量角或附加角)或按照与其他对象的特定关系实现自动追踪绘制对象。可以通过状态栏上的“极轴追踪”“对象捕捉”和“对象捕捉追踪”按钮打开或关闭自动追踪功能。激活“对象捕捉追踪”，临时对齐路径有助于以精确的位置和角度创建对象。对象捕捉追踪包括两个追踪选项：极轴追踪和对象捕捉追踪。

允许/禁止动态 UCS：动态 UCS 按钮。UCS 指用户自定义的图形坐标系。

动态输入：在光标附近提供了一个命令界面，该信息会随着光标移动而动态更新，实现“动态输入”。这对初学者来说是非常有效的帮助。

显示/隐藏线宽：显示或隐藏图形中的线型宽度。

将鼠标置于状态栏“图形工具”任意按钮上右击，在弹出的如图 4-13 所示的快捷菜单中选择“设置(S)”项，可打开如图 4-14 所示的“草图设置”对话框，对捕捉和栅格、极轴追踪、对象捕捉、动态输入、快捷特性等按钮功能进行参数设置。

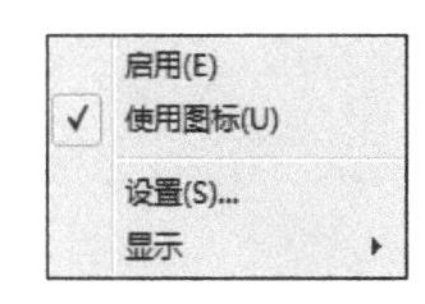

图 4-13　快捷菜单

执行“工具”→“草图设置”菜单，也可调出“草图设置”对话框，通过对各选项卡内容的设置，实现对不同图形的快捷精确绘制。其他图形工具按钮的“设置”对话框不再详细介绍。

(3) 快捷特性 ：对于选定对象，可以使用“快捷特性”选项板快速访问其相关属性。

(4) 模型、布局、快速查看工具 模型 ：用于模型、布局之间的快速切换显示。

(5) 导航工具 ：重新定向模型的当前视图。

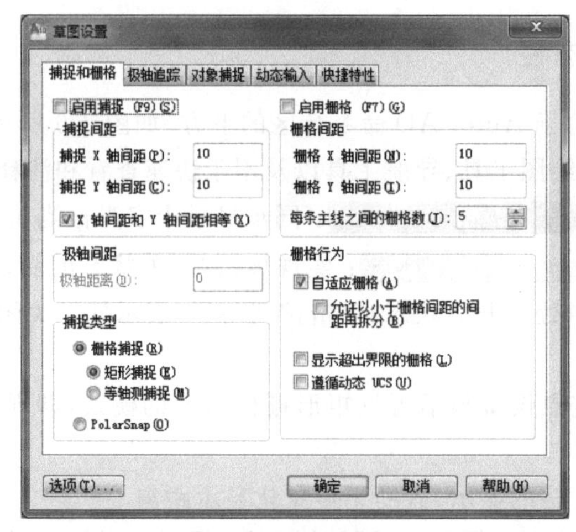

(a) “捕捉模式”选项卡

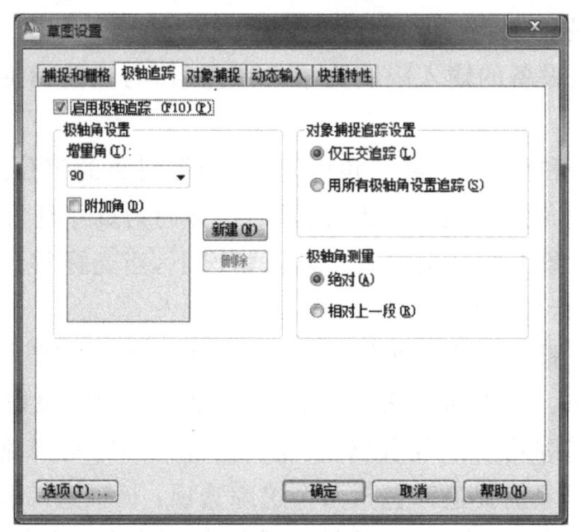

(b) “极轴追踪”选项卡

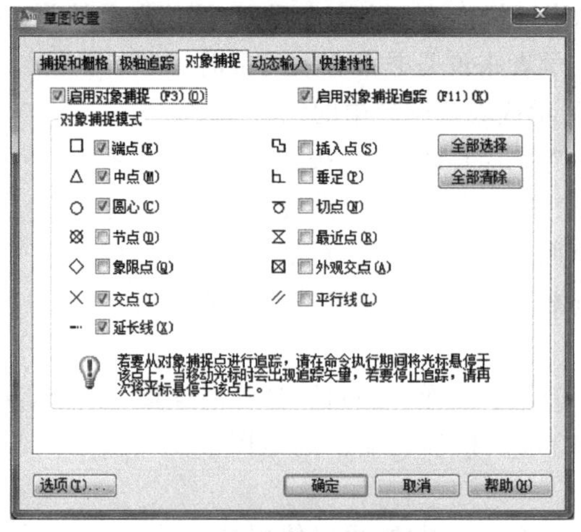

(c) “对象捕捉”选项卡

图 4-14 “草图设置”对话框

7. 图形状态栏

图形状态栏用于显示缩放注释的若干工具，对于模型空间和图纸空间，可显示不同的工具。

：由注释比例、注释可见性、注释比例更改时自动将注释比例添加到注释性对象、切换工作空间、工具栏/窗口位置的锁定状态按钮、应用程序状态栏菜单以及全屏显示按钮等信息组成。

单击应用程序状态栏菜单，可显示如图 4-15 所示的快捷菜单项。单击其中任意按钮名称可以更改状态栏的显示，旁边带有复选标记(√)的项目将显示在状态栏中。括号内的功能键为图形工具按钮开、关切换的快捷键。

熟练掌握这些绘图工具的使用，可以极大地提高绘图速度和绘图精度。

8. 坐标系图标

在绘图区的左下角有一个图标，表示当前绘图时所使用的坐标系形式，有二维坐标(x,y)、三维坐标(x,y,z)以及用户自定义的坐标体系(UCS)。图 4-16 为几种常用的坐标系形式。AutoCAD 可以根据用户的需要任意旋转三维坐标的位置，同时还可以将坐标原点放到任意的位置或模型上。

图 4-15　应用程序状态栏菜单

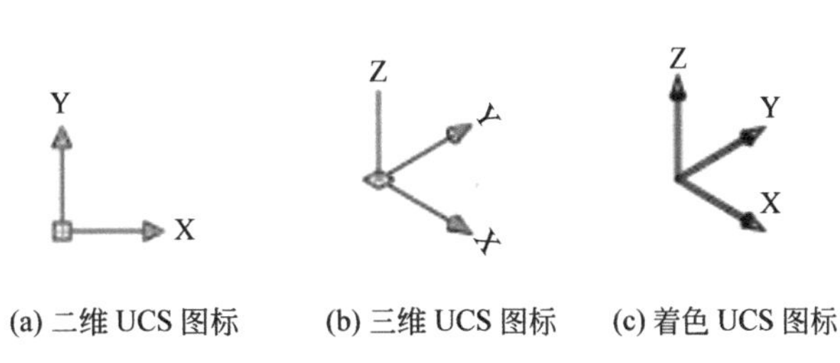

(a) 二维 UCS 图标　(b) 三维 UCS 图标　(c) 着色 UCS 图标

图 4-16　常用坐标系

4.2　系统环境设置

AutoCAD 提供了针对系统全面的环境设置功能。通过“工具”→“选项”菜单命令，可以设置系统的用户界面和系统环境的参数，并可将这些设置保存起来，用于以后的绘图。在“选项”对话框中包括10个选项卡：文件、显示、打开和保存、打印和发布、系统、用户系统配置、草图、三维建模、选择集、配置。这些选项卡分别用来设置不同的界面与环境参数。

本节仅对“显示”“用户系统配置”“草图”三个选项卡中的常用功能加以说明，其余的部分可参考相关手册。

4.2.1 显示

该选项卡用来设置窗口元素、布局元素、十字光标大小、显示精度、显示性能以及参照编辑的褪色度等参数，控制显示性能的系统变量，其中标有图案标志的设置参数会随着当前图形一起保存，如图4-17所示。下面介绍如下四个常用的功能选项。

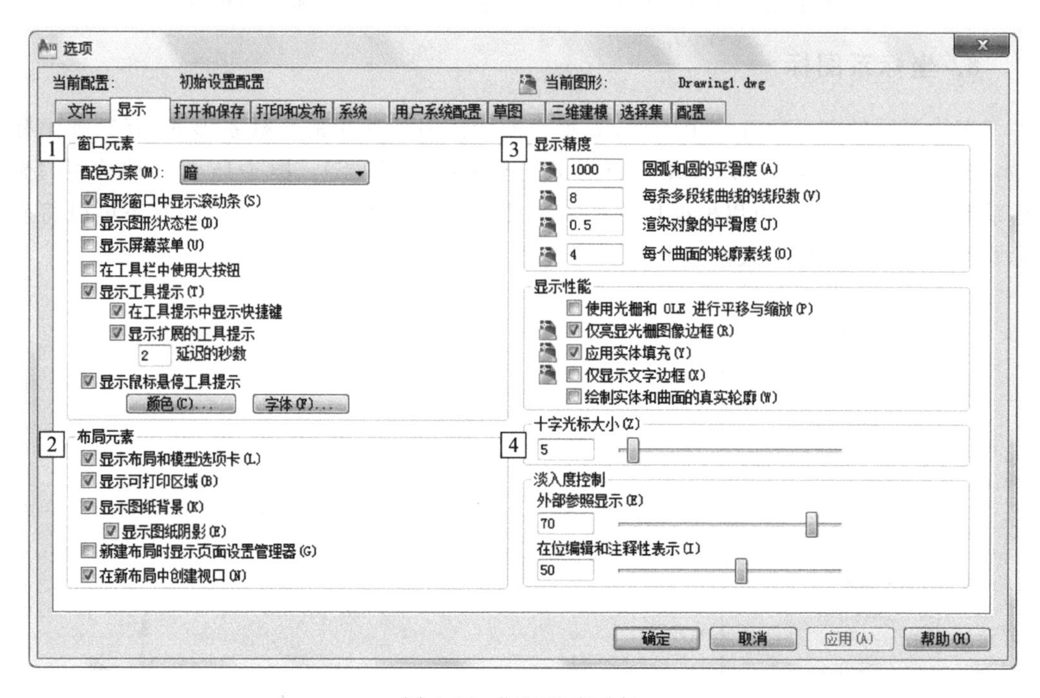

图 4-17 “显示”选项卡

1. 窗口元素

控制绘图环境特有的显示设置。

(1) 是否在图形区的底部和右侧显示滚动条。

(2) 是否在图形区的底部或在应用程序状态栏右侧显示缩放注释的若干工具。

(3) 是否在图形区的右侧显示屏幕菜单。

(4) 是否在工具中使用32×30像素的大按钮图标。默认显示尺寸为15×16像素。

(5) 是否显示工具栏提示。

- 当光标放置工具栏按钮上时，是否在工具提示中显示快捷键。

- 当光标放置工具栏按钮上时，是否显示扩展的工具提示且可设置延迟秒数。

(6) 是否显示鼠标悬停工具提示。

- 单击“颜色…”按钮，可在如图 4-18 所示的“图形窗口颜色”对话框中设置操作环境中各个界面元素的显示颜色，例如改变图形区的背景底色。

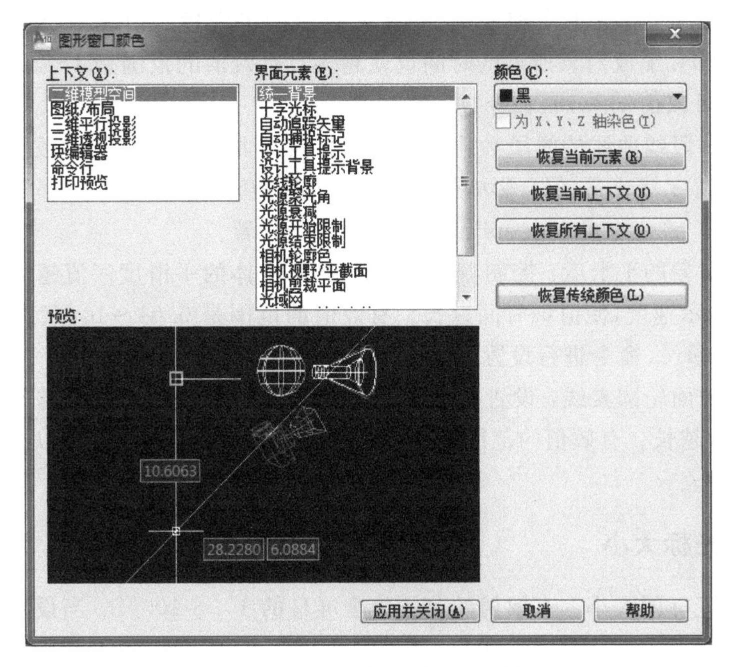

图 4-18 “图形窗口颜色”对话框

- 单击“字体…”按钮，可在如图 4-19 所示的“命令行窗口字体”对话框中设置命令行显示的字体样式。

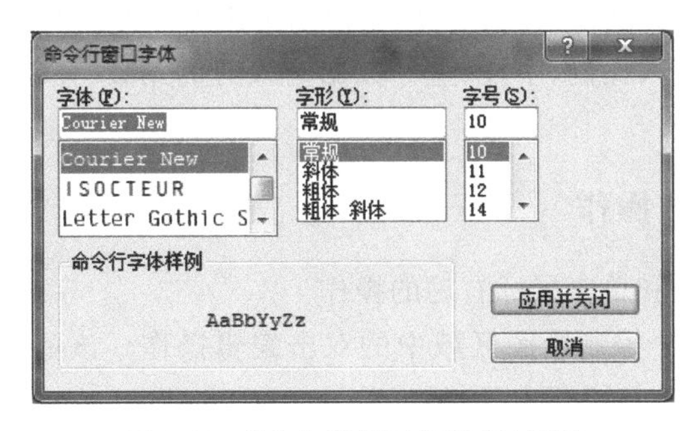

图 4-19 “命令行窗口字体”对话框

2. 布局元素

控制现有布局和新布局的选项。布局是区别于模型空间的一个图纸空间环境，用户可在其中设置图形并进行打印，通常采用默认设置。详细内容见后面章节。

3. 显示精度

控制图形对象的显示质量。系统变量均为数值型参数。数值越高，显示质量越高，当然性能影响也越显著。

(1) 圆弧和圆的平滑度：控制圆、圆弧和椭圆的平滑度。值越高，生成的对象越平滑，重生成、平移和缩放对象所需的时间也就越多。有效值的范围是 1～20000，默认值为 1000。该值也可以由 viewres 命令进行设置。

(2) 每条多段线曲线的线段数：设置每条多段线曲线生成的线段数目。值越高，图形对象的显示精度就越高，但会影响执行速度。有效值的范围是－32 768～32 767 的整数，默认值为 8。该值也可以由 splinesegs 命令进行设置。

(3) 渲染对象的平滑度：控制着色和渲染曲面实体的平滑度。值越高，显示效果越好，但会影响显示速度，使渲染时间过长。有效值的范围是 0.01～10，默认值为 0.5。该值也可以由 facetres 命令进行设置。

(4) 每个曲面轮廓素线：设置对象上每个曲面的轮廓线数目。值越高，显示速度越慢，渲染时间也越长。有效值的范围是 0～2047，默认值为 4。该值也可以由 isolines 命令进行设置。

4. 十字光标大小

控制十字光标的大小。有效值的范围为全屏幕的 1%～100%。当设定值较大时，将看不到十字光标的末端。默认尺寸为 5%。也可以用 cursorsize 命令设置十字光标大小。

4.2.2 用户系统配置

图 4-20 为“用户系统设置”选项卡，用于控制优化工作方式的选项。该选项卡用来设置与 Windows 系统、插入比例、字段、坐标数据输入的优先级、关联标注、超链接、放弃/重做等有关的参数。

1. Windows 标准操作

该选项可控制双击和单击鼠标右键的操作。

(1) 双击进行编辑：控制绘图区域中的双击编辑操作。该项也可由 dblclkedit 命令控制。取值定义：0 为关；1 为开。

(2) 绘图区域中使用快捷菜单：选中此选项，可以在系统环境中单击鼠标右键激活快捷菜单。清除此选项，则单击鼠标右键将被视同按 Enter 键。该项也可由 shortcutmenu 命令控制。

(3) 单击“自定义右键单击…”按钮可打开如图 4-21 所示的“自定义右键单击”对话框。用户可以根据自己的习惯来设定鼠标右键在三种模式下的功能。

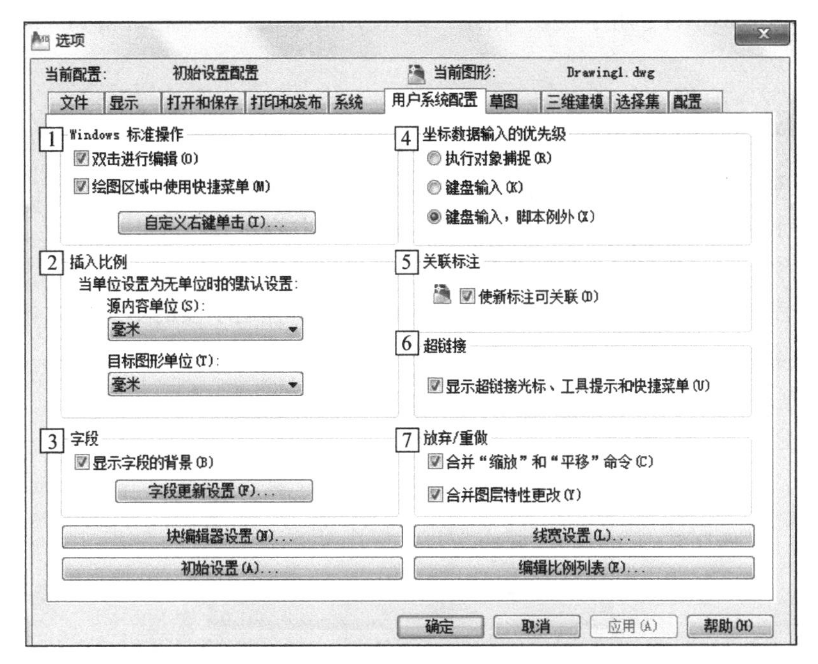

图 4-20 “用户系统配置”选项卡

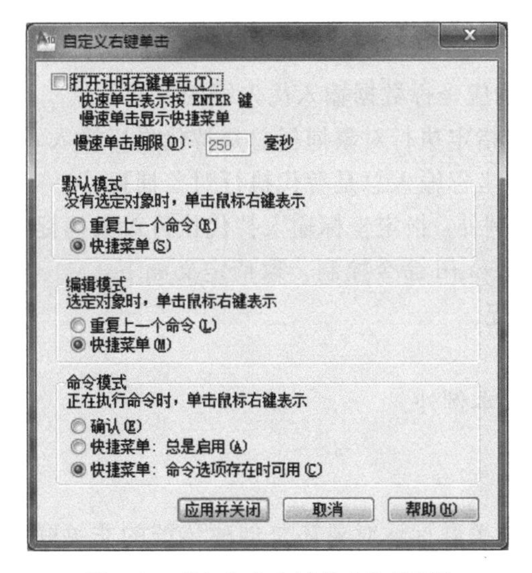

图 4-21 “自定义右键单击”对话框

2. 插入比例

该选项可控制在图形中插入块和图形时使用的默认比例。在未使用 insunits 命令控制时指定插入或附着到图形中的块、图像或外部参照进行自动缩放所用的图形单位值。

(1) 源内容单位：用于设置插入当前图形的对象的单位。选择“不指定-无单位”时，在插入对象时不进行缩放。该项也可由 insunitsdefsource 命令控制。

(2) 目标图形单位：用于设置当前图形中使用的单位。该项也可由 insunitsdeftarget 命令控制。

3. 字段

该选项可设置与字段相关的系统配置，通常选用默认值。

(1) 显示字段的背景：用浅灰色背景显示字段，打印时不会打印背景色。清除此选项时，字段将以与文字相同的背景显示。该项也可由 fielddisplay 命令控制。

(2) 字段更新设置：显示如图 4-22 所示的对话框，控制字段的更新方式，该项也可由 fieldeval 命令控制。

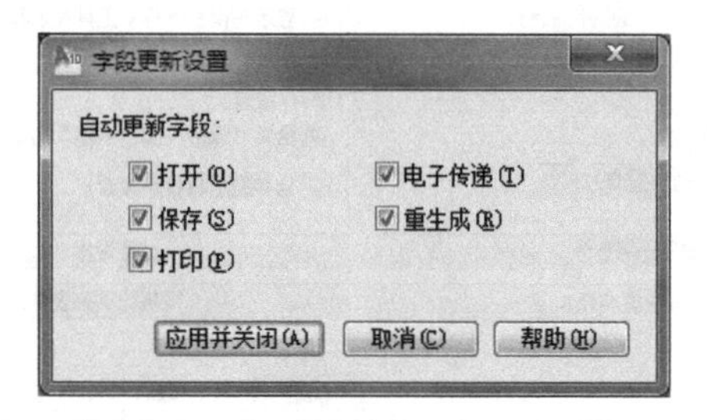

图 4-22 “字段更新设置”对话框

4. 坐标数据输入的优先级

该选项可控制程序响应坐标数据输入优先级的方式。

(1) 执行对象捕捉：指定执行对象捕捉总是替代坐标输入。

(2) 键盘输入：指定坐标输入总是替代执行对象捕捉。

(3) 键盘输入，脚本例外：指定坐标输入替代执行对象捕捉，脚本例外。

该选项也可由 osnapcoord 命令控制。取值定义如下：

0：优先执行对象捕捉。

1：优先键盘输入。

2：优先键盘输入，脚本例外。

5. 关联标注

该选项可控制是创建关联标注对象还是创建传统的非关联标注对象。如果选中它，将创建关联标注，当与关联标注相关联的几何对象被修改时，关联标注会自动调整其位置、方向和测量值。该项也可由 dimassoc 命令控制。取值定义如下：

0：创建分解标注。指标注的不同元素之间没有关联。

1：创建非关联标注对象，指标注的各种元素组成单一的对象。如果标注的一个定义点发生移动，则标注将更新。

2：创建关联标注对象。指标注的各种元素组成单一的对象，并且标注的一个或多个定义点与几何对象上的关联点相联结。如果几何对象上的关联点发生移动，那么标注位置、方向和值将随之更新。

6. 超链接

与其他 Windows 应用程序一样，可控制与超链接的显示特性相关的设置。当定点设备移到包含超链接的对象上时，可显示超链接光标、工具栏提示和快捷菜单。如果不选择此选项，则忽略图形中的超链接。该项也可由 hyperlinkoptions 命令控制。

7. 放弃/重做

该选项可控制“缩放”和“平移”命令的“放弃”和“重做”。如果选中它，将把多个连续的缩放和平移命令合并为单个动作来进行放弃和重做操作。

8. 线宽设置

该选项用于设置线宽选项(例如显示特性和默认选项)，还可以设置当前线宽。

单击“线宽设置…”按钮，显示如图 4-23 所示的对话框。线宽的显示在模型空间和图纸空间布局中是不同的。在模型空间中，按像素显示线宽；而在图纸空间布局中，线宽则以实际打印宽度显示。由于线宽在模型空间中以与像素成比例的值显示，所以线宽可以用来直观地表现不同的对象和不同类型的信息。

9. 编辑比例列表

该选项用于管理与布局视口和打印相关联的几个对话框中所显示的比例缩放列表。

单击“编辑比例列表…”按钮，显示如图 4-24 所示的对话框。

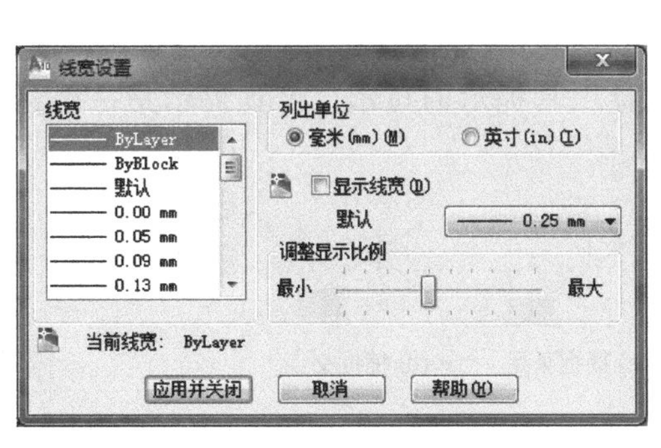

图 4-23 “线宽设置”对话框

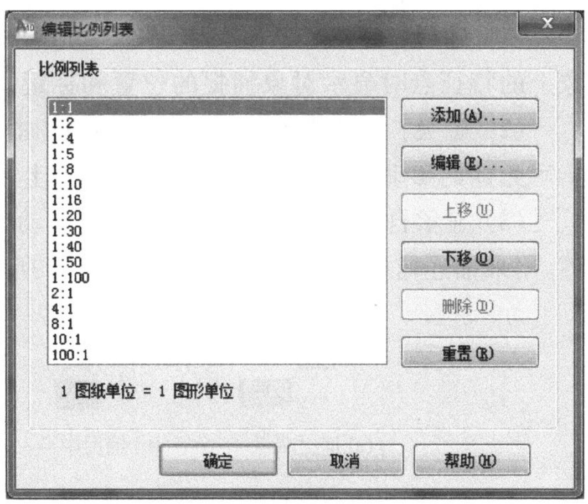

图 4-24 “编辑比例列表”对话框

4.2.3 草图

在图 4-25 所示的“草图”选项卡中可以指定许多基本编辑选项，从而使 AutoCAD 系统更具有特色，使用起来更得心应手。

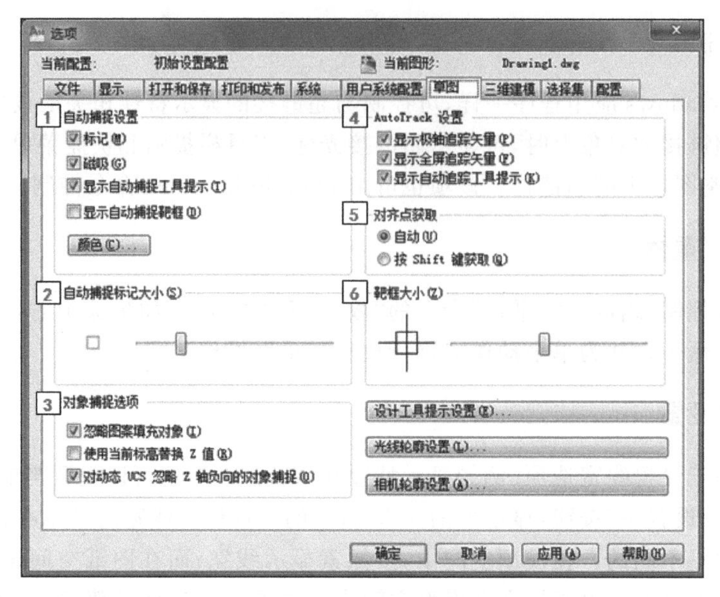

图 4-25 “草图”选项卡

1. 自动捕捉设置

该选项控制使用对象捕捉时与形象化辅助工具(称作自动捕捉)的相关设置。通过对象捕捉,用户可以精确定位集合元素,包含端点、中点、圆心、节点、象限点、交点、插入点、垂足和切点平面等。该项也可由 autosnap 命令控制。

(1) 标记:控制对象捕捉标记的显示。该标记是一个几何符号,在十字光标移过对象上的特征点时显示对象捕捉的位置和标记。符号含义参见图 4-14(c)。

(2) 磁吸:打开或关闭自动捕捉磁吸。打开状态下,当光标移近捕捉点时,磁吸可将十字光标的移动自动锁定到最近的捕捉点上。

(3) 显示自动捕捉工具提示:控制自动捕捉工具提示的显示。工具提示是一个标签,用来描述捕捉到的对象特征,如图 4-26 所示。

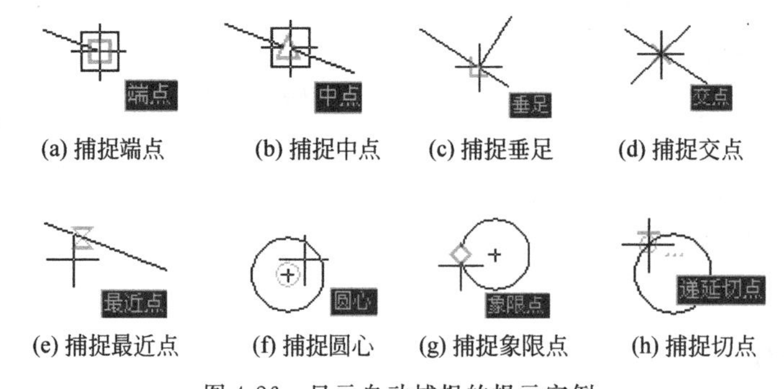

(a) 捕捉端点　(b) 捕捉中点　(c) 捕捉垂足　(d) 捕捉交点

(e) 捕捉最近点　(f) 捕捉圆心　(g) 捕捉象限点　(h) 捕捉切点

图 4-26 显示自动捕捉的提示实例

(4) 显示自动捕捉靶框:控制自动捕捉靶框的显示,默认不显示。当捕捉一个对象时，在十字光标中将出现一个方框，这就是靶框。图 4-26(a)中显示线段末端的“端点”靶框，图 4-26(b)中显示中间的“中点”靶框。该项也可由 apbox 命令控制。

(5) 自动捕捉标记颜色：单击“颜色…”按钮，显示如图 4-18 所示的“图形窗口颜色”对话框，用于指定自动捕捉标记的显示颜色。标记的颜色与图形区背景色的反差越大，视觉效果就越好。

2. 自动捕捉标记大小

该选项设置自动捕捉标记的显示尺寸。捕捉标记的大小可以改变，大一些视觉效果好也便于操作，但过大又会在图线密集、多种特征汇集处造成干扰难于辨别。用鼠标拉动滑块即可改变尺寸大小。

3. 对象捕捉选项

该选项指定对象捕捉的选项，也可由 osnap 命令控制。

(1) 忽略图案填充对象：指定在打开对象捕捉时，对象捕捉忽略填充图案。该项也可由 osoptions 命令控制。

(2) 使用当前标高替换 Z 值：忽略对象捕捉位置的 Z 值，并使用为当前 UCS 设置标高的 Z 值。

(3) 对动态 UCS 忽略负 Z 对象捕捉：使用动态 UCS 期间，对象捕捉忽略具有负 Z 值的几何体。该项也可由 osoptions 命令控制。

4. AutoTract 设置

该选项控制与自动追踪方式相关的设置。“自动追踪”可以用指定的角度绘制对象，或者绘制与其他对象有特定关系的对象。当自动追踪打开时，临时的对齐路径有助于以精确的位置和角度创建对象。自动追踪包含两种追踪选项：极轴追踪和对象捕捉追踪。

(1) 显示极轴追踪矢量：将极轴追踪设置为开或关。通过极轴追踪，可以沿着相对于绘图命令“自”或“到”点的某一角度绘制直线。

(2) 显示全屏追踪矢量：控制追踪矢量的显示。追踪矢量是辅助以特定角度或根据与其他对象特定关系绘制对象的构造线。如果选择此项，对齐矢量将显示为无限长的线。

(3) 显示自动追踪工具提示：控制自动追踪工具提示和正交工具提示的显示。工具的提示是一个标签，用于显示追踪坐标。

5. 对齐点获取

利用该选项，可选择一种对象捕捉追踪用以获取对象点的方法。使用对象捕捉追踪对齐点的操作步骤如下：

(1) 启动绘图命令。可以将对象捕捉追踪与编辑命令一同使用，如 copy、move 等。

(2) 将光标移动到一个对象捕捉点处以临时获取对象捕捉的追踪点。不要单击它，只要暂时停顿即可获取。已获取的点显示一个小加号(+)，可以获取多个点。获取点之后，当在绘图路径上移动光标时，相对点的水平、垂直或极轴对齐路径都将显示出来。

在图 4-27 中表示了绘制直线 AB 的过程。开启端点对象捕捉。如图 4-27(a)所示，单击直线的起点 A 开始绘制直线。如图 4-27(b)所示，将光标移动到另一条直线的端点 C 处获取该点。然后如图 4-27(c)所示，沿水平对齐路径移动光标定位点 B，完成绘制，见图 4-27(d)。

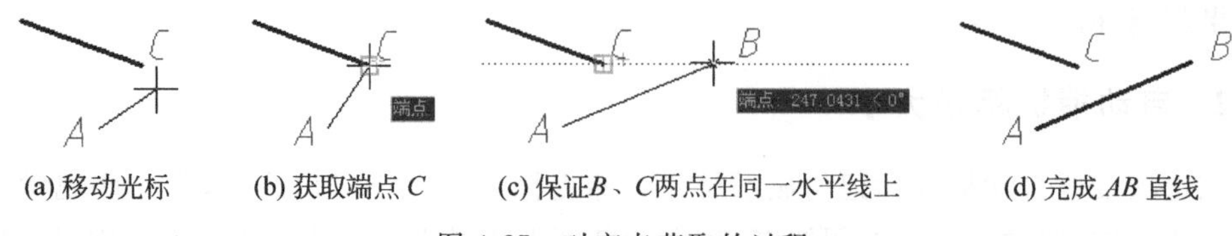

(a) 移动光标　(b) 获取端点 C　(c) 保证B、C两点在同一水平线上　(d) 完成 AB 直线

图 4-27　对齐点获取的过程

(1) 自动：当光标移到对象捕捉点上时，自动获取对象点，显示追踪矢量。为方便绘图时使用对象极轴追踪，推荐使用自动获取对齐点选项。

(2) 按 Shift 键获取：光标在对象捕捉点上时，只有按 Shift 键才可获取对象点，显示追踪矢量。

6. 靶框大小

该选项可设置自动捕捉靶框的显示尺寸。靶框的大小控制磁吸在将靶框锁定到捕捉点之前，光标应到达与捕捉点多近的位置。取值范围为 1～50 个像素，数值越高，靶框越大。该选项也可由 aperture 命令控制。

4.3　图形文件管理

在图形设计和绘制过程中，有效地进行文件管理是十分必要的。文件管理主要包括开始一幅新图，打开一幅旧图，保存或另存为一幅图等。

1. 创建新图形文件

在 AutoCAD 的图形环境中，要创建一幅新的图形文件，可执行如下操作：

命令：New("文件"→"新建")(□)↵

弹出"选择样板"对话框，见图 4-28。

该对话框采用了 Windows 系统的界面风格，使用起来非常方便。

初学者可以单击对话框"打开"按钮的下拉箭头，展开如图 4-29 所示的列表。可以用系统默认的样板打开文件，或者以无样板的方式打开新文件。样板是 AutoCAD 为用户准备好的文件，文件中参数的设定符合工程图纸的基本要求。如绘图单位、字体样式、标注格式以及图纸打印等。熟练的用户可以将适合自己工作的图形文件制作成自己的样板文件，存放到样板库中，以便调用。

2. 打开已有的图形文件

要打开已有的图形文件，可执行如下操作。

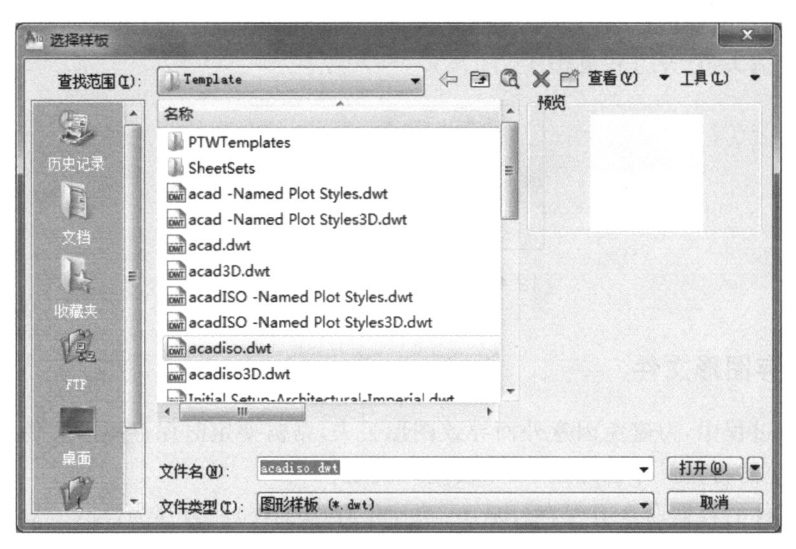

图 4-28 “选择样板”对话框

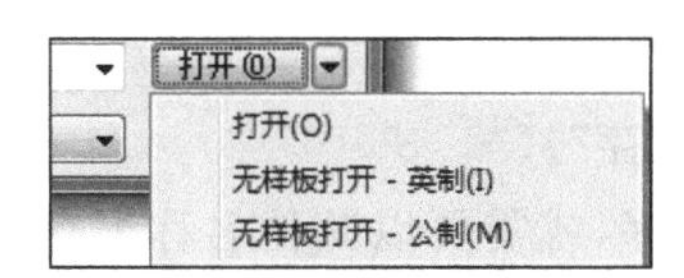

图 4-29 打开文件默认方式

命令：Open(“文件”→“打开”)( )↙

弹出“选择文件”对话框，见图 4-30。

图 4-30 “选择文件”对话框

该对话框除了具有其他 Windows 应用程序打开文件的一般功能以外，还有特殊的功能，即可以选择文件的打开方式。某些文件选择对话框可能还包括下列选项，单击"打开"按钮旁边的箭头，打开方式见图 4-31。

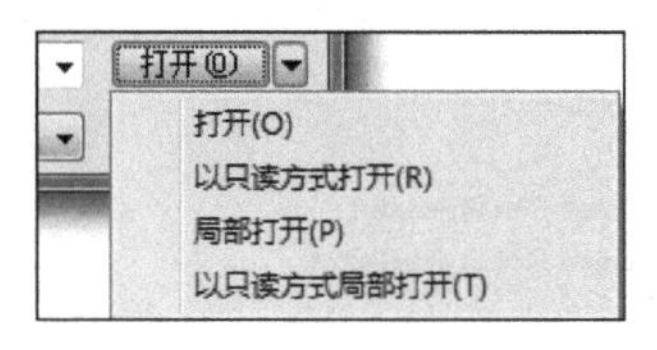

图 4-31　打开文件选择方式

3. 保存图形文件

在绘图过程中，为避免因意外而导致图形丢失，常需要定时保存图形文件。绘制好图形文件后，更需将其保存在磁盘中，以便随时调用。

图形文件的存储命令有保存(Save)、快速保存(Qsave)和另存为(Save As)三种，可通过文件菜单操作。通常，"另存为"用来给已存盘的文件换名保存。

AutoCAD 中的图形文件是以扩展名为 dwg 的文件来存储的。

存盘命令的执行方式如下。

命令：Qsave("文件"→"保存")(🖫)↵　　　　执行快速存盘命令

如果当前文件是第一次保存，或需要以其他名称另存为，则会出现如图 4-32 所示的"图形另存为"对话框，默认保存 AutoCAD 2010 版本。在"保存于"列表框中选择路径和文件夹。如要保存到新的文件夹中，可单击按钮，创建新的文件夹；在"文件名"的文本框中输入文件名；在"保存类型"列表框中指定文件类型，可存为 2007 或更低的版本类型，如图 4-33 所示；如选择"图形样本文件(＊.dwt)"类型，则将该图形文件保存为样板图，其中的设置以及图形对象可在使用该样板图的新的图形文件中多次使用。

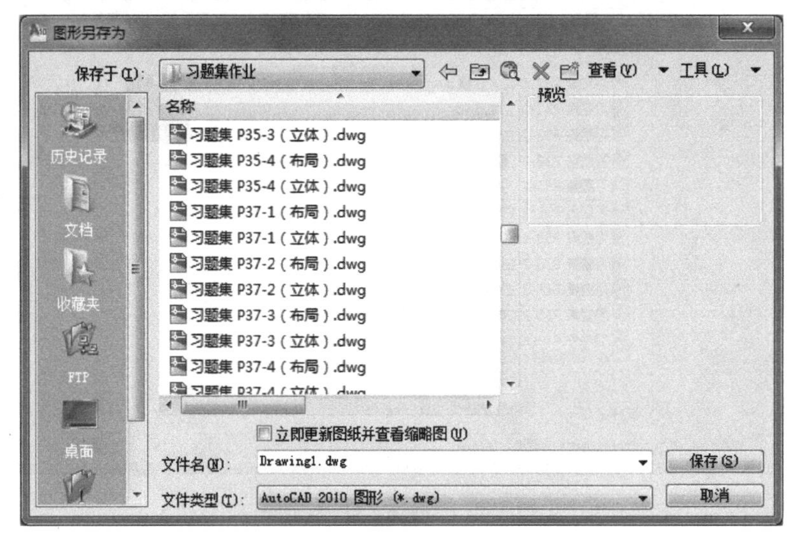

图 4-32　"图形另存为"对话框

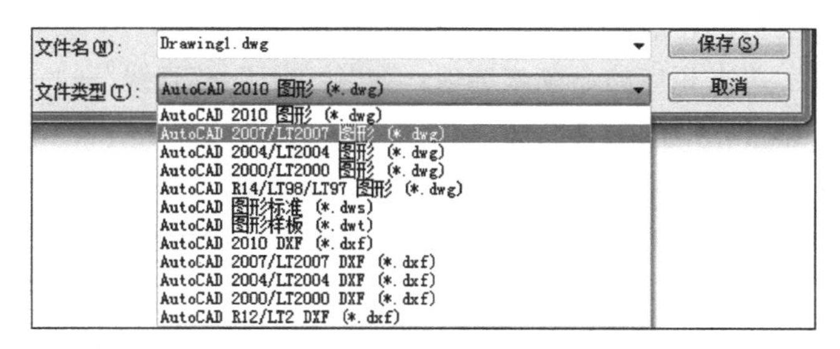

图 4-33 保存“文件类型”的可选列表项

设置好路径和文件夹、文件名以及保存类型后，单击“保存”按钮，即可将图形保存到指定的文件中。对于更新后的文件可以直接“保存”在一同路径、类型、名称的文件中。

4. 退出 AutoCAD

要退出 AutoCAD，可采用与退出其他 Windows 应用软件相同的方法，单击屏幕右上角的“退出”按钮即可。命令的执行方式如下。

命令：Quit(“文件”→“退出”)(☒)↵

如果当前的图形文件已经存盘，则执行该命令后，系统自动退出 AutoCAD。如果当前所绘图形没有存盘，则会弹出如图 4-34 所示的对话框，提醒在退出 AutoCAD 之前，应存储文件，以免图形数据丢失。

图 4-34 提示保存当前图形

4.4 基本操作

4.4.1 命令的输入

早期的 AutoCAD 主要是以命令为操作方式的绘图软件，它执行的每一个动作都建立在相应命令的基础之上，用户可以使用命令告诉系统应该做什么，根据命令的交互完成操作任务。系统能够对命令行做出响应，其中包括执行状态的显示和需要进一步设置的选项。从 R12 版以后，AutoCAD 逐步成为 Windows 的应用程序，2000 版已具有 Windows 的全部操作特点，但仍保留着许多 AutoCAD 原始的操作特点。以画直线为例，可以用下列任一种方式启动命令。

(1) 下拉菜单：单击相应的命令。如“绘图”→“直线”。

(2) 屏幕菜单：单击相应的命令或选项。如“绘制 1”→“直线”→“一条直线”。

(3) 工具栏：单击相应的工具图标，如。

(4) 命令行：在命令提示符下用键盘输入，如 Line ↙。

(5) 快捷键：命令名称的缩写，通常为该命令的第一个或前两个字母。在命令提示符下用键盘输入，如 L ↙。

(6) 快捷菜单：单击鼠标右键。可以在绘制、编辑、结束直线时，执行快捷菜单并对其选项命令进行拾取，以完成特定的操作功能。如图 4-35 所示，其中图 4-35(a)为绘制直线过程中快捷菜单的命令选项；图 4-35(b)为编辑直线过程中快捷菜单的命令选项；图 4-35(c)为绘制直线过程中 Shift＋快捷菜单的命令选项；图 4-35(d)为结束直线绘制后快捷菜单的命令选项。

(a) 绘制过程中

(b) 编辑过程中

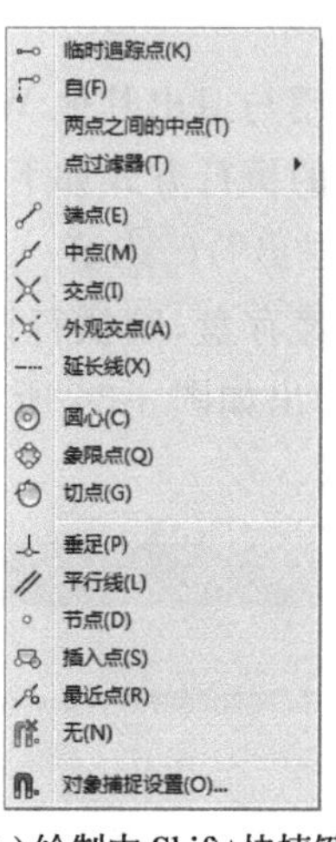

(c) 绘制中 Shift+快捷键

(d) 绘制结束后

图 4-35 不同状态下的快捷菜单

1. 使用鼠标

在 AutoCAD 中，鼠标用来拾取坐标位置，选择对象和执行命令。在绘图区中，鼠标一般以“十”的形式出现；当选择对象元素时，鼠标变为“□”，称为拾取框；当鼠标移到菜单区和工具区时，则以 Windows 下的指针形式出现，通常为“”。

对于双键鼠标来说，其按键定义为：

- 单击鼠标左键，拾取点、选择实体和执行命令(选择菜单及工具)。
- 单击鼠标右键，显示当前命令的快捷菜单；而 Shift＋鼠标右键，则显示“对象捕捉”的快捷菜单，见图 4-35(c)。

对于滚轮鼠标来说，可随时以十字光标为基点，通过推动滚轮对当前窗口进行实时缩放。

将鼠标移到下拉菜单区，可以方便地选择下拉菜单进行命令的输入。同时，鼠标是从工具栏或工具面板中选择图标菜单以执行命令的唯一方法。

2. 使用键盘

键盘是向 AutoCAD 输入命令和命令选项的重要工具，同时也是输入文本或在对话框中指定文本的唯一方法。此外，还可以用键盘来选择下拉菜单中的选项，方法是用 Alt＋所需菜单的热键字符（如 Alt＋F 即选中“文件”菜单 文件(F)），并通过键盘上的方向箭头来选择所需命令选项。

当通过键盘输入命令时，无论使用的是 AutoCAD 的哪一种版本（包括汉化版本），均需用该命令的英文名称。为方便操作，AutoCAD 提供了一些常用的功能键及热键。执行“工具”→“自定义”→“界面…”菜单，弹出如图 4-36 所示的“自定义用户界面”对话框，在“自定义”选项卡的“所有文件中的自定义设置”窗格中，双击“键盘快捷键”，可以在其右侧“快捷方式”的窗格中显示全部快捷键，方便查阅。另外还可以通过展开“键盘快捷键”旁的展开按钮+，单击选择某一功能选项后，直接定位在快捷方式窗格的列表项中，高效、准确。

图 4-36　AutoCAD 的快捷功能键查询

3. 重复命令

执行完某个命令后,如要继续执行该命令,可以直接按“空格”键、“回车”键或鼠标右键(文本的输入除外)实现该命令的重复操作。

4.4.2 数值的输入

坐标系是在 AutoCAD 中确定一个对象的基本参照。掌握各种坐标系统以及正确的数据输入方法,是正确、快速作图的首要条件。

1. 坐标系统

AutoCAD 的坐标系与传统的笛卡儿坐标系是一致的,即 X 轴为水平方向,向右为正;Y 轴为垂直方向,向上为正;Z 轴为垂直于 XY 平面的方向,指向用户为正;坐标原点(0,0,0)位于作图区的左下角。此坐标系统在 AutoCAD 中称为世界坐标系(WCS)。

WCS 是固定不变的,但可相对其建立用户坐标系(UCS)以满足不同的需要,同时也可以从任何角度来观察或转动它而不用改变为另外的坐标系。

2. 数据的输入

在 AutoCAD 中,用户生成的大多数图形——从最简单的到最复杂的——都是由相对而言很少的 AutoCAD 基本对象构成的,例如直线、圆弧、圆和文本等。一般情况下要输入两种数据。

- 定位:用户输入点以确定对象的位置、大小及方向,如圆的中心点、线段的端点等坐标数据。这种数据可以用二维(x,y)或三维(x,y,z)的形式输入,也可以用鼠标在图形区拾取,但要注意当输入二维坐标时,系统也认为是三维坐标,因为此时的 Z 坐标为系统默认值(系统变量)。
- 定形:要求用户输入距离或角度,如圆的半径、字高等数值数据。

3. 数据的输入方法

在 AutoCAD 中,点的输入是最基本的操作,有多种方法。

1) 拾取点

拾取点是输入点的主要方法之一,可以用鼠标在屏幕上单击拾取。移动鼠标,光标随之在屏幕上移动,单击鼠标左键,即可确定光标所在位置的点。

2) 点的坐标形式

点的坐标有直角坐标和极坐标两种表达形式。

点的直角坐标表示为(x,y)。输入时可以用 x 值和 y 值来确认一个点,即将输入看作是从原点(0,0)出发的 X 轴及 Y 轴的位移。如输入 4,5 代表一个在正 X 轴上 4 个单位长度及正 Y 轴上 5 个单位长度位置上的一个二维点。

点的极坐标表示为$(l<\alpha)$。输入时可以用极径(l)和极角(α)来确认一个点,其中极径

是点到原点的距离，极角是该点与原点的连线和极轴的夹角，二者间用符号“<”来分隔。如输入 10<30 代表距离原点 10 个单位并且与 X 轴成 30°的一个二维点。

如图 4-37 所示，系统默认逆时针旋转为极轴的正向极角，反之则为负向极角。其中可以输入 10<30 或输入 10<-330 用于表示相同的 AB 线段。

3）点的绝对坐标

“动态输入”按钮关闭时，系统默认接受点的绝对坐标，输入格式为(x，y)或(l<α)。若此时需使用相对坐标，则应指定@前缀，将输入格式改为@x，y，z 或@l<α。

【例 4-1】 使用绝对坐标（关闭“动态输入”）完成图 4-38 的绘制。

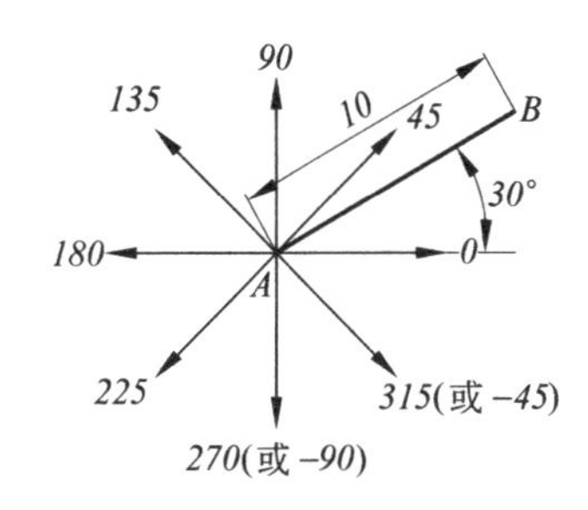

图 4-37 极角与 AB 线段

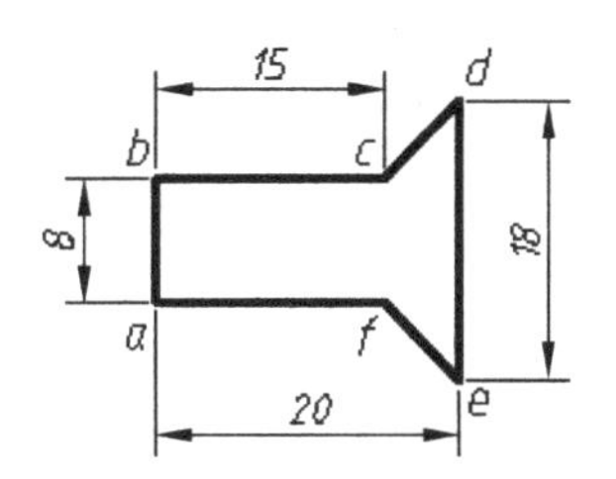

图 4-38 绘制二维图形

命令：Line(“绘图”→“直线”)(▱)↵	发出画线命令
指定第一点：0,0 ↵	指定 a 点的绝对直角坐标
指定下一点或 [放弃(U)]：0,8 ↵	指定 b 点的绝对直角坐标
指定下一点或 [放弃(U)]：15,8 ↵	指定 c 点的绝对极坐标
指定下一点或 [闭合(C)/放弃(U)]：20,13 ↵	指定 d 点的绝对直角坐标
指定下一点或 [闭合(C)/放弃(U)]：20,-5 ↵	指定 e 点的绝对极坐标
指定下一点或 [闭合(C)/放弃(U)]：15,0 ↵	指定 f 点的绝对直角坐标
指定下一点或 [闭合(C)/放弃(U)]：c ↵	封闭 a 完成绘制，见图 4-38

本例题在命令输入方式上，采用了命令行输入命令(line)、下拉菜单命令(“绘图”→“直线”)、工具条图标命令(▱)，三者任选其一即可。

本书中，命令的执行方式均以这三种形式出现。

从本例中可以发现，完全使用绝对坐标绘制图形是很麻烦的，因为除第一点外，需要很精确地计算出其他各点的绝对直角坐标值（或绝对极坐标值），这不仅费时费力，而且常会带来不必要的误差，因此，完全使用绝对坐标绘图有一定的局限性。

4）点的相对坐标

为克服完全使用绝对坐标绘图的弱点，引入了相对坐标的概念。只要知道当前点相对于前一点 x 及 y 的位移量、距离或角度，便可将前一点当作新的(0,0)基点，以这种方式输入点的坐标形式即为相对坐标。

“动态输入”按钮开启时，系统默认接受点的相对坐标，输入格式为(x，y)或(l<α)。若此时需使用绝对坐标，则应指定＃前缀，将输入格式改为＃x，y，z 或＃ l<α。

【例 4-2】 使用相对坐标（启用“动态输入”）完成图 4-38 的绘制。

命令：Line(“绘图”→“直线”)(![]) ↵　　发出画线命令
指定第一点：10,10　　鼠标任意定 a 点
指定下一点或［放弃(U)］：@0,8 ↵　　指定 b 点的相对直角坐标
指定下一点或［放弃(U)］：@15,0 ↵　　指定 c 点的相对极坐标
指定下一点或［闭合(C)/放弃(U)］：@5,5 ↵　　指定 d 点的相对直角坐标
指定下一点或［闭合(C)/放弃(U)］：@0,－18 ↵　　指定 e 点的相对极坐标
指定下一点或［闭合(C)/放弃(U)］：@－5,5 ↵　　指定 f 点的相对直角坐标
指定下一点或［闭合(C)/放弃(U)］：c ↵　　封闭 a 完成绘制，见图 4-38

这里需要注意的是，使用相对坐标输入时，用户是在如图 4-39 所示的动态界面中完成的。本例在命令行中显示的@前缀不用人为添加，其作用主要是区别于绝对坐标。

图 4-39　相对坐标输入显示

5）用目标捕捉方式

在绘图过程中，经常需要用到一些特殊位置点，如端点、交点、中点、圆心、垂足等。确定这些点，单靠眼睛目视是不准确的。因此要用到系统提供的目标捕捉方式。

目标捕捉方式一：可以调用如图 4-40 所示的“对象捕捉”工具栏，单击图标呈凹状，用于选择标记点坐标的捕捉；单击图标呈凸状，释放该标记点坐标的捕捉。

图 4-40　设置“对象捕捉”选项

目标捕捉方式二：可以单击图形工具按钮中的“对象捕捉”，实时切换打开与关闭状态并用于自动捕捉或释放自动捕捉。自动捕捉选项的设置方法见图 4-13 和图 4-14(c)。

目标捕捉方式三：在绘图过程中，用 Shift＋鼠标右键，在弹出的快捷菜单中选择捕捉的特征点，如图 4-35(c)所示。

4.5　图形显示控制

AutoCAD 是一个交互式绘图软件，用户在绘图过程中需要用多种方式观察所绘制的图形，如放大、缩小、平移以及对三维视图的观察等。AutoCAD 提供了多种显示图形视图的方式以满足用户的要求。在编辑图形时，如果想查看所做修改的整体效果，那么可以控制图形显示并快速移动到图形的不同区域。可以通过缩放图形显示来改变大小或通过平移来重新定位视图在绘图区域中的位置。还可以保存视图，然后需要打印或查看特定细节时将其还原，也可以将屏幕划分为几个平铺的视口来同时显示几个视图。本节介绍常用的图形显示控制功能。

4.5.1 使用缩放和平移

缩放不会改变图形的绝对大小,而仅仅改变了绘图区域中视图的大小。AutoCAD提供了几种方法来改变视图:指定显示窗口,按指定比例缩放,显示整个图形。

1. 实时缩放和平移

系统提供了交互式、可用于实时“缩放”和“平移”的图形浏览功能。常用方法有:

(1) 菜单命令:“视图”→“缩放”→“实时”/“上一步”/“窗口”/“动态”/“比例”/“中心”/“对象”/“放大”/“缩小”/“全部”/“范围”,见图 4-41(a);“视图”→“平移”→“实时”/“定点”/“左”/“右”/“上”/“下”,见图 4-41(b)。

(2) 键盘命令:缩放命令为 zoom,平移命令为 pan。

(3) 工具栏命令:即可以调出如图 4-41(c)所示的“缩放”工具栏,进行实时选用操作;也可以使用标准工具栏中的按钮,分别实现“实时平移”、“实时缩放”、“全部缩放”、“缩放上一个”操作。单击展开其中带有下拉箭头的按钮可切换选择并获得“缩放”工具栏中各按钮功能。

(4) 快捷菜单:在绘图区域中单击鼠标右键,然后使用如图 4-41(d)所示快捷菜单,在缩放和平移模式之间快速切换。

(a) “缩放”菜单 (b) “平移”菜单 (c) “缩放”工具栏 (d) 快捷菜单

图 4-41 “缩放”和“平移”菜单和工具栏

2. 定义缩放窗口

如图 4-42(a)所示,可以通过指定一个区域的两个对角点,快速放大所选区域(1 和 2)的图形视图。放大效果如图 4-42(b)所示。

在放大后的新视图中,所定义的区域是居中的。所定义的区域的形状不需要与视口或显示视图的绘图区域的形状完全相同。

放大指定边界区域的步骤如下:

(1) 单击标准工具栏中的“窗口缩放”按钮(菜单:“视图”→“缩放”→“窗口”)。

(2) 指定要观察区域的一个角点(如图 4-42(a)左上角点 1)。

(3) 指定要观察区域的另一个角点(如图 4-42(a)右下角点 2)。

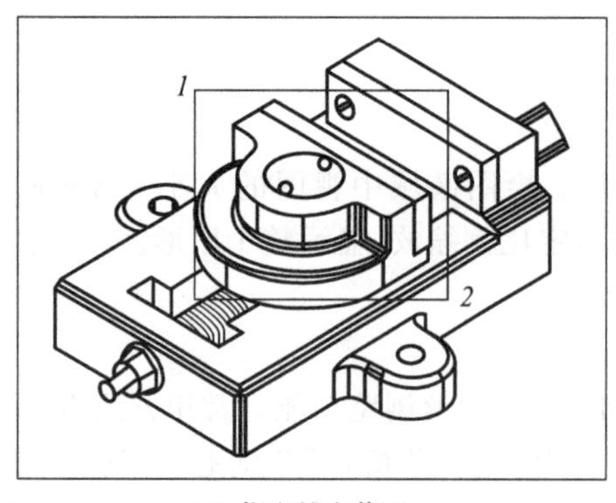

(a) 指定放大范围

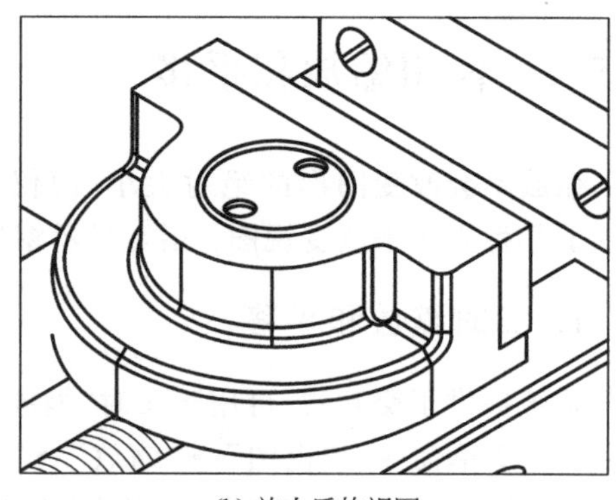
(b) 放大后的视图

图 4-42 “缩放”实例

3. 恢复前一个视图

当在图形中进行局部特写时，可能经常需要将图形缩小以观察总体布局。使用 zoom 命令中的“上一个”选项可以快速回到前一个画面，如将图 4-42(b)恢复到图 4-42(a)。AutoCAD 能依次恢复前 10 个曾经显示的画面。这些画面视图不仅包括缩放视图，而且还包括平移视图、透视视图或平面视图，以及用滚动条操作的过程。

恢复前一个视图最简单的操作是：单击标准工具栏中的“缩放上一个”按钮。注意，“缩放上一个”只能恢复视图的大小和位置，并不能恢复上一个视图的编辑环境。

4. 使用动态缩放

通过移动和改变视图框的大小即可实现移动或缩放图形。当选择 zoom 命令的“动态”选项时，工作区中会出现整个图的画面，同时有一个可以控制其大小的黑色拾取局部视图区域的矩形框，操作确定后，如图 4-43(a)所示。

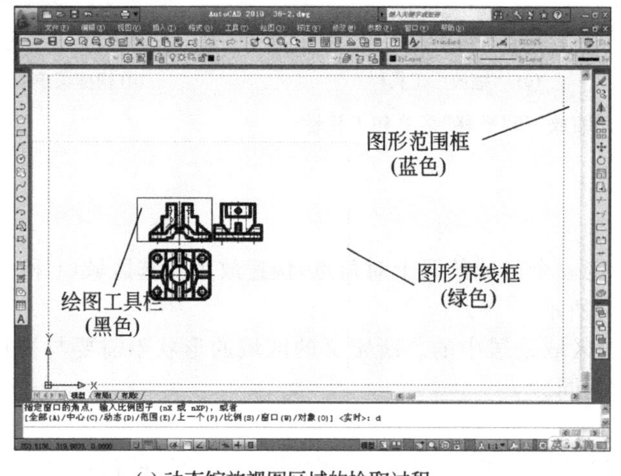

(a) 动态缩放视图区域的拾取过程

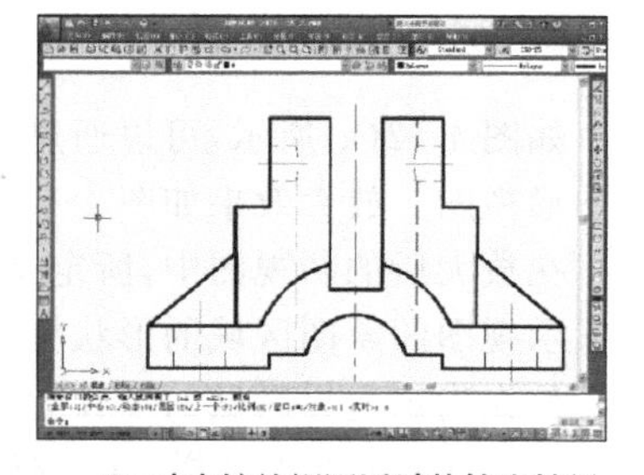
(b) 动态缩放视图区域的拾取结果

图 4-43 “动态缩放”实例

根据显示设置，绿色虚线框标明当前视图占有的图形界限，蓝色虚线框标明图形范围。该图形范围与图形界限和图形实际占用区域中的较大者一致。

动态缩放的步骤如下：

(1) zoom(“视图”→“缩放”→“动态”或“缩放”“标准”工具栏中的“动态缩放”)。AutoCAD 将显示图形范围和图形界限的视图。

(2) 当视图拾取框中包含一个×时，在屏幕上拖动视图框以平移到不同的区域。

(3) 要缩放到不同的大小，单击鼠标左键，则视图框中的×变成→(箭头)。

(4) 通过向左或向右拖动边框来改变视图框的大小。如果视图拾取框较大，则显示出来的图形视图较小。反之，则显示出来的图形视图较大。

(5) 根据需要，可以单击鼠标左键，在缩放和平移之间来回切换。

(6) 当视图框指定的区域正是想查看的区域时，按 Enter 键结束拾取。

视图拾取框所包围的图形就成为当前视图，如图 4-43(b)所示。

5. 按比例缩放视图

使用 zoom 命令的“比例”(菜单：“视图”→“缩放”→“比例”)选项是用来按指定的比例值缩放显示图形的。可以通过下述三种方法来指定。

1) 相对图形界限

要相对图形界限按比例缩放视图，只需输入一个比例值。比例值大于 1 时，图形放大；比例值小于 1 时，图形缩小。例如，输入比例值 2，将以对象原来尺寸的 2 倍显示对象；输入 0.5，将以对象原来尺寸的 1/2 显示对象。

2) 相对当前视图

要相对当前视图按比例缩放视图，只需在输入的比例值后加上字母 x。输入 2x，则以当前视图 2 倍的尺寸显示图形对象；输入 0.5x，则以当前视图 1/2 的尺寸显示图形对象。

3)相对图纸空间单位

当工作在布局空间时，要相对图纸空间单位按比例缩放视图，只需在输入的比例值后加上 xp。它指定了相对当前图纸空间按比例缩放视图，并且它还可以在打印前缩放视口。例如，输入 0.5xp 以图纸空间单位的 1/2 显示模型空间。

6. 中心缩放

zoom 命令的“中心点”选项用来改变一个对象的大小并将其移动到视口的中心点。缩放显示由中心点和缩放高度(或缩放比例)所定义的窗口。

在绘图区域内居中显示缩放图形的步骤如下：

(1) zoom 命令(“视图”→“缩放”→“中心点”)()。

(2) 指定图形中心点。

(3) 输入以图形单位为单位的高度或输入一个比例因子。

指定缩放高度时，视图按图形单位的高度显示。如果输入的数值比＜默认值＞小，则视图放大；如果输入的数值比＜默认值＞大，则视图缩小。

如图 4-44(a)所示，当默认值为 800，且拾取点 A 时：

(a) 拾取点 A (默认 800)　(b) 指定高度 500　(c) 指定高度 900　(d) 指定比例 2x　(e) 指定比例 0.8x

图 4-44　“中心缩放”实例

输入比例或高度<800>：500 ↵　　则视图放大，见图 4-44(b)。

输入比例或高度 <800>：900 ↵　　则视图缩小，见图 4-44(c)。

指定缩放比例时，视图按指定的相对比例显示。输入比例因子时要带有 x。例如：

输入比例或高度<800>：2x ↵　　则视图放大，见图 4-44(d)。

输入比例或高度 <800>：0.8x ↵　　则视图缩小，见图 4-44(e)。

如果正在使用浮动视口，则可以输入 xp 来相对于图纸空间进行比例缩放。

7. 显示图形界限和范围

要在图形边界或图形中对象范围的基础上显示视图，请使用 zoom 命令的“全部”选项()或 zoom 命令的“范围”选项()。选项“全部”显示一个包含在设置图形时所定义的图形界限和所有延伸到图形界限外的所有对象的视图。选项“范围”以布满绘图区域或以当前视口的最高缩放比例显示包含图形中所有对象的视图。

这两个选项在三维中产生的效果与二维中的效果相同。无限长构造线、参照线和射线对这些选项不起作用。

4.5.2　使用鸟瞰视图

鸟瞰视图是一种定位工具，它在另外一个独立的窗口中显示整个图形视图以便快速移动到目的区域。在绘图时，如果鸟瞰视图窗口保持打开状态，则可以直接进行缩放和平移，无须选择菜单选项或输入命令。

(1) 打开：dsviewer(“视图”→“鸟瞰视图”)。

如图 4-45(a)所示，位于图形区右下角的“鸟瞰视图”窗口不仅是整个图形的缩影，还可利用它对图形进行实时缩放、平移以及改变视图大小、更新视图状态等。“鸟瞰视图”窗口提供了在系统绘图区域中实时缩放和平移的途径。

图形区中视图的调整是通过“鸟瞰视图”窗口内视图框位置和大小的改变来实现的。

如图 4-45(b)所示，视图框是一个用于显示当前视口中视图边界的细线矩形。如图 4-45(c)所示为单击“鸟瞰视图”窗口时视图框的两种形式。拖动带有交叉符号的视图框可改变视图显示的位置，拖动带有箭头符号的视图框则改变视图显示的大小。视图框缩小，则放大图形；视图框放大，则缩小图形。单击鼠标左键可以执行所有平移和缩放操作，单击鼠标右键可以结束平移或缩放操作。

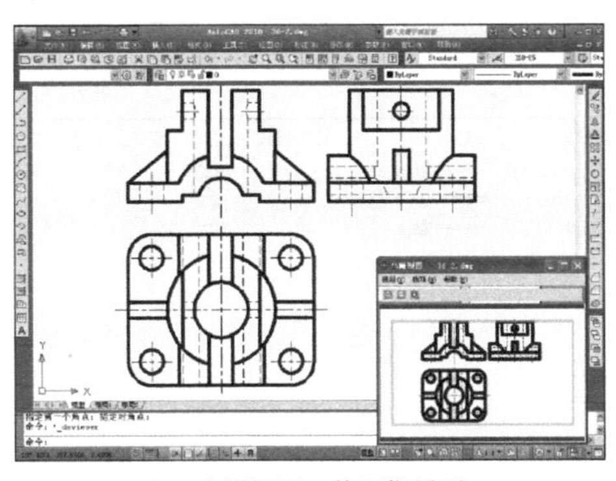

(a) “鸟瞰视图” 的图像界面

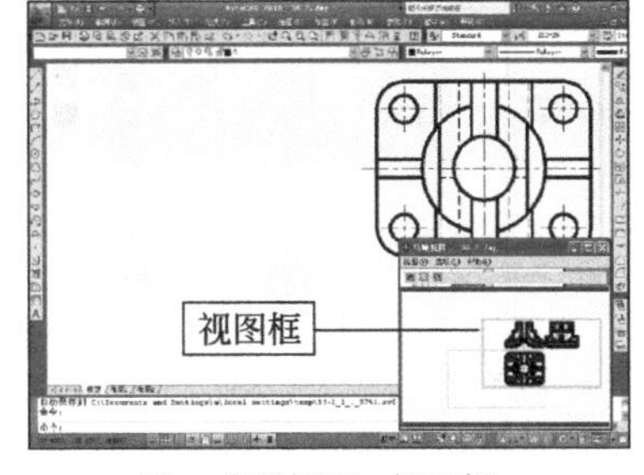

(b) “鸟瞰视图” 视图框

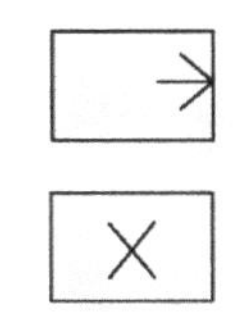

(c) 视图框形式

图 4-45 “鸟瞰视图”实例

AutoCAD 每次重生成图形时,都要重新计算虚拟显示空间,而且当前屏幕的内容都要被删除并且重画。鸟瞰视图窗口为观察虚拟显示空间的内容提供了一个视图框(类似于动态输入的拾取框)。然而,使用鸟瞰视图窗口放大并观察图形的一部分时并不强制重生成图形。

(2) 关闭:单击鸟瞰视图窗口右上角的关闭按钮。

4.6 图层的作用与功能

图层是 AutoCAD 中用户组织和管理图形的最有效工具之一。AutoCAD 的图形都是由图层组成的,根据需要,一幅图形可以由任意多个图层组成。每个图层都相当于一张没有厚度的透明纸,可以在每个图层上进行绘图操作,并赋予每个图层不同的颜色、线型、线宽和状态等,然后将这些透明纸(图层)重叠在一起,就构成了一幅完整的图形。例如,在绘制工程图时,图形中经常会包括各种要素,如线型(点画线、粗实线、虚线、剖面线等)、尺寸标注、技术要求、文本、实体等内容,为便于对不同图形对象的操作和管理,可以将不同的图形对象放置在不同的图层中。

绘图时,首先要进行图层的设置。例如,在绘制图 4-45 所示的几何图形时,至少应设置如图 4-46 所示的可用于定位的中心线层和绘制轮廓的粗实线层,其中 0 层为系统默认层,并设定中心线层为当前层。

4.6.1 图层的特性

从图 4-46 的图层特性管理器中可以看到,图层具有以下特性:

(1) 在一幅图中图层的数量不受限制,每一图层上可以绘制的图形对象数也不受限制;而且所有的图层之间完全对齐,即它们都采用相同的坐标系统、绘图界限和缩放系数。因此,图层的设置对绘图没有任何影响。

(2) 每一图层都必须有图层名,图层名可用字母、数字或汉字组成,通常应取与该图

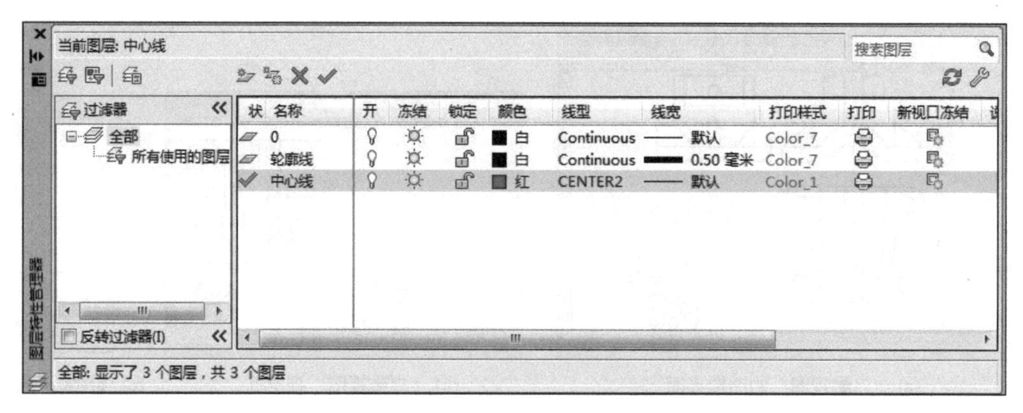

图 4-46 “图层特性管理器”设置窗口

层中对象有关的名字。

(3) 每次开始画一幅新图时，系统都会自动生成 0 层，且 0 层不能被更名或删除。

(4) 可以为每一图层指定一种颜色、线型、线宽和打印样式，画在其上面的图形对象会继承该层的这些特性，即“随层”性。

(5) 尽管在一幅图中可设置多个图层，但当前层只有一个。系统只允许在当前层上绘图，所以绘图时应先选好当前层。

(6) 图层可以被打开( )或关闭( )。当图层打开时，该层上的图形是可见的，并且可以进行打印。当图层关闭时，该层上的图形是不可见的，并且不能进行打印。

(7)在所有的视口中冻结( )或解冻( )图层。被冻结的图层是不可见的，不能进行重生成、消隐对象、渲染和打印。被解冻的图层是可见的，可以进行重生成、消隐对象、渲染和打印。

就可见性而言，冻结的层与关闭的层是相同的；但冻结层上的对象不参加图形处理的运算，而关闭层上的对象参加图形处理的运算。所以在复杂的图形中，冻结不需要的层可以大大加快系统重新生成的速度。

(8)锁定( )或解锁( )图层：被锁定图层中的对象是可见的，但不能被选择或编辑。如果只想查看图层信息而不需要编辑图层中的对象，则将图层锁定是有益的。

(9)控制选定图层是否可打印：即使关闭了图层的打印( )，该图层上的对象仍会显示出来。关闭图层打印只对图形中的可见图层(图层是打开的并且是解冻的)有效。如果图层设为可打印( )，但该图层在当前图形中是冻结的或关闭的，则不打印该图层。

4.6.2 图层的基本操作

为减免重复设置并方便绘制不同图形时的直接调用，通常先创建一个规范的设置好的图层样本，保存为后缀名是“.dwt”的样板图。在图层样板图中，首先要建立若干图层，并为各层设置颜色、线型、线宽等特性。层的设置及图层特性的改变均可在“图层特性管理器”中实现。

图层特性管理器的激活方式有以下几种：

(1) 键盘命令：layer 或 ddlmodes。

(2) 菜单命令："格式"→"图层"。

(3) 按钮命令："图层"工具栏或"图层"选项面板中。

执行图层命令后，在"图层特性管理器"对话框中进行图层设置的基本操作如下。

1. 建立新图层

单击"新建图层"按钮，系统会建立一个名为"图层 1"的新图层，连续单击，可创建"图层 2""图层 3""图层 4"……系列图层。新建图层可更名。

系统默认图层为"0"层。创建新图层前，若在层名列表中选定了一个图层，那么新建图层会继承选定图层的特性(颜色、线型、图层状态等)。

2. 设置当前层

在绘图区进行的绘图操作，都是在当前图层上进行的，并且拥有当前层的特性。因此在绘图时应首先设置当前图层。设置当前层的方法有：

(1) 在层名列表中选择一个图层，然后单击"置为当前"按钮。

(2) 在层名列表中选择一个图层，右击，在弹出的快捷菜单中选择"置为当前"选项。

(3) 双击名称栏中所选的图层。

(4) 选择"图层"工具栏中的"将对象的图层置为当前"按钮，然后选取图形对象，则该对象所在的图层变为当前层。

(5) 先选择图形对象，然后单击，则所选择对象的图层将变为当前图层。

3. 重新命名层

在创建好图层后，如果需要，可对某个图层的层名进行更改。方法是：单击欲更名的图层名使其变蓝后，再单击该图层名，输入新名称后回车确认。另外也可以采用慢双击方法进行更名操作。

4. 删除图层

要删除某个图层，该图层中必须没有图形对象，否则 AutoCAD 将不予删除。

要删除不使用的图层，需进入图层特性管理器，从图层列表框中选择这些图层，然后单击"删除图层"按钮即可。在图层列表框中选择图层的方法与在 Windows 中选择文件的方法相同，即选择的同时如果按住 Shift 键，可选择连续排列的多个图层；选择的同时按住 Ctrl 键，可选择不连续排列的多个图层。

5. 设置图层的颜色

要设置或改变某层的颜色，只需单击对应于该层的颜色项，屏幕上就会出现"选择颜色"对话框，如图 4-47 所示。单击要选择的颜色并单击"确定"按钮，即可选定该颜色。

6. 设置图层的线型

为图层设置线型与设置颜色的方法类似，只需单击对应于该层的线型项，屏幕上就会出现“选择线型”对话框，如图 4-48 所示。如果所需的线型不在“已加载的线型”列表框中，则需单击“加载”按钮，进入“加载或重载线型”对话框，如图 4-49 所示。单击所需的线型并单击“确定”按钮，即可将所需线型加载到“选择线型”对话框中，然后在“已加载的线型”列表框中选择所需的线型并单击“确定”按钮，即可为该层设置所需的线型。

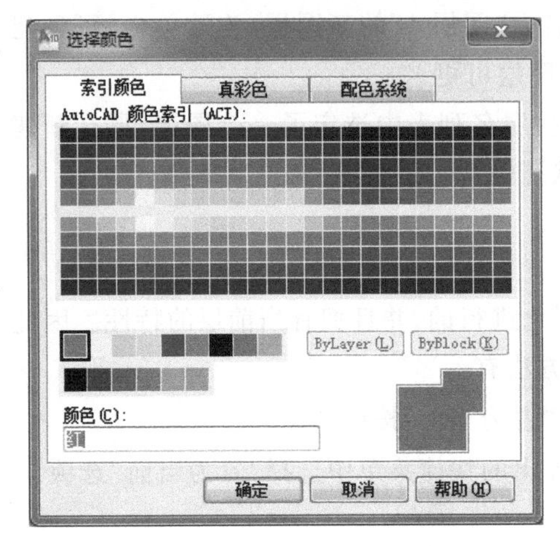

图 4-47 “选择颜色”对话框

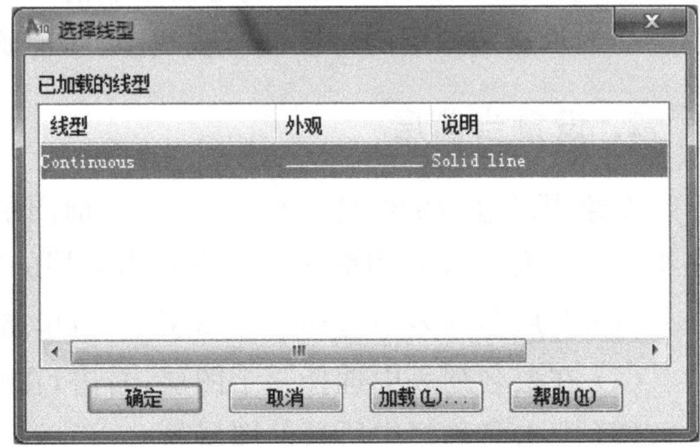

图 4-48 “选择线型”对话框

在图 4-49 的对话框中，要加载多个线型，可利用 Shift 键或 Ctrl 键。如果所加载的线型是连续的，则按住 Shift 键并单击要装入的第一个和最后一个线型名；如果所加载的线型是不连续的，则按住 Ctrl 键并分别单击要装入的线型名。

7. 设置图层的线宽

单击对应于某层的线宽项，则弹出“线宽”对话框，如图 4-50 所示，从中选择所需的线宽即可。

图 4-49 “加载或重载线型”对话框

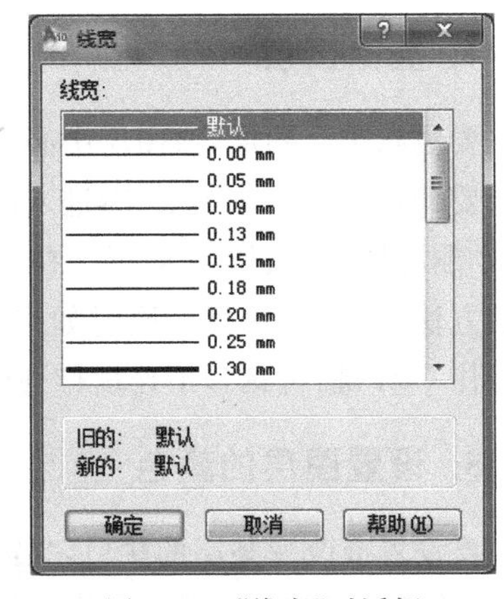

图 4-50 “线宽”对话框

线宽在图形中能否显示，是由应用程序状态栏中的“显示/隐藏线宽”按钮+决定的。单击按钮亮显时显示线宽，否则不显示。这里的线宽是为打印输出准备的，与绘制多段线命令中用于设置图形对象的几何线宽不同，前者不随图形对象的缩放而改变，而后者则不然。根据GB/T 17450—1998《技术制图 图线》，图形轮廓线型的线宽推荐用0.5mm或0.7mm。

8. 设置图层的状态

要设置某层的打开与关闭、冻结与解冻、锁定与解锁、打印与不打印这些状态，只需单击该图层相应状态栏上的状态标记（如💡、🔓等）即可。

4.6.3 用工具栏设置图层特性

设置好图层并退出“图层特性管理器”后，在“图层”和“特性”工具栏中的显示分别如图4-51和图4-52所示。可以看到，AutoCAD将根据图形对象所属图层的颜色、线型、线宽等来显示图形对象；当改变图层的颜色、线型、线宽等特性后，图形对象也随之发生改变。

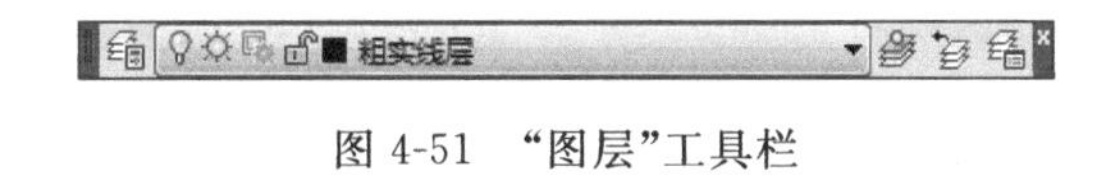

图4-51 “图层”工具栏

图4-52 “特性”工具栏

（1）单击“图层”工具栏中“图层控制”的下拉箭头，展开图层列表，可以选定当前层（如图4-53中将0层设置为当前层）或设置图层的状态（打开/关闭、冻结/解冻、锁定/解锁），如图4-53中关闭了粗实线层，冻结了虚线层。

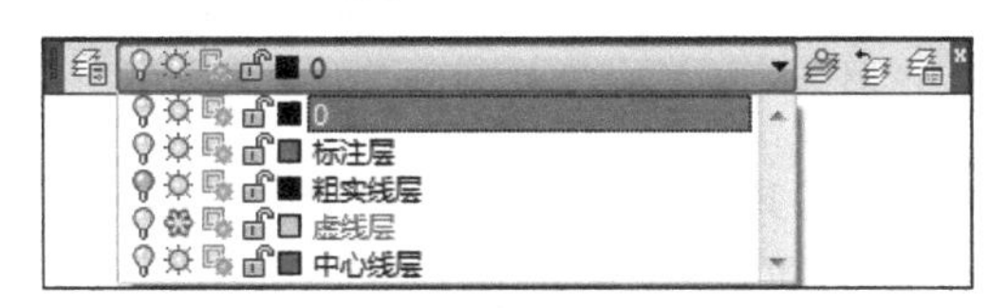

图4-53 在“应用过滤器”列表中改变特性

（2）单击“特性”工具栏中“颜色控制”的下拉箭头，可设置或更改对象的颜色，如图4-54所示。

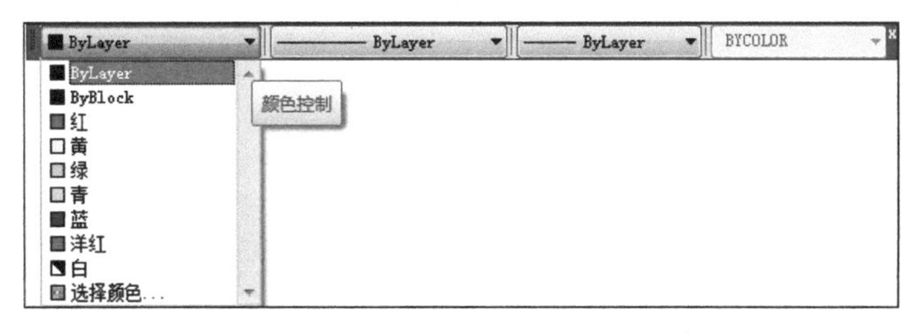

图4-54 在“颜色控制”列表中改变颜色

(3) 单击“特性”工具栏中“线型控制”的下拉箭头，可设置或更改对象的线型，如图 4-55 所示。

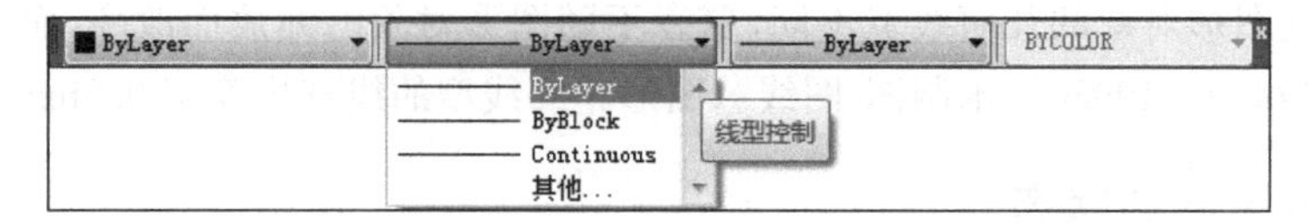

图 4-55 在“线型控制”列表中改变线型

(4) 单击“特性”工具栏中“线宽控制”的下拉箭头，可设置或更改对象的线宽，如图 4-56 所示。

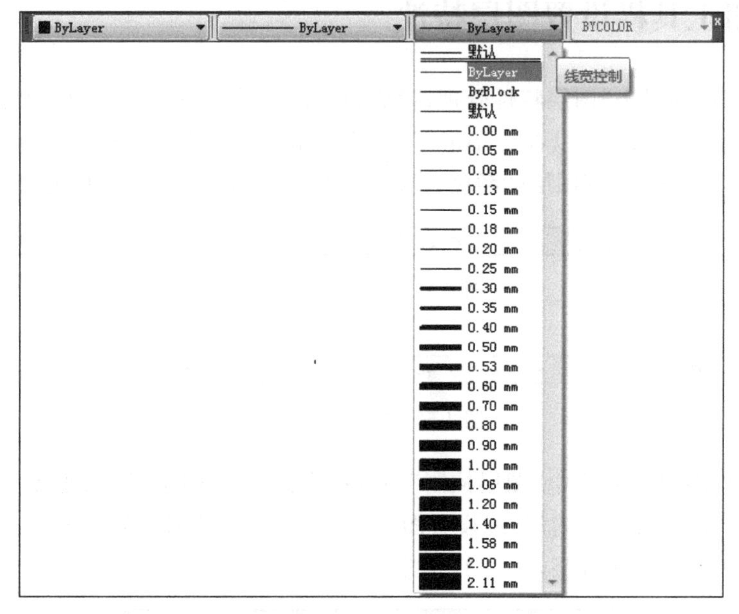

图 4-56 在“线宽控制”列表中改变线宽

需要注意的是，用“特性”工具栏来改变图层的特性时，只会改变在此设置之后所绘制的图形对象的颜色、线型、线宽等，并不能影响该图层上在此之前已绘制的图形对象；同时，由于这些对象不具有“随层”性，对图层的操作将不能改变这些图形对象的特性，有时会导致图形管理的混乱，因此建议初学者不要改变图形对象的“随层”性。另外在绘制工程用二维图形时，考虑到图形管理因素，建议用“图层特性管理器”进行图层设置，而不建议用“特性”工具栏进行图层设置。

第5章 AutoCAD 二维绘图实例

本章主要介绍 AutoCAD 基本的二维绘图命令及其修改方法。通过本章的学习，应掌握以下内容：

- 二维绘图命令的基本操作方法及使用技巧；
- 二维修改命令的使用方法和技巧；
- 用 AutoCAD 绘制三视图并标注尺寸；
- 正确绘制标题栏；
- 正确输入或修改文本信息；
- 进行尺寸样式的设置、替代、标注与标注修改；
- 图块及其属性的概念与应用；
- 进行图案填充。

5.1 几何图形的绘制

AutoCAD 的二维绘图和修改命令是进行计算机绘图的最基本的操作，了解并熟悉二维绘图的基本操作方法、掌握并运用二维绘图命令的基本使用技巧，是完成后续复杂图形绘制的基础。

5.1.1 几何图形的基本绘制方法

1. 启动绘图命令

启动绘图命令的方法很多，已在 4.1 节中进行了介绍。对于初学者而言，最常用的操作方法是单击菜单命令或工具栏的图标按钮命令。在熟悉了操作环境和操作命令后，直接在命令行输入命令名或者用快捷键来启动绘图命令，也是一种快捷高效的方法。

1）绘图菜单命令

单击“绘图”菜单，可展开如图 5-1 所示的基本绘图命令。在某些菜单后面带有黑三角▶的菜单选项,可进一步展开得到与上级菜单命令相关属性的选项内容。如图 5-2 所示的“绘图”→“圆”级联菜单中,在启动了“圆”菜单命令后,可以根据绘制圆的已知属性特征,直接选取“圆心、半径”“圆心、直径”“两点”“三点”“相切、相切、半径”“相切、相切、相切”等命令,完成圆的绘制。

2) 绘图工具栏命令

在任意工具栏的图标按钮上右击,在弹出的快捷菜单的“绘图”选项前单击勾选,即可调出如图 5-3 所示的“绘图”工具栏。各按钮的功能注释见图中说明。

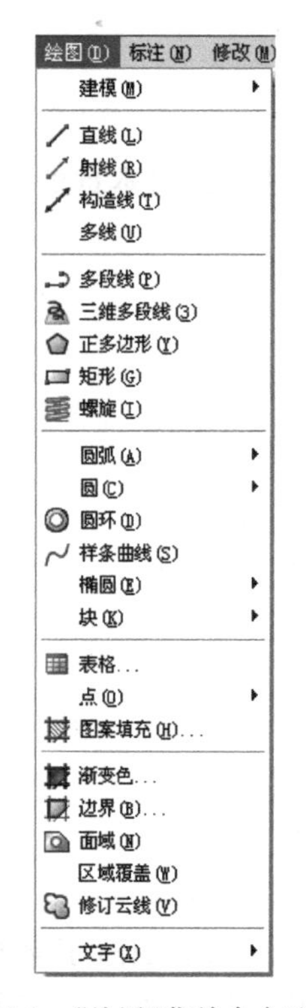

图 5-1 “绘图”菜单命令选项

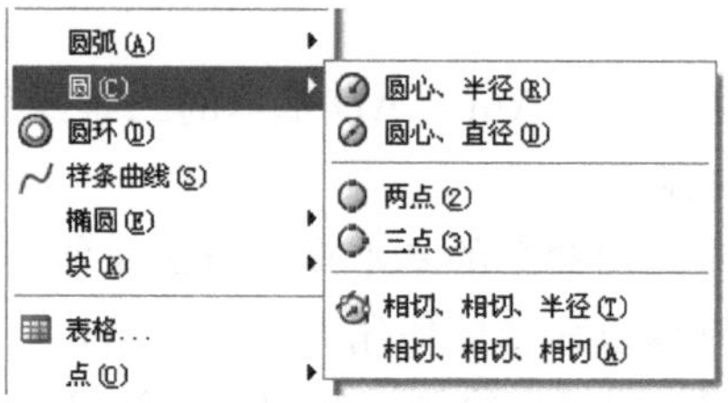

图 5-2 “圆”级联菜单选项

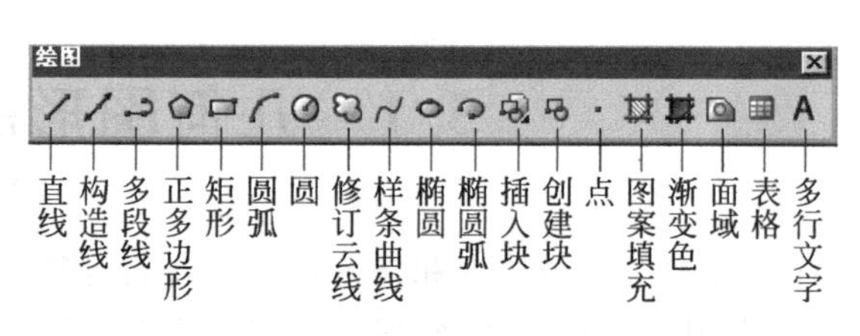

图 5-3 “绘图”工具栏

如图 5-4(a)为“绘图”常用面板,单击绘图按钮“绘图 ▾”可展开绘图面板,如图 5-4(b)所示。在命令按钮右侧有“▼”的,可以单击展开组命令,如图 5-4(c)所示。

2. 常用二维绘图命令

由于篇幅有限,因此不能一一介绍所有的绘图功能。这里仅对最常用的直线、正多边形、矩形、圆、椭圆、点等命令进行介绍,其他命令既可以依命令提示逐项尝试完成,也可以在原有图形的基础上,通过后面的修改操作完成。

1) 直线

功能:用于创建一系列连续的线段。

菜单:“绘图”→“直线”。

按钮:/

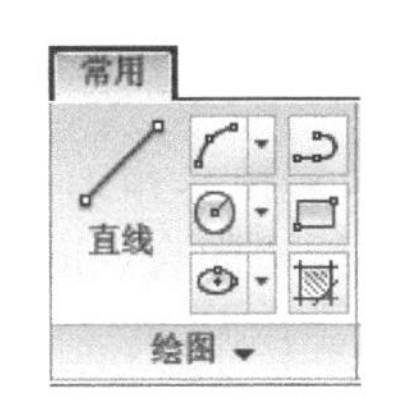

(a) “绘图” 常用面板

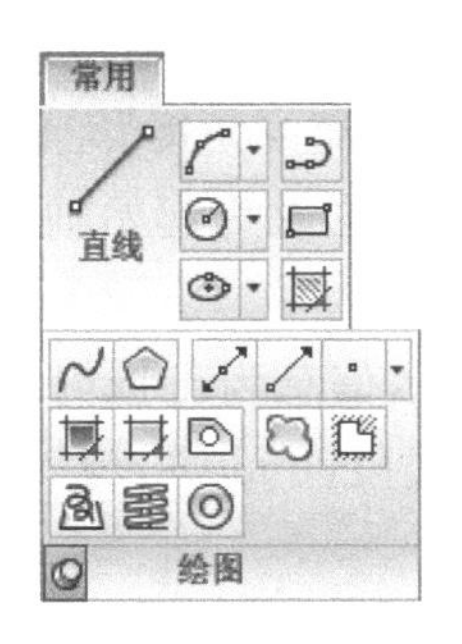

(b) “绘图” 展开面板

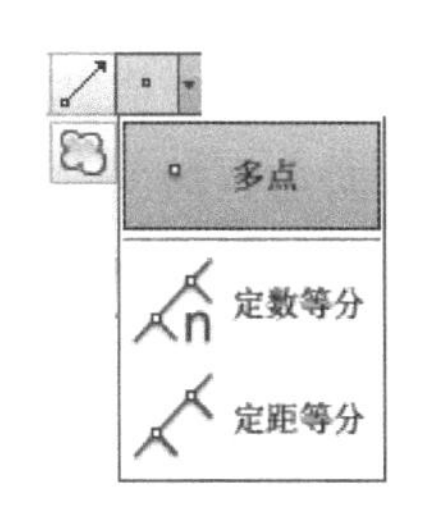

(c) “点” 展开命令按钮

图 5-4 “常用”选项卡的“绘图”面板

键盘输入(快捷键命令)：Line(L)。

图例：如图 5-5 所示。

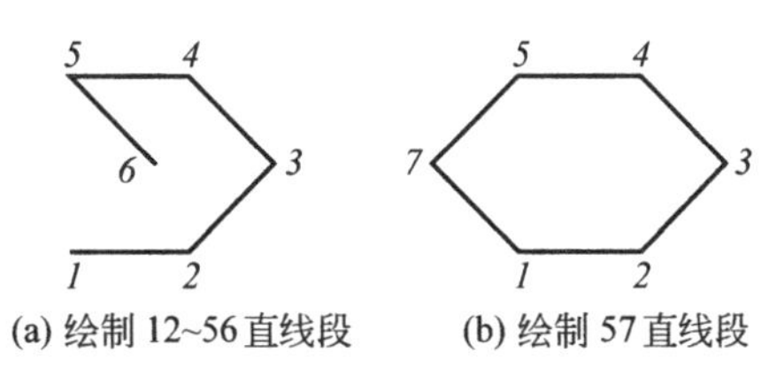

(a) 绘制 12~56 直线段　(b) 绘制 57 直线段

图 5-5 绘制直线段的图例

命令：_line 指定第一点：	鼠标定起点
指定下一点或[放弃(U)]：@50,0 ↵	画 12 直线段
指定下一点或[放弃(U)]：@50<45 ↵	画 23 倾斜直线段
指定下一点或[闭合(C)/放弃(U)]：@50<135 ↵	画 34 倾斜直线段
指定下一点或[闭合(C)/放弃(U)]：@－50,0 ↵	画 45 直线段
指定下一点或[闭合(C)/放弃(U)]：@50<－45 ↵	画 56 直线段，如图 5-4(a)所示
指定下一点或[闭合(C)/放弃(U)]：u ↵	撤销 56 直线段
指定下一点或[闭合(C)/放弃(U)]：@50<－135 ↵	画 57 直线段，如图 5-4(b)所示
指定下一点或[闭合(C)/放弃(U)]：c ↵	画 71 直线段，与起点封闭

操作提示：

- 直线段的起点通常由鼠标任意定点，直线段的终点或后续线段的起/终点可以通过输入相对的直角坐标值/极坐标值来定点完成。
- 若打开动态输入按钮，执行系统默认的相对坐标输入，则点的相对直角坐标值直接键盘输入“x,y”即可，如 50,0；而点的极坐标值直接键盘输入“距离<角度”即可，如 50<135；系统会在参数前面自动添加@表示相对含义。
- 若关闭“动态输入”按钮，执行系统默认的绝对坐标输入，则相对坐标值前面的符号@不可省略。即点的相对直角坐标值应键盘输入“@x,y”,如@50,0;而点的相对极坐标值应键盘输入“@距离<角度”完成,如@50<135。

- 极坐标的角度值默认是以 X 正向轴为起始轴,并且按顺时针为负值、逆时针为正值取向定点的。
- 命令行语句中方括号内的提示信息为可选内容。用户只要输入相关功能的字符信息即可。u 表示放弃前一线段(undo),c 表示使一系列线段闭合(close),按回车(Enter)键可结束当前操作。
- 激活状态栏的“对象捕捉”模式按钮,可指定相对于现有对象的对象捕捉特征,如图 5-6 所示。

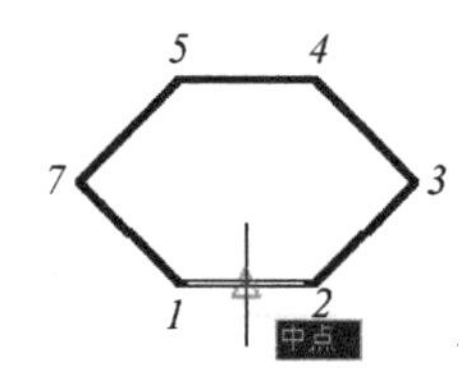

(a) 绘制线段起点(中点)

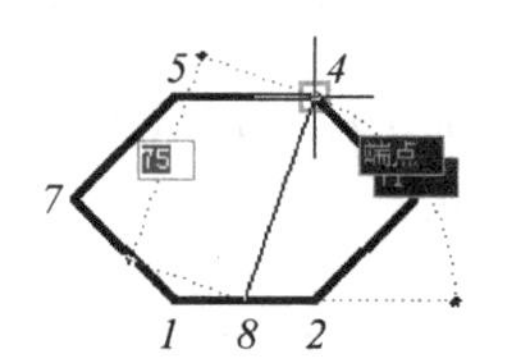

(b) 绘制线段终点(端点)

图 5-6　激活“对象捕捉”模式下直线段的绘制过程图例

- 激活状态栏的“正交”模式,可直接输入线段长度,如图 5-7 所示用鼠标在水平和垂直两个方位导向即可绘制正交直线线段。此时动态输入按钮打开/关闭均可。

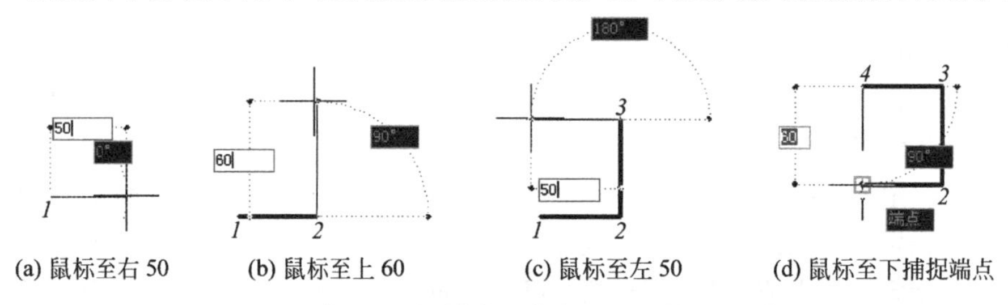

(a) 鼠标至右 50　　(b) 鼠标至上 60　　(c) 鼠标至左 50　　(d) 鼠标至下捕捉端点

图 5-7　激活“正交”模式下直线段的绘制过程图例

命令:_line 指定第一点:	鼠标定起点
指定下一点或[放弃(U)]:<正交 开>50 ↵	鼠标至右侧后输入值 50
指定下一点或[放弃(U)]:60 ↵	鼠标至上方后输入值 60
指定下一点或[闭合(C)/放弃(U)]:50 ↵	鼠标至左侧后输入值 50
指定下一点或[闭合(C)/放弃(U)]:	鼠标至下方单击捕捉端点
指定下一点或[闭合(C)/放弃(U)]:↵	回车确认,完成矩形绘制

2) 正多边形

功能:用于快速创建矩形和等边三角形、正方形、五边形、六边形等规则多边形。

菜单:“绘图”→“正多边形”。

按钮:。

键盘:polygon。

图例:如图 5-8 所示。

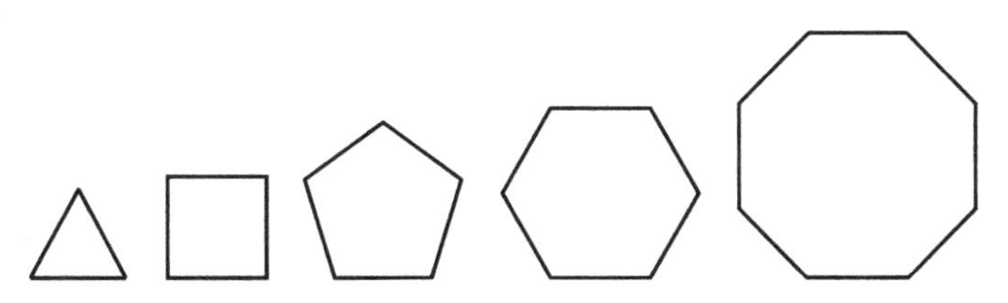

图 5-8　绘制边长均为 50 的正多边形图例

命令：_polygon 输入边的数目＜4＞：3 ↵	输入参数 3/4/5/6/8 等
指定正多边形的中心点或[边(E)]：e ↵	按边长绘制
指定边的第一个端点：	鼠标定边长起点
指定边的第二个端点：50 ↵	边长 50

操作提示：

- 在已知正多边形边长时，可以直接选择 E 选项后输入边长数值。
- 在不确定正多边形边长，而已知内接圆或外切圆的半/直径时，可以通过下述方法绘制如图 5-9 所示的正多边形。

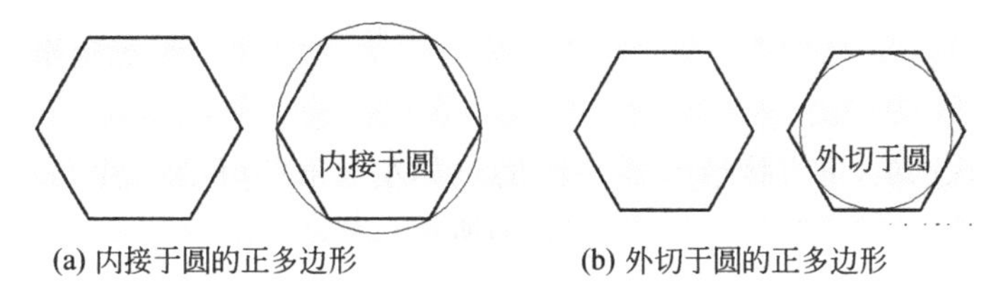

(a) 内接于圆的正多边形　　(b) 外切于圆的正多边形

图 5-9　绘制已知圆半径的正多边形图例

命令：_polygon 输入边的数目＜8＞：6 ↵	绘制正六边形
指定正多边形的中心点或[边(E)]：	鼠标定中心点
输入选项[内接于圆(I)/外切于圆(C)]＜I＞：I ↵	选择圆的连接方式，如图中蓝色虚拟圆
指定圆的半径：50 ↵	半径 50

- 图 5-8 和图 5-9 都是在状态栏的"正交"模式下绘制的。非"正交"模式可绘制任意方向的正多边形，如图 5-10 所示。

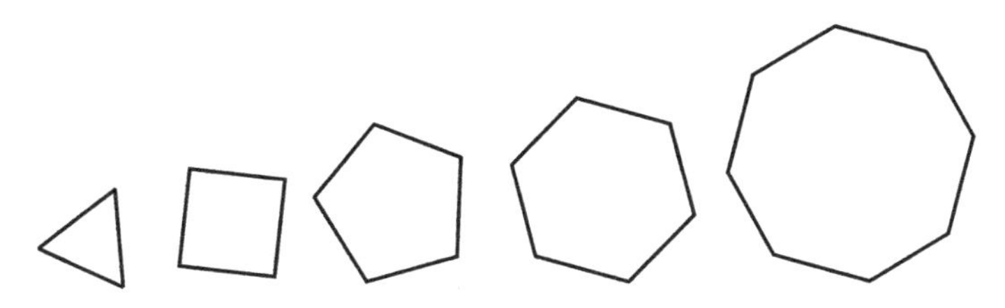

图 5-10　绘制非"正交"模式的正多边形图例

3) 矩形

功能：用于创建矩形形状的闭合多段线。可以指定长度、宽度、面积和旋转参数。还可以控制矩形上角点的类型(圆角、倒角或直角)。

菜单："绘图"→"矩形"。

按钮：▭。

键盘：rectang(rec)。

图例：如图 5-11 所示。

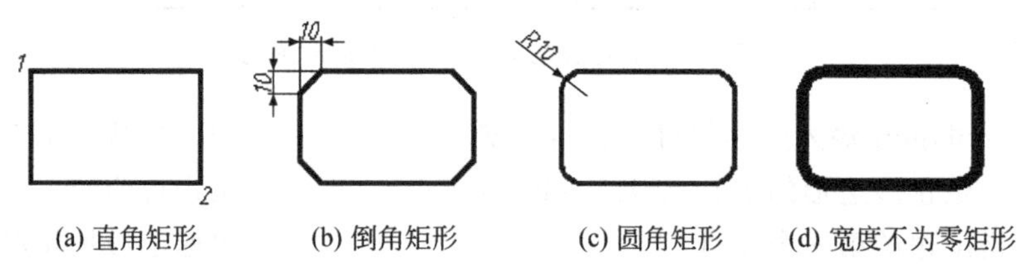

图 5-11 绘制不同参数的矩形图例

命令：_rectang

　　指定第一个角点或[倒角(C)/标高(E)/圆角(F)/厚度(T)/宽度(W)]：

鼠标定矩形的左上角点 1

　　指定另一个角点或[面积(A)/尺寸(D)/旋转(R)]：@80，−50 ↵

鼠标定矩形的右下角点 2

操作提示：

- 执行默认选项，可直接给出第一个角点(如左上角点)和第二个角点(如右下角点)两个参数即可绘制矩形，如图 5-11(a)所示。
- 矩形两个角点的顺序自由，第二个角点的坐标值可相对于第一个角点的坐标而定；如图 5-11 中，若 1 为起点，则 2 的参数应为@80，−50；若 2 为起点，则 1 的参数应为@−80,50。
- 命令行中方括号内的字符选项含义如下：C 为绘制带倒角的矩形，F 为绘制带圆角的矩形，W 为绘制具有一定宽度的矩形，如图 5-11(b)、(c)、(d)所示。其余参数项略。
- 设置倒角、圆角、宽度参数后，在后续执行_rectang 命令时，首先会在命令初始行显示类似"当前矩形模式：倒角＝10.0000×10.0000 宽度＝5.0000"等的提示信息，如果不满足后续操作的要求，可参照前面参数设置的方法重新调整。
- 倒角矩形两侧的倒角边长可以不等边，但设置时要保证两个倒角边长之和一定要小于或等于最小一侧的边长，否则会出错。如图 5-12(d)所示，当两侧倒角边长 30＋30＝60 超出矩形的最小边长 50 时，导致倒角矩形错误。

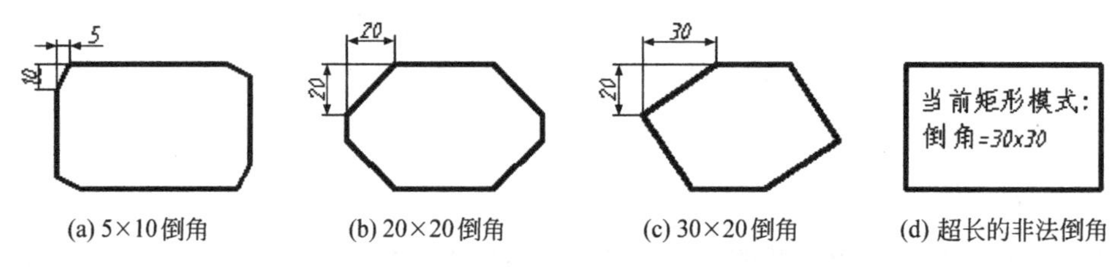

图 5-12 绘制同样规格(80×50)、不同倒角的矩形图例

4）圆

功能：用于创建指定圆心、半径/直径、圆周上点和其他对象上点的不同组合的圆。

菜单："绘图"→"圆"，如图 5-13 所示。

按钮：⊘。

键盘：circle(c)。

图例：如图 5-14 所示。

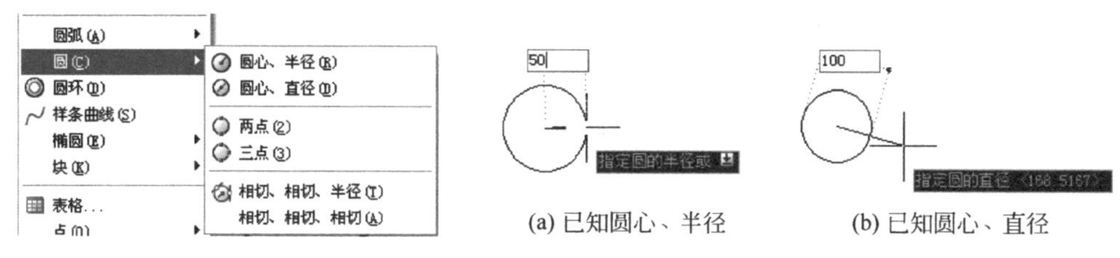

(a) 已知圆心、半径　　(b) 已知圆心、直径

图 5-13　绘制圆的级联菜单　　图 5-14　绘制圆心、半径(直径)圆

命令：_circle

指定圆的圆心或[三点(3P)/两点(2P)/相切、相切、半径(T)]：

鼠标定圆心

指定圆的半径或[直径(D)]<60>:50 ↵　　输入半径 50(默认半径 60)

操作提示：

- 执行默认选项，可直接给出圆心和半径绘制圆，如图 5-14(a)所示。
- 若已知圆心和直径，先确定圆心位置后，在响应 D 选项后直接输入直径数据绘制圆，如图 5-14(b)所示。

  命令：_circle

  指定圆的圆心或[三点(3P)/两点(2P)/相切、相切、半径(T)]：　鼠标定圆心

  指定圆的半径或[直径(D)]<84.2584>：d ↵

  输入选项 D(默认半径 84.2584)

  指定圆的直径<168.5167>:100 ↵　输入直径 100(默认直径 168.5167)
- 若已知圆周上三点，要先响应 3P 选项，再根据命令行提示依序执行：指定圆上的第一个点，指定圆上的第二个点，指定圆上的第三个点。
- 若已知圆周上两点，要先响应 2P 选项，再根据命令行提示依序执行：指定圆直径的第一个端点，指定圆直径的第二个端点。
- 若已知相切、相切、半径，要先响应 T 选项，再根据命令行提示依序执行并完成，如图 5-15 所示步骤。图中的相切对象分别是线段 12 和线段 34。

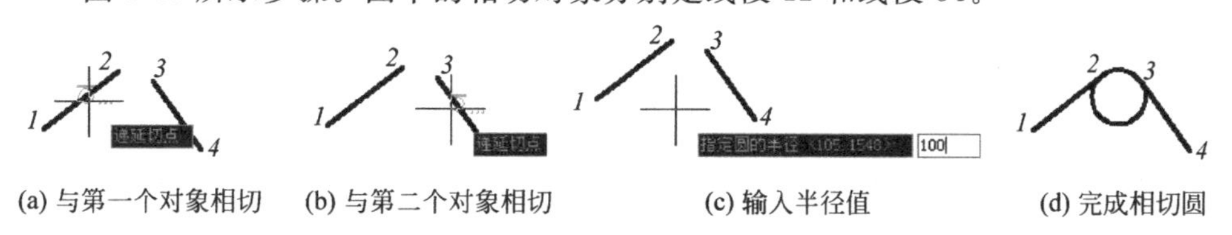

(a) 与第一个对象相切　(b) 与第二个对象相切　(c) 输入半径值　(d) 完成相切圆

图 5-15　绘制相切、相切、半径圆的步骤

- 相切、相切、半径圆的相切对象可以是任意的几何对象。需要注意的是在与圆或圆弧相切时，要注意递延切点的位置不同，相切圆的半径不同，构成的中间圆的位置也不尽相同，如图 5-16 和图 5-17 所示。

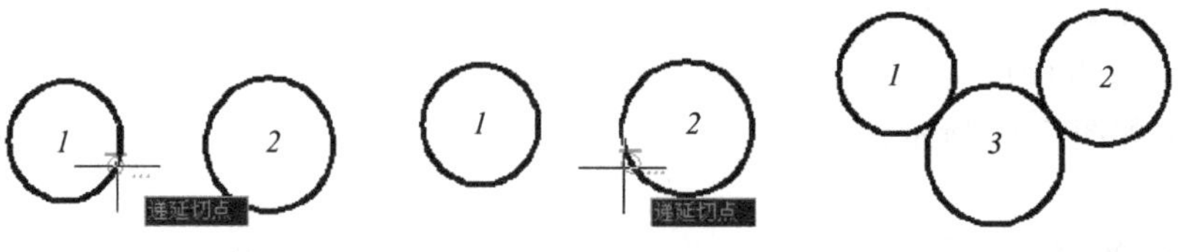

(a) 与第一个圆内侧相切　(b) 与第二个圆内侧相切　(c) 半径为 200 的相切圆 3

图 5-16　绘制相切、相切、半径 200 圆的步骤 1

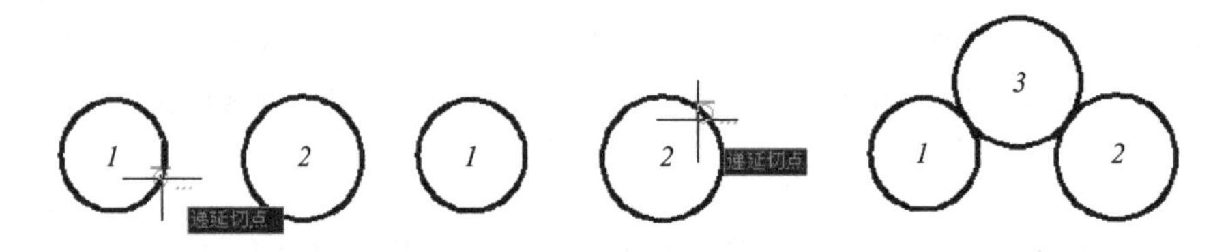

(a) 与第一个圆内侧相切　(b) 与第二个圆外侧相切　(c) 半径为 200 的相切圆 3

图 5-17　绘制相切、相切、半径 200 圆的步骤 2

- 当相切圆的相切对象有三个时，只能执行“绘图”→“相切、相切、相切”的菜单命令，并且也会因为相切对象递延切点位置的不同，呈现如图 5-18 所示四种不同绘制结果(还有其他的可能性)。其相切圆的半径/直径是由系统自动计算而得出的。

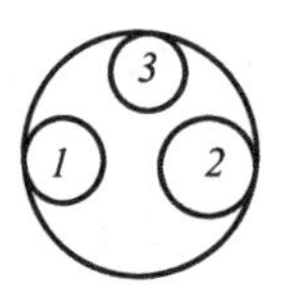

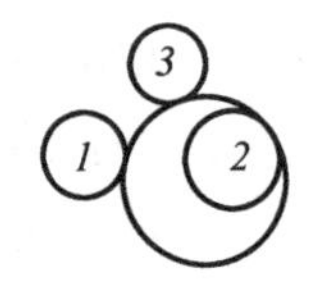

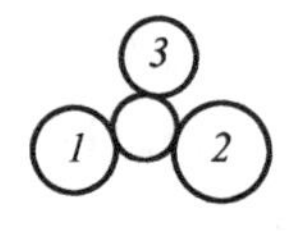

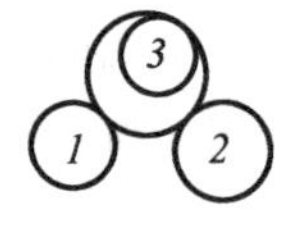

(a) 相切圆图例 1　(b) 相切圆图例 2　(c) 相切圆图例 3　(d) 相切圆图例 4

图 5-18　执行“相切、相切、相切”菜单命令绘制四种不同相切圆的图例

5）圆弧

功能：用于创建指定圆心、端点、起点、半径、角度、弦长和方向的各种组合形式的圆弧。

菜单：“绘图”→“圆弧”→…，如图 5-19 所示。

按钮：。

键盘：arc(a)。

图例：如图 5-20 所示。

可以使用多种方法创建圆弧。除第一种(三点)方法外，其他方法都是从起点到端点逆时针绘制圆弧。

命令：_arc

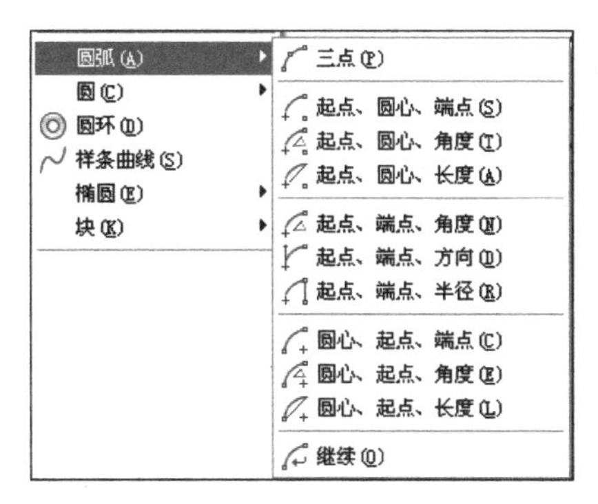

图 5-19 绘制圆弧的级联菜单

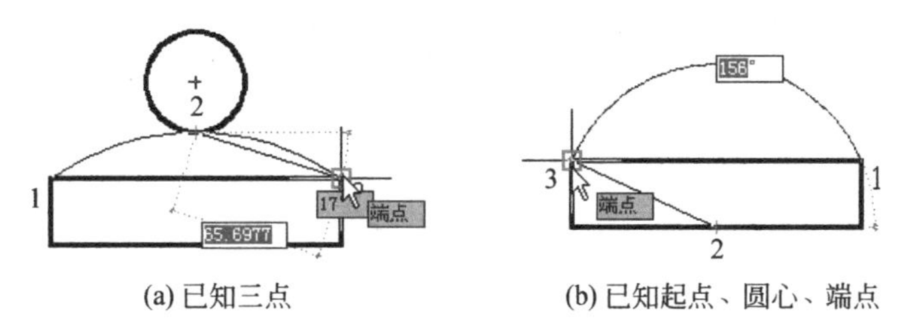

(a) 已知三点　　(b) 已知起点、圆心、端点

图 5-20 绘制圆弧图例

指定圆弧的起点或［圆心(C)］：　　单击图 5-20(a)点 1

指定圆弧的第二个点或［圆心(C)/端点(E)］：　　单击图 5-20(a)点 2

指定圆弧的端点：　　单击图 5-20(a)点 3

操作提示：

- 执行默认选项，可直接指定三点绘制圆弧，如图 5-20(a)所示。
- 已知起点、圆心、端点绘制圆弧。先确定起点，响应 C 选项后指定圆弧的圆心，再指定端点绘制圆弧，如图 5-20(b)所示。

已知起点、圆心、端点的情况与此类似。

起点和圆心之间的距离确定半径。端点由从圆心引出的通过第三点的直线决定。生成的圆弧始终从起点按逆时针绘制。

命令：_arc

指定圆弧的起点或［圆心(C)］：　　单击图 5-20(b)点 1

指定圆弧的第二个点或［圆心(C)/端点(E)］：c ↵　　输入选项 c

指定圆弧的圆心：　　单击图 5-20(b)点 2

指定圆弧的端点或［角度(A)/弦长(L)］：　　单击图 5-20(b)点 3

- 已知起点、圆心、角度绘制圆弧。先确定起点，响应 C 选项后指定圆弧的圆心，再响应 A 选项，指定包含角后完成圆弧绘制，如图 5-21 所示。

已知起点、圆心、角度的情况与此类似。

起点和圆心之间的距离确定半径。圆弧的另一端通过指定以圆弧圆心为顶点的夹角确定。生成的圆弧始终从起点按逆时针绘制。

命令：_arc

指定圆弧的起点或［圆心(C)］：	拾取图 5-21 点 1
指定圆弧的第二个点或［圆心(C)/端点(E)］：c ↵	输入选项 c
指定圆弧的圆心：	拾取图 5-21 点 2
指定圆弧的端点或［角度(A)/弦长(L)］：a ↵	输入选项 a
指定包含角：60 ↵	输入角度或鼠标拾取

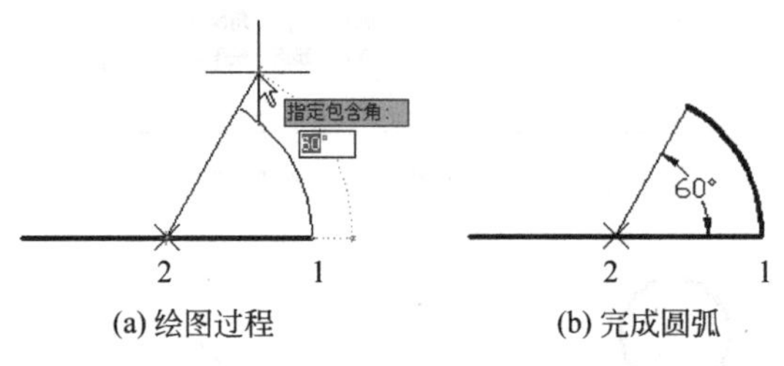

(a) 绘图过程　　(b) 完成圆弧

图 5-21　已知起点、圆心、角度绘制圆弧图例

- 已知起点、圆心、弦长绘制圆弧。先指定起点，响应 C 选项后指定圆弧的圆心，再响应 L 选项，指定弦长后完成圆弧绘制。

已知圆心、起点、弧长的情况与此类似，如图 5-22 所示。

起点和圆心之间的距离确定半径。圆弧的另一端通过指定圆弧起点和端点之间的弦长确定。生成的圆弧始终从起点以逆时针绘制。

命令：_arc

指定圆弧的起点或［圆心(C)］：c ↵	输入选项 C，指定圆心
指定圆弧的圆心：	拾取图 5-22 点 2
指定圆弧的起点：	拾取图 5-22 点 1
指定圆弧的端点或［角度(A)/弦长(L)］：l ↵	输入选项 L
指定弦长：57 ↵	输入弦长 57

指定弦长:
58.885
2　1
57
2　1

(a) 绘图过程　　(b) 完成圆弧

图 5-22　已知起点、圆心、弦长绘制圆弧图例

- 已知起点、端点、角度绘制圆弧。圆弧端点之间的夹角确定圆弧的圆心和半径。

命令：_arc

指定圆弧的起点或［圆心(C)］：	拾取图 5-23 点 1
指定圆弧的第二个点或［圆心(C)/端点(E)］：e ↵	输入选项 e
指定圆弧的端点：	拾取图 5-23 点 2
指定圆弧的圆心或［角度(A)/方向(D)/半径(R)］：a ↵	输入选项 a

指定包含角：110 ↵　　　　　　　　　　　　　　输入角度 110

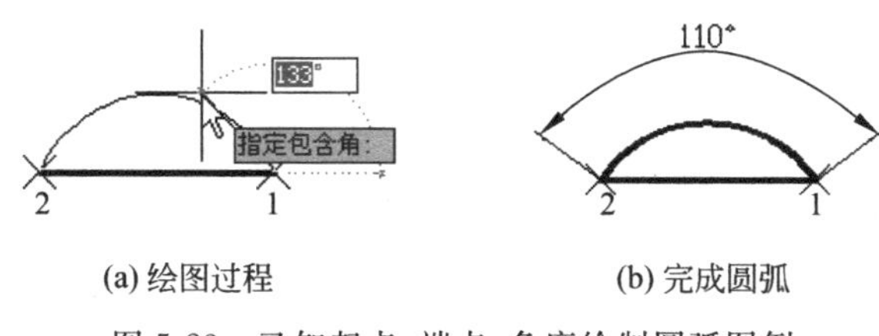

(a) 绘图过程　　　　　　(b) 完成圆弧

图 5-23　已知起点、端点、角度绘制圆弧图例

- 已知起点、端点、方向绘制圆弧。绘制圆弧在起点处与指定方向相切，通过在切线上指定一个点或输入角度指定切向。从起点确定该方向，绘制从起点开始到终点结束的任何圆弧。

命令：_arc

指定圆弧的起点或［圆心(C)］：	拾取图 5-24 点 1
指定圆弧的第二个点或［圆心(C)/端点(E)］：e ↵	输入选项 e
指定圆弧的端点：	拾取图 5-24 点 2
指定圆弧的圆心或［角度(A)/方向(D)/半径(R)］：d ↵	输入选项 d
指定圆弧的起点切向：109 ↵	输入切线角 109

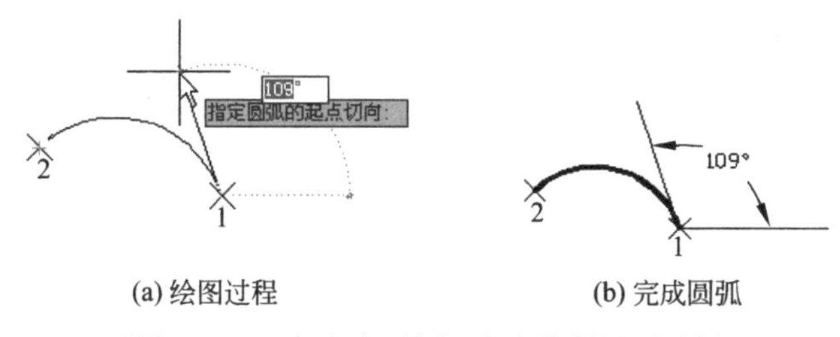

(a) 绘图过程　　　　　　(b) 完成圆弧

图 5-24　已知起点、端点、方向绘制圆弧图例

- 已知起点、端点、半径绘制圆弧。通过输入半径或在所需半径距离上指定一个点来指定半径，从起点向终点逆时针绘制。

命令：_arc

指定圆弧的起点或［圆心(C)］：	拾取图 5-25 点 1
指定圆弧的第二个点或［圆心(C)/端点(E)］：e ↵	输入选项 e
指定圆弧的端点：	拾取图 5-25 点 2
指定圆弧的圆心或［角度(A)/方向(D)/半径(R)］：r ↵	输入选项 r
指定圆弧的半径：49 ↵	输入圆弧半径 49

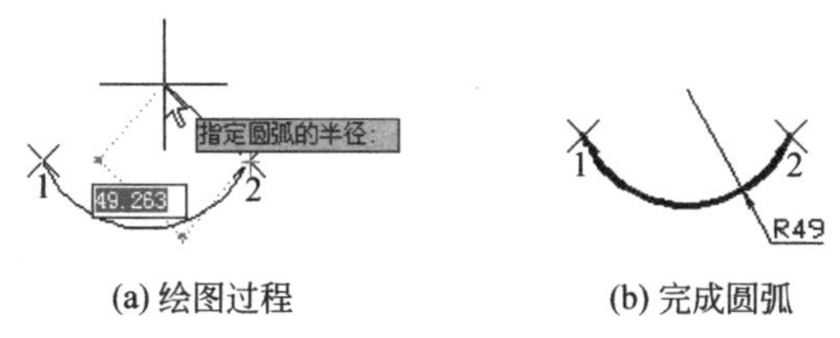

(a) 绘图过程　　　　　　(b) 完成圆弧

图 5-25　已知起点、端点、半径绘制圆弧图例

- 完成绘制圆弧后，继续执行 arc 命令并在提示“指定第一点”时按回车键或单击下拉菜单“绘图”→“圆弧”→“继续”，可以立即绘制一条与上一个圆弧端点相切的圆弧，只需指定新圆弧的端点即可，如图 5-26 所示。

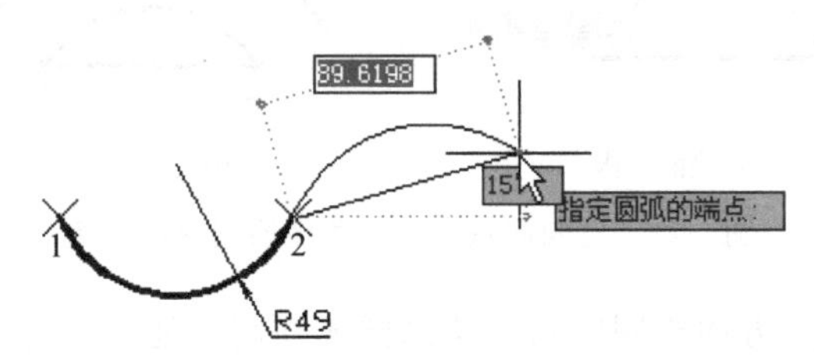

图 5-26　执行“绘图”→“圆弧”→“继续”的图例

6）椭圆

功能：用于创建椭圆和椭圆弧。椭圆由中心点、长轴和短轴构成。

菜单：“绘图”→“椭圆”，如图 5-27 所示。

按钮：。

键盘：ellipse。

图例：如图 5-28 所示。

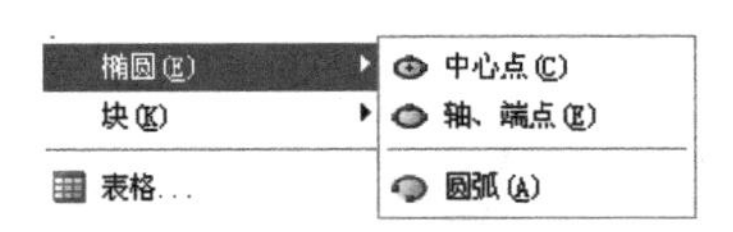

图 5-27　绘制椭圆的级联菜单

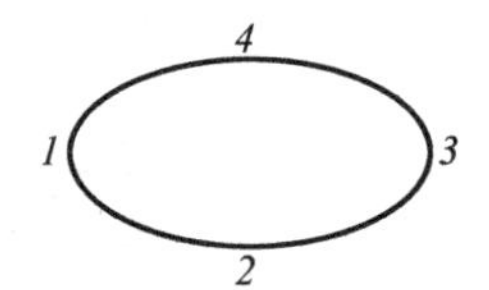

图 5-28　绘制椭圆

命令：_ellipse

指定椭圆的轴端点或[圆弧(A)/中心点(C)]：	鼠标确定轴的起始端点 1
指定轴的另一个端点：@200,0 ↵	参数确定椭圆的轴长 200(点 3)
指定另一条半轴长度或[旋转(R)]：50 ↵	参数确定另一椭圆轴半径 50(点 2、4 的距离为 100)

操作提示：

- 执行默认选项，分别给出两个轴长参数即可绘制出椭圆，如图 5-28 所示。
- 若执行选项 C，需先确定如图 5-29(a)所示椭圆位置的中心点，然后根据命令行提示按照如图 5-29(b)所示给出一侧椭圆轴的半径 100 定其轴长，再按照如图 5-29(c)所示给出另一侧的椭圆半径 50 定其轴长，最后按 Enter 键确认，绘制出如图 5-29(d)所示的椭圆 5678。
- 椭圆的分布形状(立式或者卧式)取决于椭圆长、短轴的方向，既可以用鼠标定点确定也可以用参数结合鼠标的调节实现。
- 若执行选项 R，可以通过鼠标或者给定参数绘制带有旋转角度的椭圆。
- 椭圆弧可以通过在绘制椭圆基础上，借助修剪或断点操作完成，此略。

7）点

功能：用于创建点对象。

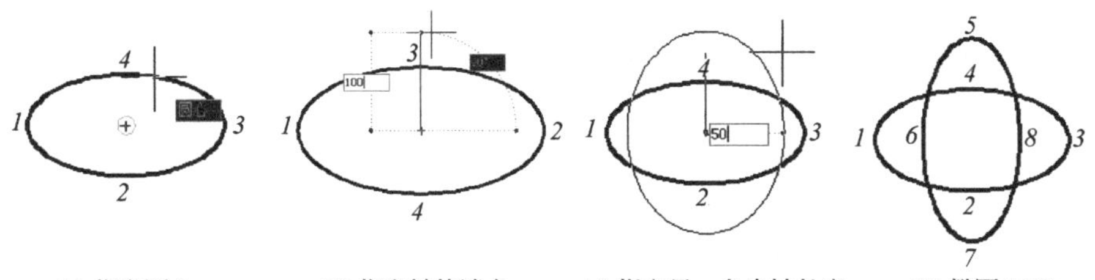

(a) 指定圆心　(b) 指定轴的端点　(c) 指定另一条半轴长度　(d) 椭圆 5678

图 5-29　绘制中心点椭圆

菜单："绘图"→"点"，如图 5-30 所示。

按钮：▪。

键盘：point。

图例：如图 5-31 所示。

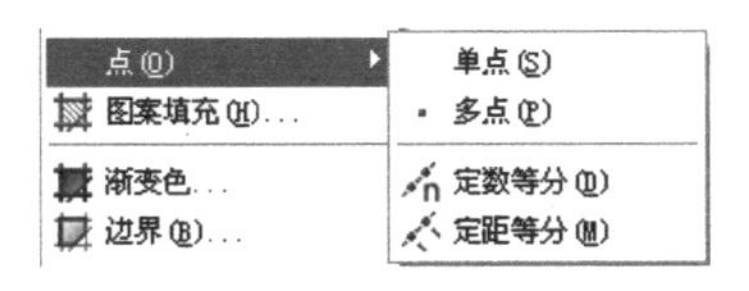

图 5-30　绘制点的级联菜单

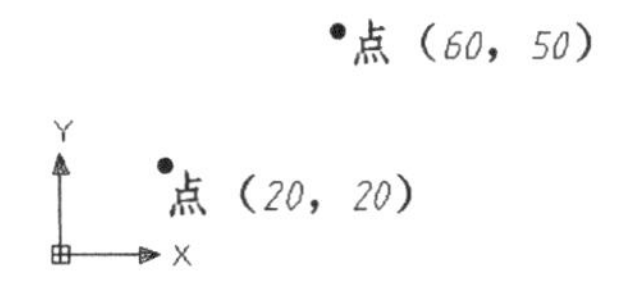

图 5-31　绘制点(20,20)、(60,50)

命令：_ point

　　当前点模式：PDMODE＝0 PDSIZE＝0.0000

　　指定点：20,20 ↵

　　指定点：60,50 ↵

操作提示：

- 执行默认选项，分别给出(x,y)坐标即可绘制如图 5-31 所示的多点。
- PDMODE 是控制点对象外观的系统变量。可以通过"格式"→"点样式"菜单，调出如图 5-32 所示的"点样式"对话框进行设置，也可以如图 5-33 所示将 PDMODE

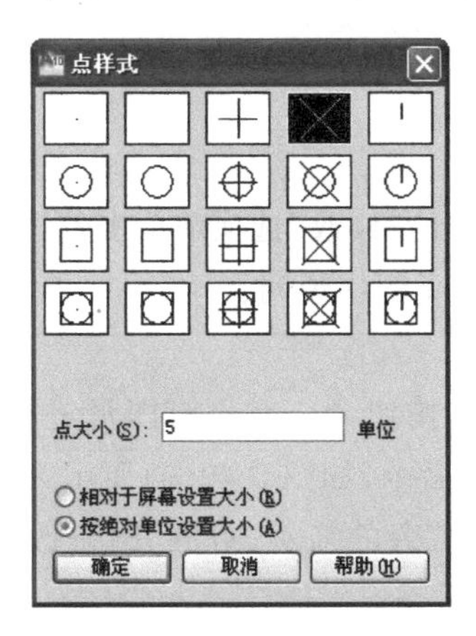

图 5-32　"点样式"对话框

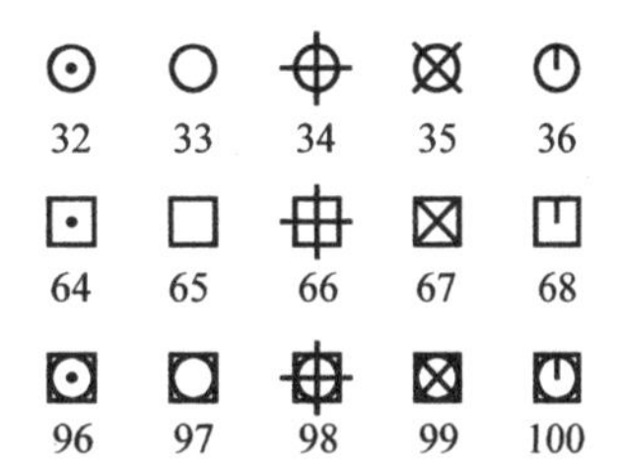

图 5-33　PDMODE 系统变量

值设为 0、2、3 和 4 指定点绘制的图形外观样式，值 1 指定不显示任何图形。将 PDMODE 值指定为 32，64…等，除了绘制通过点的图形外，还可以选择在点的周围绘制图形。

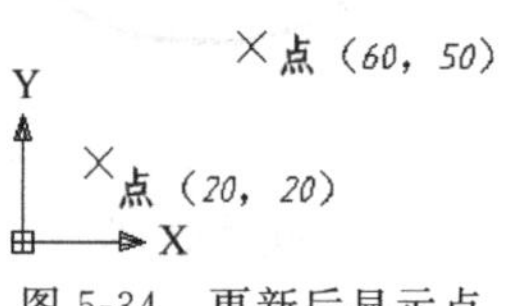

图 5-34　更新后显示点

- 由于图 5-31 所绘点的屏幕直观效果很差，可以通过对点样式的设置实现如图 5-34 所示屏幕点的效果。
- 执行菜单命令，除可绘制单点、多点外，还可以定数等分或定距等分不同的对象。如图 5-35 所示为取值为 8 定数等分不同对象的效果图例；如图 5-36 所示为取值为 20 定距等分不同对象的效果图例。

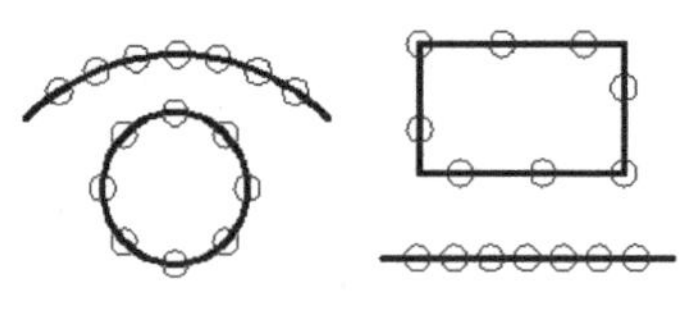
图 5-35　定数等分图例

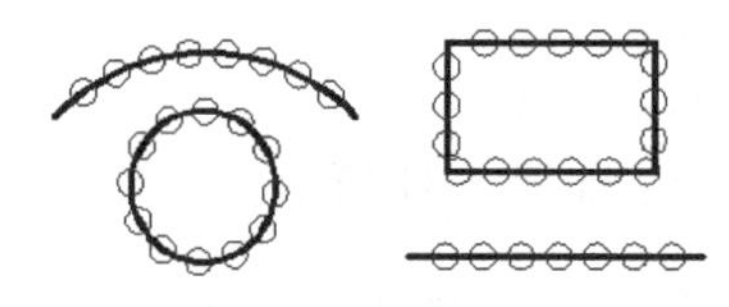
图 5-36　定距等分图例

5.1.2　几何图形的基本修改方法

1. 启动修改命令

启动修改命令的方法与启动绘图命令的方法相同，也有很多。但最常用的操作方法还是单击菜单命令和工具栏的图标按钮命令。

1) “修改”菜单命令

单击“修改”菜单，可展开如图 5-37 所示的基本修改命令。后面带有黑三角▶的菜单命令，可进一步展开得到与上级菜单命令相关属性的选项内容。如图 5-38 所示的“修改”→“对象”级联菜单中，在启动了“对象”菜单命令后，可以根据修改对象的不同属性特征，直接选取“图案填充”“多段线”“文字”等命令，如选中“文字”命令后，还可进一步根据文字内容、大小和格式等修改要求，完成所需对象的修改。

2) 修改工具栏命令

在任意工具栏的图标按钮上右击，在弹出快捷菜单的“修改”选项前单击勾选，即可调出如图 5-39 所示的“修改”工具栏。各按钮的功能注释见图中说明。

3) 功能区“修改”选项卡

可利用“常用”选项卡的“修改”选项面板中的图标按钮命令对已有图形进行编辑修改，如图 5-40 所示。单击图标按钮旁的小箭头可展开命令，如图 5-40(a)所示为单击“修剪”按钮旁的箭头后的展开命令按钮形式。单击“修改”旁的箭头，可展开“修改”选项面板，如图 5-40(b)所示。

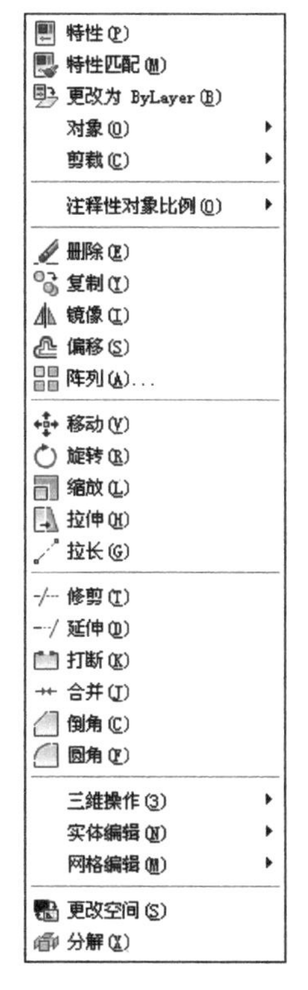

图 5-37 “修改”菜单命令

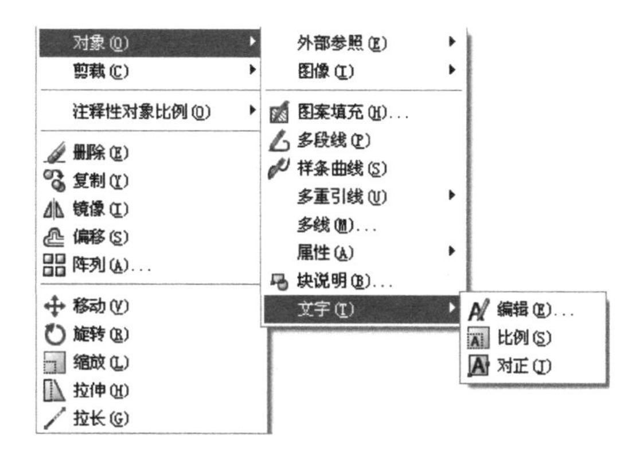

图 5-38 修改“对象”级联菜单选项

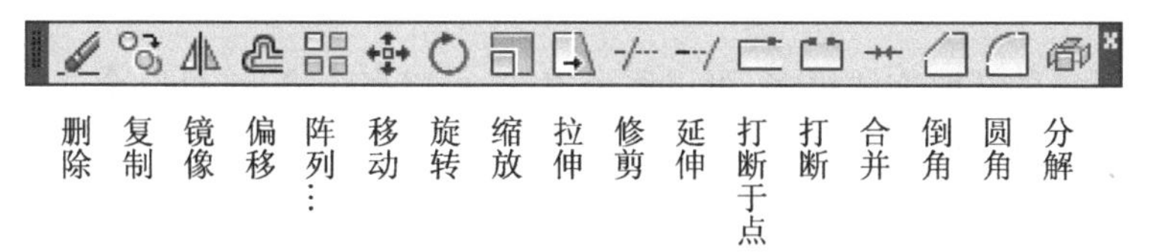

图 5-39 “修改”工具栏命令

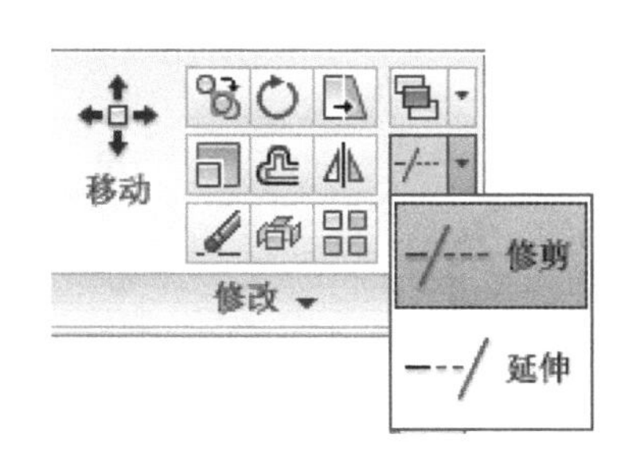

(a) 展开命令按钮

(b) 展开选项面板

图 5-40 “修改”选项面板

2. 常用的修改命令

1）删除

功能：用于从图形中删除对象。

菜单："修改"→"删除"。

按钮：。

键盘：erase(e)。

图例：如图 5-41 所示。

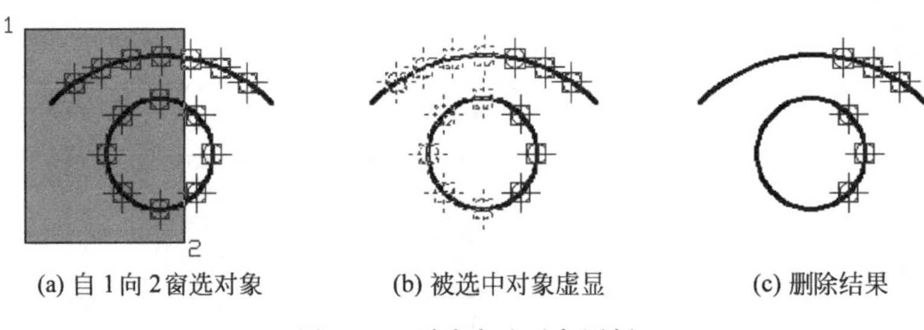

(a) 自 1 向 2 窗选对象　　(b) 被选中对象虚显　　(c) 删除结果

图 5-41　删除窗选对象图例

命令：_erase

选择对象：	鼠标拾取欲删除对象，如图 5-41(a)所示
指定对角点：找到 10 个	自 1 向 2 窗选，对象虚显，如图 5-41(b)所示
选择对象：↵	回车结束选取，删除结果如图 5-41(c)所示

操作提示：

- 删除对象的选取方法很多，可以逐个单选，可以多个窗选，可以全选。
- 逐个单选删除效率低，但准确率较高。
- 窗选对象的删除结果，依拾取方向不同而有很大的区别。如图 5-41 所示，窗选自左上角(或左下角)向右下角(或右上角)进行，则被全部涵盖的对象为选中的删除对象；而如图 5-42 所示，交叉窗选自右下角(或右上角)向左上角(或左下角)进行，则被接触的对象便为选中的删除对象。

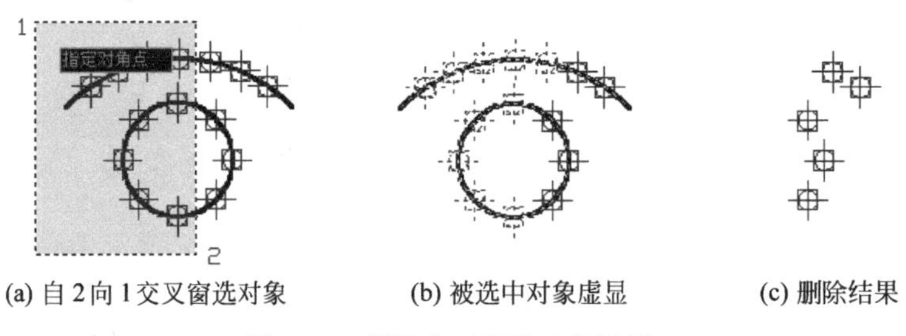

(a) 自 2 向 1 交叉窗选对象　　(b) 被选中对象虚显　　(c) 删除结果

图 5-42　删除交叉窗选对象图例

- 欲删除全部对象，直接输入 All 响应选择对象，即可一次性删除屏幕上的所有对象。

2）复制

功能：用于由原对象以指定的角度和方向创建对象的副本。

菜单："修改"→"复制"。

按钮：[按钮图标]。

键盘：copy。

图例：如图 5-43 所示。

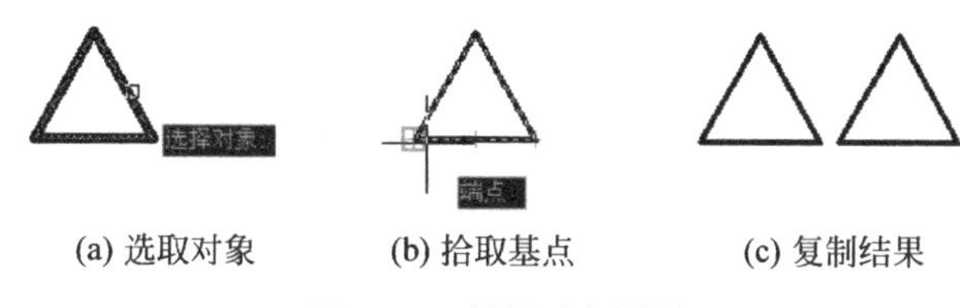

(a) 选取对象　　(b) 拾取基点　　(c) 复制结果

图 5-43　复制对象图例

命令：_copy

　　选择对象：指定对角点，找到 1 个　　　　鼠标拾取对象，如图 5-43(a)所示

　　选择对象：↵　　　　回车结束拾取

　　当前设置：复制模式＝多个

　　指定基点或[位移(D)/模式(O)]<位移>：　　　　指定对象的基准点

　　指定第二个点或<使用第一个点作为位移>：100 ↵　　　　指定对象的复制间距

　　指定第二个点或[退出(E)/放弃(U)]<退出>：↵　　　　回车结束选取

操作提示：

- 执行默认选项，可在选取对象及其基点后，给定位移参数后得到复制结果。
- 执行位移 D 选项，可通过键入(x,y,z)的坐标参数予以复制定位。
- 执行模式 O 选项，可以键入 S(单个)或 M(多个)的复制模式，控制是否自动重复复制命令，该控制变量也可由 COPYMODE 系统变量进行设置。

3）镜像

功能：用于绕指定轴翻转对象创建对称的镜像图像。

菜单："修改"→"镜像"。

按钮：[按钮图标]。

键盘：mirror。

图例：如图 5-44 所示。

命令：_mirror

　　选择对象：指定对角点：找到 6 个　　　　鼠标交叉窗选，拾取 6 个对象

　　选择对象：↵　　　　完成对象拾取

　　指定镜像线的第一点：　　　　鼠标捕捉对象特征拾取端点 1

　　指定镜像线的第二点：　　　　鼠标捕捉对象特征拾取端点 5

　　要删除源对象吗？[是(Y)/否(N)]<N>：↵　　　　保留镜像后的源对象

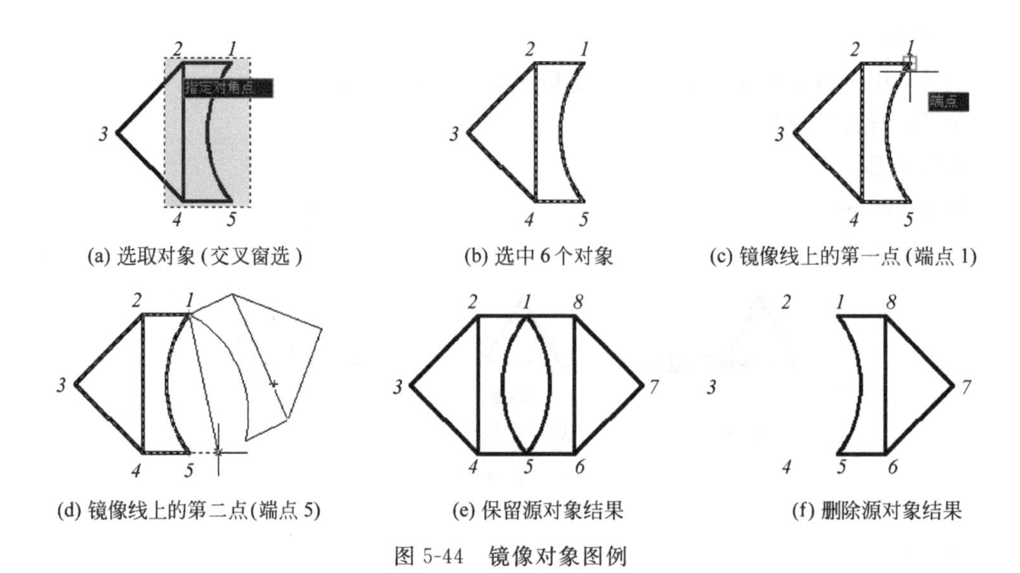

(a) 选取对象（交叉窗选）　(b) 选中 6 个对象　(c) 镜像线上的第一点（端点 1）

(d) 镜像线上的第二点（端点 5）　(e) 保留源对象结果　(f) 删除源对象结果

图 5-44　镜像对象图例

操作提示：

- 执行默认选项，可在选取镜像源对象及其镜像轴线后预览如图 5-44(d)所示的镜像效果，待确认是否删除源对象后，即可分别得到如图 5-44(e)、(f)所示的镜像结果。
- 默认情况下，镜像文字、属性和属性定义时，它们在镜像图像中不会反转或倒置；文字的对齐和对正方式在镜像对象前后相同。如果确实要反转文字，请将 MIRRTEXT 系统变量设置为 1，如图 5-45 所示。

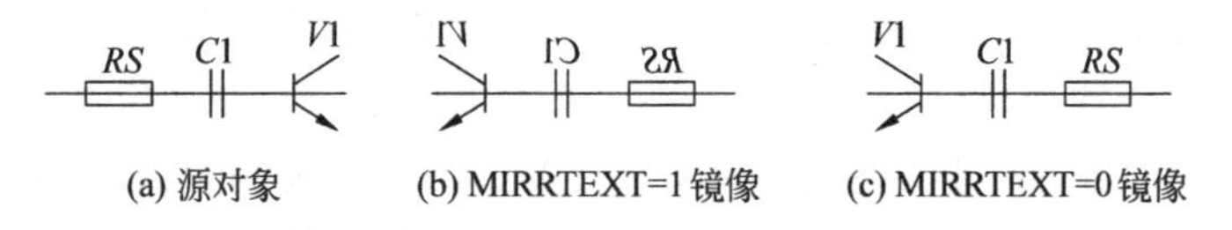

(a) 源对象　(b) MIRRTEXT=1 镜像　(c) MIRRTEXT=0 镜像

图 5-45　系统变量 MIRRTEXT 对镜像文本的影响

4）偏移

功能：用于创建其造型与原始对象造型平行的新对象。

菜单："修改"→"偏移"。

按钮：。

键盘：offset。

图例：如图 5-46 所示。

命令：_offset

当前设置：删除源＝否　图层＝源　OFFSETGAPTYPE＝0　默认设置

指定偏移距离或[通过(T)/删除(E)/图层(L)]<通过>：10 ↵　指定偏移距离

选择要偏移的对象，或[退出(E)/放弃(U)]<退出>：　鼠标拾取

指定要偏移的那一侧上的点，或[退出(E)/多个(M)/放弃(U)]<退出>：

鼠标定点

选择要偏移的对象，或[退出(E)/放弃(U)]＜退出＞：↵　　　　结束命令

操作提示：

- 执行默认选项，给出偏移距离，选择偏移对象，就可以生成偏移结果，并且同距离的偏移可重复多次，但拾取的对象不同。
- 执行通过 T 选项，如图 5-47 所示，先选择偏移源对象，后选择欲通过的 A 点，即可得到偏移后的结果。但要注意避免出现如图 5-47(c)所示的非正常偏移结果。

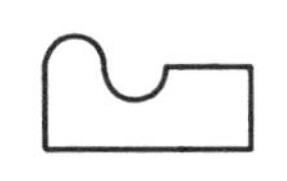

(a) 多段线对象

(b) 多段线偏移

图 5-46　偏移对象图例

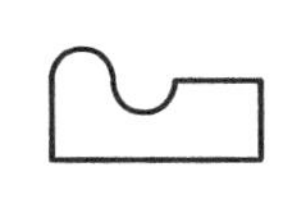

(a) 源对象

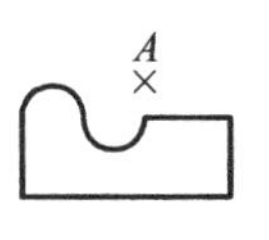

(b) 已知点 A

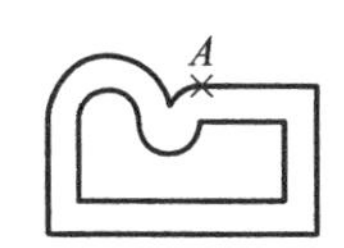

(c) 通过已知点的偏移

图 5-47　通过已知点偏移对象图例

- 借助修剪或延伸命令并合理应用偏移，如图 5-48 所示不失为一种高效的绘图技巧。

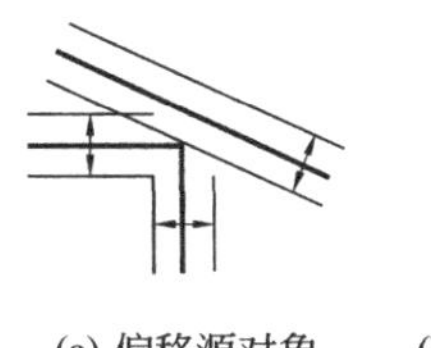

(a) 偏移源对象

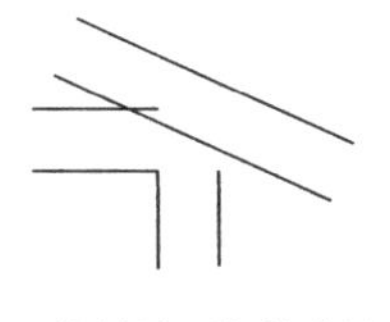

(b) 修剪并延长偏移线

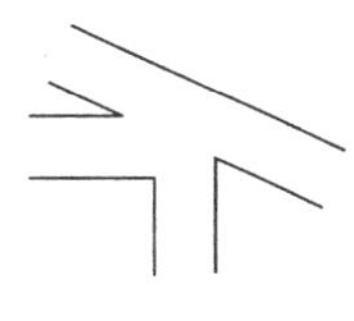

(c) 结果

图 5-48　高效绘图的偏移图例

5）阵列

功能：用于创建按指定方式排列的多个对象副本，包括矩形或环形(圆形)排列。

菜单："修改"→"阵列"。

按钮：。

键盘：array。

图例：如图 5-49 所示。

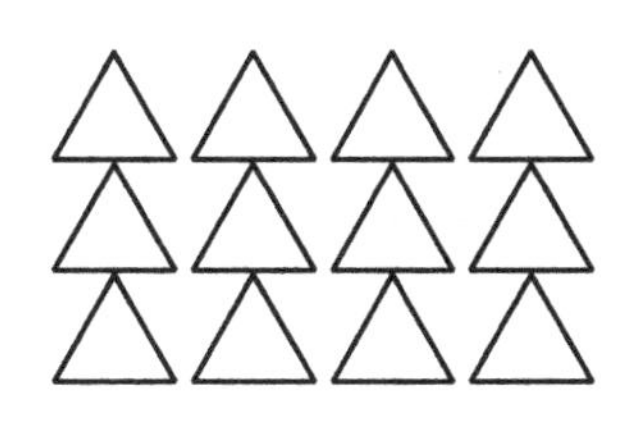

(a) 矩形阵列

(b) 复制旋转的环形阵列

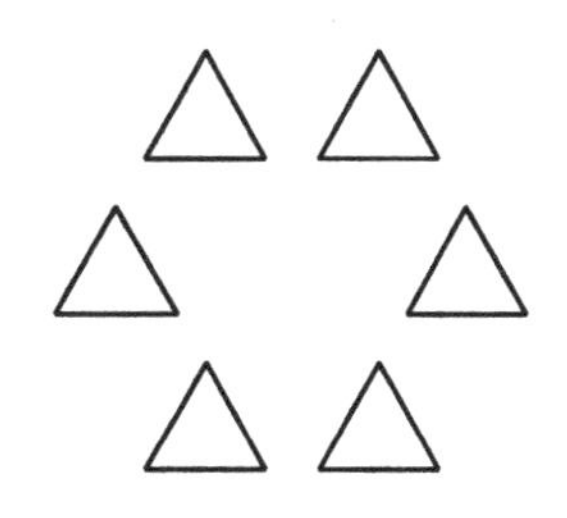

(c) 复制不旋转的环形阵列

图 5-49　阵列对象图例

命令：_array

选择对象：找到 1 个　　　　鼠标拾取源对象(第 1 行第 1 列的三角形)

选择对象：↵　　　　结束命令

拾取对象后自动调出的"阵列"对话框，可分别对矩形或环形的阵列参数进行设置、预

览、修改或接受。

操作提示：

- 矩形阵列参数可在如图 5-50 所示“阵列”对话框中进行设置，包含选择对象、行、列、行偏移、列偏移、阵列角度等参数，这些参数即可以由文本框直接输入，也可以通过单击按钮切换至绘图环境设置，绘制效果可通过预览窗口浏览得到。

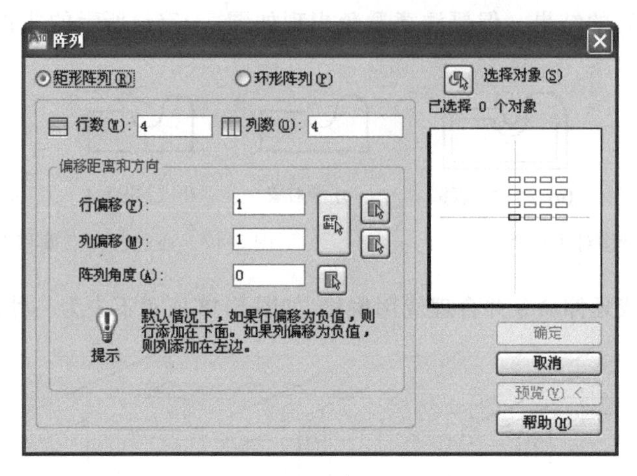

图 5-50 “矩形阵列”选项卡

- 环形阵列参数可在如图 5-51 所示“阵列”对话框中进行设置，包含选择对象、中心点、项目总数、填充角度、项目间角度等参数。需要指明：是否选中“复制时旋转项目”复选框，可分别得到如图 5-49(b)、(c)所示的不同结果。

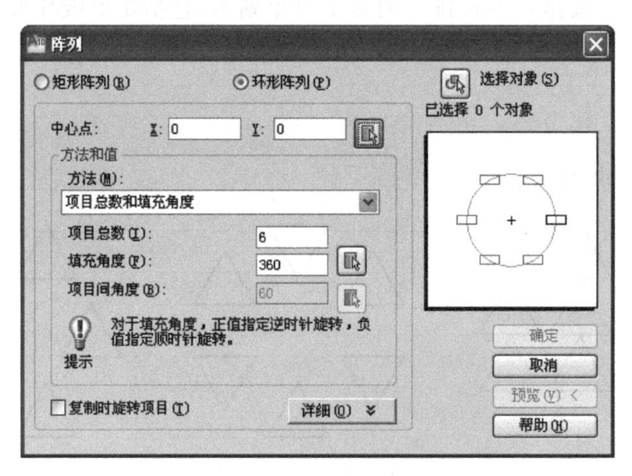

图 5-51 “环形阵列”选项卡

- 完成参数设置的阵列结果，可以通过阵列对话框中的预览窗口观察，也可以通过单击“预览”按钮切换到绘图环境进行预览。对于预览效果可以拾取或按 Esc 键返回到对话框对参数进行重新设置，也可以单击鼠标右键接受预览的阵列结果。

6）移动

功能：用于将原对象以指定的角度和方向实现移动。

菜单："修改"→"移动"。

按钮：✥。

键盘：move。

图例：如图 5-52 所示。

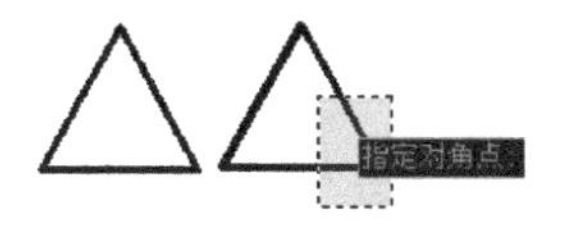

(a) 交叉窗选对象

(b) 指定移动基点

(c) 移动结果

图 5-52　移动对象图例

命令：_move

选择对象：指定对角点：找到 1 个	鼠标交叉窗选对象
选择对象：↵	回车结束对象的选择
指定基点或[位移(D)]＜位移＞：	鼠标拾取对象基点
指定第二个点或＜使用第一个点作为位移＞：80	指定移动距离

操作提示：

- 执行默认选项，选择移动对象，确定移动基点，指定移动距离，就可以得到移动结果，如图 5-52(c)所示右边的三角形。
- 执行位移 D 选项，可通过输入(x，y，z)的坐标参数予以移动定位。

7）旋转

功能：用于绕指定基点旋转图形中的对象。

菜单："修改"→"旋转"。

按钮：↻。

键盘：rotate。

图例：如图 5-53 所示。

(a) 源对象

(b) 窗选对象

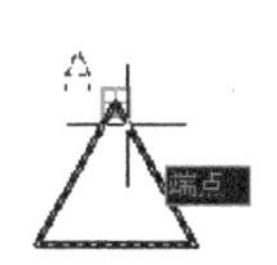

(c) 旋转基点

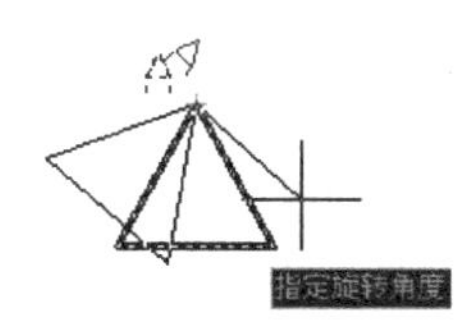

(d) 预览效果

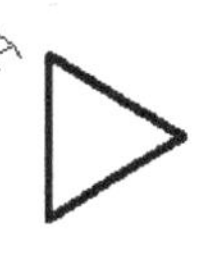

(e) 旋转结果

图 5-53　旋转对象图例

命令：_rotate

UCS 当前的正角方向：ANGDIR＝逆时针　ANGBASE＝0

选择对象：找到 1 个

选择对象：↵

指定基点：	鼠标定点
指定旋转角度，或[复制(C)/参照(R)]＜180＞：30 ↵	指定旋转角度

操作提示：

- 执行默认选项，选择如图 5-53(b)所示旋转对象，确定如图 5-53(c)所示旋转基点，指定旋转角度(30°)，就可以得到如图 5-53(e)所示的旋转结果。如图 5-53(d)所示为指定角度前鼠标拖曳的预览效果。
- 执行复制 C 选项，如图 5-54 所示在旋转对象的同时，可保留源对象不动。
- 执行参照 R 选项，用于将对象从指定的角度旋转到新的绝对角度。

8) 缩放

功能：用于调整对象大小，使其在一个方向上按比例增大或缩小。

菜单："修改"→"缩放"。

按钮：。

键盘：scale。

图例：如图 5-55 所示。

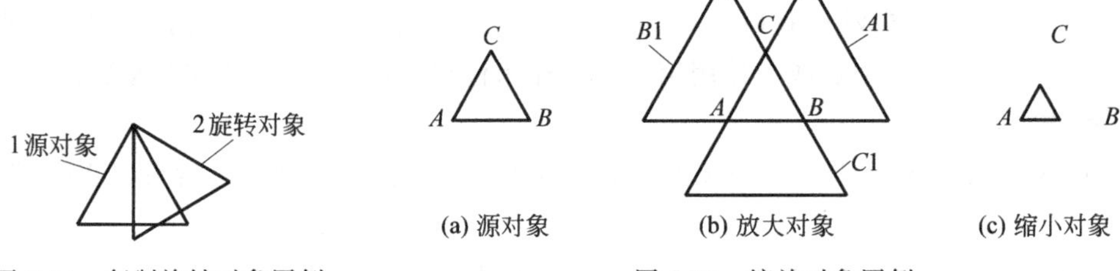

图 5-54　复制旋转对象图例

图 5-55　缩放对象图例

命令：_scale

　　选择对象：找到 1 个　如图 5-55(a)所示

　　选择对象：↵

　　指定基点：如图 5-55(b)*A* 点所示

　　指定比例因子或[复制(C)/参照(R)]<0.5000>：2 ↵　　指定缩放比例

操作提示：

- 执行默认选项，选择如图 5-55(a)所示的对象，确定缩放基点 *A*、*B*、*C* 或其他基点，指定缩放比例后，即可得到如图 5-55 所示的缩放图形。
- 如图 5-55(b)所示为 2 倍比例放大，并分别以 *A*、*B*、*C* 为缩放基点，执行三次缩放命令后叠放在一起的缩放图形；如图 5-55(c)所示为 0.5 倍比例缩小，并以 *A* 点为缩放基点的缩放图形。
- 比例因子大于 1 时将放大对象，比例因子介于 0 和 1 之间时将缩小对象。
- 执行复制 C 选项，在缩放对象的同时，可保留源对象。

9) 拉伸

功能：类似于缩放功能，用于调整对象大小，使其在一个方向上按比例增大或缩小。

菜单："修改"→"拉伸"。

按钮：。

键盘：stretch。

图例：如图 5-56 所示。

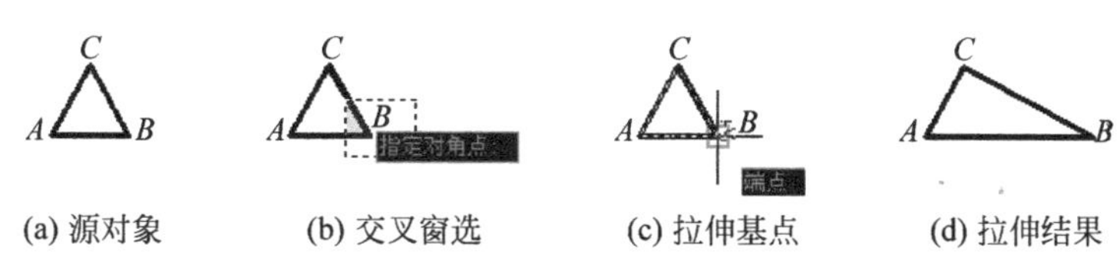

图 5-56　拉伸对象图例

命令：_stretch

以交叉窗口或交叉多边形选择要拉伸的对象　　强调对象的选取方法

选择对象：指定对角点：找到 2 个　　交叉窗选，如图 5-56(b)所示

选择对象：↵

指定基点或[位移(D)]<位移>：　　如图 5-56(c)所示

指定第二个点或<使用第一个点作为位移>：100 ↵　　指定拉伸距离

操作提示：

- 执行默认选项，交叉窗选三角形 ABC，确定拉伸的基点，指定拉伸距离后，即可得到如图 5-56 所示的拉伸图形。
- 执行位移 D 选项，可通过输入(x，y，z)的坐标参数确定拉伸的延长量。
- 缩放与拉伸的区别：缩放是对选择的整个图形进行缩放，而拉伸则是对选择的图形进行局部的缩放。

10）修剪

功能：用于修剪对象，使之精确地终止于由其他对象定义的边界。

菜单："修改"→"修剪"。

按钮：-/--。

键盘：trim。

图例：如图 5-57 所示。

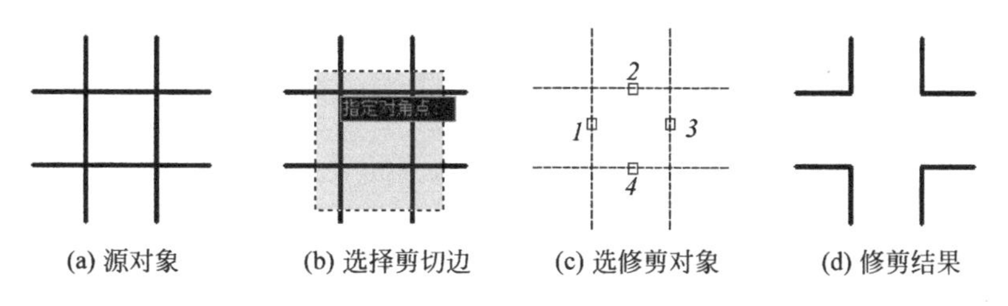

图 5-57　修剪对象图例

命令：_trim

当前设置：投影＝UCS，边＝无

选择剪切边

选择对象或<全部选择>：指定对角点，找到 4 个

选择对象：↵　　回车结束剪切边界的选择

选择要修剪的对象，或按住 Shift 键选择要延伸的对象，或
[栏选(F)/窗交(C)/投影(P)/边(E)/删除(R)/放弃(U)]：　修剪对象 1
选择要修剪的对象，或按住 Shift 键选择要延伸的对象，或
[栏选(F)/窗交(C)/投影(P)/边(E)/删除(R)/放弃(U)]：　修剪对象 2
选择要修剪的对象，或按住 Shift 键选择要延伸的对象，或
[栏选(F)/窗交(C)/投影(P)/边(E)/删除(R)/放弃(U)]：　修剪对象 3
选择要修剪的对象，或按住 Shift 键选择要延伸的对象，或
[栏选(F)/窗交(C)/投影(P)/边(E)/删除(R)/放弃(U)]：　修剪对象 4

操作提示：

执行默认选项，先要选择如图 5-57(b)所示作为边界的剪切边，再选择如图 5-57(c)所示需要修剪的对象，即可得到如图 5-57(d)所示的修剪图形。

11）延伸

功能：用于延伸对象，使之精确延伸至由其他对象定义的边界边。操作方法和修剪相同。

菜单：“修改”→“延伸”。

按钮：。

键盘：extend。

图例：如图 5-58 所示。

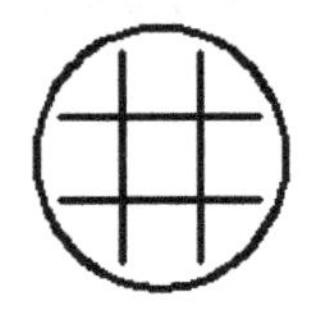

(a) 源对象

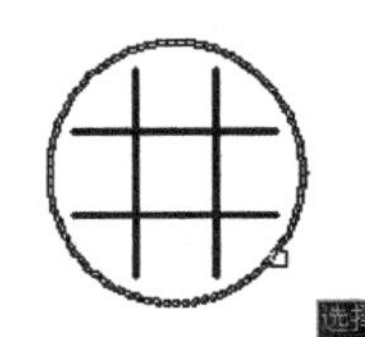

(b) 选择延伸边

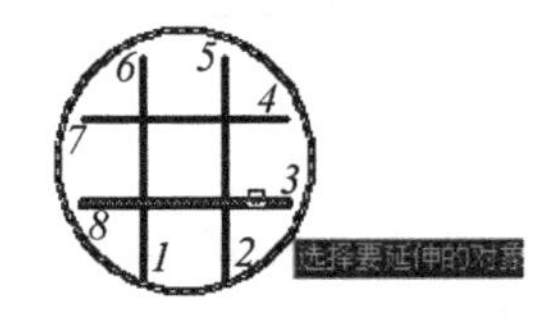

(c) 选择延伸对象

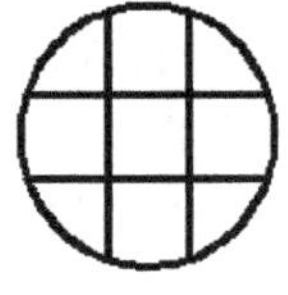

(d) 延伸结果

图 5-58　延伸对象图例

命令：_extend
当前设置：投影＝UCS，边＝无
选择边界的边
选择对象或<全部选择>：找到 1 个
选择对象：↵　回车结束选择边界
选择要延伸的对象，或按住 Shift 键选择要修剪的对象，或
[栏选(F)/窗交(C)/投影(P)/边(E)/放弃(U)]：　延伸对象 1
选择要延伸的对象，或按住 Shift 键选择要修剪的对象，或
[栏选(F)/窗交(C)/投影(P)/边(E)/放弃(U)]：　延伸对象 2
……

操作提示：

- 执行默认选项，先要选择如图 5-58(b)所示作为延伸边的界边，再选择如图 5-58(c)所示需要延伸的对象(1～8 个线段端点)，即可得到如图 5-58(d)所示延伸结果的

图形。

- 延伸对象时，鼠标一定要点取延伸线段的端点，即分别靠近线段 1 端、2 端、……、8 端等，确保延伸结果无误。

12）打断（打断于点）

功能：用于在两点之间打断选定对象。打断使选定对象间具有间隔，打断于点则使选定对象间不具有间隔。

菜单："修改"→"打断"（或"修改"→"打断于点"）。

按钮：□（或□）。

键盘：break。

图例：如图 5-59 所示。

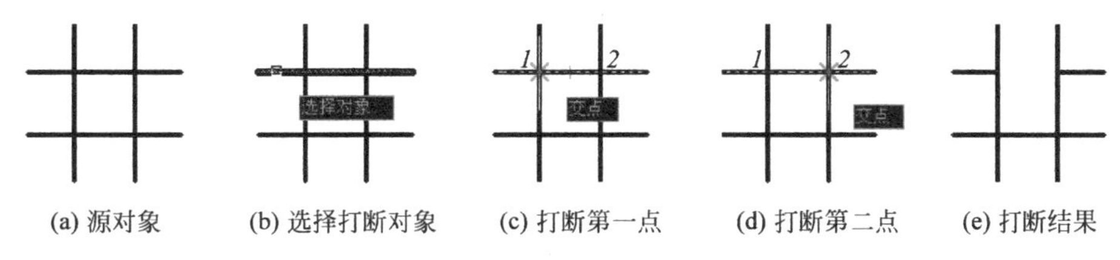

(a) 源对象　(b) 选择打断对象　(c) 打断第一点　(d) 打断第二点　(e) 打断结果

图 5-59　打断命令图例

命令：_break

选择对象：	鼠标选取
指定第二个打断点或[第一点(F)]：f ↵	选择第一点的方式
指定第一个打断点：	精确定位第一点（点 1）
指定第二个打断点：	精确定位第二点（点 2）

操作提示：

- 执行打断的默认选项，系统会把选择被打断对象时鼠标的单击点作为打断的第一点，接着默认打断第二点，这样操作用于不须精确定位对象的断点时；如果需要精确打断对象，必须执行第一点 F 选项。图 5-59(e)所示打断后 1、2 两点之间存在明显的间隔。
- 执行打断于点的命令，可使被打断的对象分割成两个对象，但被打断对象之间没有间隔，如图 5-60(c)所示。

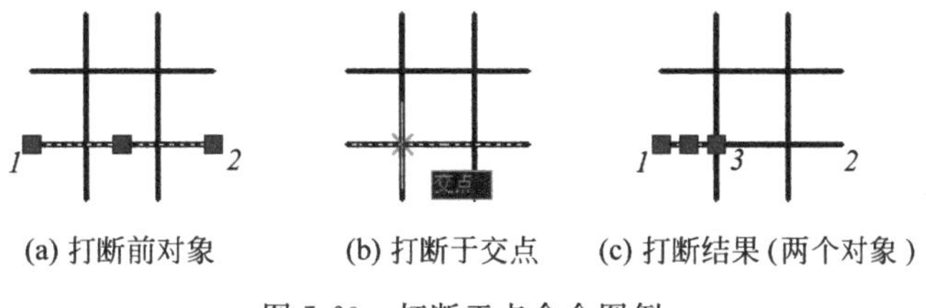

(a) 打断前对象　(b) 打断于交点　(c) 打断结果（两个对象）

图 5-60　打断于点命令图例

13）合并

功能：用于将多个对象合并为一个对象。该命令是打断于点命令的逆操作。

菜单："修改"→"合并"。

按钮：[按钮图标]。

键盘：join(j)。

图例：如图 5-61 所示。

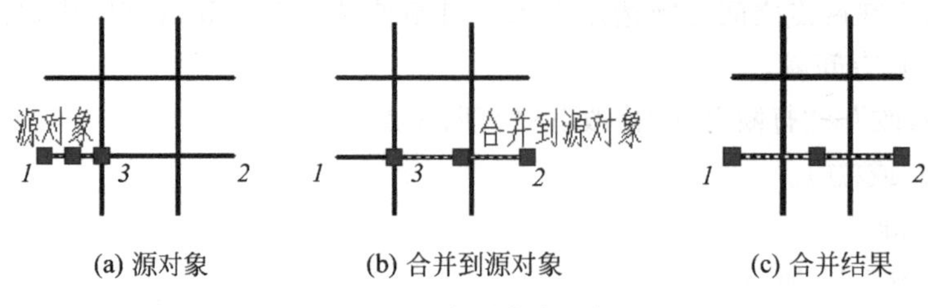

图 5-61　合并命令图例

命令：_join

　　选择源对象：　　　　　　　　　　　　　　被合并对象之一

　　选择要合并到源的直线：找到 1 个

　　选择要合并到源的直线：　　　　　　　　　被合并的另一对象

　　已将 1 条直线合并到源

操作提示：

- 执行合并命令，先要选择如图 5-61(a)所示要合并的源对象，再选择如图 5-61(b)所示要与源对象合并的另外对象，使两者结合成如图 5-61(c)所示的一个整体对象。
- 合并对象可以是直线、多段线、样条曲线、圆弧和椭圆弧。

14）倒角

功能：用于连接两个对象，使它们以倒角相接。

菜单："修改"→"倒角"。

按钮：[按钮图标]。

键盘：chamfer。

图例：如图 5-62 所示。

命令：_chamfer

　　("修剪"模式)当前倒角距离 1=0.0000，距离 2=0.0000

　　选择第一条直线或[放弃(U)/多段线(P)/距离(D)/角度(A)/修剪(T)/方式(E)/多个(M)]：d ↵

　　指定第一个倒角距离<0.0000>：10 ↵

　　指定第二个倒角距离<10.0000>：↵

　　选择第一条直线或[放弃(U)/多段线(P)/距离(D)/角度(A)/修剪(T)/方式(E)/多个(M)]：　　　　　　　　　　　　　　　拾取点 1 或 3

　　选择第二条直线，或按住 Shift 键选择要应用角点的直线：　拾取点 2 或 4

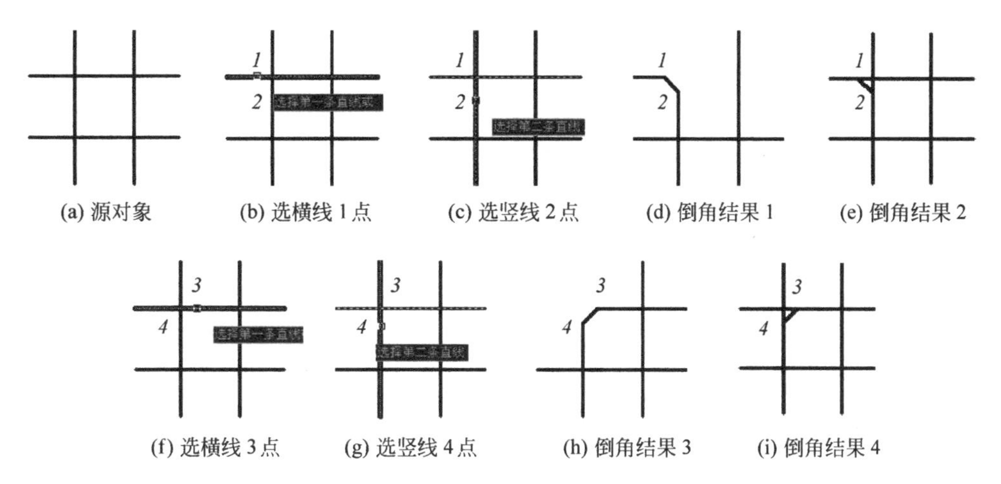

图 5-62　倒角命令图例

操作提示：

- 执行倒角命令的默认选项，先要指定两个倒角的距离，再指定倒角的对象，即可绘制如图 5-62(d)、(h)所示的倒角结果。
- 如图 5-62(d)、(h)所示，虽然采用了相同的倒角参数，选取了相同的对象，但由于选取对象时，单击对象的拾取点位置不同，使得倒角的结果也不同，可分别将图 5-62(b)与图 5-62(f)，将图 5-62(c)与图 5-62(g)对照比较。
- 执行修剪 T 选项，可控制 CHAMFER 是否将选定的边修剪到倒角直线的端点。默认修剪模式，倒角结果仅保留纯倒角效果，多余倒角直线会被修剪掉，如图 5-62(d)、(h)所示；若响应“输入修剪模式选项[修剪(T)/不修剪(N)]＜修剪＞：n ↵”中的不修剪模式，并执行上述同样操作，则会呈现如图 5-62(e)、(i)所示倒角效果，且多余倒角直线仍被保留。
- 倒角对象可以是直线、多段线、射线、构造线、三维实体等。

15）倒圆

功能：用于连接两个对象，使它们以指定半径的圆弧光滑连接。

菜单：“修改”→“倒圆”。

按钮：◻。

键盘：fillet。

图例：如图 5-63 所示。

命令：_fillet

　　当前设置：模式＝修剪，半径＝0.0000

　　选择第一个对象或[放弃(U)/多段线(P)/半径(R)/修剪(T)/多个(M)]：r ↵

　　指定圆角半径＜0.0000＞：20 ↵

　　选择第一个对象或[放弃(U)/多段线(P)/半径(R)/修剪(T)/多个(M)]：

　　　　　　　　　　　　　　　　　　　　拾取点 1 或 3

　　选择第二个对象，或按住 Shift 键选择要应用角点的对象：拾取点 2 或 4

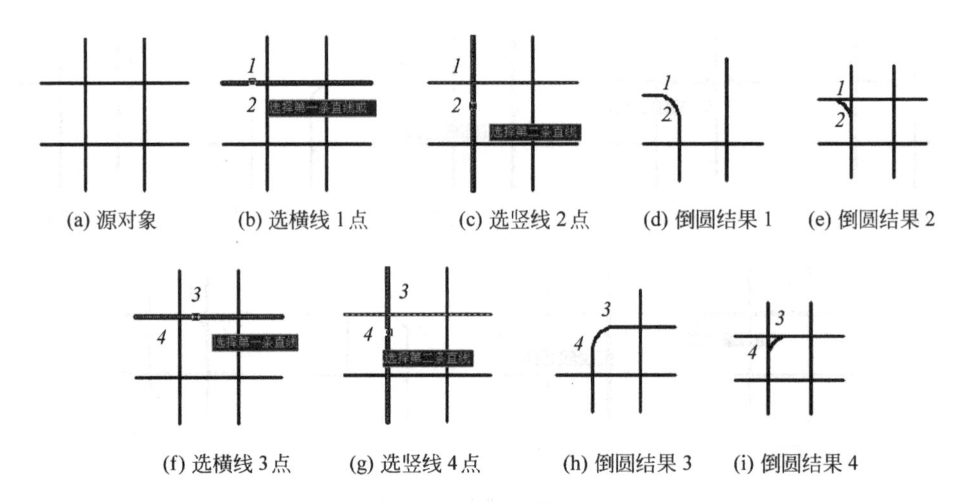

(a) 源对象　(b) 选横线 1 点　(c) 选竖线 2 点　(d) 倒圆结果 1　(e) 倒圆结果 2

(f) 选横线 3 点　(g) 选竖线 4 点　(h) 倒圆结果 3　(i) 倒圆结果 4

图 5-63　倒圆命令图例

操作提示：

- 执行倒圆命令，先要设置半径 R 选项，指定倒圆半径，再指定倒圆的对象，即可绘制如图 5-63(d)、(h)所示的倒圆结果。
- 如图 5-63(d)、(h)所示，倒圆结果不同，与倒角结果形成的原理相同。
- 执行修剪 T 选项，可控制 FILLET 是否将选定的边修剪到圆角弧的端点。默认修剪模式，倒圆结果仅保留纯倒圆效果，多余倒圆直线会被修剪掉，如图 5-63(d)、(h)所示；若响应"输入修剪模式选项[修剪(T)/不修剪(N)]<修剪>：n ↵"中的不修剪模式，并执行上述同样操作，则会呈现如图 5-63(e)、(i)所示倒圆效果，且多余倒圆直线仍被保留。
- 倒圆对象可以是圆、圆弧、椭圆和椭圆弧、直线、多段线、射线、构造线、样条曲线、三维实体等。

16）分解

功能：用于将合成对象分解为独立对象。

菜单："修改"→"分解"。

按钮：。

键盘：explode。

图例：如图 5-64 所示。

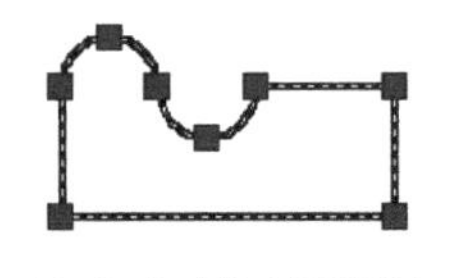

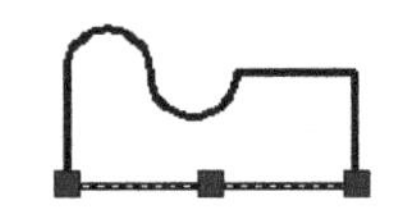

(a) 合成对象（多段线）　(b) 分解结果（6 个独立对象）

图 5-64　分解命令图例

命令：_explode

选择对象：找到 1 个

选择对象：

操作提示：

- 执行分解命令的操作很简单，只要根据命令行提示，直接选取要分解的对象即可。若选取对象不具备分解条件，命令行会提示“不能分解”的信息。
- 分解对象可以是多线、引线、二维多段线、多行文字、块、面域、三维实体等。
- 创建对象不同，分解后得到的独立图元也不同。如二维多段线可分解为直线或圆弧线段，如图 5-64(b)所示分解后含 2 个圆弧段和 4 个直线段；多行文字可分解为单一的文字对象；面域可分解为直线、圆弧或样条曲线等。值得注意的是：组合后的三维实体进行分解后是不能得到单一实体的，因此经此分解后的对象不能执行实体编辑的操作。

5.1.3 几何图形的绘制实例

下面通过几何图形绘制过程的操作实例，从绘图界限、图层特性管理器的设置与应用入手，通过对二维绘图、修改、视图缩放等常用命令的训练，达到逐渐熟悉 AutoCAD 的图形环境，掌握其基本的操作方法和使用技巧的目的。

【例 5-1】 绘制如图 5-65 所示的平面图形。

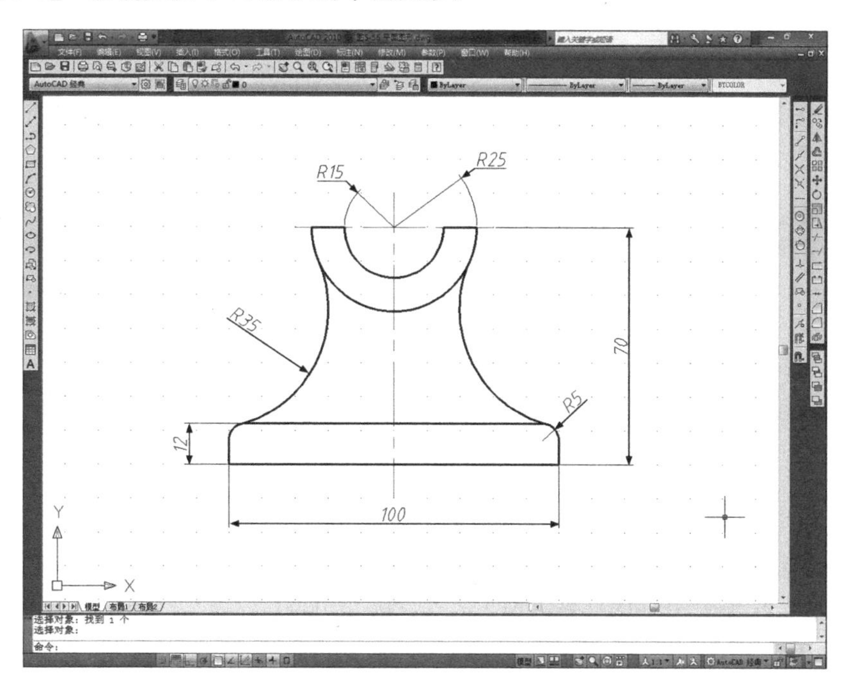

图 5-65 平面图形图例

绘图分析：绘制如上平面图形的方法很多，具体步骤也因人而异。总体思路是：

- 根据图形的外围尺寸(长、宽、高)，确定所绘图形的图幅大小。

• 根据图形的线型特征，设置与之相关的图层特性，包括图层的名称、颜色、线型、线宽等。
• 根据图形的结构特征，确定绘图的基本步骤，以对称中心轴为基准线，在确定上方圆和下方矩形的位置后，再绘制中间的过渡圆，最后通过修改命令完成绘制。
• 确保精确绘图。借助栅格、正交、对象捕捉、对象追踪等辅助措施，完成绘制。

绘图步骤如下。

1. 绘图环境设置

(1) 图形背景设置：选择“工具”→“选项”命令，调出“显示”选项卡，单击“颜色”按钮，在“图形窗口颜色”对话框中，将“二维模型空间”的“统一背景”选项改为白色。

(2) 图形界限设置：根据平面图形尺寸 100×70，设置图幅为 A4 大小：210×148，用“栅格”显示图形界限区域，并置于“AutoCAD 经典”的图形环境，如图 5-66 所示。

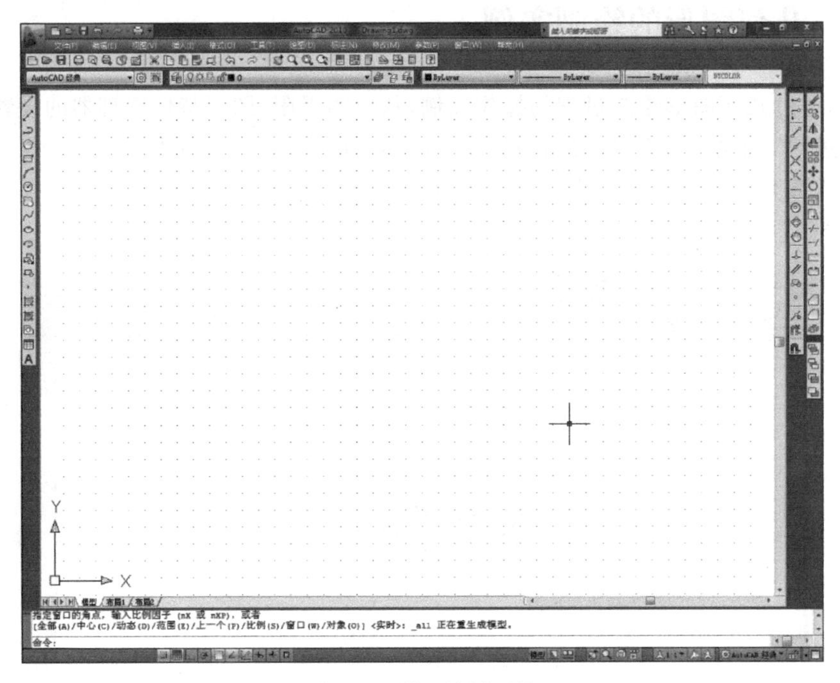

图 5-66　设置绘图环境

命令：_limits(“格式”→“图形界限”)↵
重新设置模型空间界限：
指定左下角点或[开(ON)/关(OFF)]＜0.0000,0.0000＞：on　　限定图形画在图幅内
命令：LIMITS　　空格，重复上述命令
重新设置模型空间界限：
指定左下角点或[开(ON)/关(OFF)]＜0.0000,0.0000＞：↵　　回车默认
指定右上角点＜420.0000,297.0000＞：210,148 ↵　　图形界限的另外角点
命令：_zoom(“视图”→“缩放”→“全部”)( )↵

指定窗口的角点，输入比例因子(nX 或 nXP)，或者
[全部(A)/中心(C)/动态(D)/范围(E)/上一个(P)/比例(S)/窗口(W)/对象(O)]
＜实时＞：a ↵
正在重生成模型。
命令：＜栅格 开＞　　　　激活栅格显示绘图区
(3) 设置图层信息。
命令：(“格式”→“图层”)
轮廓线层：颜色，黑色；线型，Continuous；线宽，0.5　　　　绘制轮廓线
中心线层：颜色，红色；线型，Center；线宽，0.25　　　　绘制中心线
如图 5-67 所示。

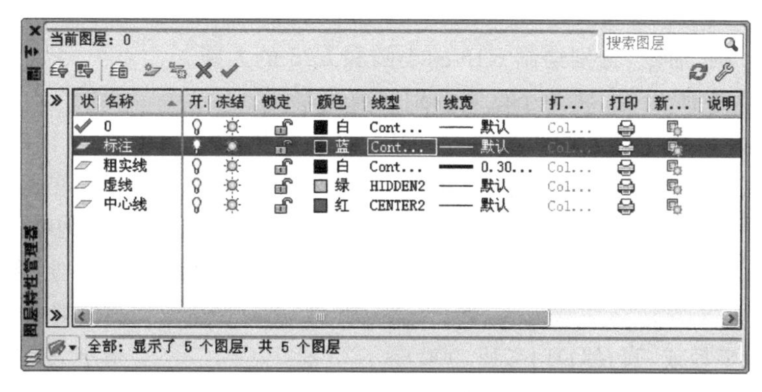

图 5-67　设置图层信息

2. 绘制中心轴定位线

要点：
(1) 将中心线层设置为当前层。
(2) 使用“直线”命令，绘制正交的中心定位线。参考水平线长 60、竖直线长 90。
(3) 使用“捕捉”保证直线起于栅格点，用“正交”保证两直线的正交，并简化输入。
命令：_line 指定第一点：＜捕捉 开＞＜正交 开＞　　　　启动捕捉、正交功能
指定下一点或[放弃(U)]：60 ↵　　　　画水平线长 60
指定下一点或[放弃(U)]：↵　　　　结束
命令：LINE 指定第一点：　　　　回车，重复直线命令
指定下一点或[放弃(U)]：90 ↵　　　　画竖直线长 90
指定下一点或[放弃(U)]：↵　　　　结束。如图 5-68(a)所示

3. 绘制圆，并修剪成半圆

要点：
(1) 将轮廓线层设置为当前层，并启动线宽按钮。
(2) 启动对象捕捉，并添加圆心、中点的自动捕捉功能。

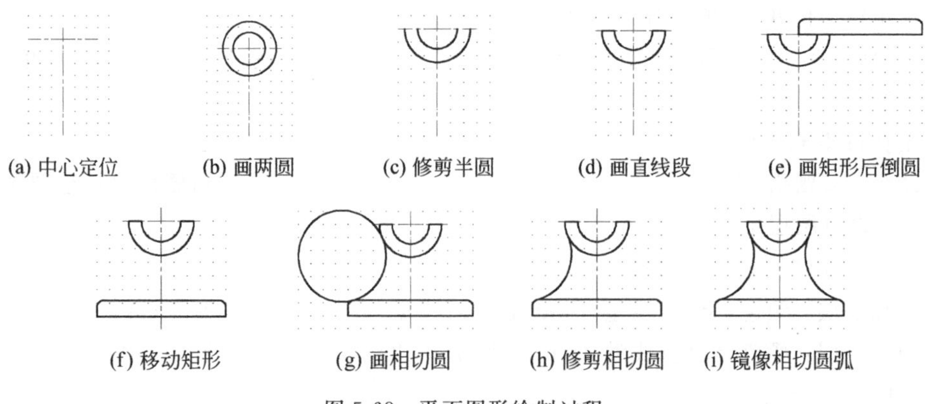

图 5-68　平面图形绘制过程

(3) 使用“圆”命令，分别绘制 R15 的小圆和 R25 的大圆。

(4) 使用“修剪”命令，将两个整圆分别修剪成半圆。

命令：_circle 指定圆的圆心或[三点(3P)/两点(2P)/相切、相切、半径(T)]：
<捕捉 关><正交 关><对象捕捉 开>　　捕捉交点，指定圆心
指定圆的半径或[直径(D)]<0.0000>：15 ↵　　指定小圆半径
命令：CIRCLE 指定圆的圆心或[三点(3P)/两点(2P)/相切、相切、半径(T)]：
　　重复圆命令，指定圆心
指定圆的半径或[直径(D)]<15.0000>：25 ↵　　指定大圆半径
命令：_trim　　修剪
当前设置：投影=UCS，边=无
选择剪切边...
选择对象或<全部选择>：找到 1 个　　指定水平中心线
选择对象：↵　　回车结束剪切边界的选择
选择要修剪的对象，或按住 Shift 键选择要延伸的对象，或
[栏选(F)/窗交(C)/投影(P)/边(E)/删除(R)/放弃(U)]：　　单击水平中心线上方小圆
选择要修剪的对象，或按住 Shift 键选择要延伸的对象，或
[栏选(F)/窗交(C)/投影(P)/边(E)/删除(R)/放弃(U)]：　　单击水平中心线上方大圆
选择要修剪的对象，或按住 Shift 键选择要延伸的对象，或
[栏选(F)/窗交(C)/投影(P)/边(E)/删除(R)/放弃(U)]：↵　　结束
　　如图 5-68(b)、(c)所示

4. 绘制两半圆间的连接直线段

要点：利用对象捕捉特征精确绘制两条直线段。

命令：_line 指定第一点：　　画直线
指定下一点或[放弃(U)]：　　单击捕捉大圆弧左端点
指定下一点或[放弃(U)]：　　单击捕捉小圆弧左端点
空格或回车，重复直线命令

命令：LINE 指定第一点：

指定下一点或[放弃(U)]：　　单击捕捉小圆弧右端点

指定下一点或[放弃(U)]：　　单击捕捉大圆弧右端点

　　如图 5-68(d)所示

5. 绘制带圆角的矩形，并移动到位

要点：

(1) 绘制 100×12 的直角矩形。打开动态输入，使用相对坐标直接输入参数方法。

(2) 使用“移动”命令将矩形调整到位，保证长度的居中和高度方向的 70 定位尺寸。

(3) 使用“倒圆”命令，完成两个 *R*5 的倒圆。

命令：_rectang　　画矩形

指定第一个角点或[倒角(C)/标高(E)/圆角(F)/厚度(T)/宽度(W)]：

　　捕捉交点或圆心

指定另一个角点或[面积(A)/尺寸(D)/旋转(R)]：@100,12 ↙　　直角矩形尺寸

命令：_fillet　　倒圆

当前设置：模式＝修剪，半径＝0.0000

选择第一个对象或[放弃(U)/多段线(P)/半径(R)/修剪(T)/多个(M)]：r ↙

指定圆角半径＜0.0000＞：5 ↙　　设置倒圆半径

选择第一个对象或[放弃(U)/多段线(P)/半径(R)/修剪(T)/多个(M)]：

　　单击矩形左边

选择第二个对象，或按住 Shift 键选择要应用角点的对象：　　单击矩形顶边

命令：FILLET　　重复倒圆命令

当前设置：模式＝修剪，半径＝5.0000

选择第一个对象或[放弃(U)/多段线(P)/半径(R)/修剪(T)/多个(M)]：

　　单击矩形右边

选择第二个对象，或按住 Shift 键选择要应用角点的对象：　　单击矩形顶边

完成如图 5-68(e)所示图形

命令：_move　　移动

选择对象：找到 1 个　　单击矩形

选择对象：↙　　结束选择

指定基点或[位移(D)]＜位移＞：　　捕捉矩形底中点

指定第二个点或＜使用第一个点作为位移＞：@－50,－70 ↙　　移动的相对坐标

完成如图 5-68(f)所示图形

6. 绘制过渡的相切圆弧

要点：

(1) 用“相切、相切、半径”的圆命令，绘制半径 *R*35 的相切圆，切点分别为 *R*25 的圆和 *R*5 的倒角圆。

(2) 用“修剪”命令将 $R35$ 的圆修剪成相切的过渡圆弧，修剪用的剪切边分别为 $R25$ 的圆和 $R5$ 的倒角圆。

(3) 使用镜像命令构造另一侧的对称结构，镜像中心线为垂直中心线。

命令：_circle 指定圆心或[三点(3P)/两点(2P)/相切、相切、半径(T)]：t ↵
画相切圆

指定对象与圆的第一个切点：　　拾取 $R25$ 圆上的一点

指定对象与圆的第二个切点：　　拾取 $R5$ 倒角圆上的一点

指定圆的半径<25.0000>：35 ↵　　输入相切圆半径，完成图 5-68(g)

命令：_trim　　修剪

当前设置:投影＝UCS,边＝无

选择剪切边...

选择对象或<全部选择>：找到 1 个　　拾取 $R25$ 圆

选择对象：找到 1 个，总计 2 个　　拾取 $R5$ 倒角圆

选择对象：↵　　回车结束剪切边的选择

选择要修剪的对象，或按住 Shift 键选择要延伸的对象，或

[栏选(F)/窗交(C)/投影(P)/边(E)/删除(R)/放弃(U)]：　　拾取左上部位圆

选择要修剪的对象，或按住 Shift 键选择要延伸的对象，或

[栏选(F)/窗交(C)/投影(P)/边(E)/删除(R)/放弃(U)]：↵　　完成图 5-68(h)

命令：_mirror　　镜像命令

选择对象：找到 1 个　　拾取相切圆弧

选择对象：↵

指定镜像线的第一点：指定镜像线的第二点：　　拾取垂直中心线的两端点

要删除源对象吗？[是(Y)/否(N)]<N>：↵
完成图 5-68(i)

5.2 三视图的绘制

本节主要介绍三视图的绘制方法，此方法也是使用 AutoCAD 二维绘图命令绘制工程图样的基础。通常绘图时要打开对象捕捉、对象追踪功能，以保证主俯视图的长对正和主左视图的高平齐。

5.2.1 三视图的绘制要点

(1) 符合三视图的方位关系，确保主视图、俯视图、左视图间的对应位置关系。

(2) 符合三视图的投影规律，确保“长对正、高平齐、宽相等”。其中“长对正”适用于主/俯视图；“高平齐”适用于主/左视图；“宽相等”适用于俯/左视图。

(3) 通常以主视图为主先行绘制，再兼顾投影特性，渐次完成其他视图的绘制。但当

主视图的尺寸不足于直接绘制完整时，可以考虑结合其他尺寸更加清晰、结构更加明了的视图交替绘制完成。

（4）保证三视图的精确绘制，灵活运用捕捉、栅格、正交、极轴、对象捕捉、对象追踪等辅助工具，尤其是这些功能在绘图过程中的参数调整与切换技巧。

5.2.2 三视图的绘制实例

【例 5-2】 绘制如图 5-69 所示组合体三视图。

要点：

（1）绘图环境设置：同例 5-1，此略。

（2）图层信息设置：至少要有轮廓线层，并需启动线宽功能。同例 5-1，此略。

（3）绘图步骤分析：先绘制主视图，再利用投影规律并借助辅助绘图工具（启动正交、极轴、对象捕捉、对象追踪等功能）交替绘制其他视图。

（4）视图结构分析：主视图外形尺寸为 24×16，中间线段的高度定位可从左视图的投影获得；俯视图外形尺寸为 24×12，中间线段的宽度定位可由主视图的投影获得；左视图外形尺寸为 12×16，其他线段可由矩形修剪获得，也可根据已知线段长度正交绘制直线获得。

1. 绘制主视图

命令：_line 指定第一点：　　　　直线命令，单击任意起点

指定下一点或[放弃(U)]：＜正交 开＞5 ↵　　　　正交竖直向下位移 5

指定下一点或[放弃(U)]：24 ↵　　　　正交水平向右位移 24

指定下一点或[闭合(C)/放弃(U)]：16 ↵　　　　正交竖直向上位移 16

指定下一点或[闭合(C)/放弃(U)]：12 ↵　　　　正交水平向左位移 12

指定下一点或[闭合(C)/放弃(U)]：c ↵　　　　封闭斜线如图 5-70(a)所示

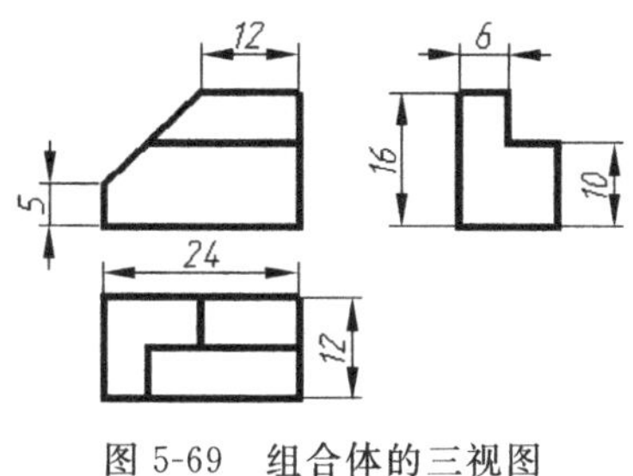

图 5-69　组合体的三视图

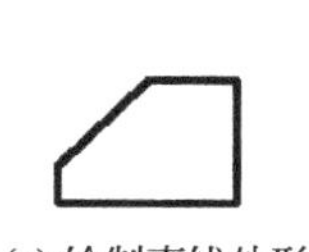

(a) 绘制直线外形

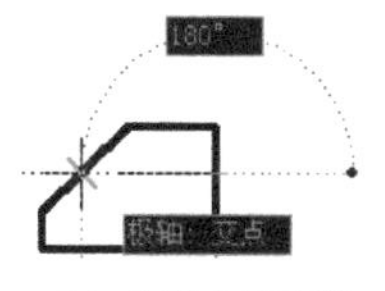

(b) 绘制中间直线

图 5-70　绘制主视图

打开应用程序状态栏上的对象捕捉、对象追踪和极轴等图形工具按钮，并将图 4-25 所示“草图”选项卡中的“对齐点获取”设置为“自动”选项。

说明： 执行重复命令，命令行信息均自动变为大写，以区别于按钮、菜单、键盘操作等。（重复命令——回车或空格）

命令：_line　　　　重复直线命令

指定第一点：10 ↵　　　　鼠标在右下角点停留几秒，然后向上拖动出轨迹线后输入 10

指定下一点或[放弃(U)]：　　　　鼠标向左移动到斜线上，当显示"极轴：交点"时单击左键

指定下一点或[放弃(U)]：↵　　　　回车结束，如图 5-70(b)所示

2. 绘制俯视图

命令：_rectang　　　　绘制 24×12 矩形

指定第一个角点或[倒角(C)/标高(E)/圆角(F)/厚度(T)/宽度(W)]：

如图 5-71(a)所示，鼠标捕捉端点数秒后下移一段距离单击确定矩形起点位置

指定另一个角点或[面积(A)/尺寸(D)/旋转(R)]：@24,−12 ↵　完成俯视图的矩形

命令：_line 指定第一点：　　捕捉中点，单击确定线段起点 1

指定下一点或[放弃(U)]：　如图 5-71(b)所示，追踪捕捉端点 4，单击确定线段终点 2

指定下一点或[放弃(U)]：　如图 5-71(c)所示，追踪捕捉交点 3，单击确定线段终点 3

指定下一点或[闭合(C)/放弃(U)]：↵

如图 5-71(d)所示，完成折线 12、23

命令：_line 指定第一点：　　如图 5-71(e)所示捕捉中点，单击确定线段起点 6

指定下一点或[放弃(U)]：　捕捉交点，确定线段终点 7

指定下一点或[放弃(U)]：　如图 5-71(f)所示，完成线段 67

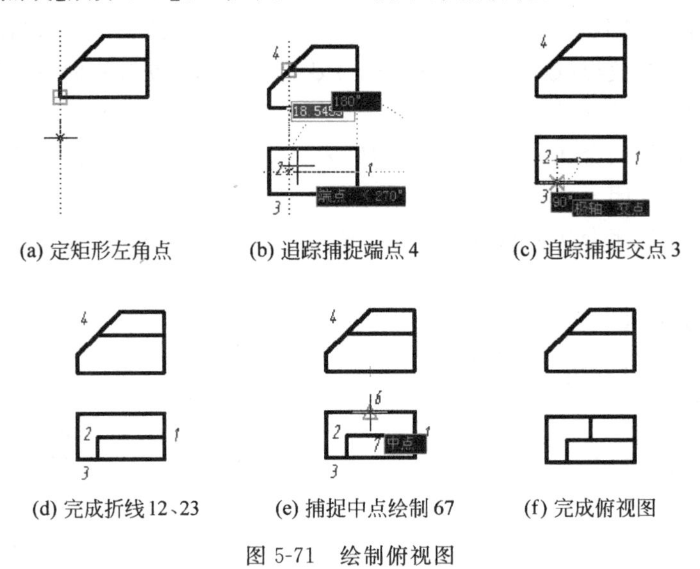

(a) 定矩形左角点　(b) 追踪捕捉端点 4　(c) 追踪捕捉交点 3

(d) 完成折线 12、23　(e) 捕捉中点绘制 67　(f) 完成俯视图

图 5-71　绘制俯视图

3. 绘制左视图

命令：_rectang　　　　绘制 12×16 矩形

指定第一个角点或[倒角(C)/标高(E)/圆角(F)/厚度(T)/宽度(W)]：

鼠标追踪定点

指定另一个角点或[面积(A)/尺寸(D)/旋转(R)]：@12,－16 ↵

如图 5-72(a)、(b)所示

命令：rectang(重复矩形命令)　　　绘制 6×6 矩形

指定第一个角点或[倒角(C)/标高(E)/圆角(F)/厚度(T)/宽度(W)]：捕捉右上角点

指定另一个角点或[面积(A)/尺寸(D)/旋转(R)]：@－6,－6 ↵

如图 5-72(c)所示

命令：_trim　　　修剪余角

当前设置:投影＝UCS,边＝无

选择剪切边...

选择对象或<全部选择>：找到 1 个　　　拾取小矩形左边/下边

选择对象：↵

选择要修剪的对象,或按住 Shift 键选择要延伸的对象,或

[栏选(F)/窗交(C)/投影(P)/边(E)/删除(R)/放弃(U)]：　　　拾取小矩形顶边

选择要修剪的对象,或按住 Shift 键选择要延伸的对象,或

[栏选(F)/窗交(C)/投影(P)/边(E)/删除(R)/放弃(U)]：　　　拾取小矩形右边

选择要修剪的对象,或按住 Shift 键选择要延伸的对象,或

[栏选(F)/窗交(C)/投影(P)/边(E)/删除(R)/放弃(U)]：　　　拾取大矩形右上角

选择要修剪的对象,或按住 Shift 键选择要延伸的对象,或

[栏选(F)/窗交(C)/投影(P)/边(E)/删除(R)/放弃(U)]：↵　　　如图 5-72(d)所示

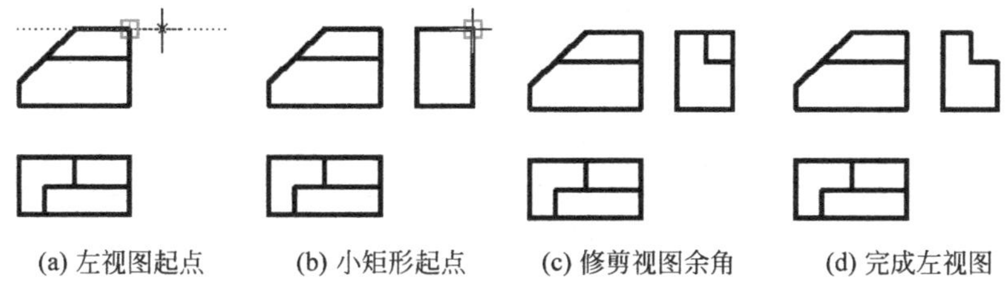

图 5-72　绘制左视图

5.3　绘制标题栏并输入文字

标题栏是工程图样中必不可少的用于反映图纸某些特征的信息窗格,它可直观反映所绘机件的零件图号、材料牌号、零件数量,以及绘图、审核等基本内容。

5.3.1　标题栏的绘制

1. 标题栏图层

为了与绘制图形的图层信息有所区别,便于各自内容的独立显示隐藏、打印输出,以

及各自图层的冻结、锁定等，建议将标题栏的图层信息与图形的图层信息区别建立。

由于标题栏信息涉及粗实线、细实线和标题栏内容的文本书写，因此在图形图层之外再建立三个图层即可，如

标题栏粗实线层：颜色，黑色；线型，Continuous；线宽，0.5　　　绘制标题栏轮廓
标题栏细实线层：颜色，黑色；线型，Continuous；线宽，0.25　　绘制标题栏网格
标题栏文本注释：颜色，蓝色；线型，Continuous；线宽，默认　　书写注释内容

2. 标题栏规格

如图 1-6 所示，选用学校制图作业推荐零件图用标题栏格式。

3. 标题栏绘制

要点：

(1) 用粗实线层绘制标题栏的矩形外框。

(2) 用细实线层绘制标题栏中间的网格线。

(3) 用偏移或复制命令配合修剪命令完成绘制。

(4) 启动正交、对象捕捉等精确绘图功能。

步骤如下：如图 5-73 所示。

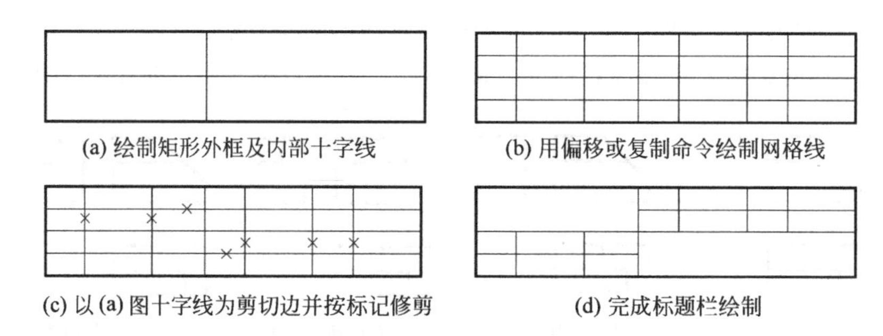

图 5-73　绘制标题栏图例

5.3.2　标题栏的文字输入

按照国家标准的规定，标题栏内要添加有关图样的设计信息，因此在标题栏中添加文字是必不可少的。文字包括汉字、字母和数字。

1. 文字样式的设置

国家标准规定图样中的中文文字应采用长仿宋体，最小字高 3.5cm，宽高比为 2/3，字母、数字可采用直体或斜体(75°)。AutoCAD 也具有与其他字处理软件相同的功能，可以使用 Style 命令设置文字的字体、字号、字的宽高比、角度和方向等特性。默认文字样式为 Standard。

命令：Style(“格式”→“文字样式”)↵

可调用如图 5-74 所示的“文字样式”对话框。

图 5-74 “文字样式”对话框

为设置符合国家标准要求的文字，可以对“文字样式”对话框进行以下设置：

(1) 单击“新建”按钮，创建“文字样式”，用户可依需求更名，如图 5-75 所示。

(2) 通过“字体名”下拉列表，设置所需字体。根据表 1-8“CAD 制图的字体及应用”图形内标注的文本内容不同，应采用不同字体。推荐汉字采用仿宋 GB_2312，字母、数字采用 gbeitc. shx(斜体)或 gbenor. shx(直体)文字。

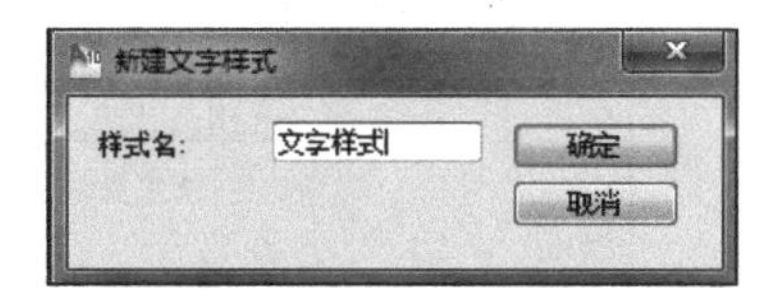

图 5-75 创建“文字样式”

(3) 指定字符的宽度比例。字母、数字采用默认值，汉字则可为 1.0000 或 2/3。

注意：字的高度默认值 0.0000 最好不变，原因是一旦给出了不为零的字高数值，在采用该样式输入字符时，字符高度就被固定为已设置的定值，使后续对于字符高度的调整受到限制，使用起来很不方便。

根据需要，可以方便地对其他参数进行设置。

2. 单行文字的输入

单行文字的输入特点：每一个单行文字都是一个文字对象，可单独编辑。具体操作如下。

命令：_dtext(“绘图”→“文字”→“单行文字”)↵

当前文字样式：文字样式　　文字高度：2.5000　　注释性：否

指定文字的起点或[对正(J)/样式(S)]：单击指定文字左对齐点

指定高度<2.5000>：5 ↵　　　　指定文字高度为 5

指定文字的旋转角度<0>：↵

(零件图名称)

(单位名称)

图 5-76 单行文字输入

如图 5-76 所示。

每输入完一行文字，执行回车↵，就可自动换行继续下一行文字的输入，直至两次回车↵响应才能结束文字输入。

3. 多行文字的输入

多行文字又称为段落文字，通常由两行以上的文字组成，各行文字作为一个整体，可列于管理文字对象。其特点是：每一个多行文字命令输入的所有字符都是一个对象，可以对同一次输入的全部内容进行编辑。

(1) 对于无格式限制、无整齐化要求的输入而言，只要执行默认选项即可，输入如图 5-77 所示的技术要求的文字内容。

命令：_mtext(“绘图”→“文字”→“多行文字”)(A)↵

当前文字样式：文字样式　　文字高度：5　　注释性：否

指定第一角点：

指定对角点或[高度(H)/对正(J)/行距(L)/旋转(R)/样式(S)/宽度(W)/栏(C)]：

指定对角点，弹出图 5-77 所示的文字输入窗口，可在其中输入文字，同时功能区中新增“文字编辑器”选项卡，如图 5-78 所示。

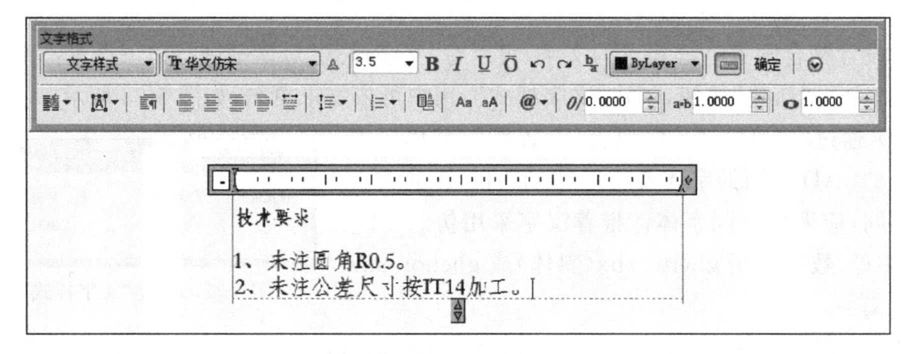

图 5-77　多行文字输入界面

图 5-78　“文字编辑器”选项卡

每输入完一行文字，执行↵，就可自动换行继续下一行文字的输入，全部文字输入完毕，单击“确定”按钮或单击多行文字编辑窗口外的任一点或“文本编辑器”选项卡中的“关闭文字编辑器”按钮，结束多行文字输入，并关闭“文字编辑器”选项卡。

在“文字编辑器”选项卡中，可以设置文字样式、文字格式、对正方式、行距、项目符号、分栏等，也可以插入特殊字符和字段。

(2) 对于有格式限制和整齐化要求的输入而言，就需要针对方括号内的选项进行设置后输入。详细操作方法见后面的标题栏文字输入实例。

4. 特殊符号的输入

特殊符号是指那些不能用标准键盘直接输入的符号，如 Φ、°、± 等。

无论采用单行还是多行文字输入，都可以直接输入带有两个百分号的控制代码实现特殊符号的输入。默认样式下，特殊符号与控制代码的对应关系见表 5-1。

表 5-1　特殊符号与控制代码的对应关系

特殊符号	Φ	°	±	上画线	下画线
控制代码	%%C	%%D	%%P	%%O	%%U

5. 文字的编辑

文字对象与图形对象一样，都可以进行后期的编辑。修改已经存在的文字，包括文字的内容、大小、对齐方式等特性，都可以用下面三种方式之一实现。

(1) 命令：ddedit ↵。

(2) 菜单："修改"→"对象"→"文字"→"编辑"/"比例"/"对正"，如图 5-79 所示。

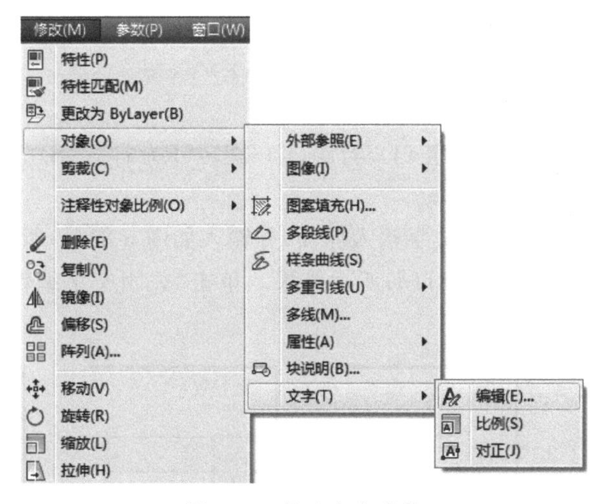

图 5-79　修改文字菜单

(3) 双击要修改的文字对象，便可直接进入编辑状态。

双击单行文字，可进入如图 5-80 所示的编辑界面。修改好一个对象后，系统自动提示选择下一个可编辑对象，直至重复↵结束选择。

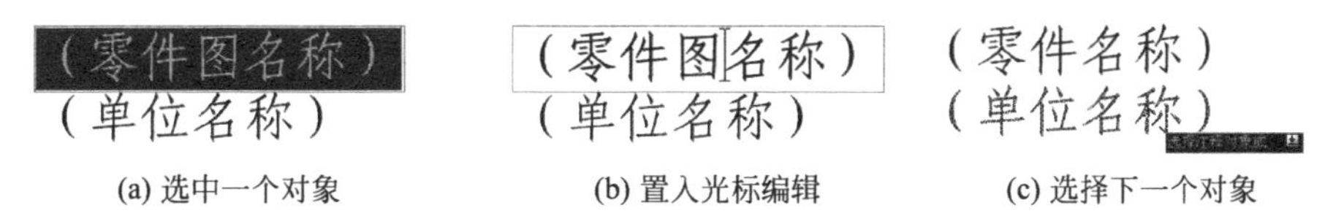

图 5-80　单行文字的编辑

双击多行文字，可进入如图 5-77 所示的编辑界面。选中要编辑的文字后，可选择文字格式中的按钮或下拉列表进行相关信息的调整后单击"确定"按钮退出。

6. 标题栏中文字的输入

标题栏的文字输入具有格式限制。虽然单行文字输入后，可通过移动命令调整书写的位置，但很难做到独立移动后一致化的对正和整齐。因此采用多行文字输入，不仅格式整齐，而且将输入参数一次调整好后，可以极大地提高文字输入的效率和质量。

命令：_mtext 当前文字样式：文字样式　文字高度：5　注释性：否

指定第一角点：　　如图 5-81(a)所示

指定对角点或[高度(H)/对正(J)/行距(L)/旋转(R)/样式(S)/宽度(W)/栏(C)]：h ↵　　设置字高

指定高度<5>：↵　　字高设为 5

指定对角点或[高度(H)/对正(J)/行距(L)/旋转(R)/样式(S)/宽度(W)/栏(C)]：j ↵　　设置对齐方式

输入对正方式[左上(TL)/中上(TC)/右上(TR)/左中(ML)/正中(MC)/右中(MR)/左下(BL)/中下(BC)/右下(BR)]<左上(TL)>：bc ↵　设中下对齐方式

指定对角点或[高度(H)/对正(J)/行距(L)/旋转(R)/样式(S)/宽度(W)/栏(C)]：l ↵　　设置行距参数

输入行距类型[至少(A)/精确(E)]<至少(A)>：e ↵　　精确行距

输入行距比例或行距<1x>：8 ↵　　已知行距为 8

指定对角点或[高度(H)/对正(J)/行距(L)/旋转(R)/样式(S)/宽度(W)/栏(C)]：　　如图 5-81(b)所示

进入如图 5-77 所示的多行文字输入界面，并输入如图 5-81(c)所示的“制图”后，需回车换行输入“审核”，得到如图 5-81(d)所示结果。单击“关闭文字编辑器”，退出多行文字编辑状态。

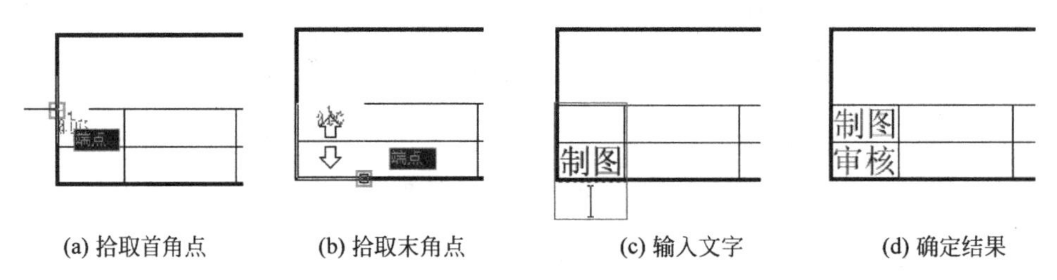

(a) 拾取首角点　(b) 拾取末角点　(c) 输入文字　(d) 确定结果

图 5-81　标题栏文字输入

说明：由于对正方式默认的是左对齐，所以在改变位置准备输入“比例”“材料”或“数量”“图号”时，就需要重新设置对齐方式，否则会以默认的左对齐方式显示，其他参数可维持原设置不变。

重复以上设置，即可完成如图 5-82 所示标题栏的文字信息。

		比例		数量	
		材料		图号	
制图					
审核					

图 5-82　标题栏

5.4　尺寸标注与编辑

通过前面的学习，我们已经能够在 AutoCAD 2010 上绘制出各种物体的图形了。然而图形只能反映对象的形状，图形中各对象的真实大小及相对位置是靠尺寸来确定的，如图 5-83 所示。AutoCAD 2010 提供了一整套尺寸标注的命令，可以灵活、快速地对图形进行尺寸标注。

AutoCAD 2010 不仅能对二维平面图形进行尺寸标注，也能对三维图形进行尺寸标注。通过对尺寸标注样式的设置，可以进行符合各种标准的尺寸标注，使之得到满意的结果。

5.4.1　尺寸标注概述

一个完整的尺寸标注由尺寸线、尺寸界限、箭头和标注文本四部分组成，以系统自定义块的形式存放在 AutoCAD 的图形文件中。因此，一个完整的尺寸标注是一个块实体，如图 5-84 所示。

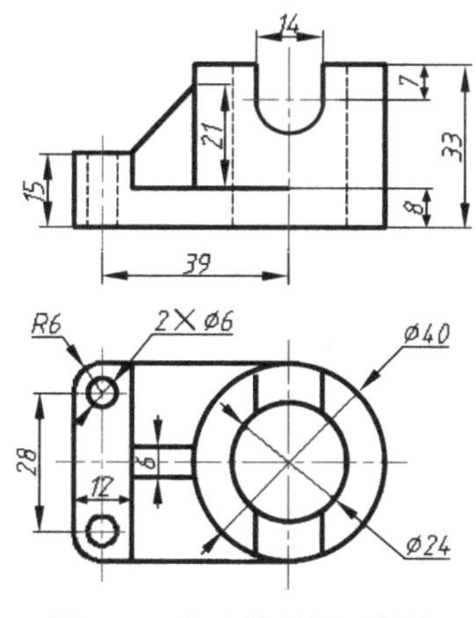

图 5-83　组合体的尺寸标注

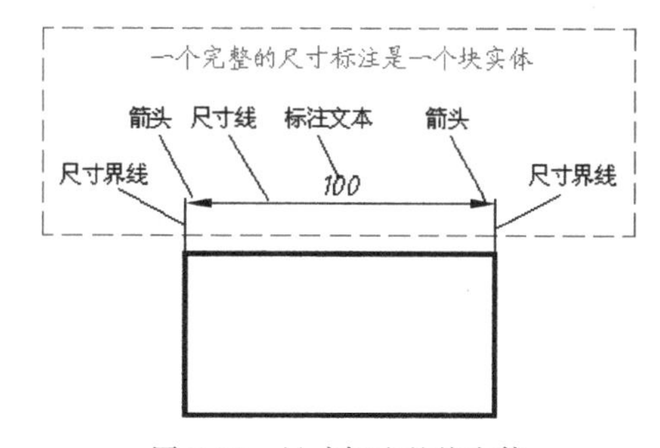

图 5-84　尺寸标注的块实体

1. 尺寸标注样式

通过比较图 5-85(a)和图 5-85(b)会发现，尺寸标注中的箭头、尺寸数字的大小和尺寸数字的位置等都可以不一样，这是由尺寸标注样式决定的。尺寸标注样式是指组成尺寸标注的尺寸线、尺寸界线、箭头和标注文本的样式、大小，以及相互之间的位置关系，即整个尺寸标注的外观形式。

2. 尺寸标注的测量值

在进行尺寸标注时，系统会自动测量标注对象所对应的几何值，并在指定的位置予以

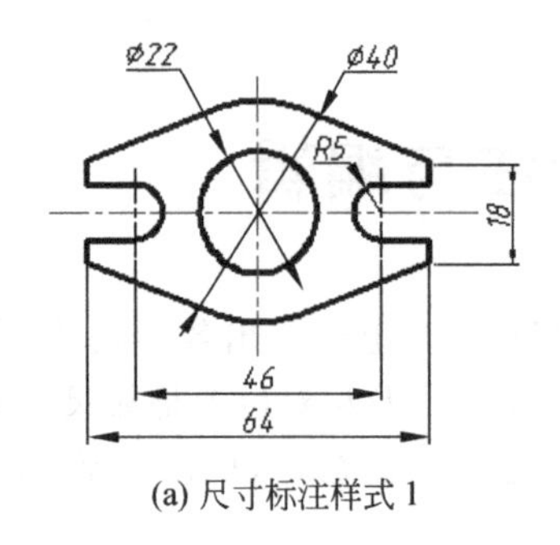

(a) 尺寸标注样式 1

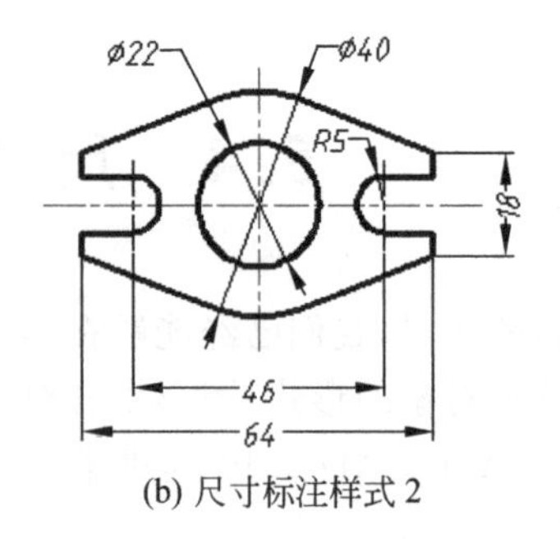

(b) 尺寸标注样式 2

图 5-85 尺寸标注实例

显示,这个几何值就称为测量值。例如,对直线进行标注时,可自动测量并显示长度值;对圆进行标注时,可自动测量并显示直径值;进行角度标注时,可自动测量并显示角度值,如图 5-86 所示。尺寸标注时,测量值为默认值,如果不想用自动测量值作为尺寸标注的几何值,可重新输入一个新的几何值。

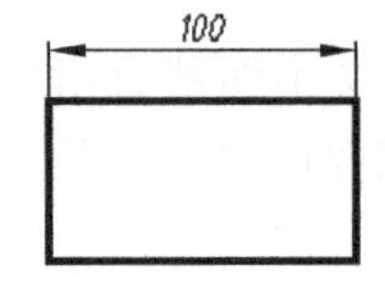

(a) 直线的长度测量值

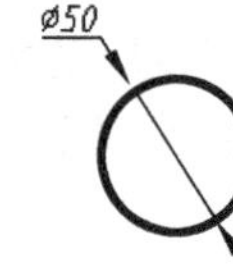

(b) 圆的直径测量值

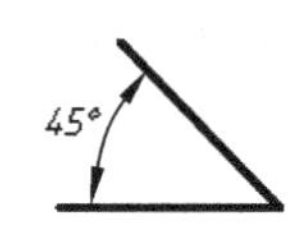

(c) 夹角的角度测量值

图 5-86 尺寸标注的自动测量值实例

3. 尺寸标注平面

在 AutoCAD 系统中,只能在当前坐标系的 *XY* 平面中进行尺寸标注,这个平面为尺寸标注平面。对于二维图形它只有一个平面,所以可直接在图形上标注尺寸。对于三维实体,它在空间有若干个平面,因此,在对三维实体进行标注尺寸之前,应先设置一个用户坐标系 UCS,使实体相应的尺寸标注在 UCS 坐标系的 *XY* 平面内,然后再进行尺寸标注,如图 5-87 所示。

图 5-87 三维实体的尺寸标注

5.4.2 尺寸标注命令

AutoCAD 2010 提供了一系列尺寸标注命令和尺寸标注编辑命令,可通过标注工具栏、标注下拉菜单或功能区选项面板的“注释”选项卡来使用它们,如图 5-88 所示。

主要的标注命令如下。

1. 线性标注

功能:用于平面图形两点之间距离的测量与标注,按尺寸线的放置可分为水平、垂直和旋转三种基本类型。

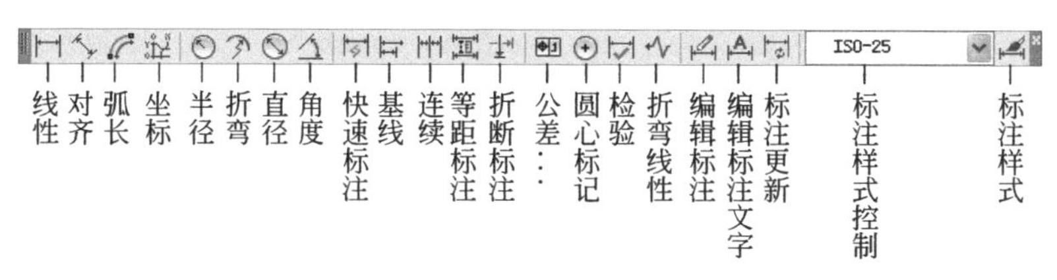

(a) “标注”工具栏

(b) “标注”菜单命令

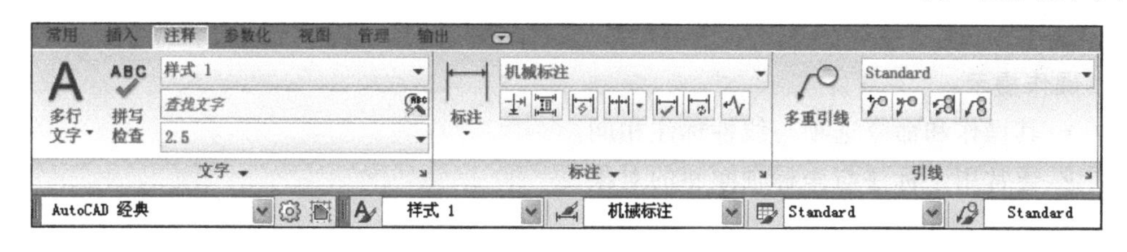

(c) “标注”面板

图 5-88 “标注”工具栏和菜单命令

菜单：“标注”→“线性”。

按钮：⊢⊣。

键盘：dimlinear。

图例：如图 5-89 所示。

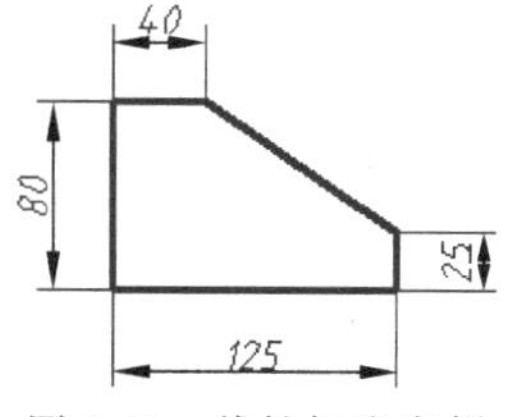

图 5-89 线性标注实例

命令：_dimlinear

指定第一条尺寸界线原点或<选择对象>：
鼠标定线段第一点

指定第二条尺寸界线原点：　　鼠标定线段第二点

指定尺寸线位置或

[多行文字(M)/文字(T)/角度(A)/水平(H)/垂直(V)/旋转(R)]：

鼠标拖动定标注位置

标注文字＝80　　自动显示的测量值

操作提示：

- 执行默认选项，只要分别捕捉直线的两个端点，系统便可自动测量出两点之间的距离，移动鼠标指针调整尺寸线的确定位置后，单击鼠标完成。

- 执行文字 T 选项，可修改标注文本的内容。
- 执行角度 A 选项，可指定标注文本的角度。
- 执行旋转 R 选项，可指定尺寸线的角度。

2. 对齐标注

功能：用于平面图形两点之间距离的测量与标注，且尺寸线平行于由两条尺寸界线起点确定的直线。它实际上是线性尺寸标注的一个子集。

菜单："标注"→"对齐"。

按钮：。

键盘：dimaligned。

图例：如图 5-90 所示。

命令：_dimaligned

指定第一条尺寸界线原点或＜选择对象＞：	鼠标定线段第一点
指定第二条尺寸界线原点：	鼠标定线段第二点
指定尺寸线位置或[多行文字(M)/文字(T)/角度(A)]：	鼠标拖动定标注位置
标注文字＝105	自动测量值

操作提示：

- 其操作和命令选项与线性标注相同。
- 通常用于标注与坐标轴倾斜的对象。

图 5-90　对齐标注实例

(a) 在圆内标注

(b) 在圆外标注

图 5-91　圆的直径标注实例

3. 直径标注

功能：用于对圆及圆弧的直径进行测量和标注。

菜单："标注"→"直径"。

按钮：。

键盘：dimdiameter

图例：如图 5-91 所示。

命令：_dimdiameter

选择圆弧或圆：	鼠标拾取圆
标注文字＝12	自动测量值
指定尺寸线位置或[多行文字(M)/文字(T)/角度(A)]：	鼠标拖动定标注位置

操作提示：

- 执行默认选项，选择要标注的圆，系统自动测量出圆的直径，移动鼠标确定尺寸线的位置后，单击鼠标完成(直径符号 Φ 自动添加)。
- 如图 5-91(a)所示为鼠标移动在圆内单击确定的标注样式，如图 5-91(b)所示为鼠标移动在圆外单击确定的标注样式。
- 选择文字 T 选项，可重新输入数据，对测量值进行修改。修改时直径符号 Φ 需在数据前面用键盘输入%%C 完成。

4. 半径标注

功能：用于对圆及圆弧的半径进行测量和标注。

菜单：“标注”→“半径”。

按钮：[按钮图标]。

键盘：dimradius。

图例：如图 5-92 所示。

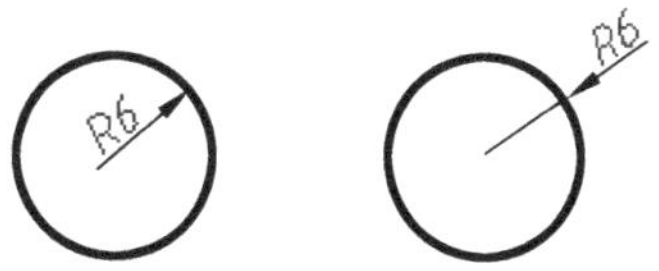

(a) 在圆内标注　　(b) 在圆外标注

图 5-92　圆的半径标注实例

命令：_dimradius

选择圆弧或圆：	鼠标拾取圆
标注文字=6	自动测量值
指定尺寸线位置或[多行文字(M)/文字(T)/角度(A)]：	鼠标拖动定标注位置

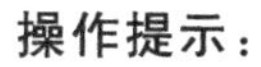

操作提示：

其操作和命令选项与直径标注相同，半径符号 R 自动添加。

5. 角度标注

功能：用于对两条非平行直线之间的夹角、圆弧的夹角或任意不共线的三点间的夹角进行测量与标注。

菜单：“标注”→“角度”。

按钮：[按钮图标]。

键盘：dimangular。

图例：如图 5-93 所示。

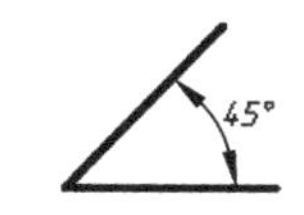

(a) 锐角角度标注

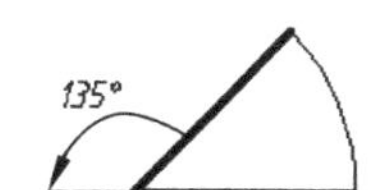

(b) 钝角角度标注

(c) 圆弧角角度标注

图 5-93　角度标注实例

命令：_dimangular

选择圆弧、圆、直线或<指定顶点>：	鼠标拾取对象
选择第二条直线：	鼠标拾取直线
指定标注弧线位置或[多行文字(M)/文字(T)/角度(A)/象限点(Q)]：	

　　　　　　　　　　　　　　　　　　　　　　　　　　　　鼠标定位

　　标注文字＝45　　　　　　　　　　　　　　　　　　　　自动测量值

操作提示：

- 执行默认选项，选择需要标注角度的两条直线或圆弧，系统自动测量出角度值，移动鼠标确定尺寸线的位置，单击鼠标左键该命令执行完毕。
- 与直径标注情况类似，当重新输入数据时，在数据后面输入%%d，回车确认后会自动在数据后面出现“度”的符号。

6. 基线标注

功能：用于对同类型的标注（如都是线性标注、对齐标注或角度标注），所有尺寸线均以第一条尺寸界线为基准来标注各尺寸。在创建基线标注之前，必须先创建一个线性、对齐或角度标注。

菜单：“标注”→“基线”。

按钮：![按钮]。

键盘：dimbaseline。

图例：如图 5-94 所示。

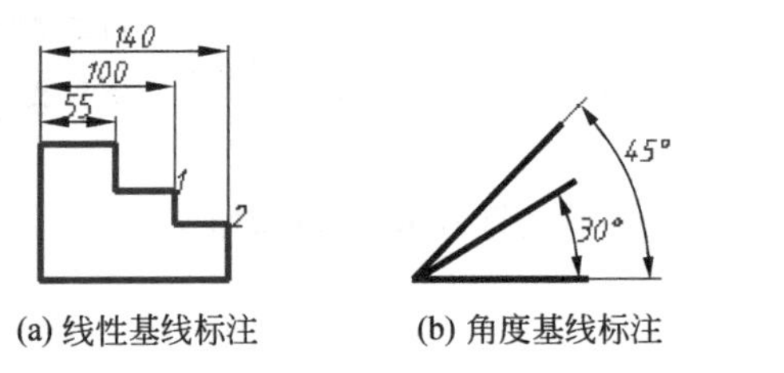

(a) 线性基线标注　　(b) 角度基线标注　　(c) 对齐基线标注

图 5-94　基线标注实例

先创建线性标注，标注尺寸 55，标注方法同上。

命令：_dimbaseline　　　　　　　　　　　　　　　　　　基线标注其余尺寸

　　指定第二条尺寸界线原点或[放弃(U)/选择(S)]<选择>：鼠标拾取点 1

　　标注文字＝100　　　　　　　　　　　　　　　　　　自动测量值 100

　　指定第二条尺寸界线原点或[放弃(U)/选择(S)]<选择>：鼠标拾取点 2

　　标注文字＝140　　　　　　　　　　　　　　　　　　自动测量值 140

　　指定第二条尺寸界线原点或[放弃(U)/选择(S)]<选择>：↵　回车结束

　　选择基准标注：↵　　　　　　　　　　　　　　　　　回车结束

操作提示：

- 以图 5-94(a)为例，先线性标注 55，而后才可以使用基线标注的方法标注后续尺寸 100，140，且只要单击基线外的另一端点即可。
- 基线标注命令不限使用次数，最终是以回车确认命令的终止。
- 基线尺寸线的间距应先通过“标注样式管理器”中“线”选项卡的“基线间距”进行调整。调整后的“基线间距”只对后续的基线标注生效。
- 使用基线标注的好处在于标注间距整齐，并且一次性标注效率高。

- 执行 S 选项，可从图形中选择一个已有的线性标注、角度标注或对齐标注，然后从选定标注的基线处创建线性标注、角度标注或对齐标注。

7. 连续标注

功能：用于对同类型的标注（如都是线性标注、对齐标注或角度标注），连续标注是首尾相连的多个标注。在创建连续标注之前，必须创建一个线性、对齐或角度标注。

菜单："标注"→"连续"。

按钮：[按钮图标]。

键盘：dimcontinue。

图例：如图 5-95 所示。

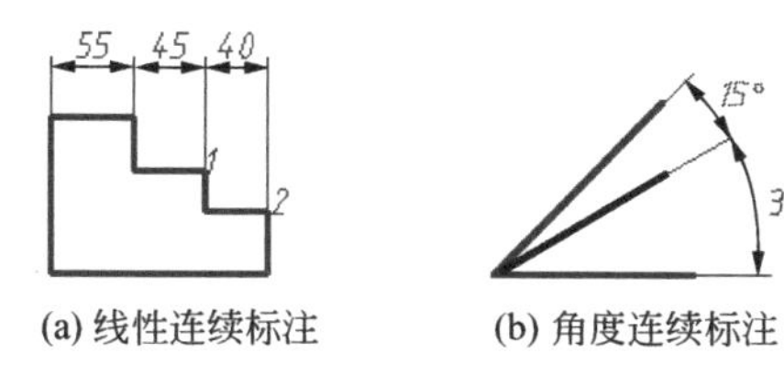

(a) 线性连续标注　(b) 角度连续标注　(c) 对齐连续标注

图 5-95　连续标注实例

先创建线性标注，标注尺寸 55，标注方法同上。

命令：_dimcontinue	连续标注其余尺寸
指定第二条尺寸界线原点或[放弃(U)/选择(S)]＜选择＞：	鼠标拾取点 1
标注文字＝45	自动测量值 45
指定第二条尺寸界线原点或[放弃(U)/选择(S)]＜选择＞：	鼠标拾取点 2
标注文字＝40	自动测量值 40
指定第二条尺寸界线原点或[放弃(U)/选择(S)]＜选择＞：↵	回车结束
选择连续标注：↵	回车结束

操作提示：

其操作和命令选项与基线标注相同。

8. 公差标注

功能：用于创建形位公差标注。

菜单："标注"→"公差"。

按钮：[按钮图标]。

键盘：tolerance。

图例：如图 5-96 所示。

操作提示：

- 执行公差命令，首先弹出如图 5-97 所示的"形位公差"对话框，单击"符号"下面的黑框，则弹出如图 5-98 所示的"特征符号"选项框，可单击选择形位公差的特征符号。

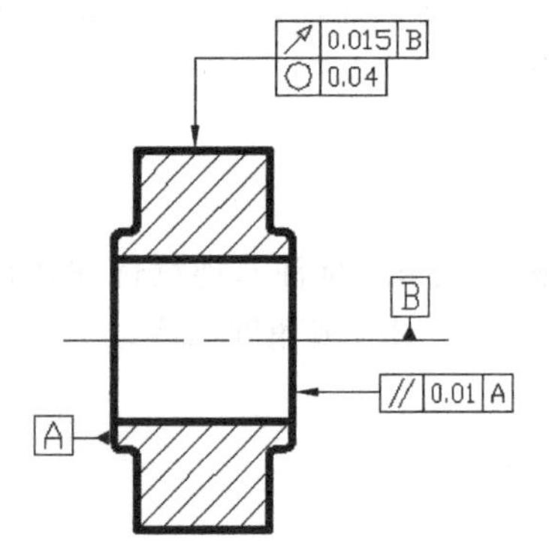

图 5-96　形位公差标注实例

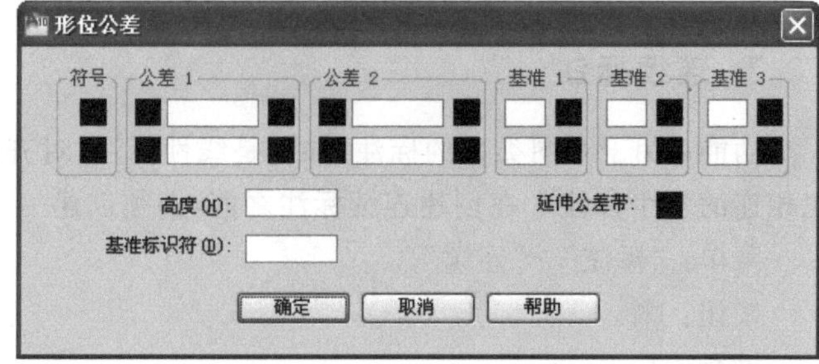

图 5-97　“形位公差”对话框

- 在“公差”下面的白框中输入相应的公差值。若数据项前需加直径符号 ϕ，可单击“公差”左边的黑框；单击“公差”右边的黑框，则弹出如图 5-99 所示的“附加符号”选项框，可单击选择公差包容条件。

图 5-98　“特征符号”选项框

图 5-99　“附加符号”选项框

- 在“基准”下面的白框中输入形位公差所对应的基准字母，单击“基准”右边的黑框可选择基准的包容条件，如图 5-99 所示。
- 设置完毕，单击形位公差对话框中的“确定”按钮，移动鼠标将形位公差标注放到合适的位置，单击鼠标左键结束命令。
- 执行“标注”→“多重引线”菜单命令，可为新建的形位公差创建引线标注。

5.4.3　设置标注样式

功能：标注样式是标注设置的命名集合，可用来控制标注的外观，如箭头样式、文字位置和尺寸公差等。用户可以创建标注样式，以快速指定标注的格式，并确保标注符合行业或项目标准。

菜单：“标注”→“标注样式”或“格式”→“标注样式”。

按钮：。

键盘：dimstyle。

图例：如图 5-100 和图 5-101 所示。

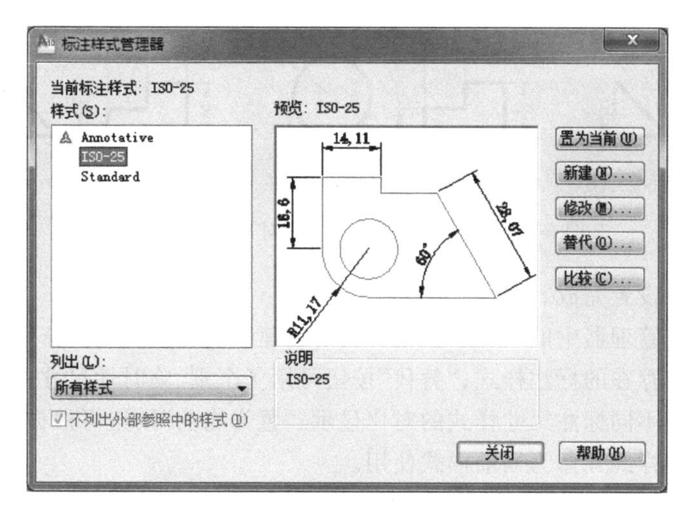

图 5-100 “标注样式管理器”对话框

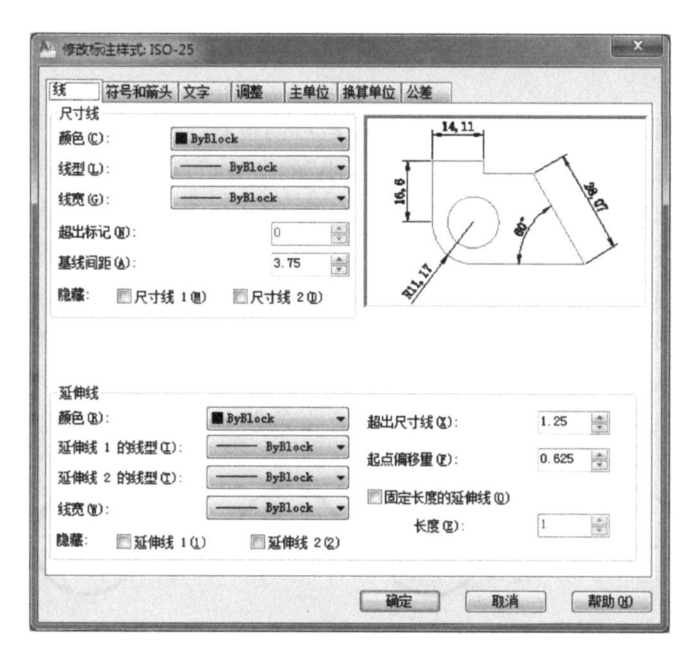

图 5-101 “修改标注样式”对话框

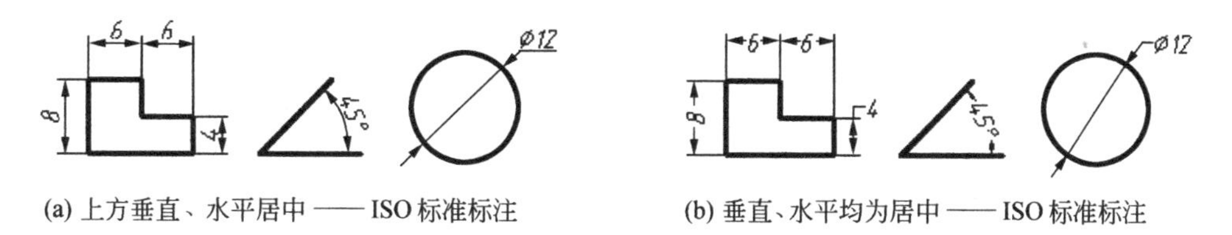

(a) 上方垂直、水平居中 —— ISO 标准标注 (b) 垂直、水平均为居中 —— ISO 标准标注

图 5-102 “文字”选项卡“文字位置”的应用实例

操作提示：

• ISO-25 是系统默认的标注样式。其他标注样式均可通过标注样式管理器的功能

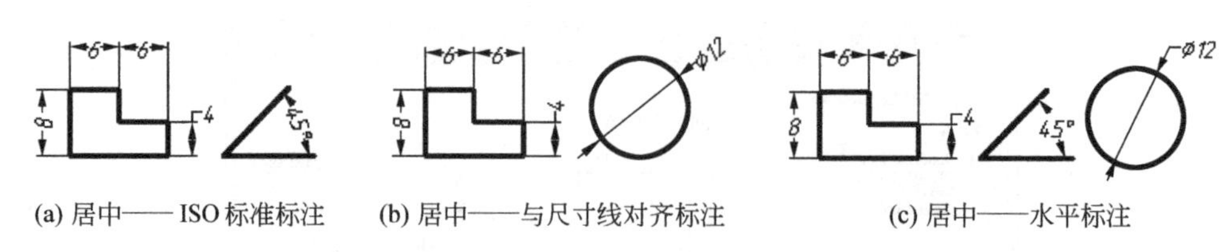

图 5-103 “文字”选项卡“文字对齐”的应用实例

卡片逐一设置完成。

- 标注样式管理器中的“新建”按钮可用于创建新的标注样式；“修改”按钮可用于更新原本已存在的标注样式；“替代”按钮可用于个别、临时性尺寸的标注；“比较”按钮可用于不同标注尺寸样式的对比显示；“置为当前”按钮可根据标注意愿切换不同的标注样式并作为当前样式使用。
- 单击“新建”“修改”“替代”按钮，可弹出不同的“新建/修改/替代标注样式”对话框，虽然标题信息有别，但实质设置内容都是相同的。

如图 5-101 所示的“修改标注样式：ISO-25”对话框中共有 7 个选项卡，下面介绍一些常用的设置选项。

（1）“线”选项卡：改变“基线间距”的参数，可调整基线标注中尺寸线之间的距离。

（2）“符号和箭头”选项卡：改变“箭头大小”的参数，可调整标注箭头的大小。

（3）“文字”选项卡：改变“文字高度”的参数，可改变标注文本的大小；改变“文字位置”中“垂直”或“水平”的选项，可调整标注文本相对尺寸线的位置，如图 5-102 所示；改变“文字对齐”中的选项，可调整标注文本的显示方位，如图 5-103 所示。

（4）“调整”选项卡：选择“调整选项”的“文字和箭头”，可确保当尺寸界线之间放不下标注文本和箭头时，能自动移到尺寸界线的外面。选择“优化”中“手动放置文字”一项，可自由地将标注文本放置到绘图区域的任何一个位置上，如图 5-104 所示。

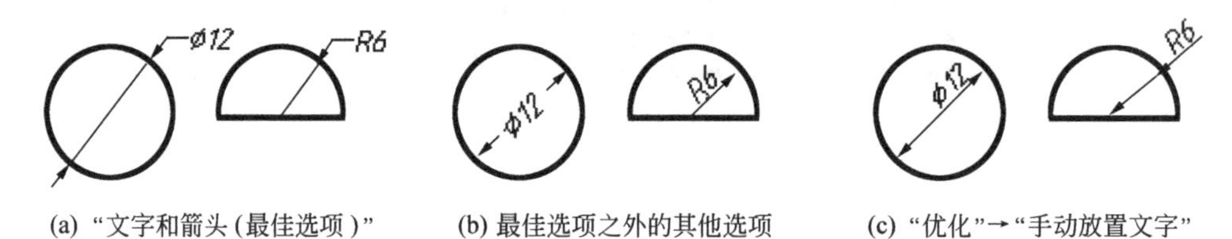

图 5-104 “调整”选项卡“调整选项”的应用实例

（5）“主单位”选项卡：改变“精度”的列表项，可使标注中的测量值保留到所需要的小数位数。

（6）“公差”选项卡：可以为各类尺寸设置尺寸公差。改变“公差格式”中“方式”的列表项，可调整尺寸公差的不同标注方式，并允许输入“上偏差”及“下偏差”的尺寸偏差值，如图 5-105 所示。改变“高度比例”的参数，可调整公差数据相对尺寸数据的字高比例。改变“垂直位置”的列表项，可调整公差数据相对尺寸数据的高、低位置。

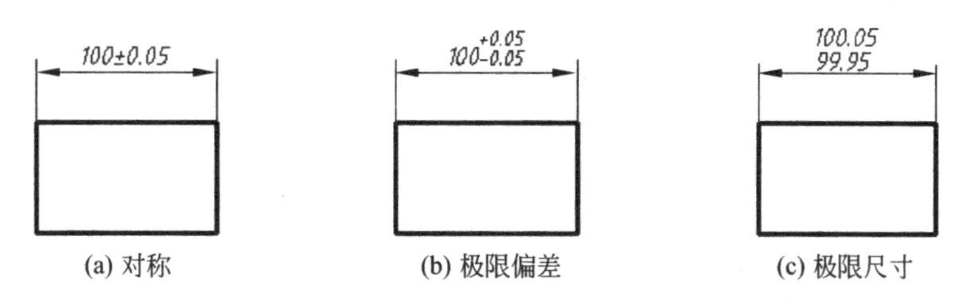

(a) 对称　　(b) 极限偏差　　(c) 极限尺寸

图 5-105　尺寸公差的不同标注实例

5.4.4　编辑标注

功能：用于调整尺寸标注的尺寸线位置和标注的文本位置，以及文本数值等。

按钮：或。

键盘：dimtedit 或 dimedit。

图例：如图 5-106 和图 5-107 所示。

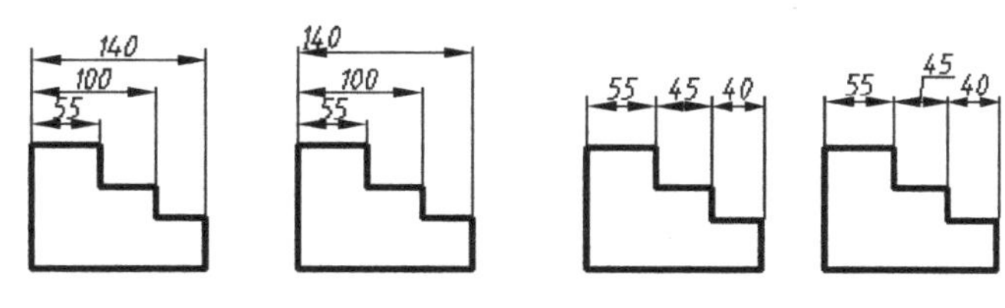

(a) 编辑 140 尺寸的文本位置与尺寸线位置　　(b) 编辑 45 尺寸的文本位置

图 5-106　编辑标注文字实例(默认选项)

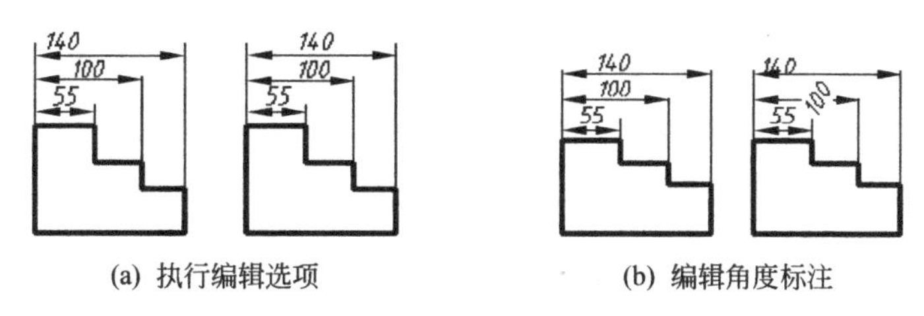

(a) 执行编辑选项　　(b) 编辑角度标注

图 5-107　编辑标注文字实例(非默认选项)

命令：_dimtedit

　　选择标注：　　　　　　　　　　　　　　选择编辑对象

　　指定标注文字的新位置或[左(L)/右(R)/中心(C)/默认(H)/角度(A)]：

　　　　　　　　　　　　　　　　　　　　　鼠标调整位置

操作提示：

- dimtedit 主要用于移动和旋转标注文字。
- 执行默认选项，选择要编辑的尺寸，移动鼠标，将尺寸线及标注文字放到合适的位置即可。分别对比图 5-106(a)和图 5-106(b)，可以看出相邻两图中标注尺寸 140 和 45 的变化。

- 执行左 L/右 R/中心 C/默认 H 选项，可将尺寸文本准确定位到设置位置。如图 5-107(a)所示对比尺寸 55(置左)、100(置右)、140(置中/默认)。
- 执行角度 A 选项，在“指定标注文字的角度:”的提示下输入 60 并回车，则原始标注尺寸文本参照 X 正向坐标轴逆时针旋转 60 度，则将图 5-107(b)左图中的标注 100 调整为右图中的倾斜标注 100。

命令：_dimedit

输入标注编辑类型[默认(H)/新建(N)/旋转(R)/倾斜(O)]<默认>：R 或 O	
指定标注文字的角度：60 ↵	指定旋转或倾斜角度
选择对象：找到 1 个↵	指定编辑标注对象
选择对象：↵	完成编辑

操作提示：

- dimedit 主要用于编辑标注，原始标注样式如图 5-108(a)所示。
- 如图 5-108(b)所示，用“编辑标注”完成尺寸标注 140 的 60°旋转。
- 如图 5-108(c)所示，用“编辑标注”完成尺寸标注 55 的 60°倾斜。

另外：

- 执行“修改”→“特性”菜单或单击“特性”按钮，选择要编辑的尺寸标注，可在如图 5-109 所示“特性”面板中，修改被选中尺寸标注的“基本”“标注样式”“直线和箭头”“文字”“调整”“主单位”“换算单位”“公差”等各个选项卡的信息，各选项卡均可通过单击选项右侧箭头按钮逐一展开或关闭。

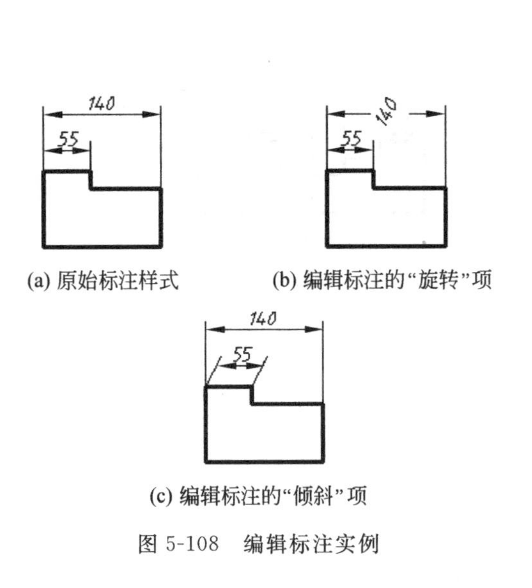

(a) 原始标注样式　(b) 编辑标注的“旋转”项　(c) 编辑标注的“倾斜”项

图 5-108　编辑标注实例

图 5-109　“特性”面板

- 执行“修改”→“对象”→“文字”→“编辑”菜单命令，可对尺寸标注的文本信息进行修改。

5.5 图块与属性

工程图纸中，经常会重复出现图元结构相同或相似的图形或符号。例如，零件图中对机加工部位进行说明的粗糙度符号、电路图中的电子元器件图元符号、建筑图中的门窗结构，以及暖通空调系统图中出现的压缩机、管道、截门等，为了解决上述重复绘图乃至绘图效率低的问题，AutoCAD 提供了图块和属性的功能。

AutoCAD 可将若干单个图元结合成一个实体，并给它赋予一个名称，这个实体就称为“块”。需要时可将块按所需比例和转角插入到某个图形任意指定的位置上。属性则是为块附加上所要传达信息的文字。

图形块有两种，一种称为内部块，另一种称为外部块。内部块是存储在当前图形中并只能被当前图形所调用。外部块是以图形文件的形式存储在磁盘上，可供其他图形调用。块还可嵌套，即在所创建的块中调用其他的块，但不能自调用。

5.5.1 内部块

1. 创建内部块

功能：在当前图形中选定对象并创建块定义。所建块保存在图形文件中，只能在当前图形中使用。

菜单：“绘图”→“块”→“创建”。

按钮：。

键盘：Block(B)。

图例：如图 5-110 所示。

(a) 五星图形

(b) 拾取插入点

(c) 选择对象

(d) 五星图形块

图 5-110 创建内部图形块

操作提示：

执行创建块的命令后，首先弹出如图 5-111 所示的“块定义”对话框。

其中各功能选项，既可采用勾选“在屏幕上指定”的方式在图形环境中直接确定，也可通过改变 *X*、*Y* 坐标值的方式准确定位，甚至还可结合响应命令行的提示完成创建。方便起见，建议采用按钮选项，操作步骤如下：

(1) 在“名称”文本框中输入要创建图形块的块名，如 K1。

(2) 在“基点”选项框中，单击“拾取点”按钮，拾取图 5-110(b)所示的端点作为插

图 5-111 “块定义”对话框

入点。

(3) 在“对象”选项框中,单击“选择对象”按钮,用鼠标选取图 5-110(c)所示的五星图形并回车确认。

(4) 在“说明”选项框中,可根据需要输入块特征的简要信息,有助于在包含许多块的复杂图形中迅速检索到所需图形块,如“五星图形块”。

(5) 在“方式”选项框中,可根据需要对插入块是否“按统一比例缩放”、是否“允许分解”等进行设置。

(6) 单击“确定”按钮完成。如图 5-110(d)所示,块为一独立的图形对象。

2. 插入内部块

功能:在当前图形中使用图形块。插入块时,可创建块参照并指定它的位置、缩放比例和旋转角度。插入内部块与复制图形的区别在于它的灵活多变。

菜单:“插入”→“块”。

按钮:。

键盘:Insert(I)。

图例:如图 5-112 所示。

操作提示:

执行插入块的命令后,首先弹出如图 5-113 所示的“插入”对话框。首先在名称列表中选择块名,并在对“插入点”“比例”“旋转”“块单位”“分解”等选项进行设置后,单击“确定”按钮,即可完成插入内部块的操作。其中:

- “插入点”选项:用于指定块的插入点。如图 5-112(a)所示“在屏幕上指定”的十字光标。
- “比例”选项:用于指定插入块的缩放比例。

默认“统一比例”,改变 X 值则块等比例放大($X>1$)或缩小($X<1$)。如图 5-112(b)

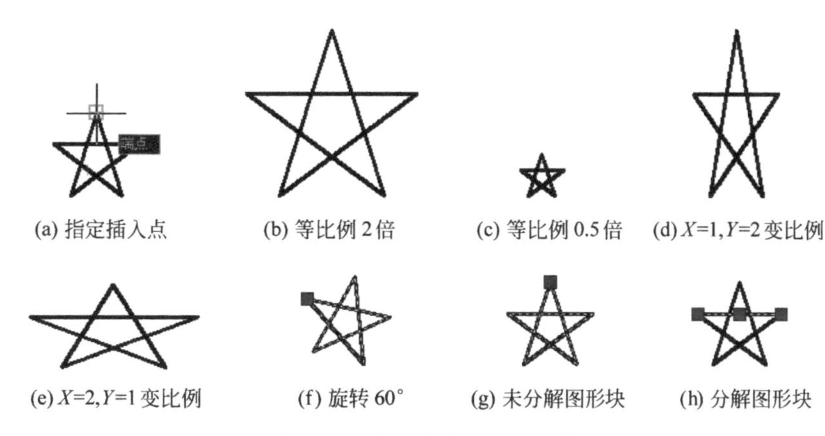

(a) 指定插入点　(b) 等比例 2 倍　(c) 等比例 0.5 倍　(d) X=1,Y=2 变比例

(e) X=2,Y=1 变比例　(f) 旋转 60°　(g) 未分解图形块　(h) 分解图形块

图 5-112　插入内部图形块图例

图 5-113　“插入”对话框

所示为 $X=2$ 的放大 1 倍图，图 5-112(c)所示为 $X=0.5$ 的缩小 1 倍图。

取消“统一比例”，改变 X、Y 值则块可按不等比例放大或缩小。如图 5-112(d)所示为 $X=1$，$Y=2$ 的变比例图，图 5-112(e)所示为 $X=2$，$Y=1$ 的变比例图。

- “旋转”选项：用于指定插入块的旋转角度。如图 5-112(f)所示为输入 60 后的旋转结果。
- “分解”选项：用于分解插入块，以便于后续编辑。

默认非“分解”选项，插入块为独立对象不可分解编辑，如图 5-112(g)所示。

勾选“分解”选项，插入块按独立图元分解且分别编辑，如图 5-112(h)所示。

5.5.2　块属性

块属性是从属于块的非图形信息，对块做文字说明，是块的一个组成部分。块属性包含属性名和属性值，它不同于一般的文字实体，不能用简单的文字命令书写，也不能用擦除命令修改。

以图 1-6 所示的学校推荐用零件图标题栏为例，由于诸如零件图名称、制图者姓名、绘图用比例、数量、单位名称等属性值是不固定的，因此希望能将这些文字信息作为独立的块属性，由用户在插入块时根据实际情况进行输入。

创建属性块的基本步骤：①定义属性；②创建包含属性的块定义；③创建块属性后，根据需求编辑块属性值。

1. 定义属性

功能：在当前图形中创建附着到块上的标签或标记——定义属性模式、属性标记、属性提示、属性值、插入点和属性的文字设置等。

菜单："绘图"→"块"→"定义属性"。

命令：attdef。

图例：如图 5-114 所示。

图 5-114 "属性定义"对话框

操作提示：

执行定义属性命令后，弹出如图 5-114 所示"属性定义"对话框。其中：

(1) 在"模式"选项区中可对属性模式进行选择设置。如插入块时属性是否显示；附着在属性块上的数据或文字是否可变，常量则"固定"不变，变量需"验证"(如标题栏中的文字块属性)；系统是否在属性"预置"后可自动恢复为默认值；是否需要对块参照中的属性"锁定位置"；是否包含"多行"文字等。

(2) 在"属性"选项区中可对输入属性的标签(数据或文字)进行设置：

- 在"标记"选项框中输入图形中将要显示的标签，如"(零件图名称)"等。此项不能为空。
- 在"提示"文本框中输入提示信息，如"零件图名称"。
- 在"默认"文本框中输入属性定义的默认值，如"几何图形"。

(3) 在"插入点"选项区中指定属性的位置，方法与创建块相同，如图 5-115(a)所示。

(4) 在"文字设置"选项区中设置文字属性的对正方式(中间)、文字样式(Standard，宋体)、字高 5 和旋转角度 0。

(5) 单击“确定”按钮，在指定的位置上显示“标记”框中所输入的数据或文字，如图 5-115(b)所示。

(6) 重复以上操作，完成如图 5-115(c)所示标题栏中各括弧项的属性定义。

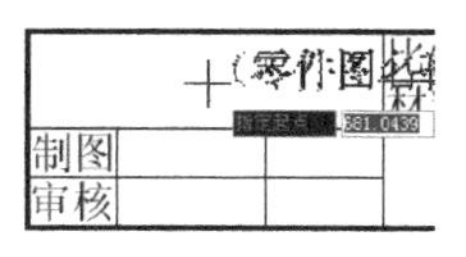

(a) 属性插入点(中间)

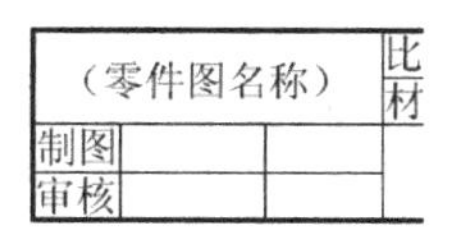

(b) 定义“(零件图名称)”属性

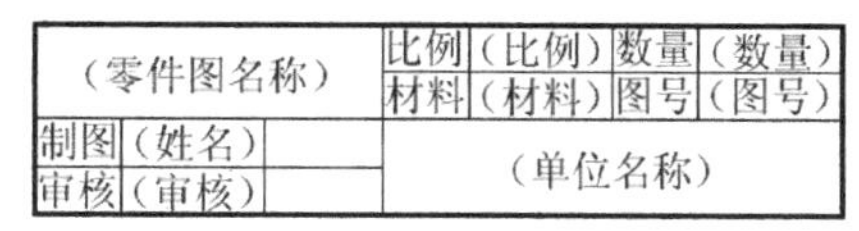

(c) 标题栏定义属性

图 5-115　定义属性图例

2. 创建块属性

功能：定义的属性必须与图形一起再定义为块，才能被调用。创建方法同创建内部块。

菜单：“绘图”→“块”→“创建”(或 或 Block(B))。

图例：如图 5-116 所示。

(零件图名称)		比例	(比例)	数量	(数量)
		材料	(材料)	图号	(图号)
制图	(姓名)	(单位名称)			
审核	(审核)				

(a) 选择块属性插入点

(零件图名称)		比例	(比例)	数量	(数量)
		材料	(材料)	图号	(图号)
制图	(姓名)	(单位名称)			
审核	(审核)				

(b) 选择块属性对象

几何图形		比例	1:1	数量	1
		材料	45	图号	A-1
制图	乐乐	CAD制图教学组			
审核	欢欢				

(d) 块属性的默认属性值

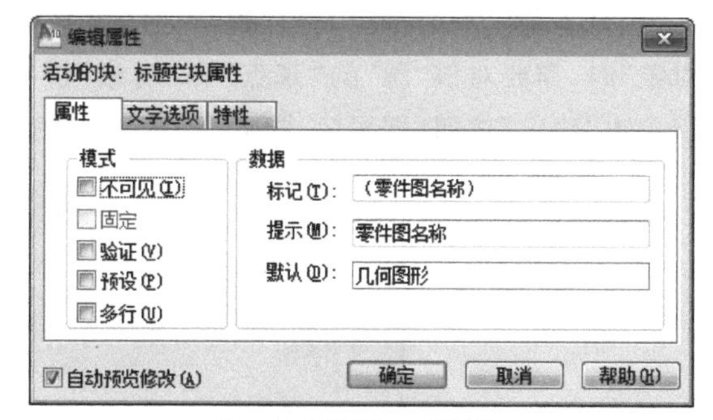

(c) “编辑属性”对话框

图 5-116　创建属性块图例

操作提示：

- 在如图 5-111 所示“块定义”对话框中定义标题栏块属性的块名。
- 选择如图 5-116(a)所示插入点。
- 依次选择如图 5-116(b)所示的对象，包括(零件图名称)、(姓名)、(审核)、(比例)、(数量)、(材料)、(图号)、(单位名称)等。
- 如图 5-116(c)所示为“编辑属性”对话框的默认(可输入、可修改)属性值。

调用方法：选择“修改”→“对象”→“属性”→“块属性管理器”，在弹出的“块属性管理器”对话框中，选择“编辑”按钮即可；或选择“修改”→“对象”→“属性”→“单个”。

- 逐一修改后，单击“确定”按钮完成，如图 5-116(d)所示。

依次定义属性后，可以在块定义时一次性选取多个属性为对象。这样，只要插入块，系统就会使用指定的文字字符串提示用户输入属性值。

定义的内部块(包括属性)只能被当前图形调用,如果想被其他图形文件调用,就必须定义为外部块。

5.5.3 外部块

1. 创建外部块

功能:将选定对象作为独立的图形文件保存,并可被其他图形作为块调用。

键盘:WBlock(W)。

图例:如图 5-117 所示。

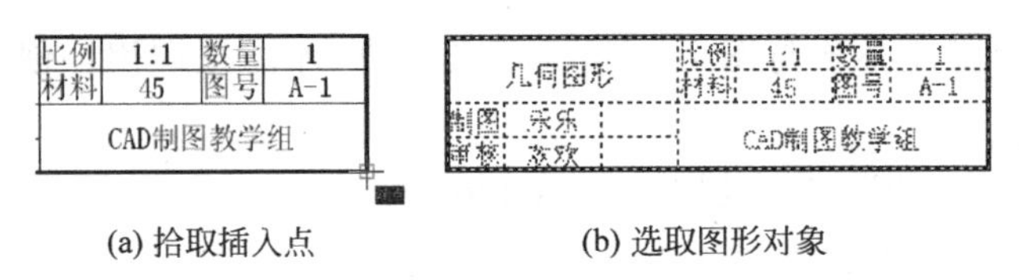

(a) 拾取插入点　　(b) 选取图形对象

图 5-117　创建外部图形块

操作提示:

执行外部块的命令后,首先弹出如图 5-118 所示的“写块”对话框。当“源”的选项为“对象”时,需要对该“源”的“基点”和“对象”进行屏幕拾取,在确认文件路径和文件名称后,单击“确定”按钮,即可完成创建外部块的操作。

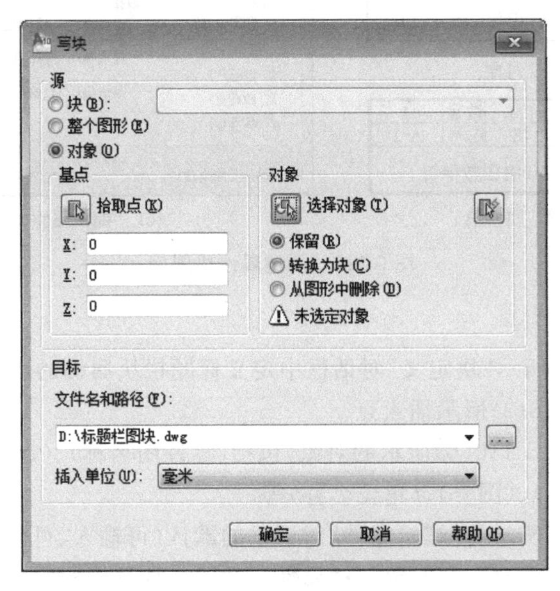

图 5-118　“写块”对话框

- “源”,用于决定外部块的来源。选择“块”,可在列表框中选择已定义好的图块作为外部块,如果未定义过图块,则该选项不可选;选择“整个图形”,可将当前的整个图形作为外部块；选择“对象”，可在当前图形中选择图形实体作为外部块。

- 单击“拾取点”按钮，拾取标题栏的右下角点为外部图形块的插入基点，如图 5-117(a)所示。单击“选择对象”按钮，选取整个标题栏作为外部块的图形对象，如图 5-117(b)所示。
- 单击“文件名和路径”的按钮[...]，可以改变文件的保存路径，在“浏览图形文件”对话框中定义“标题栏图块”文件名并保存图形块。注意：外部图形块是以 .dwg 的文件格式保存。

2. 插入外部块

功能：将外部图形块作为一个图形对象插入到当前的图形文件中。

菜单：“插入”→“块”。

按钮：。

键盘：Insert(I)。

操作提示：

执行插入块的命令后，首先弹出如图 5-119 所示“插入”对话框。该对话框与插入内部块的对话框相似，区别只在于路径（内部块以预览图形替代了路径）。

图 5-119 “插入”对话框

- 单击“浏览”按钮，选择“标题栏图块”文件。
- 对“插入点”“比例”“旋转”“分解”等选项进行设置。
- 将“标题栏图块”插入点自动捕捉到位，如自动捕捉图框内边的右下角点。
- 单击“确定”按钮，完成插入外部块的操作。

定义块中的图形对象可以包含多个图层。在 AutoCAD 2010 中，将外部块插入到当前图形文件中时，插入的图块将保留原有属性信息，也就是插入图块后，在当前图形中自动生成插入外部块的图层和文字样式等属性信息。

3. 编辑块属性

功能：编辑块属性的方法，可用于不同属性值的赋值与编辑。

菜单："修改"→"对象"→"属性"→"单个"。

命令：eattedit。

图例：如图 5-120 所示。

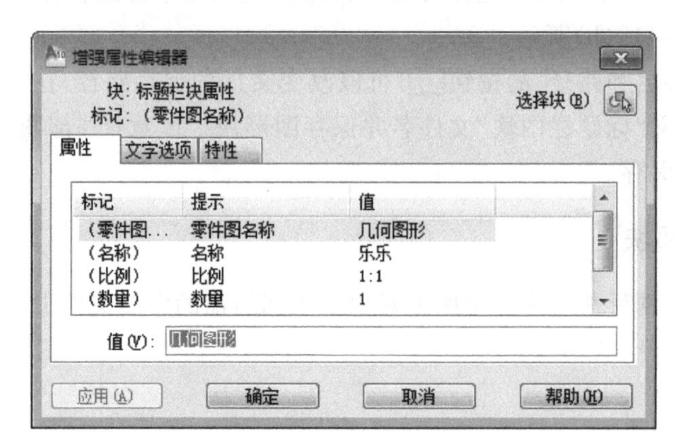

图 5-120 "增强属性编辑器"对话框

操作提示：

- 执行属性编辑命令后，选择要修改的属性，如"几何图形"。
- 在如图 5-120 所示的"增强属性编辑器"对话框中，根据需要可依次修改属性值后，单击"应用"按钮后，单击"确定"按钮即可。
- 如果想要编辑不同的块属性，也可依次重复单击"选择块"按钮，对选择的属性进行编辑操作，单击"确定"按钮完成，一次性地实现多属性的编辑。
- 通过"文字选项"或"特性"选项卡，还可以对已设置好的属性选项进行调整。

【例 5-3】 给例 5-2 中的组合体三视图（图 5-69）添加图形边框和标题栏，并标注尺寸，如图 5-121 所示。

- 添加图形边框：外框尺寸为 210×148，用细线绘制；内框尺寸在外框基础上四周等距缩小 5mm(200×138)，用粗线绘制。
- 调整位置和比例：将图形按 2∶1 比例放大，并合理调整图形位置。
- 标注图形尺寸：先将"标注样式管理器"中"文字"选项卡的"文字样式"的字体名改为 gbeitc.shx，文字高度改为"5"；将"调整"选项卡的"标注特征比例"的全局比例改为"1.5"（即将尺寸图块整体放大 1.5 倍）；将"主单位"选项卡的"测量单位"的比例因子改为"0.5"（这样设置以确保系统测量的是实际的 1∶1 尺寸）；然后按图示要求的尺寸标注。
- 插入标题栏图块：添加新的图层，确认"文字样式"后，放置标题栏图块。
- 编辑标题栏属性：分别将零件图名称的"几何图形"改为"三视图"、将制图作者"乐乐"改为本人姓名、将"比例"改为"2∶1"等。
- 完成如图 5-121 所示带有图形边框和标题栏的三视图。

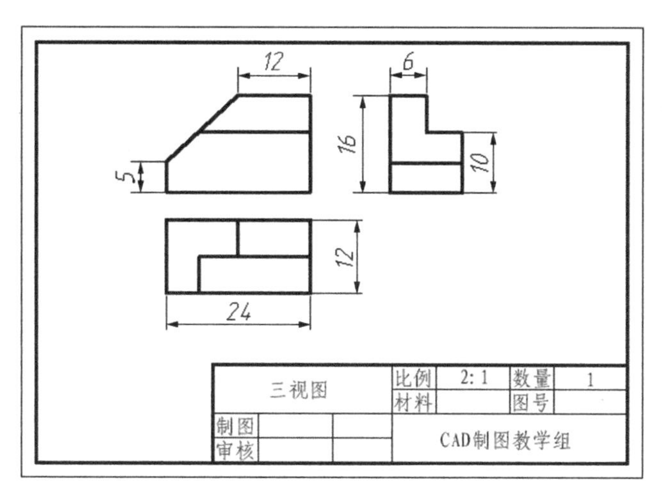

图 5-121　插入外部图形块图例

5.6　图案填充

在工程制图中，图案填充多用于表示零件内部的剖面结构，图案填充区域多用于表示零件使用的特定材料，如金属、塑料、橡胶等；在建筑制图中，图案填充区域多用于表示诸如绝缘材料或玻璃材料等。

5.6.1　图案填充

功能：填充一个区域的图案。

菜单："绘图"→"图案填充"或"绘图"→"渐变色"。

按钮：或。

键盘：bhatch 或 gradient。

图例：如图 5-122 所示。

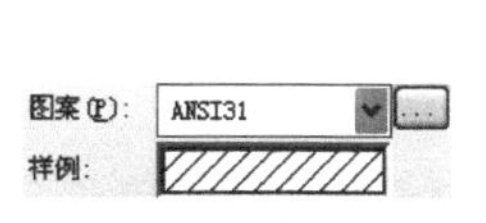

(a) 设置填充样例

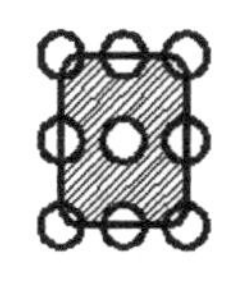

(b) 选择填充区域

(c) 图案填充效果

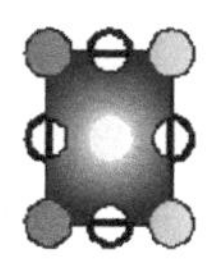

(d) 图案填充关联性

(e) 渐变色填充

图 5-122　图案填充图例

操作提示：

执行"图案填充"命令后，首先弹出"图案填充和渐变色"对话框。其中有两个选项卡，在如图 5-123(a)所示"图案填充"选项卡中可选择需要填充的图案并对其进行设置；在如图 5-123(b)所示的"渐变色"选项卡中可选择需要填充的颜色并对颜色渐变进行设置。

(a) “图案填充”选项卡

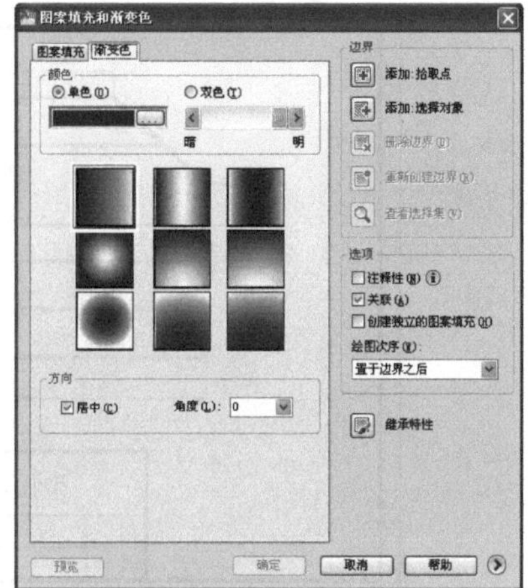

(b) “渐变色”选项卡

图 5-123 “图案填充和渐变色”对话框

（1）在“类型和图案”选项区中，有系统提供的各种图案，可以通过单击“图案”下拉列表、“图案”按钮[...]或“样例”图样框的方法，调出如图 5-124 所示的“填充图案选项板”对

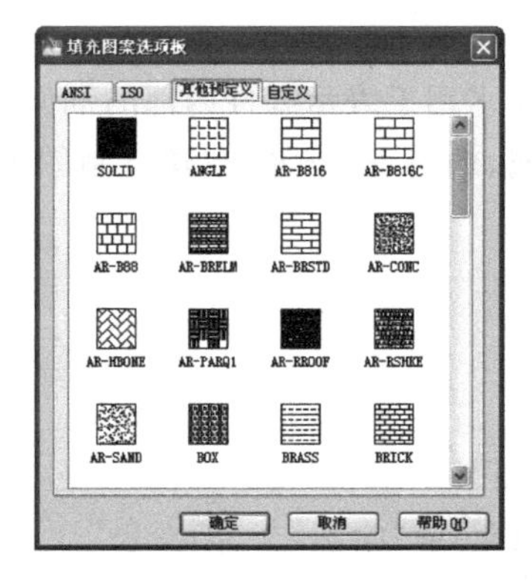

(a) “其他预定义”选项卡

(b) ISO 选项卡

(c) ANSI选项卡

图 5-124 填充图案选项板

话框，选择图案，单击“确定”按钮即可，如图 5-122(a)所示。

(2) 在“边界”选项区中，可对图案填充或渐变色的边界进行选择。单击“拾取内部点”按钮，用户应单击封闭边界的内部点，选中区域会高亮显示。如果被选区域不能构成封闭边界，系统会给出提示信息。单击“选择对象”按钮，用户则应以选取对象的方式确定填充区域的边界。

以上两种选择边界的方法，推荐使用单击“拾取内部点”按钮，如图 5-122(b)所示。

作为边界的对象只能是直线、射线、多义线、样条曲线、圆、圆弧、椭圆、椭圆弧、面域等，并且一定要构成封闭区域。

(3) 在“角度和比例”选项区中，可对图案填充的倾角和间距进行设置。

(4) 图案填充设置效果可以通过单击“预览”按钮进行观察，满意则可以单击“确定”按钮完成。若不满意，可以按 Esc 键返回对话框，重新设置。效果如图 5-122(c)所示。

(5) 在“选项”选项区中，可对图案填充的关联性等进行设置，关联图案填充可随边界的更改而自动更新。如图 5-122(d)所示，当中间圆和周围四个圆直径发生变化时，图案填充的区域会自动随之变化。

(6) 在“渐变色”选项卡中，可以通过颜色、方向、边界、选项等设置，实现丰富多彩的图案填充画面的变化，如图 5-122(e)所示。

5.6.2 编辑图案填充

功能：对区域中已经填充的图案进行编辑。

菜单：“修改”→“对象”→“图案填充”或“修改”→“特性”。

按钮：。

键盘：hatchedit。

快捷操作方法：双击图案填充对象。

图例：如图 5-125 所示。

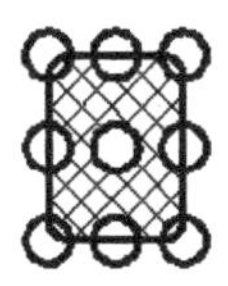

(a) 改变填充的图案

(b) 改变填充比例和倾角

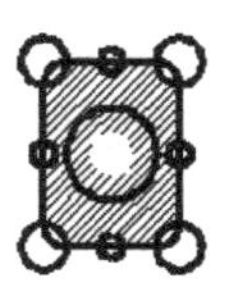

(c) 关闭填充关联性

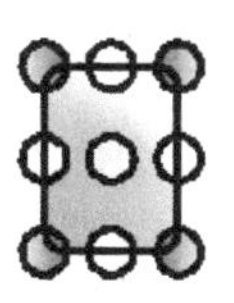

(d) 改变渐变样式与颜色

图 5-125 编辑图案填充图例

操作提示：

执行“修改”→“对象”→“图案填充”命令后，系统自动弹出“图案填充和渐变色”对话框，用户可以对已填充的图案进行改变填充图案、改变填充比例及旋转角度等操作。注意：只有高亮显示的选项才可重新设置。

执行“修改”→“特性”命令后，选择要修改的图案填充对象，可以在对象特性面板中对相关选项进行设置和调整。

第6章 AutoCAD 三维实体造型实例

本章主要介绍 AutoCAD 基本的三维绘图命令及其修改方法。通过本章的学习，应掌握以下内容：

- 三维绘图基本知识；
- 创建用户自定义的 UCS 的方法；
- 绘制三维实体基本形状的方法；
- 创建拉伸实体的方法；
- 绘制旋转实体的方法；
- 创建复杂实体的方法；
- 创建光源和场景的方法；
- 使用材质、背景和灯光渲染图形的方法；
- 使用三维实体图生成二维图形的方法。

6.1 三维绘图基础

使用 AutoCAD 三维建模，可以创建出线框模型、表面模型、实体模型。在创建三维实体之前了解三维建模的工作空间和三维坐标系，特别是如何创建三维用户坐标系，将有助于提高绘图效率，也是创建三维实体图的基础。

6.1.1 工作空间

工作空间是工具栏、菜单和可固定窗口（选项板，包括面板和命令窗口）的配置。用户可以创建自己的工作空间，以便快速地从一种配置切换到另一种配置。

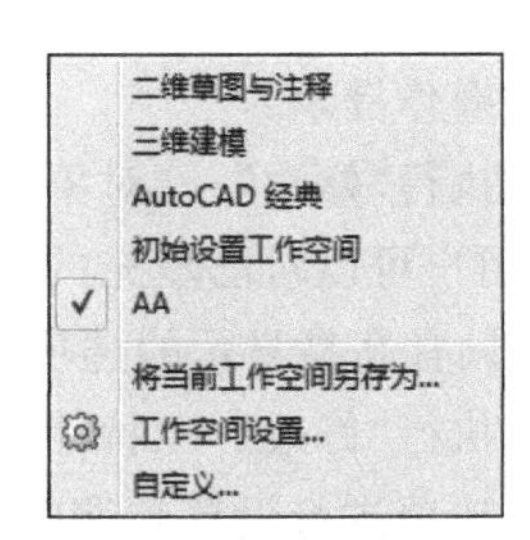

图 6-1　AutoCAD 工作空间

AutoCAD 默认的工作空间有三种：AutoCAD 经典、二维草图与注释和三维建模。创建工作空间最简单的方法是用户按照自己的意愿显示工具栏、菜单栏和选项板，然后从工作空间工具栏的下拉列表中选择“将当前工作空间另存为”选项，如图 6-1 所示。在“保存工作空间”对话框中，命名此工作空间为任意名称如“AA”并单击“保存”按钮，如图 6-1 所示。

如图 6-2 所示为作者习惯使用的三维建模工作空间和常用的三维绘图工具栏，该三维工作空间为西南等轴测视图。

图 6-2 三维建模工作空间

该三维工作空间中常用的三维绘图工具栏分别为：“建模”工具栏、“实体编辑”工具栏、“视觉样式”工具栏、“动态观察”工具栏和“视图”工具栏。

6.1.2 三维世界坐标系

AutoCAD 采用世界坐标系（Word Coordinate System，WCS）和用户坐标系（User Coordinate System，UCS）。系统默认的坐标系为 WCS，它是一种固定的坐标系，即原点和坐标轴的方向固定不变。三维坐标和二维坐标基本相同，只不过是多了一个三维坐标即 Z 轴。在三维空间创建对象时，可以使用笛卡儿坐标系、柱坐标系、球坐标系定位点。

这里只介绍最常用的笛卡儿坐标系。笛卡儿坐标系通过使用 x,y,z 值来确定点。与输入二维坐标系类似，需要依次在命令行中指定 x,y,z 的值。输入绝对坐标的格式为 x,y,z，输入相对坐标的格式为 $@x,y,z$。

三维笛卡儿坐标系是在二维笛卡儿坐标系的基础上根据右手定则增加第三个坐标轴（即 Z 轴）而形成的。右手定则的操作方法是：将右手背对着屏幕放置，拇指指向 X 轴的正方向，食指指向 Y 轴的正方向，那么中指所指的方向即是 Z 轴的正方向。

6.1.3 三维用户坐标系

三维用户坐标系是绘制三维图形的重要工具。在实际操作过程中，用户可以根据个人习惯对坐标系进行改动，以方便操作并适合绘图的需要。通过指定新的原点即可创建 UCS。

【例 6-1】 在长方体表面上创建用户自定义的坐标系。

菜单："工具"→"新建 UCS"→"原点"。

按钮：。

键盘：UCS。

图例：如图 6-3 所示。

操作提示：

- 执行级联菜单、工具按钮、键盘输入的命令选项后，可直接用鼠标拾取长方体表面上要创建的用户坐标系原点。
- 方便起见，可将 UCS 工具栏调出并置于 AutoCAD 环境中，如图 6-4 所示。

图 6-3 创建用户坐标系

图 6-4 UCS 工具栏

- 通过以上执行命令的方式及不同命令选项的选择操作，可以很灵活地创建用户所需的用户坐标系。
- 如果要恢复系统默认的世界坐标系，可以执行"工具"→"新建 UCS"→"世界"命令或单击 UCS 工具栏按钮后完成，也可通过键盘输入 UCS 命令后直接回车响应完成。

6.1.4 用户坐标系绘图实例

AutoCAD 中用户自定义坐标系在实际三维建模应用中非常重要，因为大部分的三维绘图都是从创建二维图形开始的，而二维绘图命令只能在 xy 平面或平行于 xy 的平面上绘制图形。如果想在任意角度的平面内绘制二维对象，就需要重新定义 xy 平面，方法是改变用户坐标系(UCS)进而改变 xy 平面的定义。读者可通过下面实例的绘制去体会。

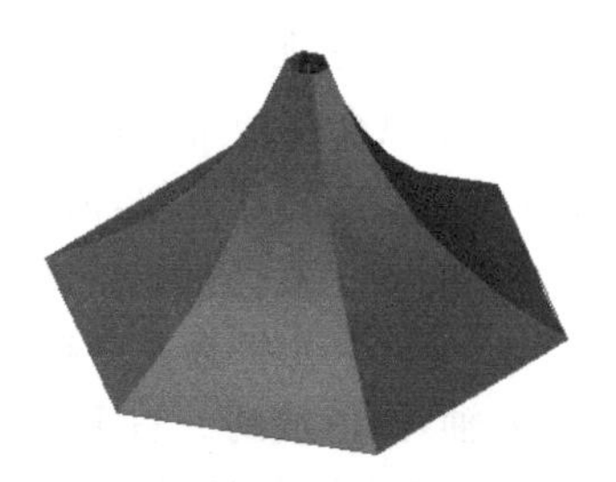

图 6-5 利用 UCS 绘图图例

【例 6-2】 利用 UCS 完成图 6-5 的绘制。

1. 绘制平面六边形

图例：如图 6-6 所示。

 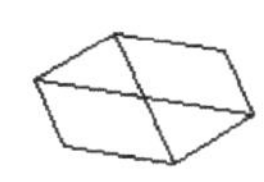 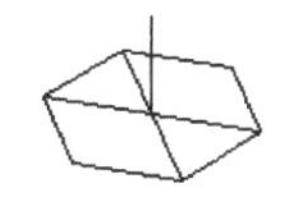 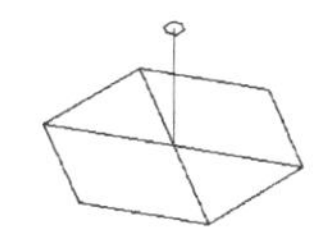

(a) 绘制六边形　(b) 连接对角线　(c) 绘制 Z 方向辅助线　(d) 绘制顶端六边形

图 6-6　利用 UCS 绘图步骤 1

操作提示：

- 将视图置于“西南等轴测”视角。
- 如图 6-6(a)所示，使用“正多边形”命令绘制内接于圆、半径为 2500 的正六边形。
- 如图 6-6(b)所示，使用“直线”命令绘制正六边形的对角线。
- 如图 6-6(c)所示，使用“直线”命令绘制沿 Z 轴方向高度为 3000 的辅助直线。
- 如图 6-6(d)所示，在辅助线顶端绘制半径为 200 的正六边形，且两个六边形的边在空间呈平行状(方位相同)。

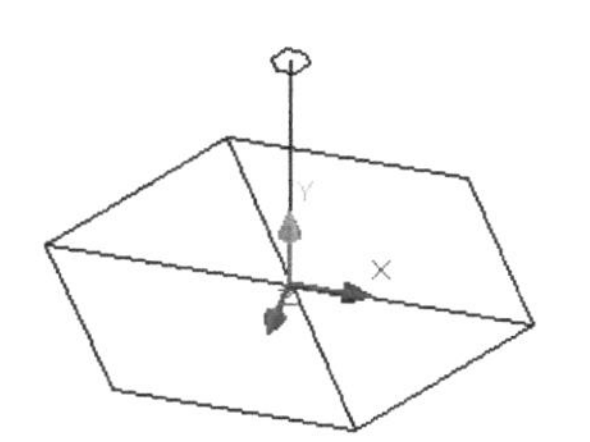

图 6-7　利用 UCS 绘图步骤 2

2. 创建用户坐标系

图例：如图 6-7 所示。

命令：_ucs(UCS 工具栏中的“三点”按钮)

……

指定新原点＜0,0,0＞：　　拾取对角线交点

在正 X 轴范围上指定点＜，，＞：　　拾取对角线最右端点

在 UCS XY 平面的正 Y 轴范围上指定点＜,,＞：　　拾取辅助线上端点

3. 绘制圆弧参照线

图例：如图 6-8 所示。

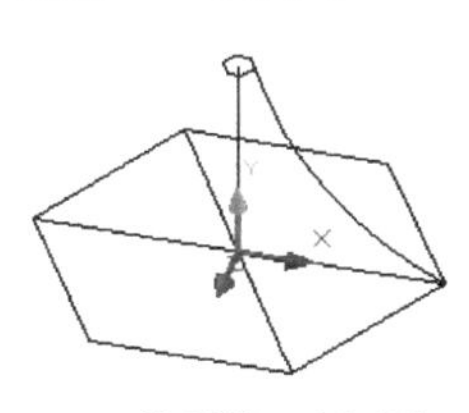 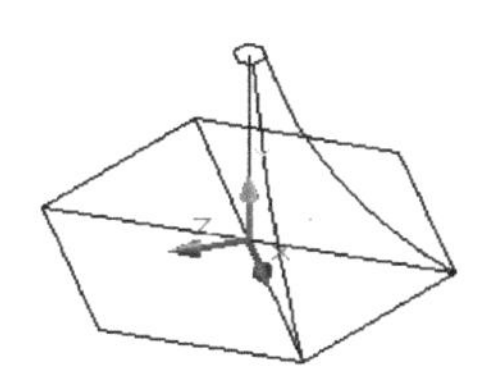 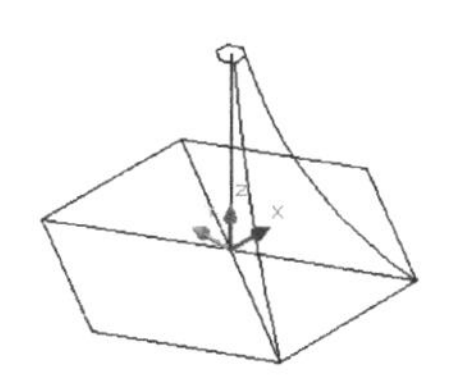

(a) 绘制第一条圆弧　(b) 绘制第二条圆弧　(c) 恢复世界坐标系

图 6-8　利用 UCS 绘图步骤 3

操作提示：

- 如图 6-8(a)所示，使用“绘图”→“圆弧”菜单中“起点、端点、半径”的命令方式，绘制在当前用户坐标系 XY 平面内的圆弧参照线，其“起点”在顶面六边形一边端

点,“端点”在底面六边形一边端点,“半径”为5000。

- 如图6-8(b)所示,重新定义用户坐标系后,重复绘制第二条圆弧参照线。
- 如图6-8(c)所示,恢复系统默认的世界坐标系。

注意:这里必须先用三点UCS定义用户自己的坐标系,而且一定要使所绘制的圆弧处在xy平面上。读者可尝试不定义用户坐标系,看是否能够绘制出圆弧,进一步体会AutoCAD中自定义用户坐标系的作用。

4. 创建/阵列多边形网格

图例:如图6-9所示。

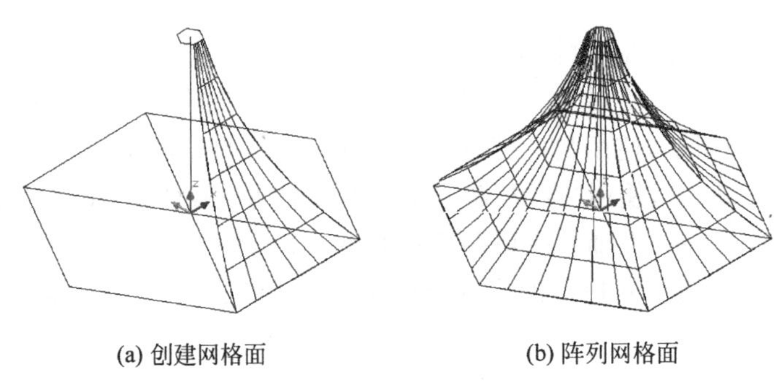

(a) 创建网格面　　(b) 阵列网格面

图6-9　利用UCS绘图步骤4

(1) 分解正六边形

功能:将顶面/底面的正六边形分解为独立线段。

菜单:“修改”→“分解”。

命令:_explode()。

操作:直接拾取要被分解的对象即可。

(2) 创建多边形网格

功能:将空间首尾相连的四条边创建成三维多边形网格,如图6-9(a)所示。

菜单:“绘图”→“建模”→“网格”→“边界网格”。

命令:_edgesurf

当前线框密度:SURFTAB1=6　SURFTAB2=6

选择用作曲面边界的对象1:　　选择底面六边形的边

选择用作曲面边界的对象2:　　选择一条相邻的圆弧

选择用作曲面边界的对象3:　　选择顶面六边形的边

选择用作曲面边界的对象4:　　选择另外相邻的圆弧

(3) 阵列多边形网格

功能:创建其余五个三维多边形的网格面,如图6-9(b)所示。

菜单:“修改”→“三维操作”→“三维阵列”。

命令:_3darray

选择对象：找到 1 个	拾取三维多边形网格
选择对象：↵	
输入阵列类型[矩形(R)/环形(P)]<矩形>：p ↵	环形阵列
输入阵列中的项目数目：6 ↵	阵列个数
指定要填充的角度（+=逆时针，-=顺时针)<360>：↵	阵列角度
旋转阵列对象？[是(Y)/否(N)]<Y>：↵	阵列时旋转阵列对象
指定阵列的中心点：	拾取底面六边形中心
指定旋转轴上的第二点：	拾取顶面六边形中心

6.1.5 三维实体的视觉变换

在模型空间中，为了让用户更好地观察三维实体，AutoCAD 提供了多种方式，可从不同的位置观察图形，如设置视图观测点、标准视点、动态观察、消隐和视觉样式。本书重点介绍常用的标准视点、动态观察和视觉样式。

1）标准视点

AutoCAD 系统提供了如图 6-10“视图”工具栏所示的 10 种标准视点。这些视点非常有用并且很容易使用。利用这些视点可以快速高效地完成图形的绘制。注意：标准视点的显示仅仅相对于 WCS 而不是当前的 UCS。

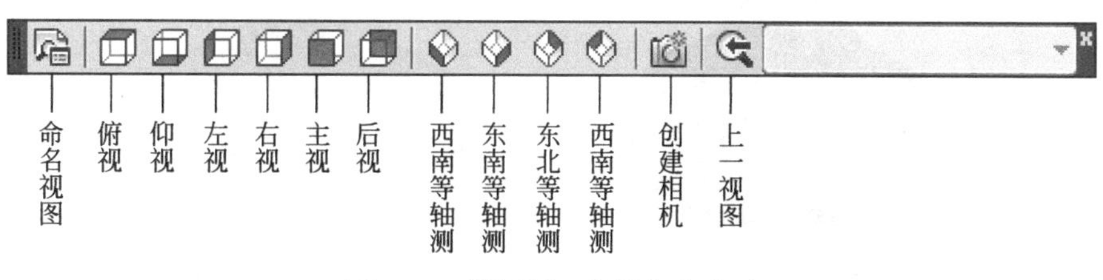

图 6-10 “视图”工具栏命令选项

2）动态观察

在三维实体图绘制过程中，可以很方便地利用系统提供的动态观察功能对三维实体对象进行旋转，以观察其各个角度的效果。AutoCAD 系统提供了如图 6-11“动态观察”工具栏所示的 3 种观察样式。

3）视觉样式

为了突出实体的效果，可以对实体应用视觉样式。AutoCAD 系统提供了如图 6-12“视觉样式”工具栏所示的 5 种视觉样式。

完成图 6-9(b)的多边形网格后，可以通过“视觉样式”的切换，得到如图 6-13 所示的不同视觉效果(已删除底面对角线及中心辅助线)。

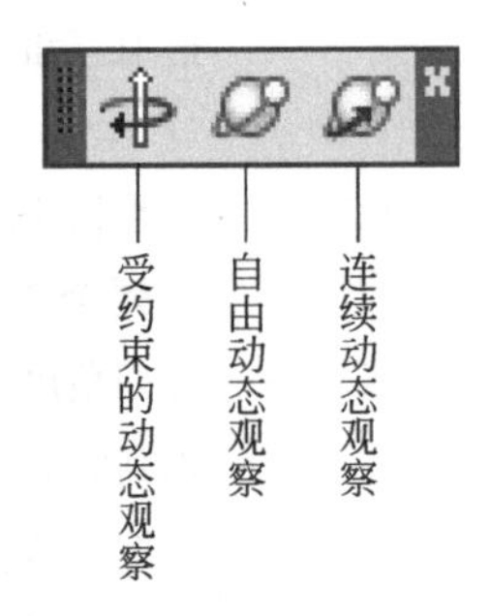

图 6-11 “动态观察”工具栏命令选项

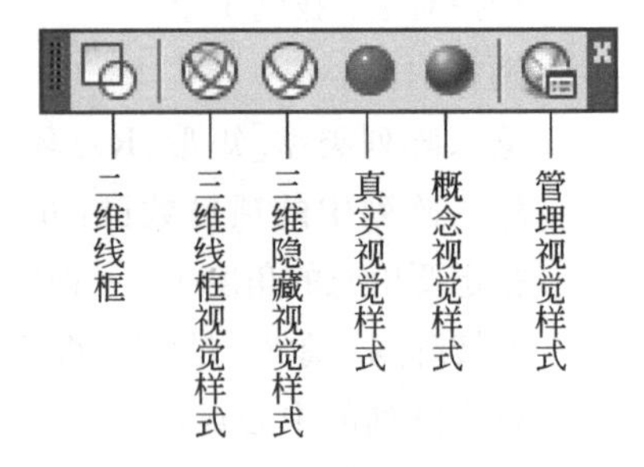

图 6-12 “视觉样式”工具栏命令选项

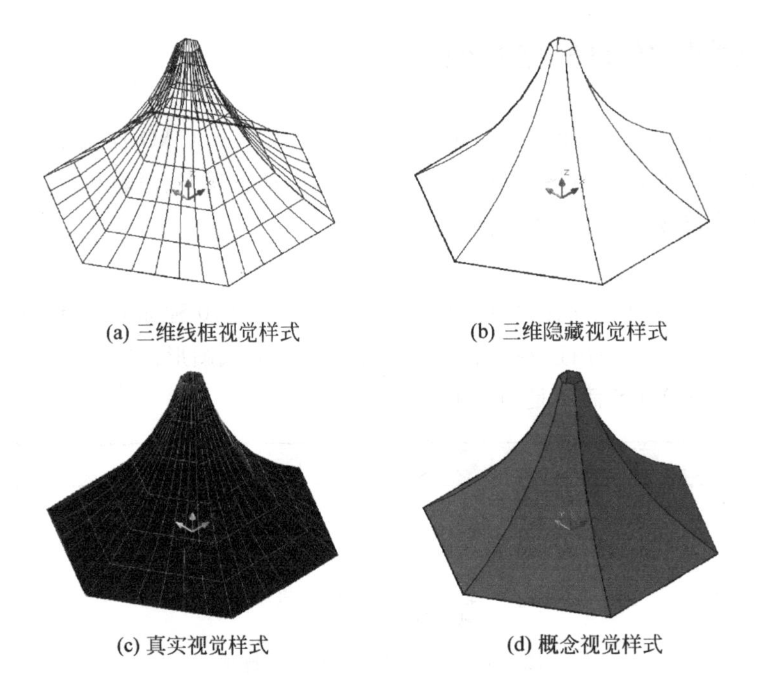

图 6-13 多边形网格的视觉变换效果

6.2 基本形体的绘制

如果要绘制真实的模型，则需要创建实体。在 AutoCAD 中可以创建基本几何形体，同时可以动态显示绘制结果。

要创建实体，可以调出如图 6-14 所示的“建模”工具栏，也可以通过“绘图”→“建模”的级联菜单访问所有的实体绘制命令。

本节只介绍常用基本实体的绘制命令，其余命令的使用可查阅帮助或相关书籍。

图 6-14 “建模”工具栏命令选项

6.2.1 长方体

长方体是最常用的三维对象之一，是复杂三维模型的基础。

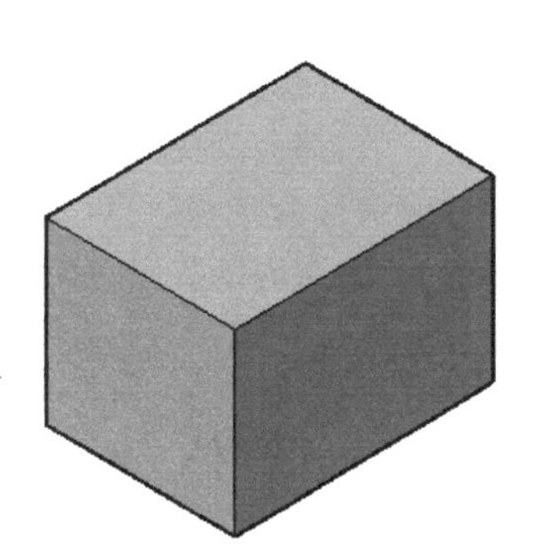

图 6-15 “长方体”图例

菜单：“绘图”→“建模”→“长方体”。

按钮：

操作提示：

- 执行默认选项，绘制完成长 80、宽 40、高 50 的长方体，如图 6-15 所示。
- 执行 C 选项，系统只询问长度，可绘制完成正方体。
- 执行 L 选项，系统会询问长度、宽度和高度值，此时应分别输入或标定，如图 6-16 所示。

命令：_box

指定第一个角点或［中心(C)］：　　鼠标指定任意角点

指定其他角点或［立方体(C)/长度(L)］：l ↵　　执行长度(L)选项

指定长度 <50.0000>：50 ↵　　指定长度

指定宽度 <30.0000>：30 ↵　　指定宽度

指定高度或［两点(2P)］<50.0000>：50 ↵　　指定高度，完成

(a) 鼠标任意定点

(b) 指定长度

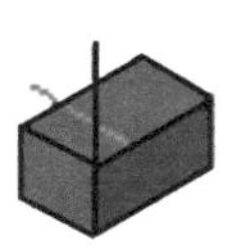

(c) 指定宽度

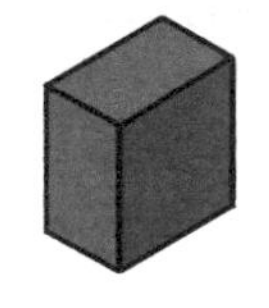

(d) 指定高度完成

图 6-16 执行“L”选项的长方体图例

6.2.2 楔体

楔体是沿对角线切开的长方体，其体积是长方体体积的一半，操作及命令提示信息也与长方体相似。

菜单：“绘图”→“建模”→“楔体”。

按钮：

命令：_wedge

指定第一个角点或［中心(C)］：　　绘图区域任意定点

指定其他角点或［立方体(C)/长度(L)］：@100,60 ↵

指定高度或［两点(2P)］＜50＞：50 ↵

操作提示：

- 执行默认选项，绘制完成长 100、宽 60、高 50 的楔体，如图 6-17 所示。
- 默认“其他角点”是指 *XY* 平面上的另外对角点，可以使用相对坐标定义。响应 *Z* 方向上的高度值后即可绘制完成。注意：鼠标置于 *XY* 平面的上/下位置，或输入参数的正/负参数，都会改变楔体高度 Z 的生成方向。
- 执行 L 选项，可以像绘制长方体那样，直接可输入长、宽、高。需要注意的是长、宽、高的参数应与坐标系 *X*、*Y*、*Z* 的坐标方向一致。
- 执行 C 选项，可以直接输入长度，即可创建沿对角线切开正方体的楔体。

图 6-17 “楔体”图例

6.2.3 圆锥体

菜单：“绘图”→“建模”→“圆锥体”。

按钮：

命令：_cone

指定底面的中心点或［三点(3P)/两点(2P)/

相切、相切、半径(T)/椭圆(E)］：　　绘图区域任意指定底面圆心

指定底面半径或［直径(D)］：50 ↵

指定高度或［两点(2P)/轴端点(A)/顶面半径(T)］＜－50＞：100 ↵

操作提示：

- 执行默认选项，绘制完成半径 50、高 100 的圆锥体，如图 6-18 所示。
- 在“指定高度［两点(2P)/轴端点(A)/顶面半径(T)］：”提示下，拖动鼠标可控制圆锥锥尖的方向，响应不同的选项可用不同的方式来指定高度。例如“两点”选项通过拾取两点的方式指定高度；“轴端点”选项用于创建可倾斜的圆锥体(默认情况下，“轴端点”是基于底面中心的相对坐标)。

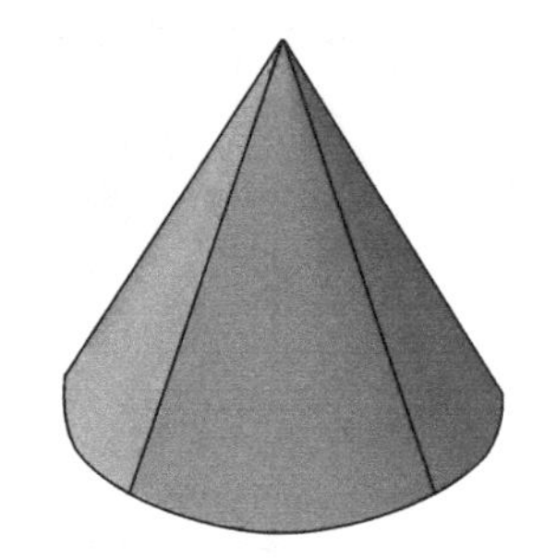

图 6-18 “圆锥体”图例

- 执行圆锥体命令的“顶面半径(T)”选项，系统会询问圆锥体的顶面半径参数，用以创建截断的圆锥体——圆台，如图 6-19 所示。

命令：_cone

指定底面的中心点或［三点(3P)/两点(2P)/

切点、切点、半径(T)/椭圆(E)］：0,0,0 ↵　　指定底面圆的圆心

指定底面半径或［直径(D)］＜50.0000＞：d ↵　　执行直径(D)选项

指定直径 ＜100.0000＞：↵　　指定底面圆的直径

指定高度或［两点(2P)/轴端点(A)/顶面半径(T)］

<82.4621>：t ↵　　执行顶面半径(T)选项

指定顶面半径 <0.0000>：20 ↵　　指定顶面圆的半径

指定高度或[两点(2P)/轴端点(A)] <82.4621>：80 ↵　　指定高度，完成

(a) 指定中心点

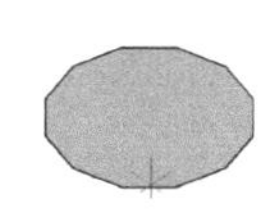

(b) 指定半径或直径

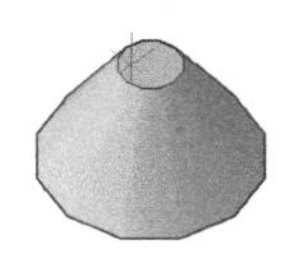

(c) 指定顶面圆半径

(d) 指定高度

图 6-19　执行“顶面半径(T)”选项的圆锥体图例

- 执行圆锥体命令的不同选项，指定底面圆或顶面圆的不同半径或直径，指定椎体高度的正值或负值、绘图过程中是否采用了正交模式等，可以完成不同大小、不同高度、不同形状的圆锥或圆台，如图 6-20 所示。

(a) 负高度圆锥体

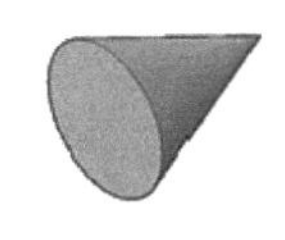

(b) 非正交圆锥体

(c) 负高度圆台

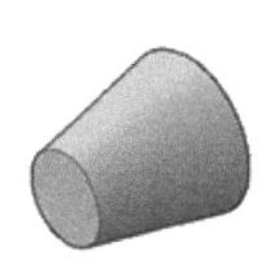

(d) 非正交圆台

图 6-20　执行不同选项的圆锥体图例

- “顶面半径”选项用于创建截断的圆锥体，即圆台。

6.2.4　球体

菜单：“绘图”→“建模”→“球体”。

按钮：[按钮图标]。

命令：_sphere

指定中心点或[三点(3P)/两点(2P)/相切、相切、半径(T)]：

绘图区域任意指定球心位置

指定半径或[直径(D)]<150>：60 ↵

操作提示：

- 执行默认选项，绘制完成半径为 60 的球体，如图 6-21 所示。
- 可通过“三点”“两点”或“相切、相切、半径”选项来确定球体。

图 6-21　球体图例

6.2.5　圆柱体

菜单：“绘图”→“建模”→“圆柱体”。

按钮：[按钮图标]。

命令：_cylinder

指定底面的中心点或[三点(3P)/两点(2P)/相切、相切、半径(T)/椭圆(E)]：

绘图区域任意指定底面圆心

指定底面半径或[直径(D)]＜60＞：15 ↵

指定圆柱高度：50 ↵

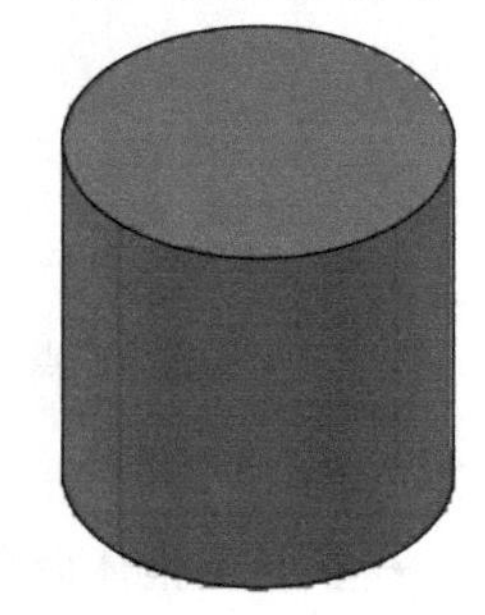

图 6-22　圆柱体图例

操作提示：

- 执行默认选项，绘制完成半径为 15、高度为 50 的圆柱，如图 6-22 所示。
- 在“指定中心点或[三点(3P)/两点(2P)/相切、相切、半径(T)/椭圆(E)]：”提示下，除以默认方式指定圆柱体的中心点外，还可使用“三点”“两点”或者“相切、相切、半径”选项以不同方式定义圆。
- 如果选择“椭圆”选项，根据提示可定义椭圆底面，绘制椭圆柱。

6.2.6　圆环体

圆环体是实心的三维圆环，由两个半径值来定义：一个是圆管的半径，另一个是圆环体的半径，是指从圆环体中心到圆管中心的距离。

菜单：“绘图”→“建模”→“圆环体”。

按钮：。

命令：_torus

指定中心点或[三点(3P)/两点(2P)/相切、相切、半径(T)]：

绘图区域任意指定圆环体的中心点，即空洞的中心点

指定半径或[直径(D)]＜50＞：50 ↵

指定圆管半径或[两点(2P)/直径(D)]：15 ↵

操作提示：

- 如图 6-23 所示，是用不同圆环/圆管半径创建的不同圆环体的实例。

(a) 常用圆环体图例

(b) 半径为负值时

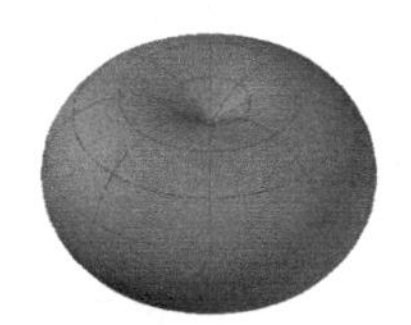

(c) 圆管半径大于圆环半径

图 6-23　圆环体图例

- 执行默认选项，绘制完成环半径为 50、管半径为 15 的圆环，如图 6-23(a)所示。
- 如果圆环的半径为负值(如－40)，则要求圆管的半径必须大于圆环半径的绝对值(如 70)，将会得到一个柠檬状或橄榄球状的实体，如图 6-23(b)所示。

• 如果圆管半径(如 50)大于圆环半径(如 30),将会得到一个皱巴巴的球或苹果样的实体,如图 6-23(c)所示。

6.3 由二维图形创建三维实体

在创建三维实体图时,基本体只占一部分,有些实体需要根据二维图形创建。用闭合的二维图形创建三维实体,既可以用 EXTRUDE(拉伸)命令创建复杂的平面、曲面立体,也可以用 REVOLVE(旋转)命令创建复杂的回转立体。

绘制二维图形的对象可以是直线、圆弧、椭圆弧、二维多线段、圆、椭圆、样条曲线等封闭线框。

6.3.1 创建基本拉伸实体

【例 6-3】 利用拉伸命令完成如图 6-24(a)所示实体的绘制。

(a) 基本拉伸实体　　(b) 创建基本拉伸实体的平面图

图 6-24 基本拉伸方法建模图例

1. 绘制二维图形

用直线、圆等二维绘图命令及偏移、修剪等二维编辑命令绘制如图 6-24(b)所示的二维图形。

2. 将二维图形创建为面域或边界

(1) 方法一:将二维图形创建为面域,如图 6-25(a)所示。

菜单:“绘图”→“面域”。

按钮:。

命令:_region

　　选择对象:指定对角点:找到 4 个

　　选择对象:↵

　　已提取 1 个环

　　已创建 1 个面域

操作提示：

执行命令后，用窗选方式选择 2 个圆弧和 2 条相切线段，回车完成。

(2) 方法二：将二维图形创建为多段线，如图 6-25(c)所示。

菜单："绘图"→"边界"。

命令：_ boundary

操作提示：

执行命令后，在图 6-25(b)所示对话框中默认"多段线"对象类型，通过"拾取点"按钮，单击图形内部任意点，即可得到一封闭的边界轮廓，如图 6-25(c)所示。

(a) 创建面域示意图

(b) "边界创建" 对话框

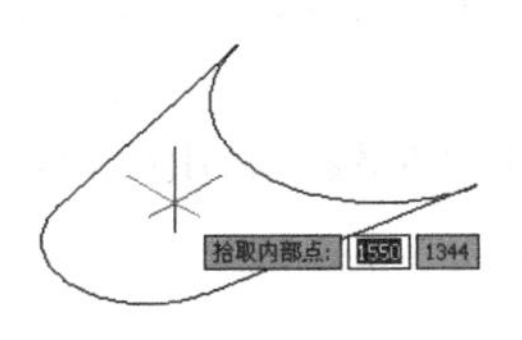

(c) 创建边界示意图

图 6-25　创建面域或边界图例

3. 用拉伸方法创建实体

菜单："绘图"→"建模"→"拉伸"。

按钮：。

命令：_extrude

　　当前线框密度：ISOLINES=8

　　选择要拉伸的对象：　　　　　　　　选择创建好的面域或边界

　　选择要拉伸的对象：↵　　　　　　　回车完成选择

　　指定拉伸的高度或[方向(D)/路径(P)/倾斜角(T)]<100>：75 ↵

　　　　　　　　　　　　　　　　　　　按指定高度拉伸形体

4. 用视觉样式观察实体

菜单："视图"→"视觉样式"→"真实"。

按钮：。

绘制完成的实体图应如图 6-24(a)所示。

6.3.2　创建沿路径拉伸实体

可以沿着路径拉伸对象。路径可以是直线、圆、圆弧、椭圆、椭圆弧、多线段、样条曲线甚至螺旋线。路径对象必须与拉伸对象在不同的平面上。图 6-26(a)给出的是一个圆沿弧线拉伸得到的弯管实体图,图 6-26(b)是生成图 6-26(a)实体所用的平面图。

(a) 沿路径拉伸方法创建实体

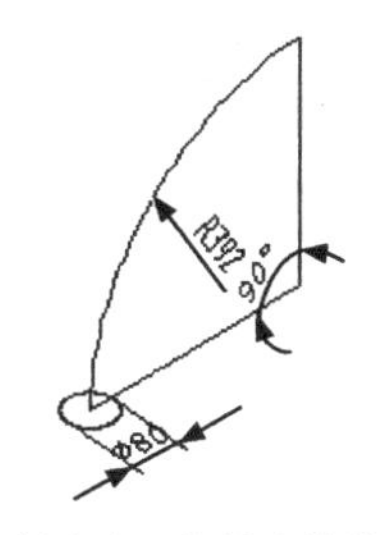

(b) 创建路径拉伸实体的平面

图 6-26　沿路径拉伸方法建模图例

1. 绘制二维图形

(1) 将图形置于“俯视”视图,使用“圆”命令,绘制 ϕ80 的圆;

(2) 将图形置于“主视”视图,使用“圆弧”命令,绘制 1/4 圆弧。

命令：_arc

命令行	说明
指定圆弧的起点或[圆心(C)]：c ↵	选择圆心模式
指定圆弧的圆心：	距 ϕ80 圆心 X 正向 392 处定点
指定圆弧的起点：@－392,0 ↵	圆弧起点坐标
指定圆弧的端点或[角度(A)/弦长(L)]：a ↵	选择角度模式
指定包含角：－90 ↵	顺时针旋转 90°,如图 6-26(b)所示轴测图

2. 沿路径拉伸实体

菜单：“绘图”→“建模”→“拉伸”。

按钮：。

命令：_extrude

命令行	说明
当前线框密度：ISOLINES＝8	
选择要拉伸的对象：找到 1 个	选择如图 6-26(b)所示小圆
选择要拉伸的对象：↵	
指定拉伸的高度或[方向(D)/路径(P)/倾斜角(T)]<100>：P ↵	沿路径拉伸
选择拉伸路径或[倾斜角(T)]：	拾取圆弧线

操作提示：

- 拉伸的路径不能与要拉伸的对象共面,即弧线与小圆应处在不同平面内。
- 不是所有的路径都能用于拉伸对象。例如路径太靠近拉伸对象所在的平面,路径太复杂,路径与截面相对,相对拉伸对象的曲度太大等,都会导致拉伸失败。

6.3.3 创建旋转实体

REVOLVE 命令可将轮廓对象绕某个轴旋转后生成实体或曲面。如果轮廓是闭合的，结果是一个实体；如果轮廓是开放的，结果是一个旋转曲面。可以旋转直线、二维多段线、圆、椭圆、样条曲线、平面及面域。

【例 6-4】 利用旋转等命令完成如图 6-27(a)所示的图形绘制。

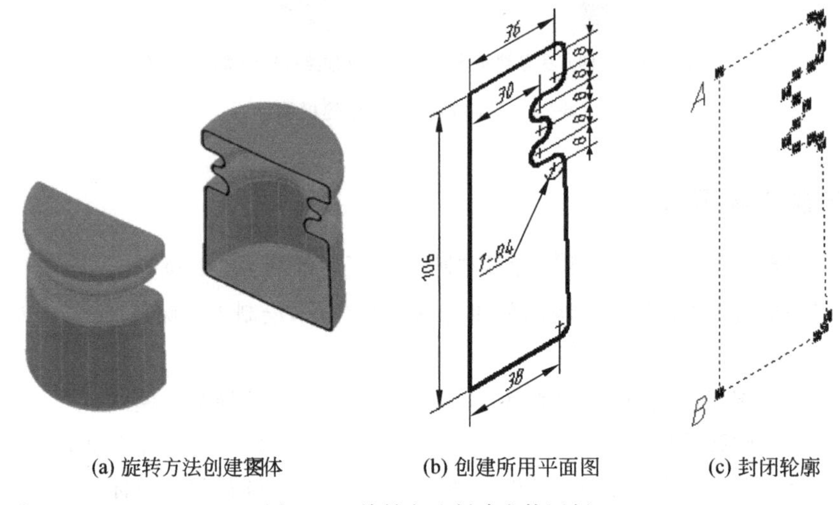

(a) 旋转方法创建实体　　(b) 创建所用平面图　　(c) 封闭轮廓

图 6-27　旋转方法创建实体图例

1. 绘制二维图形

如图 6-27(b)所示，将图形置于“主视”视图，绘制好封闭轮廓后，将视图置于“西南等轴测”视角。

(1) 可用“直线”“圆/圆弧”等命令绘制二维轮廓后，使用“绘图—边界”或“绘图—面域”的方法将其创建为边界或面域，如图 6-27(c)所示。

(2) 也可用多段线命令，直接构造二维封闭轮廓，同图 6-27(c)。

2. 用旋转命令创建实体

菜单：“绘图”→“建模”→“旋转”。

按钮：。

命令：_revolve

　　当前线框密度：ISOLINES=16

　　选择要旋转的对象：　　　　　选择二维封闭轮廓

　　选择要旋转的对象：↵

　　指定轴起点或根据以下选项之一定义轴[对象(O)/X/Y/Z]<对象>：

拾取端点 A

指定轴端点：　　　　　　　　　　拾取端点 B

指定旋转角度或[起点角度(ST)]＜360＞：↵

旋转一周，如图 6-28 所示

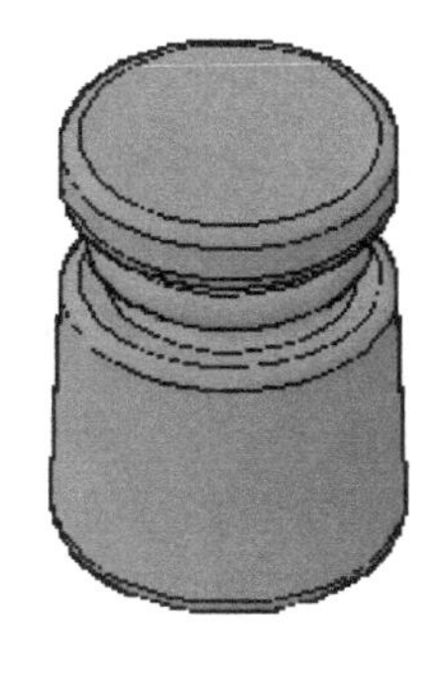

图 6-28　旋转结果

3. 用抽壳命令将实体中间挖空，形成薄壁的实体

菜单："修改"→"三维操作"→"抽壳"。

按钮：。

命令：_solidedit

实体编辑自动检查：SOLIDCHECK=1

输入实体编辑选项[面(F)/边(E)/体(B)/放弃(U)/退出(X)]＜退出＞：_body

输入体编辑选项

[压印(I)/分割实体(P)/抽壳(S)/清除(L)/检查(C)/放弃(U)/退出(X)]＜退出＞：_shell

选择三维实体：　　　　　　　　　　选择旋转实体

删除面或[放弃(U)/添加(A)/全部(ALL)]：↵　　结束选择

输入抽壳偏移距离：2 ↵　　　　　　输入参数

已开始实体校验

已完成实体校验

输入体编辑选项

[压印(I)/分割实体(P)/抽壳(S)/清除(L)/检查(C)/放弃(U)/退出(X)]＜退出＞：↵

实体编辑自动检查：SOLIDCHECK=1

输入实体编辑选项[面(F)/边(E)/体(B)/放弃(U)/退出(X)]＜退出＞：↵

4. 显示抽壳效果

(1) 剖切抽壳后的旋转体如图 6-29 所示。

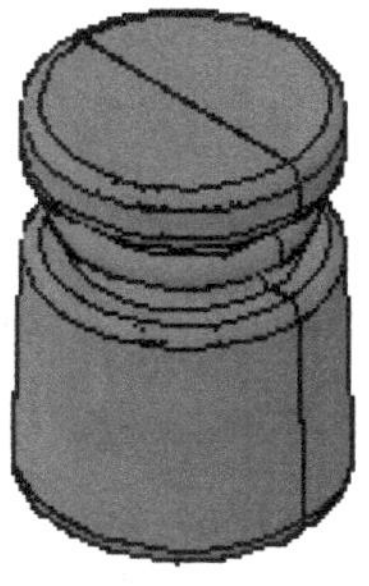

菜单："修改"→"三维操作"→"剖切"。

命令：_slice

选择要剖切的对象：　　　　　　　　选择抽壳实体

选择要剖切的对象：↵

指定切面的起点或[平面对象(O)/曲面(S)/Z 轴(Z)/视图(V)/XY(XY)/YZ(YZ)/ZX(ZX)/三点(3)]＜三点＞：yz ↵

YZ 坐标轴的构成平面

指定 YZ 平面上的点＜0,0,0＞：　　　拾取顶端圆心

在所需的侧面上指定点或[保留两个侧面(B)]＜保留两个侧面＞：↵

完成

图 6-29　剖切结果

(2) 移动剖切后的旋转体如图 6-27(a)所示。使用移动命令，将两侧实体分离。

6.4 三维实体的编辑

与编辑二维对象类似，在绘制三维图形时，无论是修改错误还是作为构建过程的一部分，都需要对三维模型进行编辑。其中布尔运算是一个很重要的概念，布尔运算是指对实体进行并集、差集、交集运算，从而形成新实体的操作过程。对实体进行布尔运算需要两个或两个以上的实体。

要编辑实体，可以调出如图 6-30 所示的“实体编辑”工具栏，也可以通过“修改”→“实体编辑”的级联菜单访问所有的实体编辑命令。

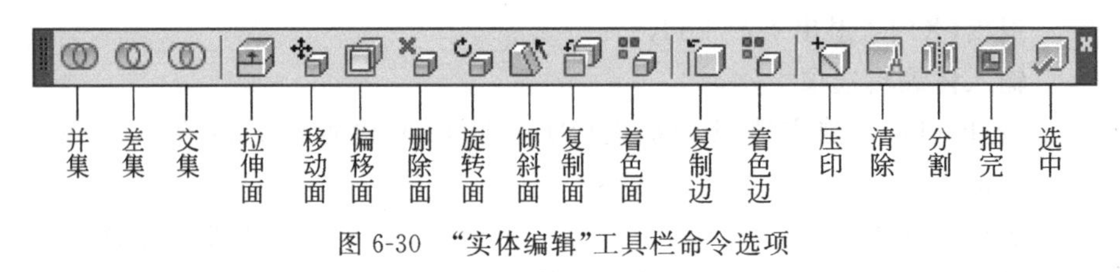

图 6-30 “实体编辑”工具栏命令选项

6.4.1 布尔运算

(1) 并集：合并两个或多个独立实体，构成一个复合实体，如图 6-31 所示。

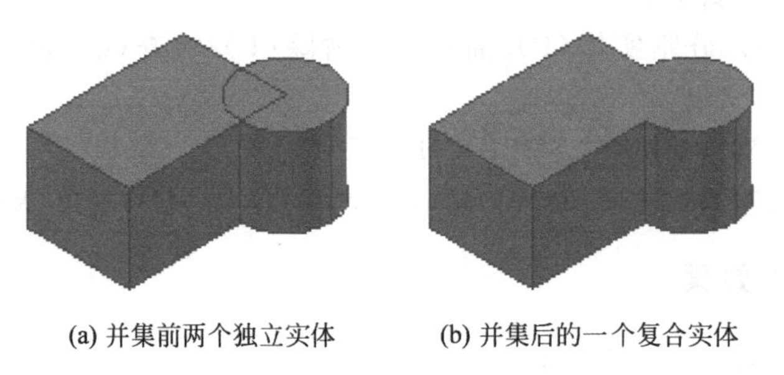

(a) 并集前两个独立实体　　(b) 并集后的一个复合实体

图 6-31 两实体并集运算图例

菜单：“修改”→“实体编辑”→“并集”。

按钮：![]。

命令：_union

　　选择对象：指定对角点：找到 2 个　　　　窗选拾取长方体和圆柱体

　　选择对象：↵

操作提示：

- 执行并集命令后，允许用单选方式逐一拾取要合并的三维对象，也可以用窗选或交叉窗选的方式，拾取要合并的三维对象。
- 执行并集命令，必须先选择要合并的实体对象，然后回车确认合并。

(2) 差集：从一个(组)实体中删除另一个(组)与其有公共部分的实体，构成一个复合实体，如图 6-32 所示。

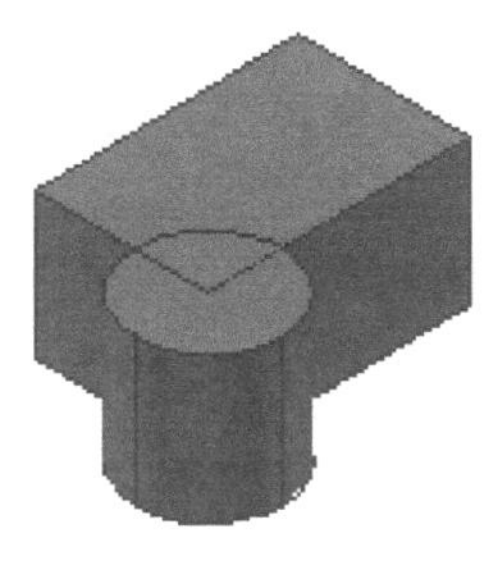
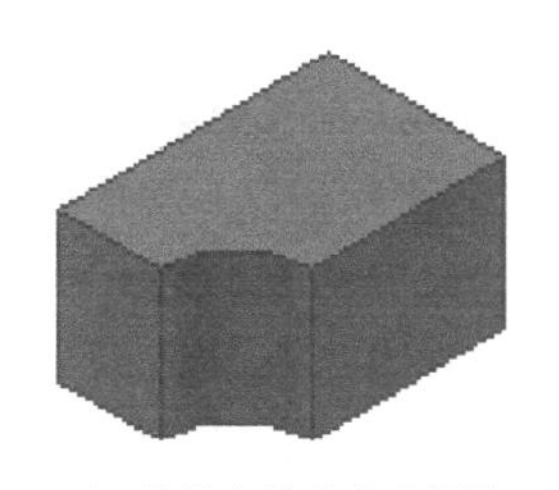
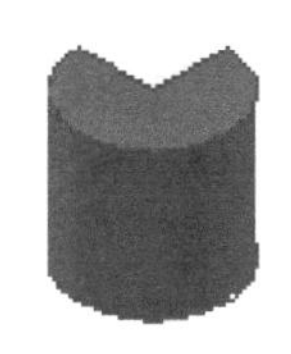

(a) 差集前两个独立实体　(b) 从长方体中差去圆柱　(c) 从圆柱中差去长方体

图 6-32　两实体差集运算后图例

菜单：“修改”→“实体编辑”→“差集”。

按钮：。

命令：_subtract

　　选择要从中减去的实体或面域...

　　选择对象：找到 1 个　　　　　　　　拾取长方体/圆柱

　　选择对象：↵

　　选择要减去的实体或面域...

　　选择对象：找到 1 个　　　　　　　　拾取圆柱/长方体

　　选择对象：↵

操作提示：

执行差集命令后，一定要先拾取要从中减去的三维实体、曲面和面域(相当于被减数)，而后再逐一拾取要减去的三维实体、曲面和面域(相当于减数)，如图 6-32 所示。

(3) 交集：提取两个或多个重叠实体的公共部分，构成一个复合实体，如图 6-33 所示。

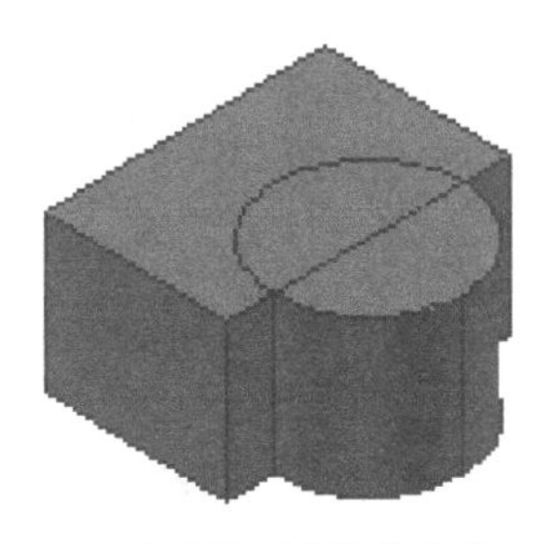
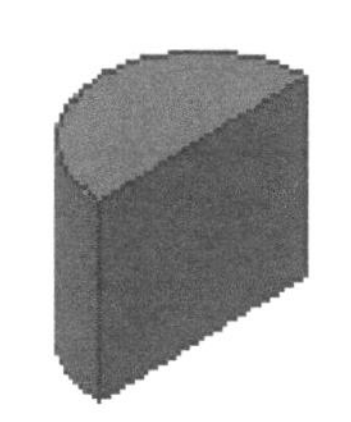

(a) 交集前两个独立实体　(b) 交集后的一个复合实体

图 6-33　两实体交集运算后图例

菜单：“修改”→“实体编辑”→“交集”。

按钮：。

命令：_intersect

　　选择对象：指定对角点：找到 2 个　　窗选拾取长方体和圆柱

选择对象：↵

操作提示：

- 执行交集命令后，允许用单选方式逐一拾取要提取共有实体部分的三维对象，也可以用窗选或交叉窗选的方式，拾取交集对象。
- 从图 6-34 所示的结果可见，用图 6-34(a)所示长方体和圆柱体，对其进行交集操作可得到如图 6-34(b)所示长方体和圆柱体共有的半圆柱体；对其进行并集操作可得到如图 6-34(c)所示长方体和圆柱体的结合体。由此可见，相同的对象经过不同的并、差、交集后，可得到结构不同的实体。

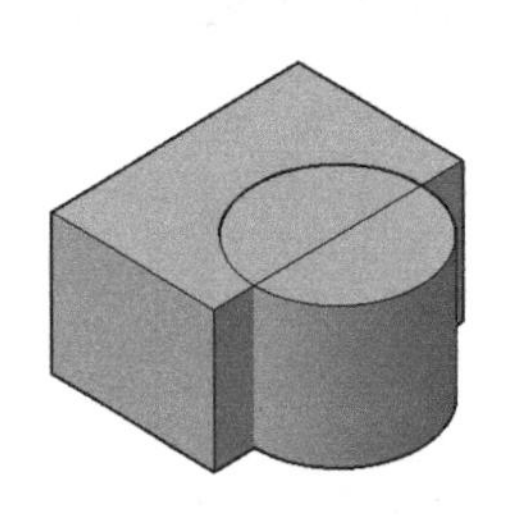

(a) 长方体和圆柱体

(b) 长方体与圆柱体的交集

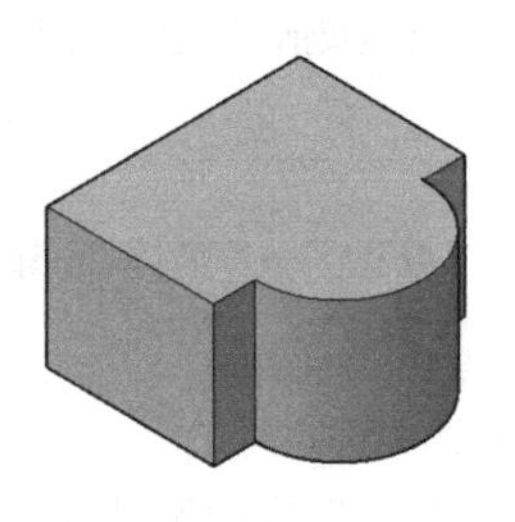

(c) 长方体与圆柱体的并集

图 6-34　两实体“交集”“并集”运算图例

6.4.2　常用实体编辑命令

创建了三维实体后，由于设计需求和建模操作导致的修改问题，有可能还需要对已经建立好的模型进行编辑。实体编辑是对已有的三维实体进行拉伸、移动、旋转、偏移、倾斜、删除、复制、颜色、材质、剖切、加厚、转换为实体、转换为曲面等常规修改操作，从而形成新实体的编辑过程。

执行实体编辑的键盘命令都是 solidedit，对于不同的编辑要求需进行具体选项的选择。建议读者在“实体编辑”时，直接使用按钮命令，以简化命令行的多重提示；也可以在“常用”选项卡的“实体编辑”面板中选择相应的命令按钮，完成相应的操作，如图 6-35 所示。

1. 拉伸面

功能：按指定的高度(正/负)、方向(正/负)、路径(直线/曲线)拉伸实体表面。

菜单：“修改”→“实体编辑”→“拉伸面”。

按钮：(拉伸面)。

图例：如图 6-36 和图 6-37 所示。

操作提示：

- 执行“拉伸面”按钮的默认选项，按命令行的提示信息，依次选择如图 6-36(a)所示边长为 50 的正方体上表面，输入拉伸高度、拉伸角度后，二次回车结束命令。
- 图 6-36(b)～(e)所示分别为输入＋20、默认 0°，输入－20、默认 0°，输入＋20、

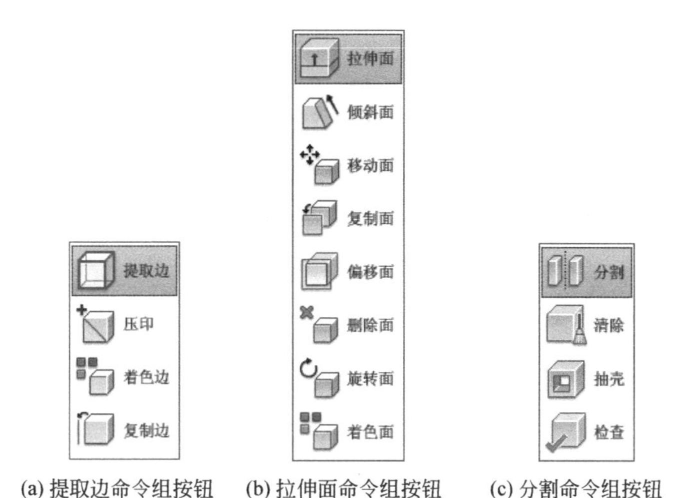

(a) 提取边命令组按钮　(b) 拉伸面命令组按钮　(c) 分割命令组按钮

图 6-35　实体编辑命令组按钮

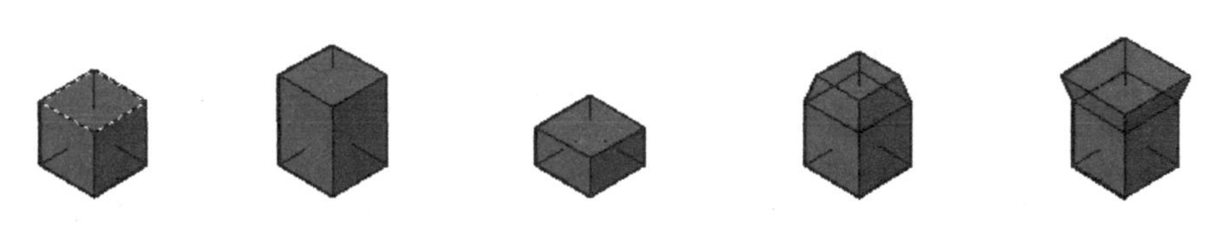
(a) 选拉伸表面　(b) 正向 0 角度拉伸　(c) 负向 0 角度拉伸　(d) 正向正角度拉伸　(e) 正向负角度拉伸

图 6-36　按高度、角度拉伸面的实体编辑图例

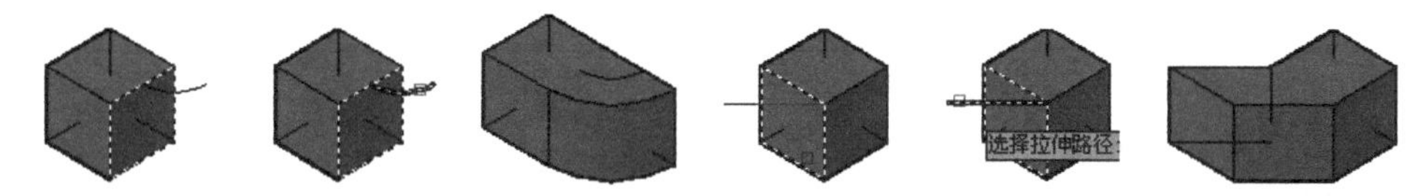

(a) 选拉伸表面　(b) 选弧线路径　(c) 弧线路径结果　(d) 选拉伸表面　(e) 选直线路径　(f) 直线路径结果

图 6-37　按路径拉伸面的实体编辑图例

＋15°，输入＋20、－15°的拉伸结果。

- 拉伸面的选择，可以响应“选择面或[放弃(U)/删除(R)/全部(ALL)]:”的提示信息，进行放弃、删除/添加、全部等调整。
- 响应“指定拉伸高度或[路径(P)]:”提示中的 P 选项，可以按图 6-37 所示的指定路径(图 6-37(b)的圆弧路径和图 6-37(e)的直线路径)拉伸实体。

2. 着色面

功能：按指定的颜色附着在三维实体对象的表面上。

菜单：“修改”→“实体编辑”→“着色面”。

按钮：。

图例：如图 6-38 所示。

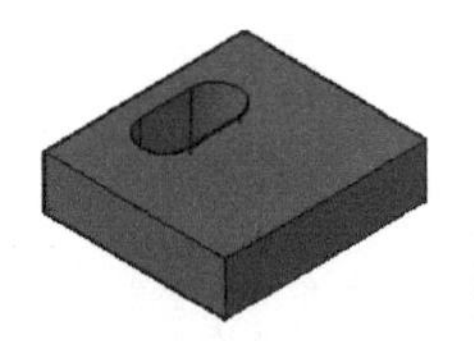

(a) 着色前实体

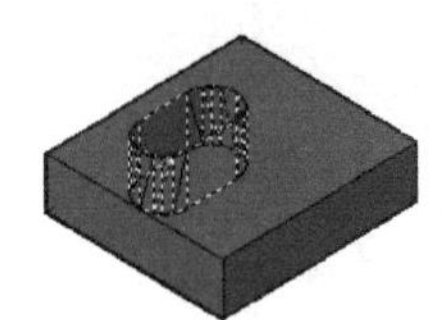

(b) 选择着色对象

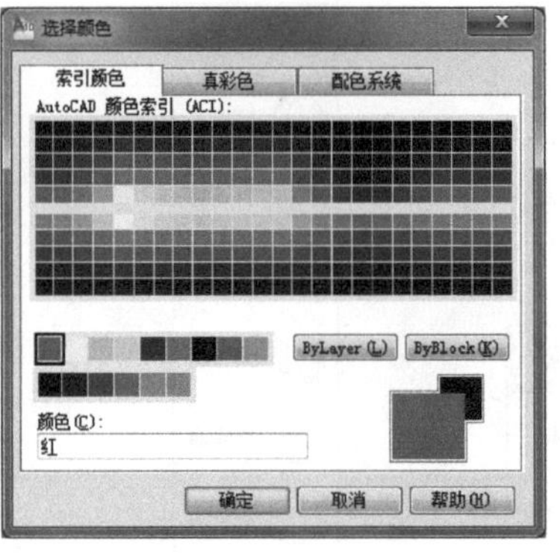

(c)“选择颜色”对话框

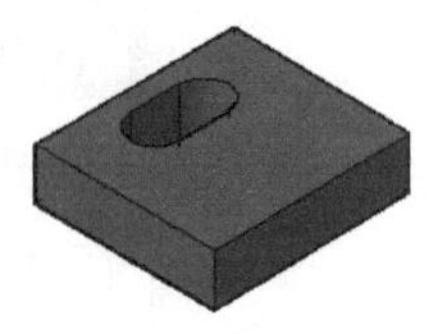

(d) 着红色结果

图 6-38　着色面的实体编辑图例

操作提示：

- 执行“着色面”按钮命令，选择如图 6-38(b)所示长圆体的四个表面，确认后在如图 6-38(c)所示“选择颜色”对话框中，拾取要赋予的颜色，单击“确定”按钮完成图 6-38(d)所示效果。
- 着色面的选择，同样可以响应“选择面或[放弃(U)/删除(R)/全部(ALL)]:”的提示信息，进行放弃、删除/添加、全部等调整。

3. 移动面

功能：按指定的高度或距离移动选定三维实体对象的表面。

菜单：“修改”→“实体编辑”→“移动面”。

按钮：。

图例：如图 6-39 所示。

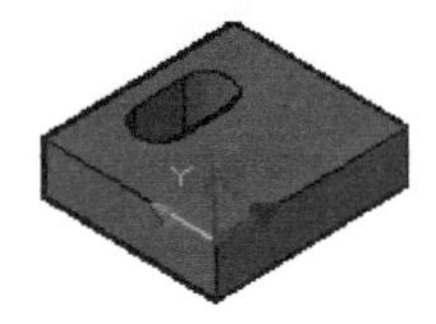

(a) 移动前位置

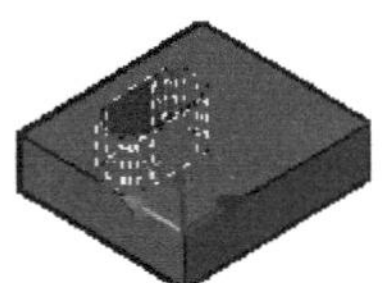

(b) 选择移动对象

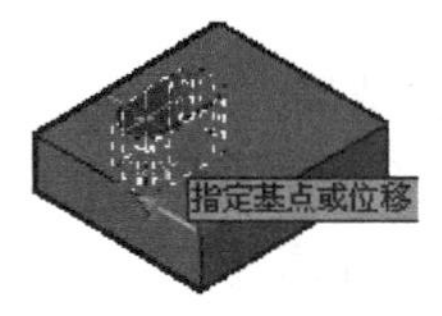

(c) 定移动基点

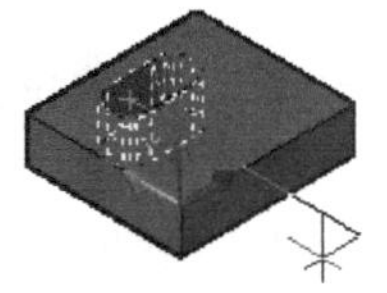

(d) 正交移动导向

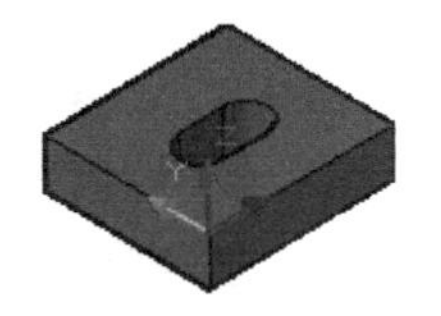

(e) Y向移动 10的结果

图 6-39　移动面的实体编辑图例

操作提示：

- 执行“移动面”按钮命令，选择如图 6-39(b)所示长圆体的四个表面，结束对象选择后，用鼠标拾取图 6-39(c)所示对象的圆心作为移动基点，辅助“正交”功能，将鼠标置于图 6-39(d)所示方位，输入正向参数即可完成图 6-39(e)效果。
- 移动面的选择，同样可以响应“选择面或[放弃(U)/删除(R)/全部(ALL)]:”的提示信息，进行放弃、删除/添加、全部等调整。

4. 删除面

功能：用于删除三维实体上的面、圆角或倒角。
菜单："常用"→"实体编辑"→"删除面"。
按钮：。
图例：如图 6-40～图 6-42 所示。

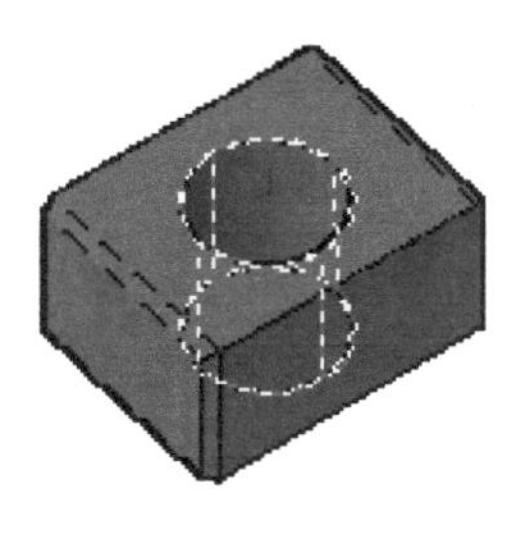

(a) 指定删除面

(b) 完成删除面的实体

图 6-40 "删除面"图例

操作提示：

- 执行删除面命令的默认选项，直接选择要删除的表面，选择后回车直接删除面，在执行二次回车后结束删除面操作。
- 执行删除面命令还可删除圆角和倒角，如图 6-41 所示为删除倒圆角圆弧面的图例效果；如图 6-42 所示为删除倒角斜面的图例效果。

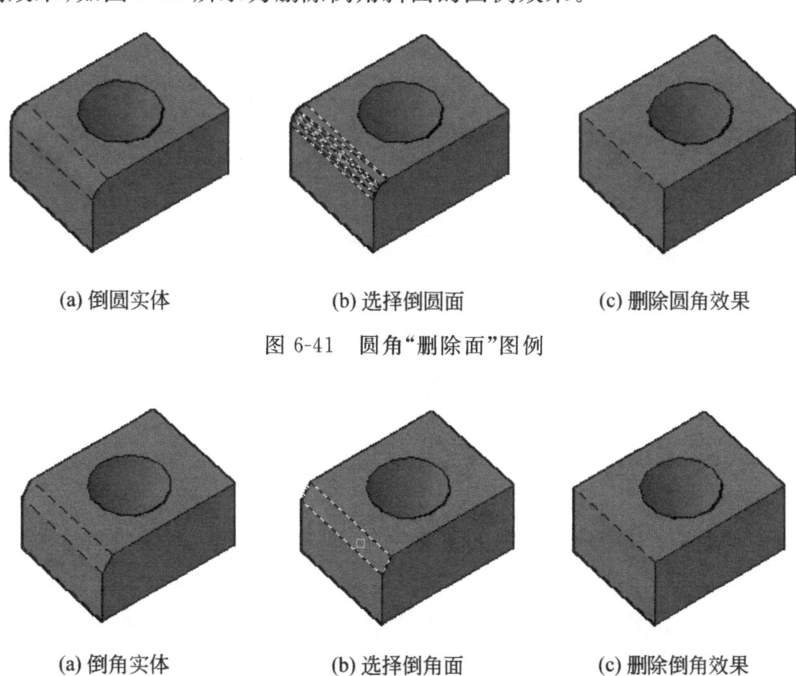

(a) 倒圆实体 (b) 选择倒圆面 (c) 删除圆角效果

图 6-41 圆角"删除面"图例

(a) 倒角实体 (b) 选择倒角面 (c) 删除倒角效果

图 6-42 倒角"删除面"图例

执行删除面命令的“放弃(U)”“删除(R)”“添加(A)”或“全部(ALL)”选项，可方便于面的重新选择、删除、添加、全部等调整。

6.4.3 常用三维操作命令

三维操作命令多用于对已经创建好的实体进行空间方位调整的编辑操作，常用命令有三维移动、三维旋转、三维对齐、三维镜像、三维阵列、剖切、加厚、转换为实体、转换为曲面等。

1. 三维移动

功能：在三维视图中显示移动夹点工具，并沿指定方向将对象移动指定距离。
菜单：“修改”→“三维操作”→“三维移动”。
按钮：。
命令：3dmove。
图例：如图 6-43 和图 6-44 所示。

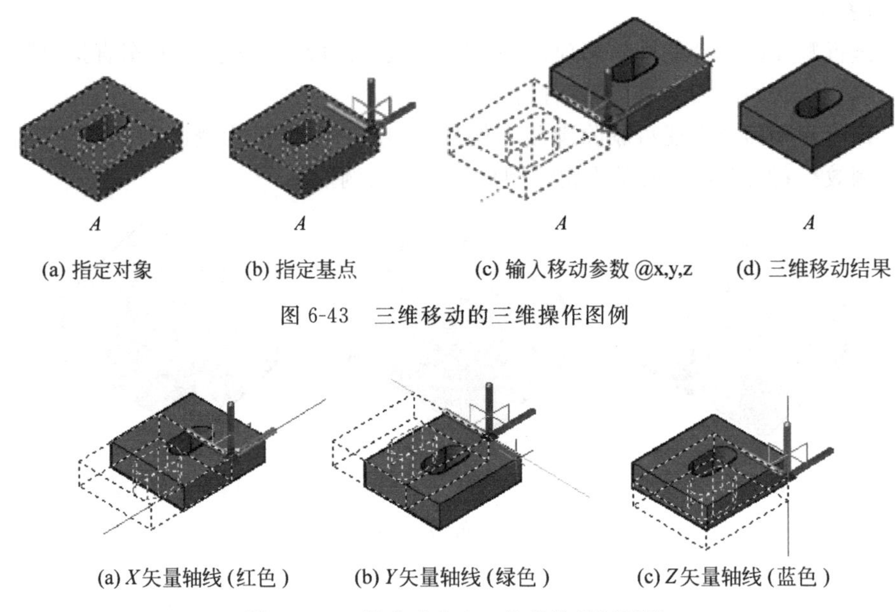

(a) 指定对象　(b) 指定基点　(c) 输入移动参数 @x,y,z　(d) 三维移动结果

图 6-43　三维移动的三维操作图例

(a) *X*矢量轴线 (红色)　(b) *Y*矢量轴线 (绿色)　(c) *Z*矢量轴线 (蓝色)

图 6-44　三维移动夹点工具的控制柄图例

操作提示：

- 执行“三维移动”按钮命令，选择如图 6-43(a)所示对象，显示附着在光标上的移动夹点工具后，用鼠标拾取图 6-43(b)所示端点作为移动基点，输入图 6-43(c)所示移动参数，完成图 6-43(d)效果。该图中 *A* 为三维移动对象的参照点。
- 指定三维移动对象和基点后，将光标悬停在夹点工具的轴控制柄上，等到光标变为黄色并显示矢量轴线后，单击黄色轴控制柄，直接输入距离参数完成选定对象的三维移动，如图 6-44 所示。

2. 三维旋转

功能：在三维视图中显示旋转夹点工具并围绕基点旋转对象。
菜单："修改"→"三维操作"→"三维旋转"。
按钮：。
命令：3drotate。
图例：如图 6-45 和图 6-46 所示。

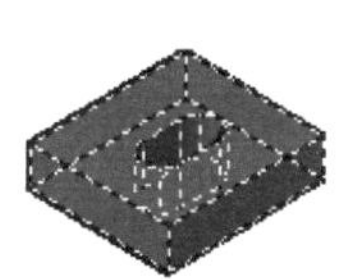
(a) 指定对象

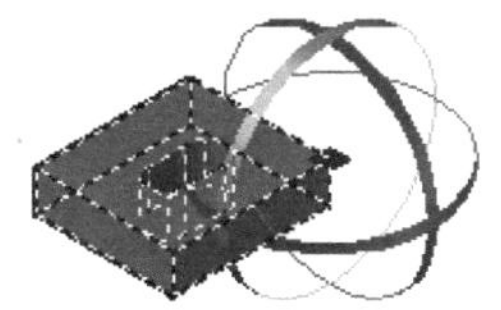
(b) 指定基点

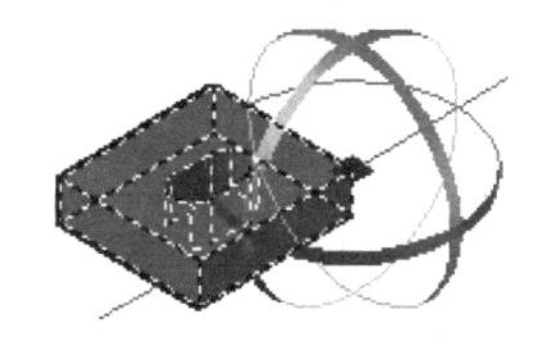
(c) 指定x控制柄后输入角度

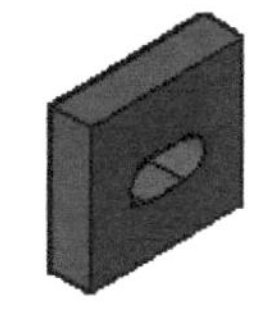
(d) 绕x轴三维旋转结果

图 6-45　三维旋转的三维操作图例

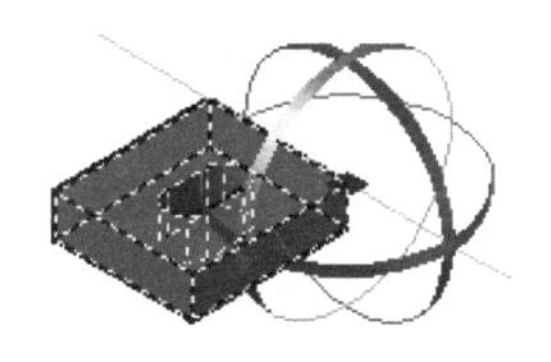
(a) 指定y控制柄后输入角度

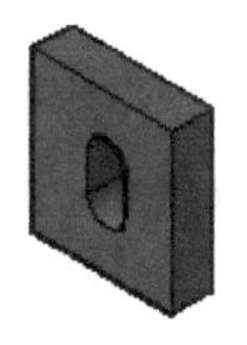
(b) 绕y轴三维旋转结果

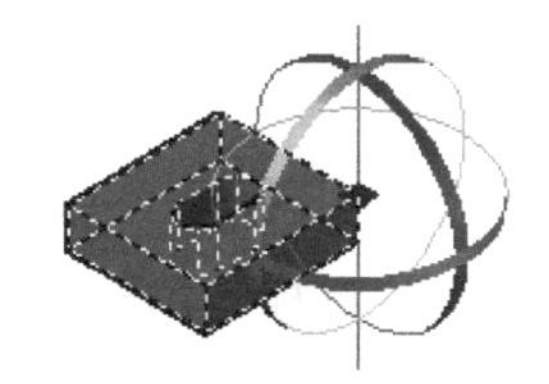
(c) 指定z控制柄后输入角度

(d) 绕z轴三维旋转结果

图 6-46　三维旋转夹点工具的控制柄图示

操作提示：

- 执行"三维旋转"按钮命令，选择如图 6-45(a)所示对象，显示附着在光标上的旋转夹点工具后，用鼠标拾取图 6-45(b)所示端点作为旋转基点，输入图 6-45(c)所示旋转角度，完成图 6-45(d)效果。
- 将光标悬停在夹点工具上的轴控制柄上，等到光标变为黄色并显示矢量轴线，单击黄色轴控制柄，直接输入距离参数完成选定对象的三维移动。
- 指定三维旋转对象和基点后，将光标悬停在夹点工具的轴控制柄上，等到光标变为黄色并显示矢量轴线，单击黄色轴控制柄，直接输入角度参数完成选定对象的三维旋转，如图 6-46 所示。
- "旋转"命令(rotate)用于二维图形在 XY、YZ、ZX 平面内的旋转。
- "旋转"命令(revolve)用于将封闭的二维图形旋转生成三维实体。
- "三维旋转"命令(3drotate)是对已有的三维实体进行旋转的操作。

3. 三维对齐

功能：在三维视图中可以通过移动、旋转或倾斜对象使选定对象与其他对象对齐。
菜单："修改"→"三维操作"→"三维对齐"("对齐")。

按钮：[icon]。

命令：3dalign(align)

图例：如图 6-47 所示。

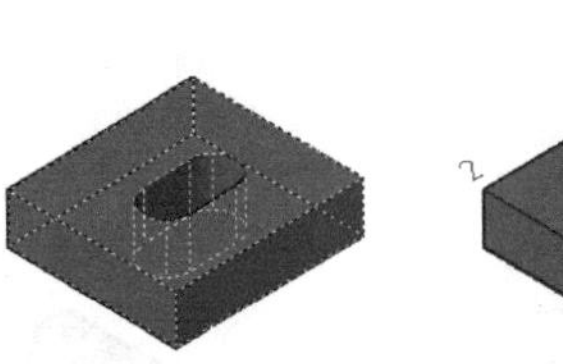

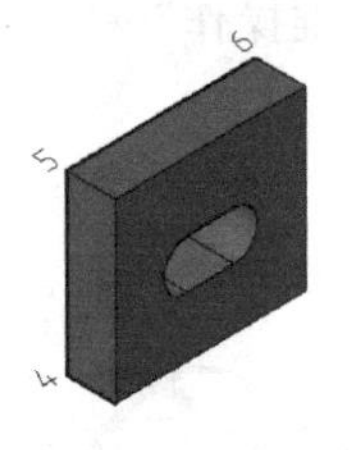

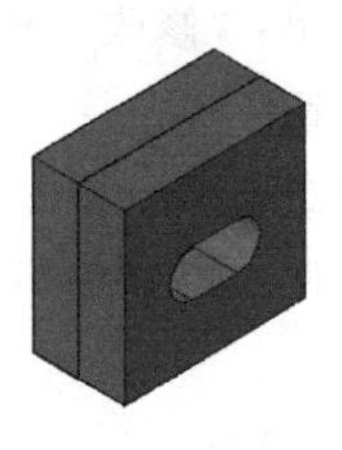

(a)指定对象　(b) 依序指定基点 1、2、3　(c) 依序指定目标 4、5、6　(d) 三维对齐结果

图 6-47　三维对齐的三维操作图例

操作提示：

- 执行“三维对齐”按钮命令，选择图 6-47(a)所示对象，确认后，用鼠标先依序拾取图 6-47(b)所示源对象顶平面上的 1、2、3 点作为对齐基点，再用鼠标依序拾取图 6-47(c)所示目标对象被遮挡平面上的 4、5、6 点作为对齐终点，完成图 6-47(d)效果。
- “修改”→“三维操作”→“三维对齐”与“修改”→“三维操作”→“对齐”命令的区别是：对齐基点与对齐目标点的选择方法虽然不同，但仍然可以得到相同的对齐效果。

6.4.4　复合实体的创建实例

【例 6-5】　利用“建模”和“三维操作”命令完成如图 6-48 所示组合体的绘制。

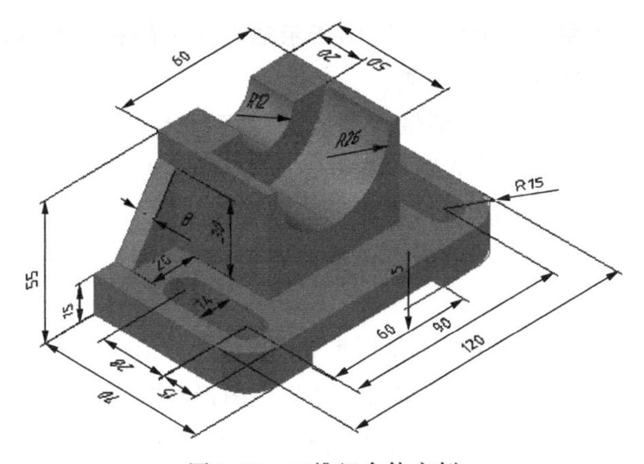

图 6-48　三维组合体实例

根据图示组合体左右对称和上下分布的结构特点，可以将此组合体拆分为底板复合体、中间复合体、两侧楔体三部分，并可由此决定 AutoCAD 建模的基本思路。

在该实例的绘图过程中，用到了长方体、圆柱体、楔体等建模命令，复制、移动、圆角等修改命令，并集、差集等实体编辑命令，三维镜像等三维操作命令，以及 UCS 用户坐标系的适时转换命令等。

需要注意的是：此建模方法不是唯一的，读者可自行变换绘图顺序并采用不同的绘图方法。

1. 绘制底板复合体（外形尺寸 120×70×15）

（1）绘制长方复合体，如图 6-49 所示。

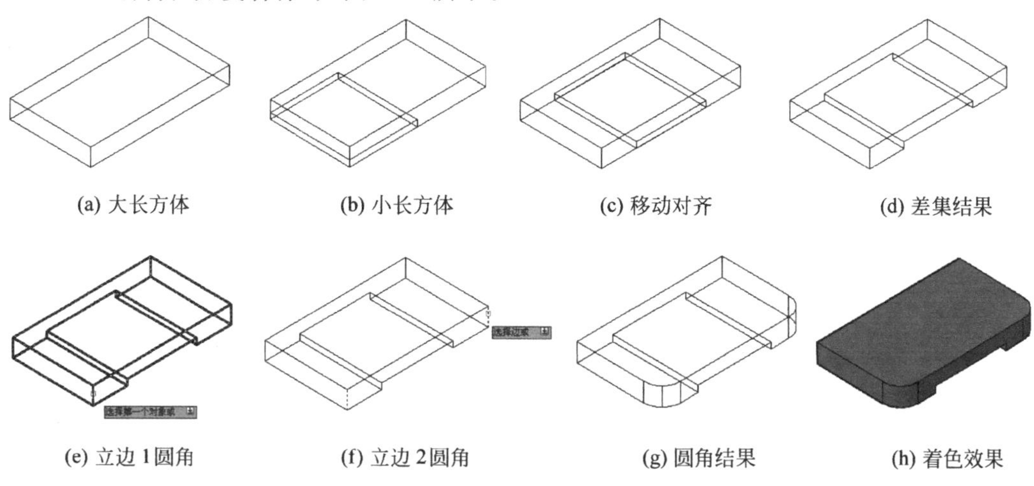

(a) 大长方体　(b) 小长方体　(c) 移动对齐　(d) 差集结果

(e) 立边 1 圆角　(f) 立边 2 圆角　(g) 圆角结果　(h) 着色效果

图 6-49　绘制长方复合体图示

- 默认世界坐标系，并切换至“西南等轴测”视图。
- 使用“长方体”命令，任意定点，画长为 120、宽为 70、高为 15 的大长方体，如图 6-49(a)所示。
- 重复“长方体”命令，定前角点，画长为 60、宽为 70、高为 5 的小长方体，如图 6-49(b)所示。
- 开启“自动捕捉”功能，用“移动”命令，以小长方体的底边中点为“基点”移动到大长方体的底边中点，并确保宽度平齐，如图 6-49(c)所示。
- 使用“差集”命令，从大长方体中差去小长方体，如图 6-49(d)所示。
- 使用“圆角”命令，编辑长方复合体中 2 个 $R15$ 圆角，操作步骤如下：

命令：_fillet

当前设置：模式＝不修剪，半径＝0.0000

选择第一个对象或[放弃(U)/多段线(P)/半径(R)/修剪(T)/多个(M)]：

拾取第 1 条立边，如图 6-49(e)所示

注：拾取对象的同时会默认第 1 个圆角位置

输入圆角半径：15 ↵　　圆角半径 $R15$

选择边或[链(C)/半径(R)]：　　拾取第 2 条立边，如图 6-49(f)所示

选择边或[链(C)/半径(R)]：↵　　结束圆角边拾取

已选定 2 个边用于圆角。　　完成，如图 6-49(g)所示

- 图 6-49(a)～(g)使用“三维线框视觉样式”，图 6-49(h)使用“概念视觉样式”。

(2) 绘制长圆复合体，如图 6-50 所示。

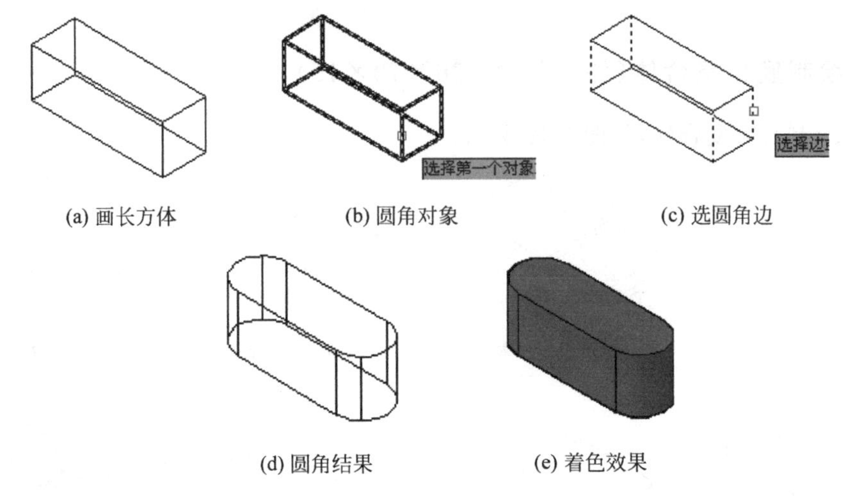

(a) 画长方体　(b) 圆角对象　(c) 选圆角边

(d) 圆角结果　(e) 着色效果

图 6-50　绘制长圆复合体图例

- 使用“长方体”命令，绘出长为 14、宽为 42、高为 15 的长方体，如图 6-50(a)所示。
- 用“圆角”命令，编辑长方复合体中 2 个 $R7$ 圆角；操作步骤如下：

  命令：_fillet

  当前设置：模式＝不修剪，半径＝15.0000

  选择第一个对象或[放弃(U)/多段线(P)/半径(R)/修剪(T)/多个(M)]：

	拾取第 1 条立边，如图 6-50(b)所示
输入圆角半径<15.0000>：7 ↵	圆角半径 $R7$
选择边或[链(C)/半径(R)]：	依序拾取其余各立边，如图 6-50(c)所示
选择边或[链(C)/半径(R)]：↵	结束圆角边拾取
已选定 4 个边用于圆角。	完成，如图 6-50(d)所示

- 图 6-50(a)～(d)采用“三维线框视觉样式”，图 6-50(e)采用“概念视觉样式”。

(3) 完成底板复合体，如图 6-51 所示。

- 使用“移动”命令，使长圆复合体的圆心与长方复合体圆角的等高圆心重合，如图 6-51(a)～(d)所示。
- 开启“正交”功能，用“复制”命令，拾取长圆体的任意圆心，移动鼠标置 X 轴正向，键盘直接输入 90 完成，如图 6-51(e)所示。
- 使用“差集”命令，从长方复合体中差去两个长圆复合体，如图 6-51(f)所示。
- 图 6-51(a)～(f)采用“三维线框视觉样式”，图 6-51(g)采用“概念视觉样式”。

2. 绘制中间复合体(外形尺寸 60×50×40)

(1) 绘制长方体，如图 6-52(a)所示。

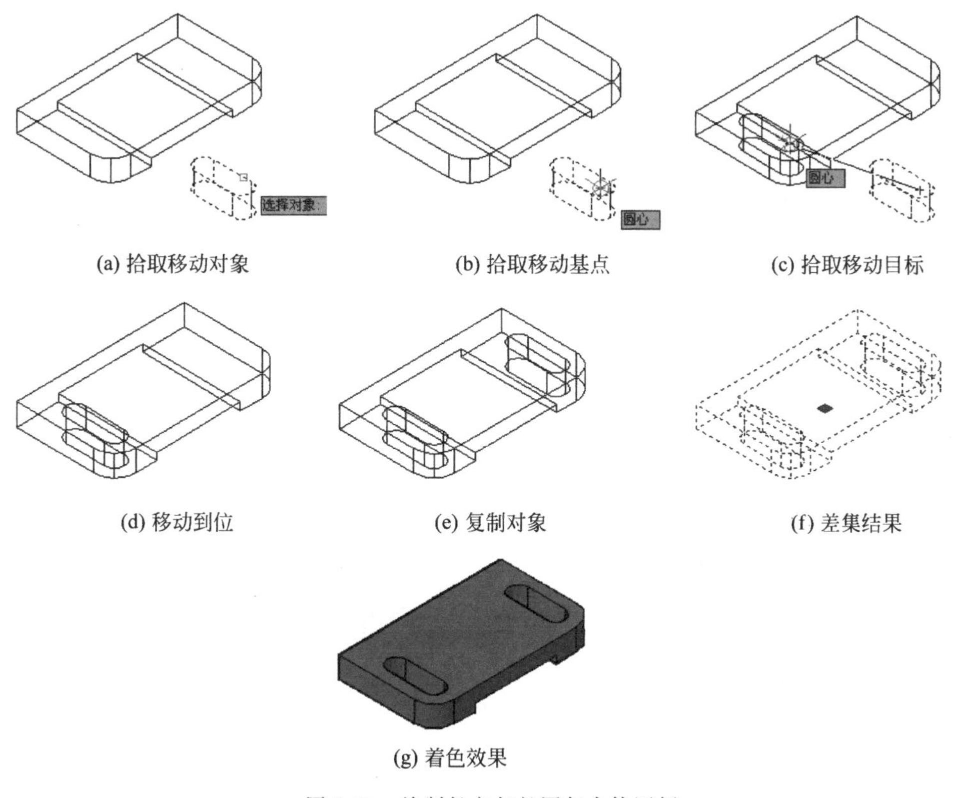

(a) 拾取移动对象　(b) 拾取移动基点　(c) 拾取移动目标

(d) 移动到位　(e) 复制对象　(f) 差集结果

(g) 着色效果

图 6-51　绘制长方与长圆复合体图例

- 默认世界坐标系，并切换至"西南等轴测"视图。
- 使用"长方体"命令，任意定点绘出长为 60、宽为 50、高为 40 的长方体，如图 6-52(a)所示。

(2) 绘制同轴圆柱体，如图 6-52(b)～(h)所示。

- 设置用户坐标系，使用 UCS 工具栏的"三点"命令。定义 UCS 的操作步骤如下：

  命令：_ucs

当前 UCS 名称：* 世界 *	当前坐标系
指定 UCS 的原点或[面(F)/命名(NA)/对象(OB)/上一个(P)/视图(V)/世界(W)/X/Y/Z/Z 轴(ZA)]＜世界＞：	拾取长方体中点，如图 6-52(a)所示
指定 X 轴上的点或＜接受＞：	拾取 *X* 轴正向端点，如图 6-52(b)所示
指定 XY 平面上的点或＜接受＞：	拾取 *Y* 轴正向端点，如图 6-52(c)所示 完成，如图 6-52(d)所示

  设置 UCS 的目的：可省略后续同轴圆柱体需要方位调整的三维旋转操作。

- 使用"圆柱体"命令，分别绘出两个同轴圆柱：

  (a) 以 UCS 原点(中点)为圆心，*R*26×30 大圆柱的操作如下：

  命令：_cylinder

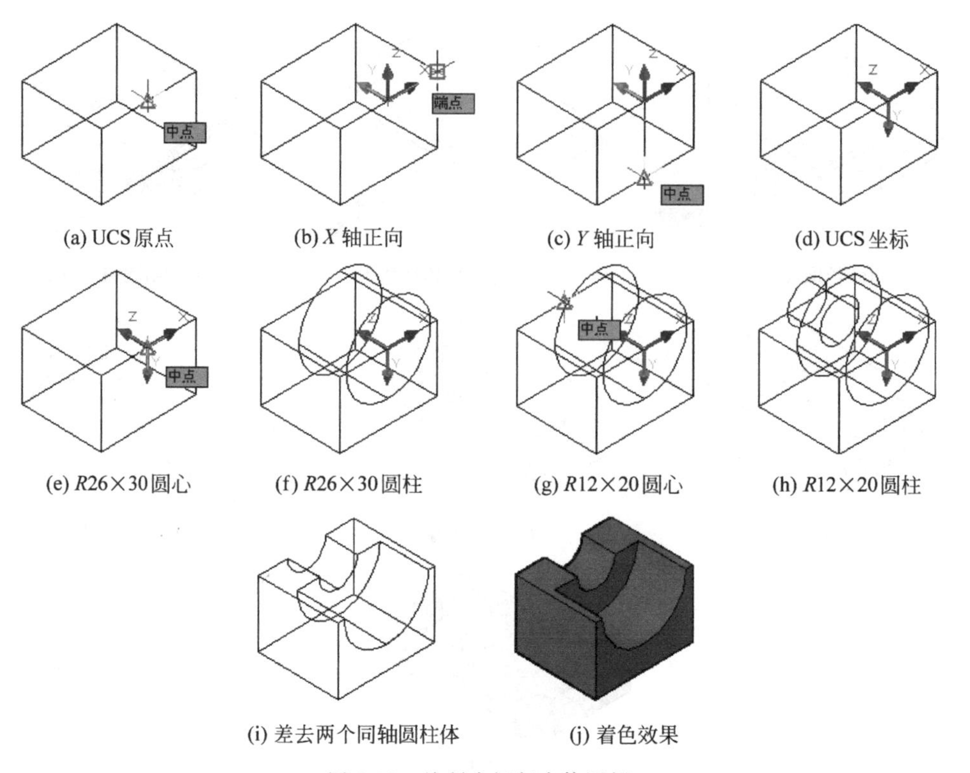

(a) UCS原点　(b) X 轴正向　(c) Y 轴正向　(d) UCS坐标

(e) $R26\times30$圆心　(f) $R26\times30$圆柱　(g) $R12\times20$圆心　(h) $R12\times20$圆柱

(i) 差去两个同轴圆柱体　(j) 着色效果

图 6-52　绘制中间复合体图例

指定底面的中心点或[三点(3P)/两点(2P)/相切、相切、半径(T)/椭圆(E)]：　　拾取中点(UCS 原点)，如图 6-52(e)所示

指定底面半径或[直径(D)]：26 ↙　　圆柱半径 $R26$

指定高度或[两点(2P)/轴端点(A)]<40.0000>：30 ↙

　　拖动鼠标置 Z 轴正向再输入 30，如图 6-52(f)所示

(b) 以长方体另一端中点为圆心，$R12\times20$ 小圆柱的操作如下：

命令：CYLINDER　　空格，重复圆柱体命令

指定底面的中心点或[三点(3P)/两点(2P)/相切、相切、半径(T)/椭圆(E)]：　　拾取中点，如图 6-52(g)所示

指定底面半径或[直径(D)]：12 ↙　　圆柱半径 $R12$

指定高度或[两点(2P)/轴端点(A)]<40.0000>：20 ↙

　　拖动鼠标置 Z 轴负向再输入 20，如图 6-52(h)所示

- 使用 UCS 工具栏的"世界"命令，还原默认的世界坐标系。

(3) 完成中间复合体，如图 6-52(i)所示。

- 使用"差集"命令，从长方体中差去两个同轴圆柱体，如图 6-52(i)所示。
- 图 6-52(a)～(i)采用"三维线框视觉样式"，图 6-52(j)采用"概念视觉样式"。

3. 绘制两侧楔体(外形尺寸 20×8×30)

(1) 绘制一侧楔体,如图 6-53(a)～图 6-53(c)所示。

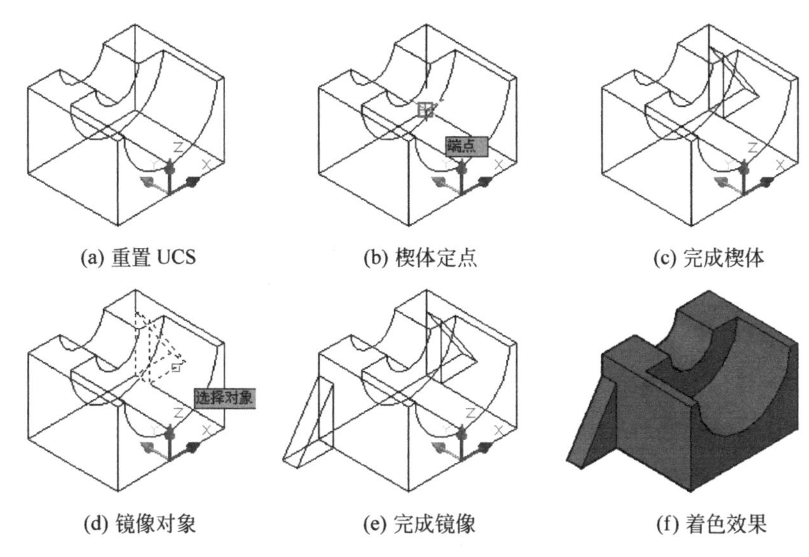

(a) 重置 UCS　(b) 楔体定点　(c) 完成楔体

(d) 镜像对象　(e) 完成镜像　(f) 着色效果

图 6-53　绘制两侧楔体图例

- 使用 UCS 工具栏的“原点”命令,重置坐标系,如图 6-53(a)所示。(可省略)
- 使用“楔体”命令,绘出长为 20、宽为 8、高为 30 的楔体。

  命令:_wedge

  　　指定第一个角点或[中心(C)]:拾取楔体角点,如图 6-53(b)所示

  　　指定其他角点或[立方体(C)/长度(L)]:@20,－8,30 ↵

  　　　　　　　　　　　　完成,如图 6-53(c)所示

  　　　　　　　　　　　　注:对角坐标点参数要视坐标轴方位定正负值

(2) 镜像另一侧楔体,如图 6-53(d)～(e)所示。

- 使用“三维镜像”命令,镜像另一侧的楔体。

  菜单:“修改”→“三维操作”→“三维镜像”。

  命令:_mirror3d

  　　选择对象:找到 1 个　　　　　　拾取楔体,如图 6-53(d)所示

  　　选择对象:↵

  　　指定镜像平面 (三点) 的第一个点或[对象(O)/最近的(L)/Z 轴(Z)/视图(V)/XY 平面(XY)/YZ 平面(YZ)/ZX 平面(ZX)/三点(3)]<三点>:yz ↵

  　　指定 YZ 平面上的点<0,0,0>:　　　　　拾取 UCS 原点

  　　是否删除源对象?[是(Y)/否(N)]<否>:N ↵　　完成,如图 6-53(e)所示

  说明:“三维镜像”可用复制、旋转、移动命令分步完成。

- 图 6-53(a)～(e)采用“三维线框视觉样式”,图 6-53(f)采用“概念视觉样式”。

4. 定位并组合对象

(1) 使用 UCS“世界”命令，还原默认的世界坐标系；(可省略)

(2) 使用“并集”命令，合并中间复合体与两侧楔体，如图 6-54(a)所示；

(3) 使用“移动”命令，将上、下两部分移动到位，如图 6-54(b)、(c)所示；

(4) 使用“并集”命令，合并上、下两部分的组合体；

(5) 使用“三维隐藏视觉样式”命令，显示并完成组合体，如图 6-54(d)所示。

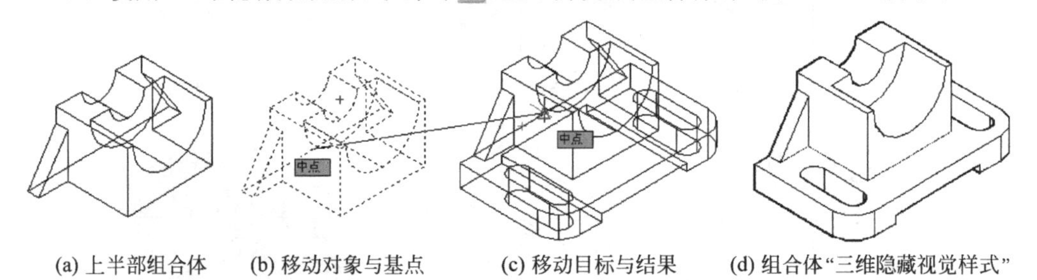

(a) 上半部组合体　(b) 移动对象与基点　(c) 移动目标与结果　(d) 组合体“三维隐藏视觉样式”

图 6-54　定位并组合上、下两部分对象图例

特别说明：在进行“并集”或“差集”操作前，建议读者一定要用“视图”或“动态观察”命令变换不同角度去观察视图，确认实体建模的相互关联没有错误时，再进行布尔运算。如图 6-55 所示，给出了组合体不同视图的观察效果。

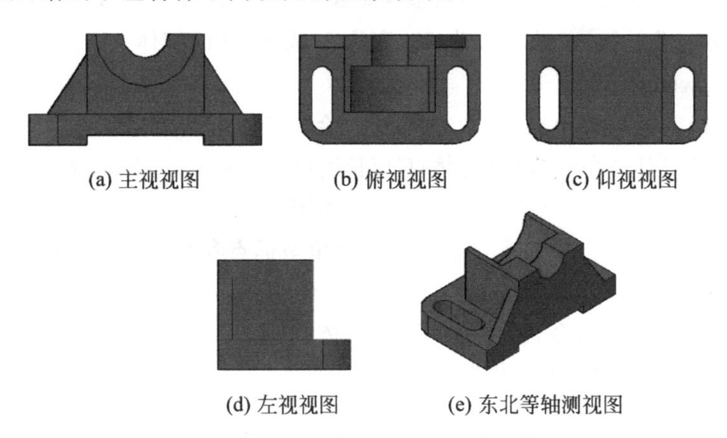

(a) 主视视图　(b) 俯视视图　(c) 仰视视图

(d) 左视视图　(e) 东北等轴测视图

图 6-55　三维实体“标准视点”视觉变换图例

6.5　由三维实体转化为二维图

6.5.1　实体图生成三视图

AutoCAD 可以很方便地将三维实体图生成相应的二维三视图，这个投影过程实际上是由计算机完成的。

【例 6-6】 将图 6-48 所示组合体的三维实体图生成三视图。

1. 环境设置

AutoCAD 系统中提供了模型和布局两种空间,本章前几节所介绍的三维实体图都是在模型空间绘制的。布局空间(可以有多个)就相当于准备输出的图纸空间。我们可以通过投影的方式将三维实体图生成相应的二维三视图,进一步完成绘制图框、标注尺寸和添加图纸技术要求等项操作,并通过打印机或绘图机输出标准的工程图纸。

将鼠标置于默认“布局 1”选项卡处,在快捷菜单中选择“来自样板”命令,在“从文件选择样板”的对话框中选择 Tutorial-mArch 样板,单击“打开”按钮后创建了“ISO A1 布局”,单击该布局选项卡,进入布局环境,如图 6-56 所示。

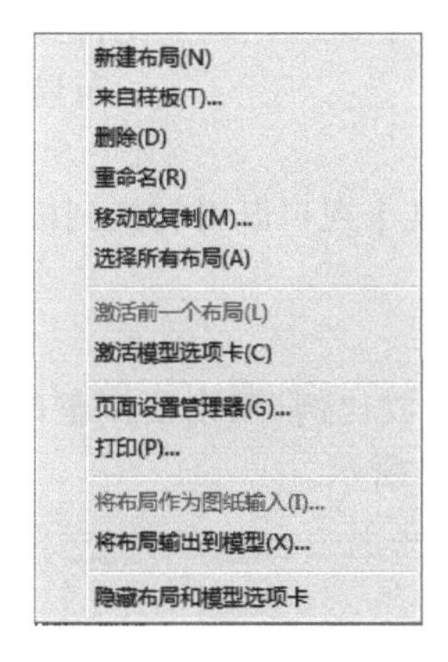

(a) 布局的快捷菜单项

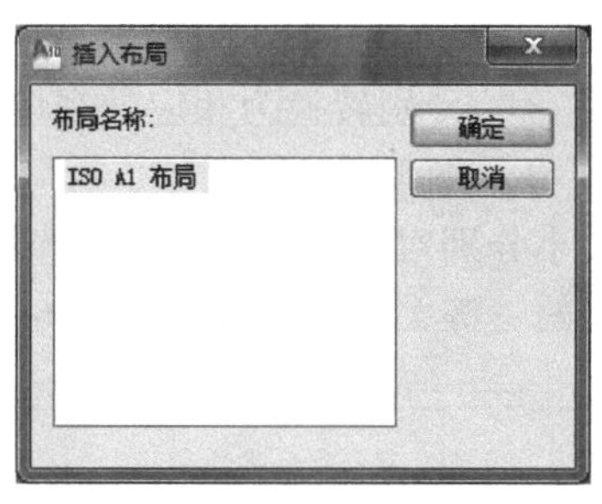

(b) “插入布局”对话框

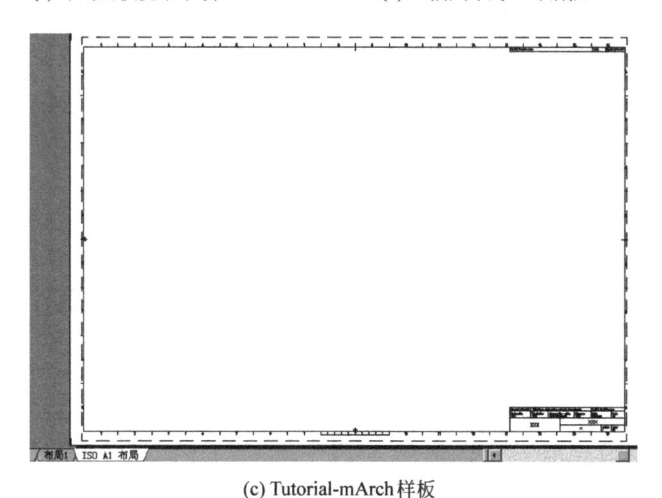

(c) Tutorial-mArch样板

图 6-56 创建“ISO A1 布局”的过程图示

2. 视口设置

要将实体图投影在同一平面内并得到不同方向的视图(三视图),需要建立多个视口,可以按照视图的投影规律布局,也可以任意布局。布局空间中的视口可以有两种状态,一种是图纸状态，用来标注尺寸、绘制图框和输入文字等操作；另一种是模型状态，用来编辑图形。下面以主视、俯视、左视、西南等轴测视图为例，介绍具体操作方法。

1）显示四个视口

首先选择样板图中的蓝色视口线，使用 Delete 键删除布局中的默认视口。

创建新的视口图层，用于存储新的布局视口，便于隐藏视口边界等图层管理操作。

菜单："视图"→"视口"→"四个视口"。

按钮：（"视口"工具栏中的"显示视口对话框"）。

命令：_vports

指定视口的角点或[开(ON)/关(OFF)/布满(F)/着色打印(S)/锁定(L)/对象(O)/多边形(P)/恢复(R)/图层(LA)/2/3/4]＜布满＞：_4　　视口选项

指定第一个角点或[布满(F)]＜布满＞：↵　　得到四个视口，并充满布局

在各视口中放置相应的视图。

此时四个视口中见到的是同一个图形，双击某个视口既可转换到模型状态，再利用视图工具图标（、、）分别转换为相应的视图。

2）调整视口所显示图形的比例

根据图幅的大小分别对四个视口适当调整缩放比例（双击要调整的视口，激活，再调整），注意视图之间的三等关系。调整完如图 6-57 所示。

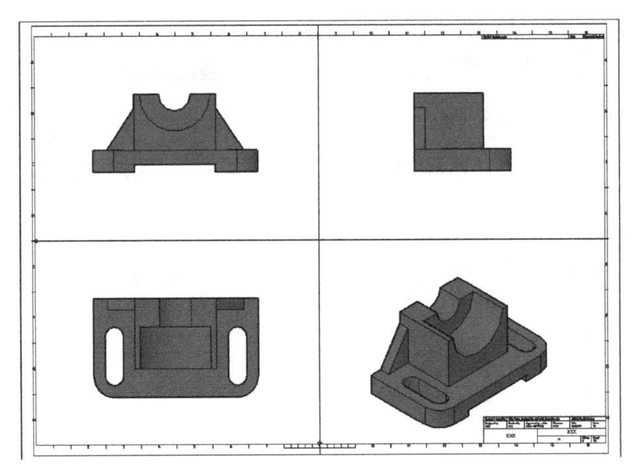

图 6-57　视口设置与比例调整后图示

菜单："视图"→"缩放"→"比例"。

命令：ZOOM(z)

指定窗口的角点，输入比例因子 (nX 或 nXP)，或者[全部(A)/中心(C)/动态(D)/范围(E)/上一个(P)/比例(S)/窗口(W)/对象(O)]＜实时＞：s ↵

输入比例因子 (nX 或 nXP)：2 ↵

3. 三维生成二维轮廓投影

用系统提供的设置轮廓命令，对每个视口分别操作后，再进行适当的编辑就可以得到

理想的三视图了。

1）轮廓投影

菜单：“绘图”→“建模”→“设置”→“轮廓”。

按钮：。

命令：_MSPACE(窗口下方的“模型/图纸”开关)　　　　激活模型空间

命令：SOLPROF

选择对象：　　　　用鼠标拾取实体

选择对象：找到 1 个

选择对象：↵

是否在单独的图层中显示隐藏的轮廓线？[是(Y)/否(N)]<是>：Y ↵

是否将轮廓线投影到平面？[是(Y)/否(N)]<是>：Y ↵

是否删除相切的边？[是(Y)/否(N)]<是>：Y ↵

这里只用了四个回车，系统就自动完成了一个视图的投影，并自动建立了名为 PV-A9Z 的图层，存放可见的投影线；名为 PH-A9Z 的图层，存放不可见的投影线。其他视口的操作完全相同，注意在哪个视口投影就在该视口拾取对象。

从图 6-58 中可以看出，本次操作因为有四个视口，所以共建了八个新图层。为了使图纸符合工程图的要求，进行下一步操作。

当前图层：0　　搜索图层

过滤器　全部　所有使用的图层　反转过滤器(I)

状	名称	开.	冻结	锁...	颜色	线型	线宽	打印...	打.	新.	视.	视口...	视口线型	视口线宽	视口...	说明
✔	0				白	Continu...	—— 默认	Color_7				白	Continu...	—— 默认	Color_7	
	PH-A92				白	Continu...	—— 默认	Color_7				白	Continu...	—— 默认	Color_7	
	PH-A96				白	Continu...	—— 默认	Color_7				白	Continu...	—— 默认	Color_7	
	PH-A9A				白	Continu...	—— 默认	Color_7				白	Continu...	—— 默认	Color_7	
	PH-A9E				白	Continu...	—— 默认	Color_7				白	Continu...	—— 默认	Color_7	
	PV-A92				白	Continu...	—— 默认	Color_7				白	Continu...	—— 默认	Color_7	
	PV-A96				白	Continu...	—— 默认	Color_7				白	Continu...	—— 默认	Color_7	
	PV-A9A				白	Continu...	—— 默认	Color_7				白	Continu...	—— 默认	Color_7	
	PV-A9E				白	Continu...	—— 默认	Color_7				白	Continu...	—— 默认	Color_7	
	标题栏				白	Continu...	—— 默认	Color_7				白	Continu...	—— 默认	Color_7	用于布局选项卡中的标题栏(图纸空间)
	视口				蓝	Continu...	—— 默认	Color_5				蓝	Continu...	—— 默认	Color_5	用于布局视口--关闭图层可隐藏视口...

全部：显示了 11 个图层，共 11 个图层

图 6-58　自动生成的 8 个新图层图示

实体以二维线框显示，建立实体图层，选择实体将其放在实体图层，目的是生成三视图后关闭实体图层。

2）编辑图层

工程图要求可见的轮廓线用粗实现表示，不可见的线用细虚线表示。因此将四个 PV 层的线宽定为 1.0mm、Continuous(连续)线型，并激活状态栏中的“显示/隐藏线宽”按钮以显示轮廓线宽。四个 PH 层的线型定为 DASHED2(虚线)、默认线宽，适当调整颜色。在表中选择多个连续的图层时可以按住 Shift 键进行连续多选。

轴测图不应该显示看不见的虚线，所以应将轴测图所在的 PH 层关闭，同时也要关闭实体图层(0 层)。

新增中心线图层(Center2 线型)，以添加应有的点画线。切记：一定要在布局中操作，以确保所绘中心线在各视图投影中的唯一性。

到此完成了由三维实体生成二维三视图的任务，结果见图 6-59 所示。

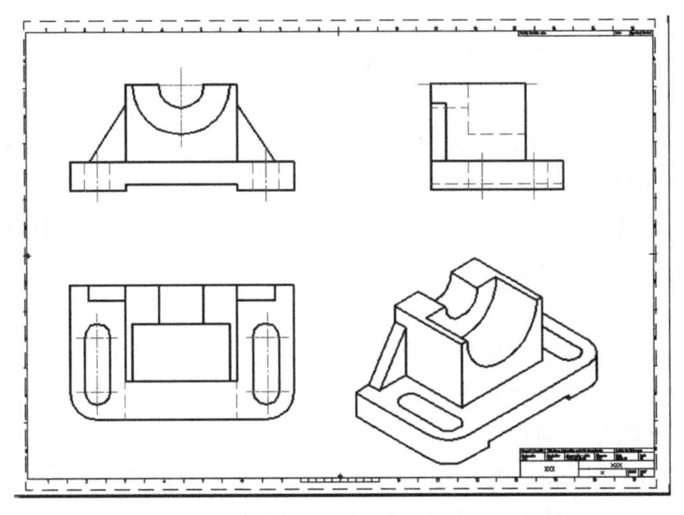

图 6-59　三维实体图生成二维三视图完成后图例

4. 标注尺寸，填写标题栏，填写技术要求

图纸空间完全等同前面章节所介绍的二维图绘制方法，这里不再详细介绍尺寸标注及填写标题栏、技术要求等具体操作方法。

6.5.2　实体图生成截面图

AutoCAD 还可以由实体图创建带阴影线的截面视图，但必须首先使用 SOLVIEW 命令创建视图。

【例 6-7】 创建图 6-60 所示三维实体图的截面图。

1. 环境设置

环境设置的步骤如下：

- 使用图 6-60 所示用户坐标系，这将关系到生成截面图的视图位置。
- 将实体图以二维线框显示。
- 进入布局空间并删除原有视口。

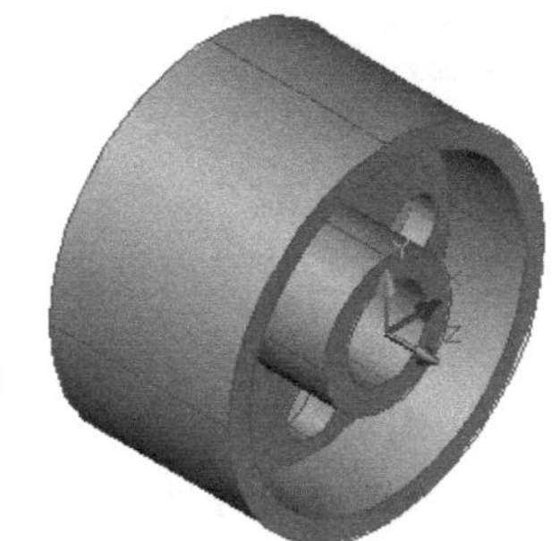

图 6-60　三维实体图图例

2. 创建视图

用 SOLVIEW 命令自动创建浮动视口和正交视图，如图 6-61 所示，为图 6-60 创建主视图和左视图。

菜单："绘图"→"建模"→"设置"→"视图"

按钮：。

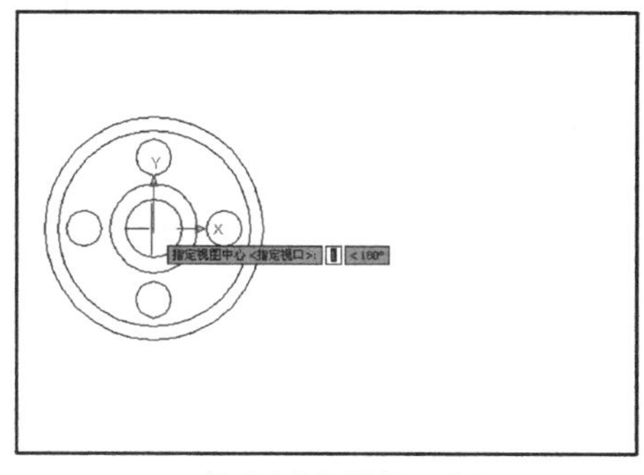

(a) 拾取左视图的视图中心

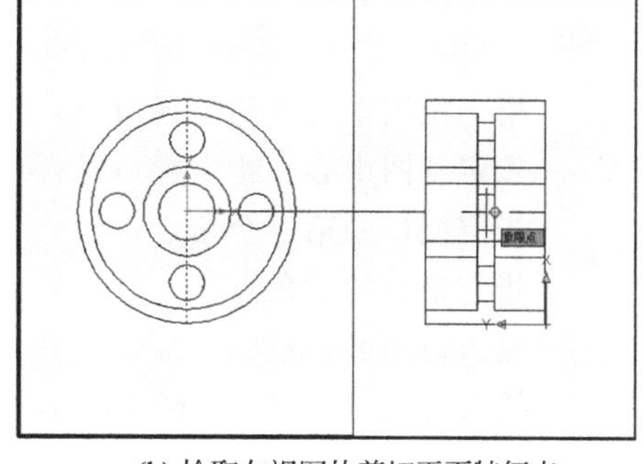

(b) 拾取左视图的剪切平面特征点

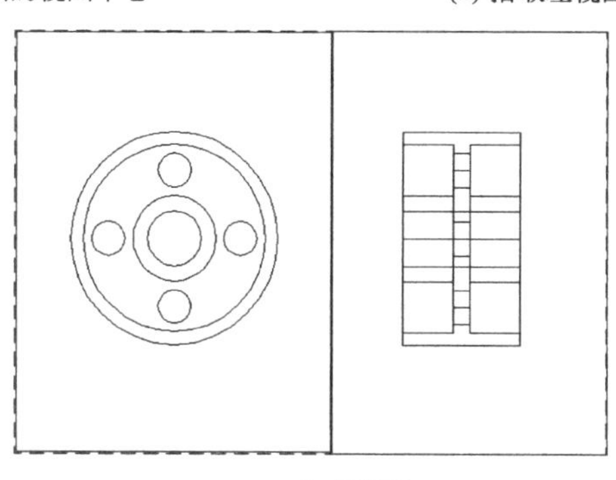

(c) 完成视图

图 6-61　创建视图过程图示

命令：_solview

输入选项[UCS(U)/正交(O)/辅助(A)/截面(S)]：U ↵

输入选项[命名(N)/世界(W)/？/当前(C)]<当前>：C ↵

输入视图比例<1>：↵

指定视图中心：　　　　　　用鼠标左键在视口左侧拾取一点如图 6-61(a)所示

指定视图中心<指定视口>：　可反复拾取点直到视图位置用户满意为止

指定视图中心<指定视口>：↵

指定视口的第一个角点：　　用鼠标拾取视图左上角点

指定视口的对角点：　　　　用鼠标拾取视图右下角点

输入视图名：front ↵　　　　布局左侧创建一浮动视口

输入选项[UCS(U)/正交(O)/辅助(A)/截面(S)]：S ↵

指定剪切平面的第一个点：>> 打开对象捕捉开关

正在恢复执行 SOLVIEW 命令。

指定剪切平面的第一个点：　选择如图 6-61(b)所示主视图上面象限点

指定剪切平面的第二个点：　选择如图 6-61(b)所示主视图下面象限点

指定要从哪侧查看：　　　　选择如图 6-61(b)所示主视图左侧为观察点

输入视图比例<1>：↵

指定视图中心：　　　　　　　　　用鼠标左键在视口右侧拾取一点，如图 6-61(b)所示

指定视图中心＜指定视口＞：　　可反复拾取点直到视图位置使用户满意为止

指定视图中心＜指定视口＞：↵

指定视口的第一个角点：　　　　用鼠标拾取视图左上角点

指定视口的对角点：　　　　　　用鼠标拾取视图右下角点

输入视图名：left ↵

输入选项[UCS(U)/正交(O)/辅助(A)/截面(S)]：↵

完成如图 6-61(c)所示视图

3. 创建截面图

SOVDRAW 命令只能使用由 SOLVIEW 命令创建的视图，创建带阴影线的截面图。

菜单："绘图"→"建模"→"设置"→"图形"。

按钮：。

命令：_soldraw

选择要绘图的视口...　　　　　　选择右侧的浮动视口

选择对象：找到 1 个

选择对象：↵

已选定一个实体。

操作提示：

- 将阴影线改为 ANSI31。
- 在图纸空间建立中心线图层绘制中心线，绘制图框和标题栏等。
- 创建完成的截面视图如图 6-62 所示。

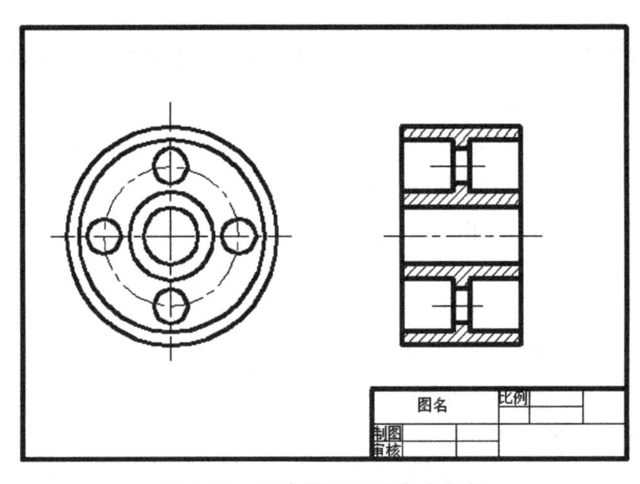

图 6-62　创建截面视图完成图例

6.6 三 维 渲 染

尽管三维图形比二维图形更逼真，但是看起来还是有些不自然，缺乏现实世界中的色彩、阴影和照明。渲染能使三维图形的显示更加真实。一些高级功能还可以创建阴影、使对象透明、添加背景、将二维图像映射到三维模型表面。这个过程也是许多效果图的制作过程。

渲染是一个多步骤过程，通常都是要经过大量的反复试验才能得到所需要的结果。下面是渲染的一般操作步骤：

(1) 使用默认设置来渲染一幅图，由此可以观察哪些设置可以改变。

(2) 创建灯光。AutoCAD 提供四种光源：默认光源、平行光(包括太阳光)、点光源和聚光灯。

(3) 创建材质。材质为材料的表面特性，包括颜色和纹理、反射光(亮度)、透明度、折射率以及凹凸贴图等。

(4) 将材质附着到图形中的对象上。可以借助对象或图层附着材质。

(5) 添加背景或雾化效果。

(6) 调整渲染参数，达到满意的效果。

(7) 渲染图形。

由于篇幅所限，本书仅通过一个实例的渲染过程，介绍上述主要步骤的操作方法。一些高级功能及各项参数的设置方法及作用请读者参阅相关书籍。

6.6.1 设置光源

使用默认选项渲染时，AutoCAD 提供两个能照在视图中对象上的光源。这远远不够而且不够逼真，因此系统中还提供了四种类型的光源，可以用来创建更加真实的场景，特别是如果想在渲染图形中出现阴影，合适的光源位置非常重要。

(1) 创建点光源。点光源相当于典型的电灯泡或者蜡烛。它的光线来自于指定的位置，光线向四面八方辐射。创建点光源时可调节衰减参数，使其亮度随着点光源的距离增加而减小。

目标点光源类似点光源，但需要制定目标位置，能帮助用户控制光照方向。

(2) 创建聚光灯。聚光灯与点光源的区别在于聚光灯只有一个方向。因此，不仅要为聚光灯指定位置，还要定其目标，而且是两个坐标，即从某个位置指定照射到另一个位置。除此之外，聚光灯还有一个明亮的中心，称为聚光角；明亮中心外缘渐暗的环，称为照射角。

自由聚光灯类似于聚光灯，但是它没有目标，因此使用时可以像使用聚光灯一样指定聚光角和照射角。

(3) 创建平行光。平行光类似于太阳光。由于光线是从很远的地方照射过来的，因此在实际应用过程中，它们的光线是平行的。平行光不衰减，在插入平行光之前，建议将

LIGHTINGUNITS 系统变量设为 0，以关闭光度单位，否则会降低平行光的强度。

【例 6-8】 本例题将通过图 6-63 的操作过程介绍以上各种光源应如何设置及应注意的主要问题。

图 6-63 创建灯光并渲染后的效果图

1. 创建点光源

(1) 打开对象捕捉模式，并将常用捕捉方式设置为端点和圆心。

(2) 调出“光源”工具栏如图 6-64 所示，单击“新建点光源”按钮，在“视口光源模式”消息上，单击“是”按钮关闭默认光源。按下面提示操作。

图 6-64 “光源”工具栏

菜单：“视图”→“渲染”→“光源”→“新建点光源”。

按钮：。

命令：_pointlight

指定源位置＜0,0,0＞： 拾取图 6-65 中所示端点

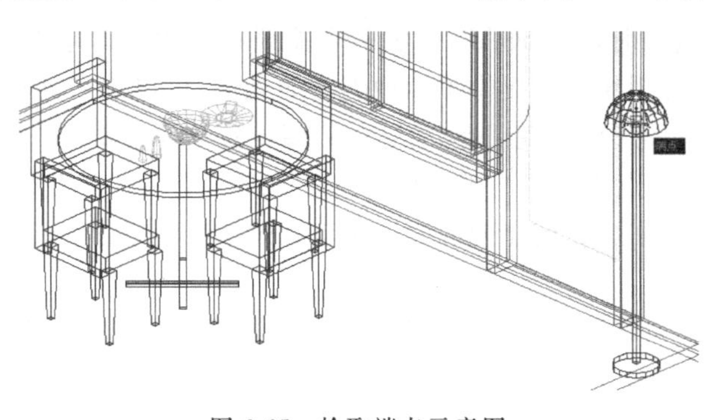

图 6-65 拾取端点示意图

输入要更改的选项[名称(N)/强度(I)/状态(S)/阴影(W)/衰减(A)/颜色(C)/退出(X)]＜退出＞：n ↵

输入光源名称＜点光源 1＞：P1 ↵

输入要更改的选项[名称(N)/强度(I)/状态(S)/阴影(W)/衰减(A)/颜色

(C)/退出(X)]<退出>：I ↵

输入强度(0.00-最大浮点数)<1.0000>：3 ↵

输入要更改的选项[名称(N)/强度(I)/状态(S)/阴影(W)/衰减(A)/颜色(C)/退出(X)]<退出>：X ↵

(3) 从光源工具栏中单击"光源列表"按钮，在"模型中的光源"选项板中，单击所列出的新光源 P1，选择此光源，如图 6-66 所示。

(4) 打开"特性"选项板。单击"过滤颜色"下拉按钮并从下拉列表中选择"黄"选项；单击"阴影"下拉列表，并从下拉列表中选择"开"选项，如图 6-67 所示。

(5) 单击"视图"→"缩放"→"上一步"按钮，返回上一个视图。

图 6-66 "模型中的光源"选项板

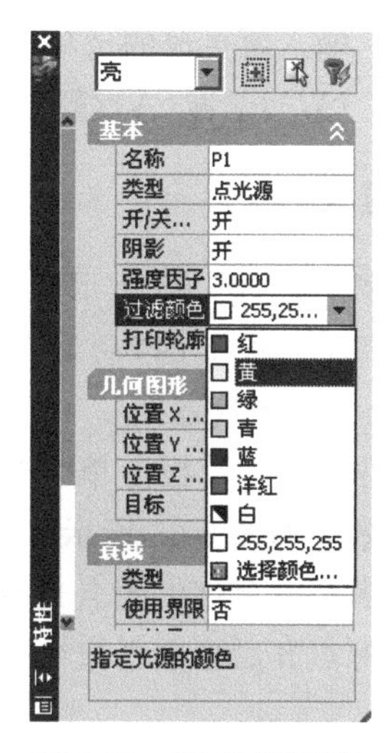

图 6-67 "特性"选项板

2. 创建聚光灯

从光源工具栏中单击"新建聚光灯"按钮，按下面提示操作。

菜单："视图"→"渲染"→"光源"→"新建聚光灯"。

按钮：。

命令：_spotlight

指定源位置<0,0,0>：shift 键＋鼠标右键单击并从对象捕捉列表中选择"自"

_from 基点：捕捉圆桌上表面圆心

<偏移>：@0,0,130 ↵这样将把一盏灯放在桌子正上方距桌面 130mm 高的地方，就像一盏灯吊在天花板上一样

输入要更改的选项[名称(N)/强度(I)/状态(S)/聚光角(H)/照射角(F)/阴影(W)/衰减(A)/颜色(C)/退出(X)] 退出>：N ↵

输入光源名称<聚光灯 1>：s1 ↵

输入要更改的选项[名称(N)/强度(I)/状态(S)/聚光角(H)/照射角(F)/阴影(W)/衰减(A)/颜色(C)/退出(X)]＜退出＞：F ↵

输入照射角(0.00-160.00)＜50＞：70 ↵

输入要更改的选项[名称(N)/强度(I)/状态(S)/聚光角(H)/照射角(F)/阴影(W)/衰减(A)/颜色(C)/退出(X)]＜退出＞：H ↵

输入聚光角(0.00-160.00)＜3'-9"＞：40 ↵

输入要更改的选项[名称(N)/强度(I)/状态(S)/聚光角(H)/照射角(F)/阴影(W)/衰减(A)/颜色(C)/退出(X)]＜退出＞：w ↵

输入[关(O)/锐化(S)/已映射柔和(F)/已采样柔和(A)]＜锐化＞：F ↵

输入贴图尺寸[64/128/256/512/1024/2048/4096]＜256＞：↵

输入柔和度(1-10)＜1＞：5 ↵

输入要更改的选项[名称(N)/强度(I)/状态(S)/聚光角(H)/照射角(F)/阴影(W)/衰减(A)/颜色(C)/退出(X)]＜退出＞：X ↵

3. 渲染

(1) 调出如图 6-68 所示的“渲染”工具栏。单击“高级渲染设置”按钮，单击“高级渲染设置”选项板上的“阴影”旁边的灯泡图标，使其处于关闭状态。

图 6-68 “渲染”工具栏

(2) 在渲染工具栏上单击“渲染”按钮，渲染完成效果如图 6-63 所示。

请读者观察台灯中的点光源效果和桌面下方聚光灯光源效果，读者也可将“阴影”旁的灯泡图标点开后再重新渲染观察阴影的效果。

6.6.2 创建并附着材质

在 AutoCAD 中，材质是三维对象的实际材质表现形式，如玻璃、金属、纺织品等。使用材质是渲染过程中的重要部分，对结果会产生很大的影响。材质与光源相互作用。例如，有光泽的材质会产生高光区，因而其反光效果与表面暗淡的材质有明显的区别。

1. 创建材质

为了管理和修改材质，从“渲染”工具栏中打开“材质”选项板，如图 6-69 所示。“材质”选项板上半部分显示目前图形中可用的所有材质，可以选择任何材质来查看并修改其特性。主要功能概述如下：

(1) 创建自己的材质。有真实、真实金属、高级、高级金属四种基本的材质样板。

(2) 选择材质颜色。可以通过修改环境光、漫射、镜面等参数呈现不同的颜色。

(3) 选择其他材质特性。可以通过修改反光度、不透明度、折射率、半透明度、自发光等参数，直到获得所要的材质效果。

(4) 添加纹理、不透明性和凹凸贴图。可以选择漫射贴图、不透明贴图、凹凸贴图等功能，实现材质的真实效果。

(5) 调整贴图和光源效果。

2. 附着材质

将材质附着到对象上最简单的方法是使用 Ctrl+3 组合键调出“工具选项板”，然后再单击折叠卡片。在弹出的快捷菜单中单击选择，即可在工具选项板窗口中显示所需要附加的材质信息。“工具”选项板如图 6-70 所示。

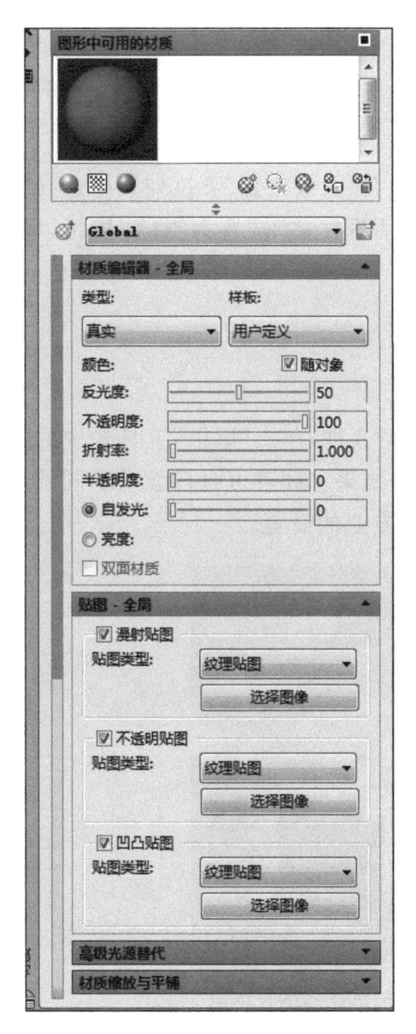

图 6-69 “材质”选项板

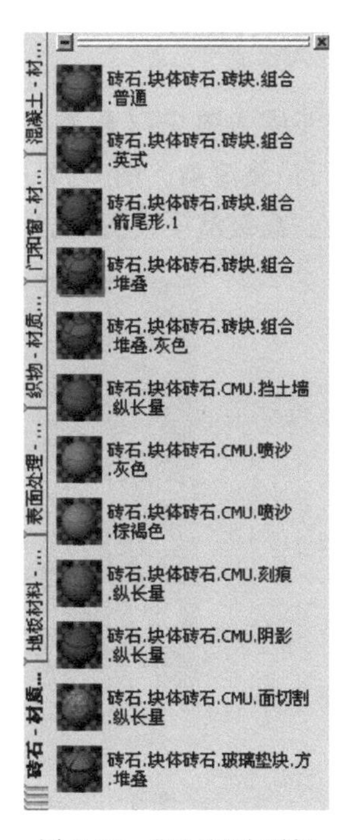

图 6-70 “工具”选项板

操作提示：

选择选项板上需要的材质样例，在“选择对象：”提示下，选择要添加该材质的三维对象即可，如图 6-71 所示。

用户也可以在输入、创建和修改了所需的材质创建完成自己的材质后，将其附着在三维对象上；也可以随对象或图层附着材质。

(1) 通过选择对象,将所创建材质附着到整个对象。

(2) 指定图层上的任何对象,包括块内的对象图层。

3. 添加背景

通过保存含背景的视图可以将背景添加到渲染的场景。

(1) 选择"视图"→"命名视图"菜单命令。在"视图管理器"对话框中,单击"新建"按钮,在"新建视图"对话框的"视图名称"文本框中输入当前视图名称。在"背景"选项区中,选择"图像"选项,单击"浏览"按钮,打开"背景"对话框。

图 6-71 附着材质效果图例

(2) 单击"浏览"按钮,在"选择文件"对话框中,在"文件类型"下拉列表中选择"所有图像文件"选项。

(3) 在"背景"对话框中,单击"调整图像"按钮,在"图像位置"下拉列表中选择"拉伸"选项,单击"确定"按钮三次,返回"视图管理器"对话框。单击"置为当前"按钮,单击"确定"按钮返回图形。

6.6.3 渲染图形

按上述步骤为图 6-72 附着所需材质并添加背景文件,单击"渲染"工具栏中的"渲染"按钮,进行最终渲染。图 6-72 是本例的一种渲染结果。读者可自行尝试不同的渲染效果,还可以在"高级渲染设置"选项板中进行某些更专业的设置。

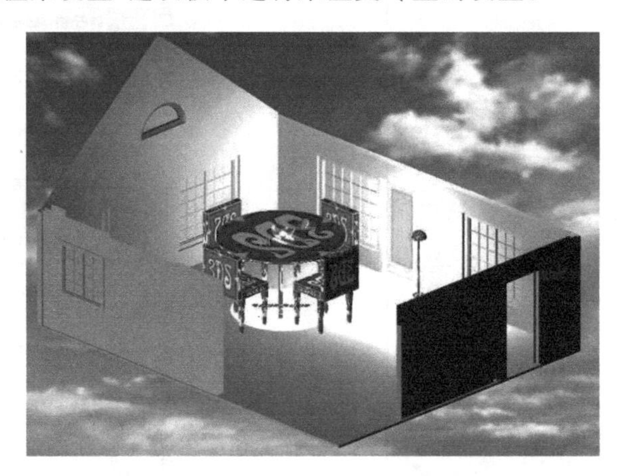

图 6-72 附着材质并添加背景后的最终渲染效果图

渲染是需要反复实验的过程,不要期望一次成功,经常会发现某些地方不满意需要改进,需要返回去调整光源、材质等,直到满意为止。

第7章 机件的表达方法

机件的结构形状是多种多样的，有时用三个视图无法将机件表达清晰。本章将介绍国家标准《技术制图》和《机械制图》中规定的视图、剖视图、断面图及其他表达方法。绘图时，应根据机件的结构形状特点，采用适当的表达方法，在完整、清晰表达的前提下，力求制图简便。

本章主要介绍视图、剖视图、断面图的绘制方法。通过本章的学习，应掌握以下内容：

- 基本视图和辅助视图的概念；
- 剖视图的画法，特别是全剖视图和半剖视图的画法；
- 断面图、特别是移出断面的画法；
- 其他表达方法。

7.1 表达机件外形的方法——视图

GB/T 17451—1998《技术制图 图样画法 视图》中规定把视图分为基本视图、向视图、局部视图和斜视图，主要用于表达机件的外部结构形状。本节内容以GB/T 17451—1998为基础进行介绍。

在GB/T 4458.1—2002《机械制图 图样画法 视图》中对GB/T 17451—1998做了补充，补充内容请根据需要自行查阅。

1. 基本视图

机件向基本投影面投影所得到的视图称为基本视图。其中除前面学过的主视图、俯视图和左视图外，还有从右向左投影得到的右视图，从下向上投影得到的仰视图和从后向前投影得到的后视图。规定正六面体的六个侧面为基本投影面。各个基本投影面的展开方法如图7-1所示，六个基本视图的名称及配置如图7-2所示。

应注意，在同一张图纸内按图7-2配置视图时，一律不标注视图的名称。六个基本视图之间仍满足“长对正、高平齐、宽相等”的投影规律。实际画图时，应根据表达的需要，选用必要的基本视图。

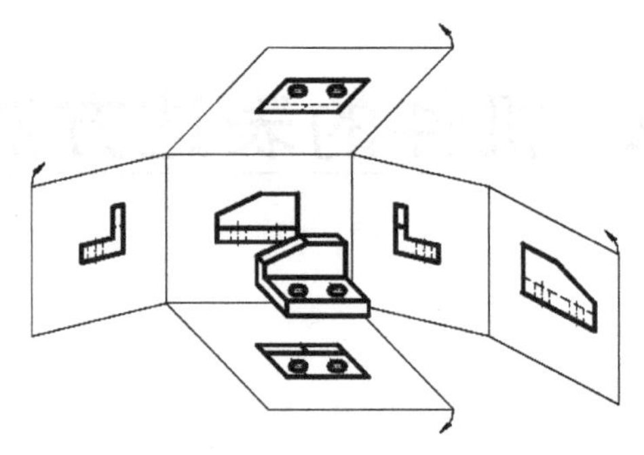

图 7-1　基本投影面与六个基本视图

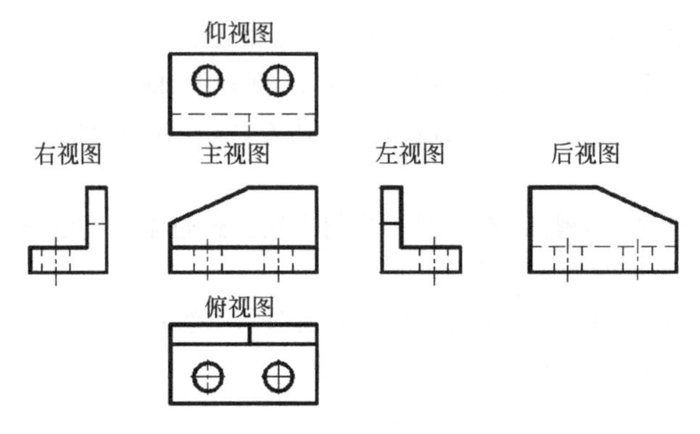

图 7-2　六个基本视图的名称及配置

2. 向视图

向视图是可以自由配置的视图。为了便于看图，应在向视图的上方用大写字母标出该向视图的名称（如 A、B 等），且在相应的视图附近用箭头指明投影方向，并注上同样的字母，如图 7-3 所示。

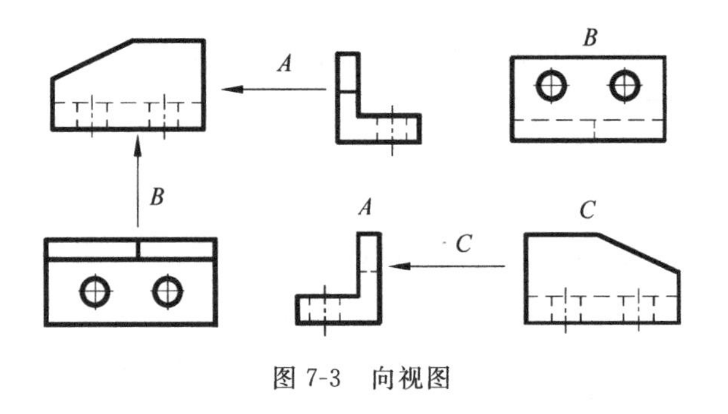

图 7-3　向视图

3. 局部视图

将机件的某一部分向基本投影面投影所得的视图称为局部视图。如图 7-4 所示的机件，如果采用主、俯、左、右四个视图来表达，当然可以表达得完整、清晰；但如果采用主、俯两个基本视图，并配合 A 向、B 向两个局部视图，就表达得更为简练，对于看图、画图都更为方便。通常局部视图需要标注。

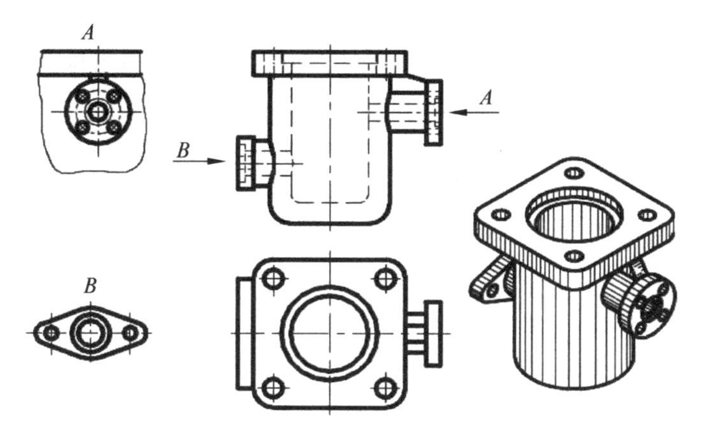

图 7-4　局部视图

局部视图的画法和标注规定如下。

(1) 画局部视图时，一般在其上方标出视图的名称×，在相应的视图附近用箭头指明投影的方向，并注上同样的字母，如图 7-4 中的局部视图 A 和局部视图 B。

(2) 当局部视图按投影关系配置，中间又没有其他图形隔开时，可省略标注(图 7-4 中 A 向图的箭头和字母均可省略，为叙述方便，图中未省略)。

(3) 为了看图方便，局部视图一般配置在箭头所指的方向，必要时也可配置在其他适当位置。

(4) 局部视图断裂处的边界应以波浪线表示，如图 7-4 中的局部视图 A。如果所表示的局部结构是完整的，且外形轮廓又成封闭曲线，则波浪线可省略不画，如图 7-4 中的局部视图 B。

4. 斜视图

机件向不平行于任何基本投影面的平面进行投影，所得到的视图称为斜视图，如图 7-5 中的 A 向视图。为表达机件上倾斜表面的实形，可选用一个平行于这个倾斜表面并垂直于某一基本投影面的平面作为辅助投影面，如图 7-5(a)中的 P 平面。

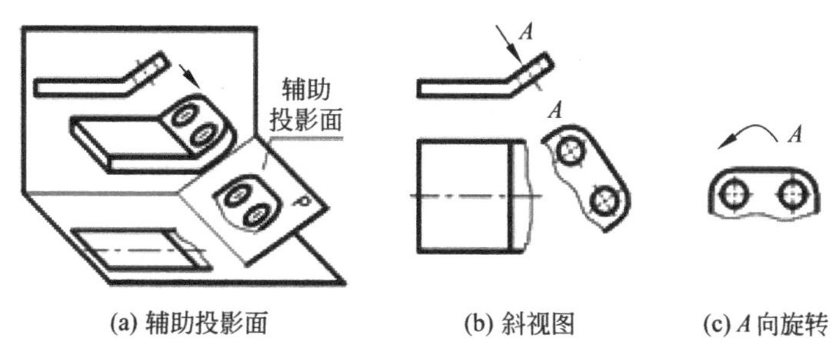

(a) 辅助投影面　(b) 斜视图　(c) A 向旋转

图 7-5　斜视图

斜视图的画法和标注规定如下。

(1) 画斜视图时，必须在视图的上方标出视图的名称×，在相应的视图附近用箭头指明投影方向，并注上同样的字母，如图 7-5(b)所示。

(2) 斜视图一般按投影关系配置，必要时也可配置在其他适当位置。在不致引起误解时，允许将图形旋转配置，这时斜视图应加注旋转符号，如图 7-5(c)所示，旋转符号为半圆形，半径等于字体高度，线宽为字体高度的 1/14～1/10。应注意，表示斜视图名称的大写拉丁字母应靠近旋转符号的箭头端。

(3) 局部斜视图的断裂边界应以波浪线表示。当所表示的局部结构是完整的，且外形轮廓线又成封闭线框时，波浪线可省略不画。

7.2 表达机件内形的方法——剖视图

当机件的内部形状较复杂时，在视图上会出现许多虚线，既不便于画图和看图，又不利于标注尺寸。为了更清楚地表达机件的内部结构形状，可采用剖视的画法。相关标准见 GB/T 17452—1998《技术制图 图样画法 剖视图和断面图》和 GB/T 4458.6—2002《机械制图 图样画法 剖视图和断面图》。

7.2.1 剖视的基本概念

1. 剖视图的概念

假想用剖切平面剖开机件，将处在观察者和剖切平面之间的部分移去，而将其余部分向投影面投影所得到的图形称为剖视图，简称剖视，如图 7-6 所示。

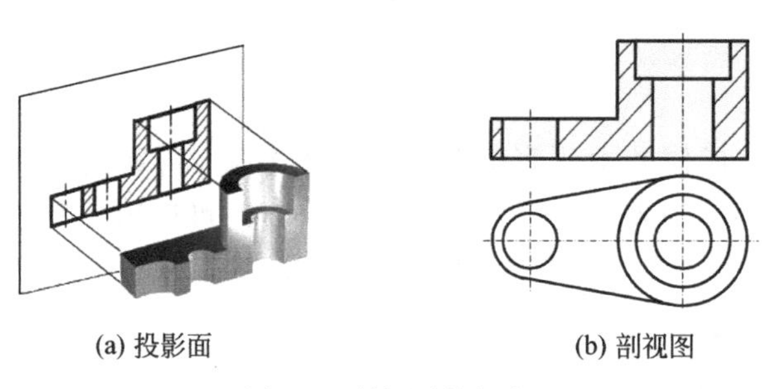

(a) 投影面　　(b) 剖视图

图 7-6　剖视图的概念

剖视只是表达机件内部结构形状的一种方法，并非真的将机件剖开，因此将一个视图画成剖视图后，不应影响其他视图的完整性，如图 7-6 中的俯视图。

2. 剖视图的画法要点

(1) 剖面符号：为了使图形清晰，在剖视图中将剖切面与物体接触的部分画上相应的剖面符号。金属材料的剖面符号用与水平线倾斜 45°角且间隔均匀的细实线画出，向左或向右倾斜均可。但在表达同一机件的所有剖视图上，应保证倾斜方向一致、间隔相同。表 7-1 列举了几种常用材料的剖面符号。

表 7-1 剖面符号

材料名称	剖面符号	材料名称	剖面符号
金属材料（已有规定剖面符号者除外）		液体	
非金属材料（已有规定剖面符号者除外）			

(2) 剖切面一般应平行于某一投影面，且应尽量通过较多的内部结构(孔或沟槽)的对称面或轴线。

(3) 剖切面后面的可见部分应全部画出，不能遗漏。如图 7-7 中漏画了台阶后面的投影线(箭头所示部位)。

(4) 在剖视图中，对已经表示清楚的结构，虚线可以省略不画。只有对没有表达清楚的内部结构，才画出虚线。

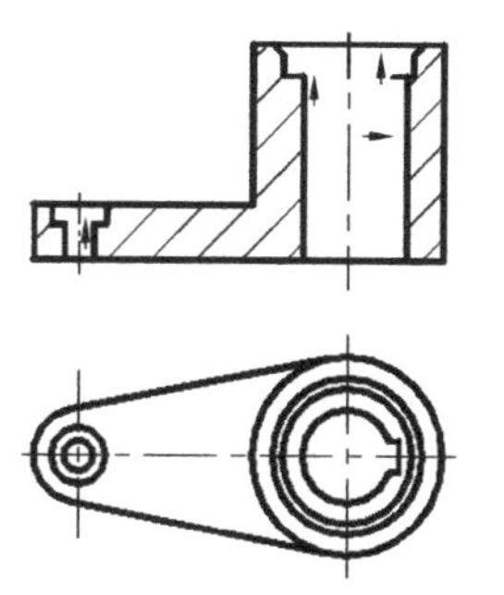

图 7-7 画剖视图时易漏的图线

3. 剖视图的标注

由于剖视图本身不能反映位置和投影方向，为了方便看图，剖视图一般应进行标注，标注的三要素为剖切线、剖切符号和字母。一般用剖切符号(线宽 1～1.5b，断开的粗实线)表示剖切位置，并在剖切符号的起、迄及转折处标上字母(如 *A*)，同时在相应的剖视图上方用相同的字母标出剖视图的名称(如 *A-A*)，在剖切符号的外侧画上箭头来表示投影方向。

在下列情况下剖视图的标注可以简化或省略：

(1) 当剖视图按投影关系配置，且中间没有其他图形隔开时，可以省略箭头。

(2) 当剖切平面与机件的对称平面重合，且剖视图按投影关系配置，中间又无其他图形隔开时，可省略全部标注。

7.2.2 剖视图的种类和剖切面的分类

根据机件被剖切的范围，剖视图分为全剖视图、半剖视图和局部剖视图三种。

1. 剖视图的种类

1) 全剖视图

假想用剖切面完全剖开机件所得到的剖视图，称为全剖视图。

全剖视图主要用于外形简单、内形复杂的不对称机件，如图 7-8 所示。

2）半剖视图

当机件具有对称平面时，在垂直于对称平面的投影面上投影所得的图形，可以对称中心线为界，一半画成剖视，另一半画成视图，这种图形称为半剖视图，如图 7-9 所示。

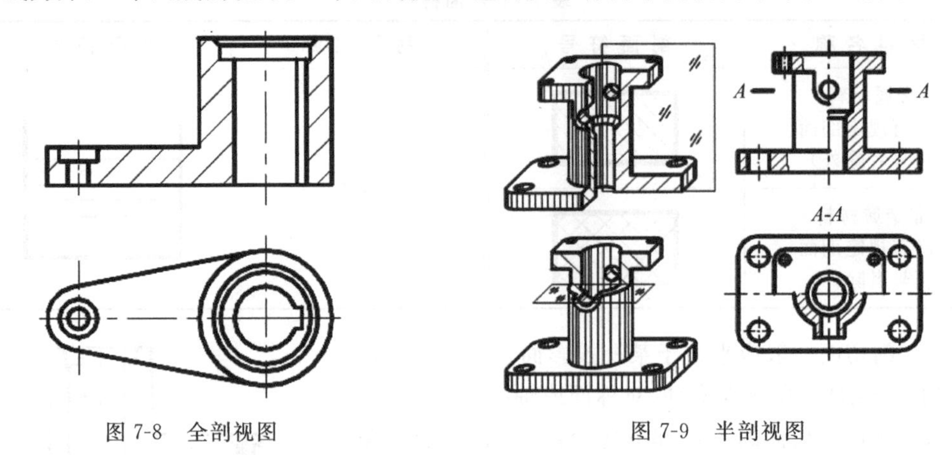

图 7-8　全剖视图　　　　图 7-9　半剖视图

画半剖视图时应注意以下几点：

(1) 剖视图和视图的分界线是点画线(对称中心线)，不能画成粗实线。如有轮廓线与对称中心线重合时，应采取其他剖视图。

(2) 由于半剖视图的图形对称，所以在表达外形的视图中，对已经表达清楚的内部结构形状的虚线，不必画出。

(3) 半剖视图的标注规则与全剖视图相同。在图 7-9 中，因为主视图的剖切平面与机件的对称中心平面重合，所以不必标注；而对俯视图来说，因为机件不对称于水平剖切平面，所以必须在主视图上标注剖切平面的位置，并在剖切符号旁标注字母 A，同时在俯视图上方标注 A-A，箭头可以省略(按投影关系配置)。

3）局部剖视图

假想用剖切平面局部地剖开机件所得的剖视图，称为局部剖视图，如图 7-10 所示。

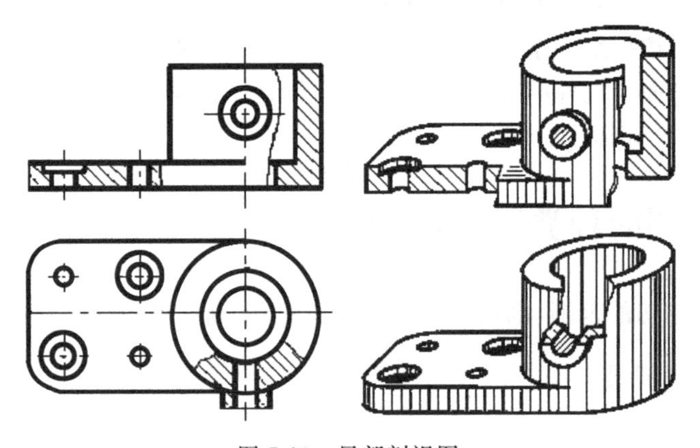

图 7-10　局部剖视图

局部剖视是一种比较灵活的表示方法，不受图形是否对称的限制，剖在什么地方、剖切范围多大，都可以根据需要决定。局部剖视一般用于下列情况：

(1) 当机件个别内部结构尚未表达清楚，但又不宜作全剖视时，可采用局部剖视。如图 7-10 中的主视图，采用了两个局部剖视，既保留了凸台外形，又清楚地表达了内部结构。

(2) 在对称机件的轮廓线与对称中心线重合而不宜采用半剖视的情况下，可采用局部剖视，如图 7-11 所示。

(3) 必要时，允许在剖视图中，再作一次简单的局部剖视，这时两者的剖面线应同方向、同间隔，但要互相错开，如图 7-12 所示。

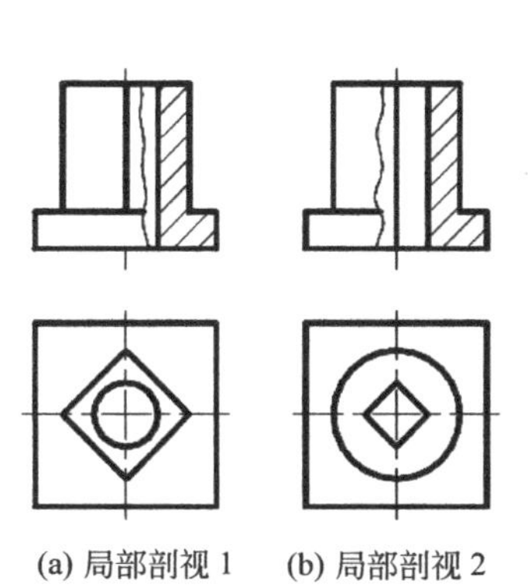

(a) 局部剖视 1　(b) 局部剖视 2

图 7-11　棱线与对称中心线重合时采用局部剖视

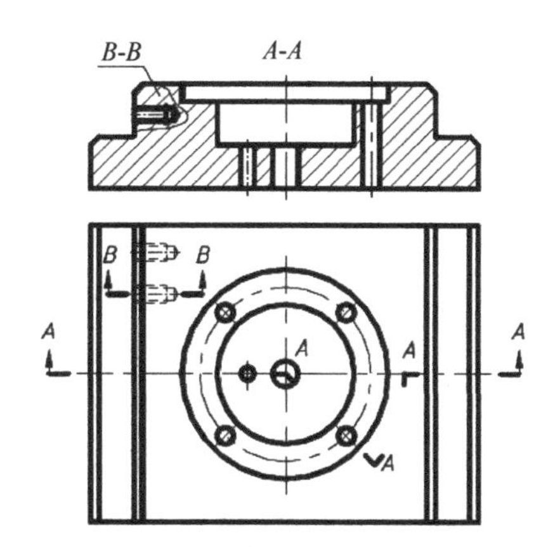

图 7-12　在剖视图上作局部剖视

画局部剖视图时，要注意以下几点：

(1) 局部剖视图与视图之间要用波浪线分界，波浪线可认为是断裂面的投影，因此波浪线不能在穿通的孔或槽中通过，不能超出视图轮廓之外，也不应与图形上的其他图线重合，如图 7-13 所示。

(2) 当被剖切结构为回转体时，允许将该结构的轴线作为局部剖视图与视图的分界线，如图 7-14 所示。

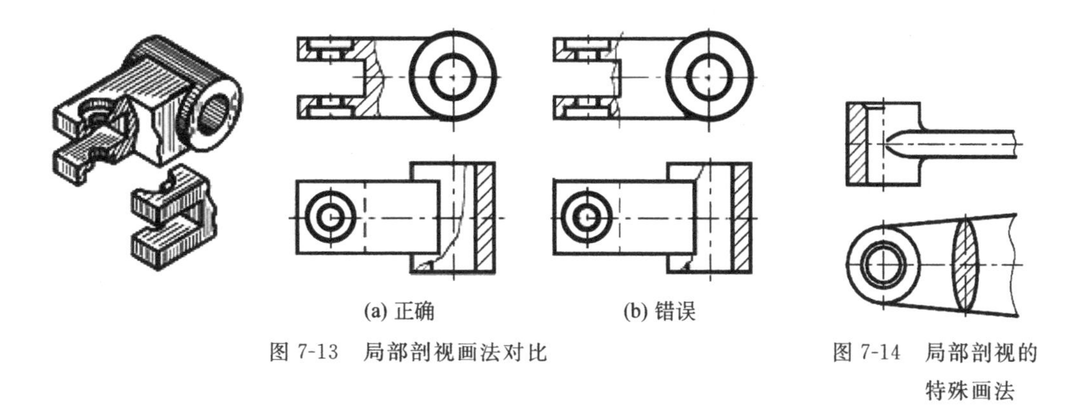

(a) 正确　(b) 错误

图 7-13　局部剖视画法对比

图 7-14　局部剖视的特殊画法

(3) 对于剖切位置明显的局部剖视图，一般都不必标注。

(4) 局部剖视是一种比较灵活的表示方法，运用得好，可使视图简明清晰。但在一个视图中局部剖视的数量不宜过多，不然会使图形过于零碎，反而对看图不利。

2. 剖切面的分类

剖切面是根据剖切面相对于投影面的位置及剖切面组合的数量进行分类的。在新标准 GB/T 4458.6—2002 中分为单一剖切面、几个平行的剖切面和几个相交的剖切面。

无论用怎样的剖切平面剖开机件，均可得到上述三种剖视图。

1) 单一的剖切平面

一般用单一剖切平面剖切机件，但也可用柱面剖切机件。采用柱面剖切机件时，所得的图形一般应按展开图绘制。

用单一斜剖切平面剖得的剖视图，剖切平面与新增加投影面相互平行，但不平行于任何基本投影面。如图 7-15 中的 *A-A* 剖切面及 *A-A* 剖视图。

在画这种剖视图时，必须标出剖切位置，并用箭头指明投射方向，注明剖视名称。

剖视图最好配置在箭头所指的方向，并符合投影关系，如图 7-15(a)所示。必要时也允许平移到其他适当地方，或将图形旋转画出。当图形有旋转时，必须加注旋转符号，如图 7-15(b)所示。

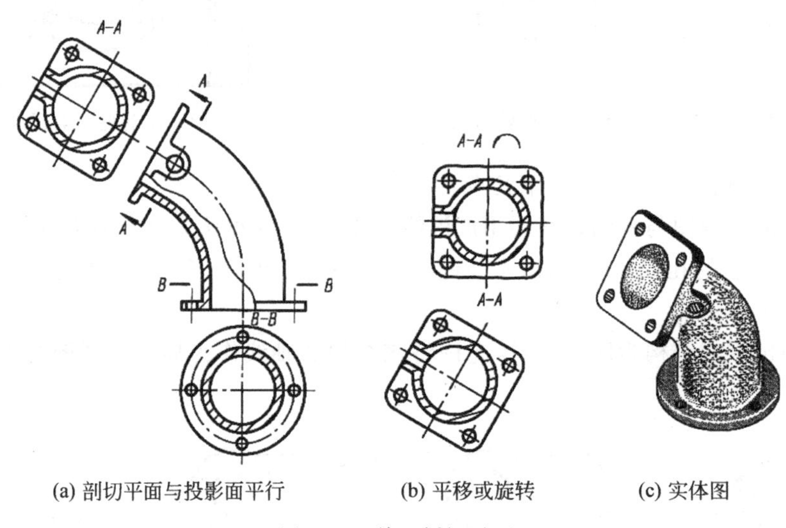

(a) 剖切平面与投影面平行　　(b) 平移或旋转　　(c) 实体图

图 7-15　单一剖切平面

2) 几个平行的剖切平面

有些机件的内部层次较多，用一个剖切平面不能完全表达内部结构形状，可采用一组互相平行的剖切平面剖开机件，所得的剖视图就清晰多了，如图 7-16(c)所示。

采用此种方法时，应注意以下几点：

(1) 因为剖切是假想的，所以在剖视图中不应画出两个剖切平面转折处的投影，且剖切位置线的转折处不应与图上的轮廓线重合，如图 7-16(d)所示。

(2) 在剖视图上，不应出现不完整要素，如图 7-16(d)。只有当两个要素在图形上具有公共对称轴线时，才允许各画一半，此时，应以中心线或轴线为界，如图 7-16(c)。

(3) 剖视图必须加以标注，其标注形式如图 7-16(c)所示。在剖切平面的起始、转折、终结处均用粗短线画出剖切位置线，并注上同一字母。当转折处区域有限又不会引起误解时，允许省略字母。剖视图的投射方向明确时，箭头可以省略。

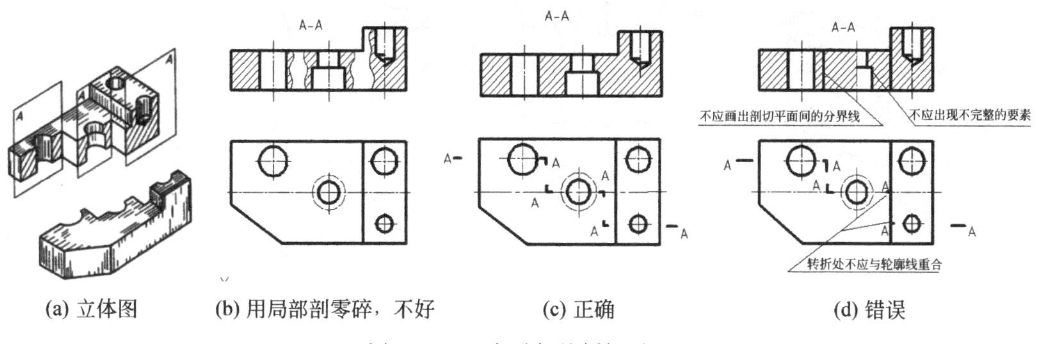

(a) 立体图　(b) 用局部剖零碎，不好　(c) 正确　(d) 错误

图 7-16　几个平行的剖切平面

3) 几个相交的剖切平面

采用此方法绘制剖视图时，用两个或多个相交的剖切平面(交线垂直于基本投影面)先按剖切位置剖开机件，然后将被倾斜剖切平面剖到的结构要素及其有关部分旋转到与选定的投影面平行后进行投影，如图 7-17 所示。

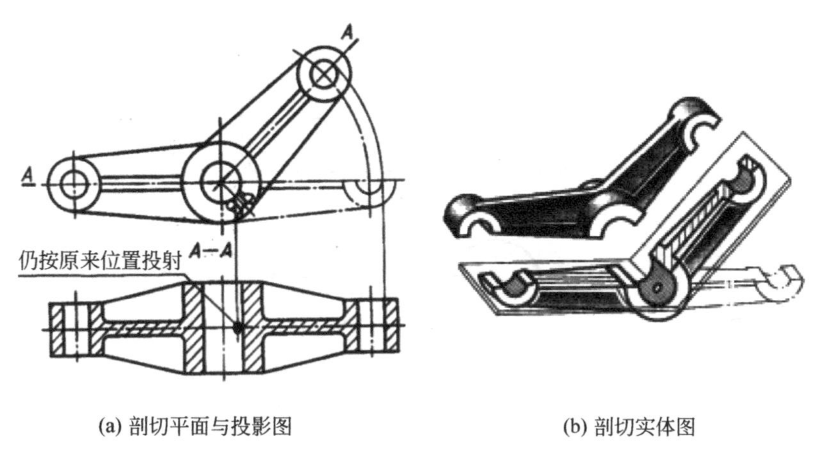

(a) 剖切平面与投影图　(b) 剖切实体图

图 7-17　几个相交的剖切平面示例 1

此类剖视图适用于端盖、盘状类的回转体机件，对于具有明显回转轴线的机件也常采用。画此类视图时，剖切平面后的其他结构一般仍按原来位置投影画出，如图 7-17 中的油孔。当剖切后产生不完整要素时，应按不剖绘制。

此类剖视图实际应用中也可以如图 7-18 所示，根据机件特点用图示剖切位置的剖切面将机件剖开，再绘制剖视图。画剖视图时，剖切位置、投射方向和剖视图名称，必须全部标注。

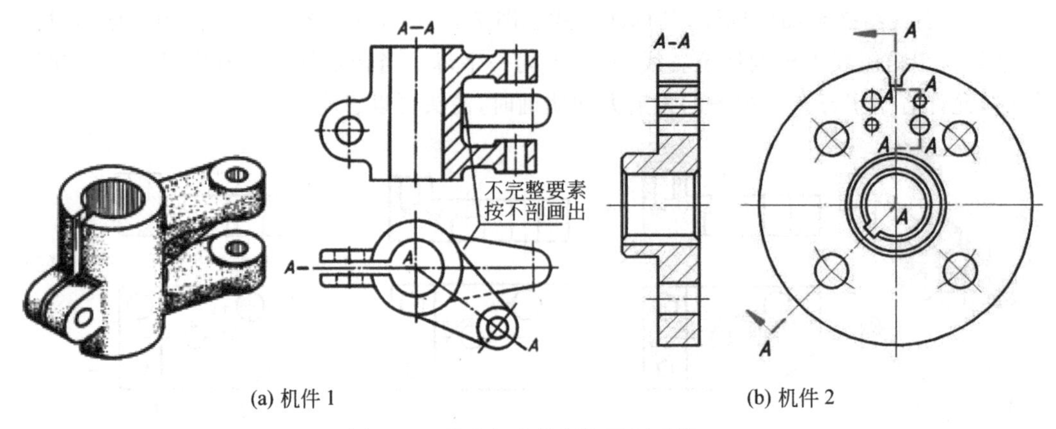

(a) 机件 1　　(b) 机件 2

图 7-18　几个相交的剖切平面示例 2

7.3　表达机件断面形状的方法——断面图

假想用剖切平面将机件的某处切断，仅画出该剖切面与机件接触部分的图形，称为断面图，简称断面，如图 7-19 所示。

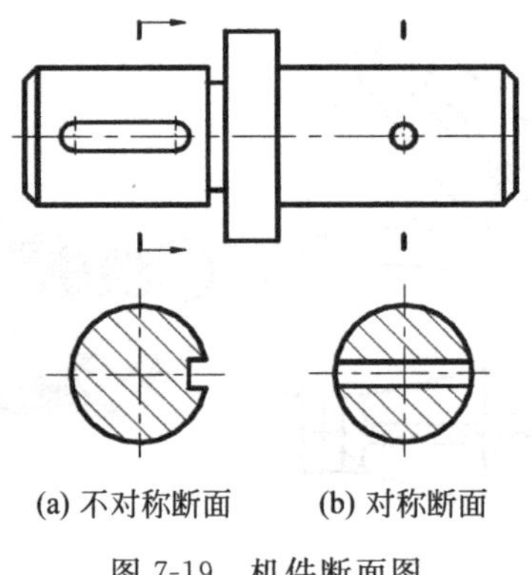

(a) 不对称断面　　(b) 对称断面

图 7-19　机件断面图

断面图常用来表示机件上某一局部的断面形状，例如机件上的肋板、轮辐，轴上的键槽和孔等。根据断面图绘制时所配置的位置不同，可分为移出断面和重合断面两种。

7.3.1　移出断面

画在视图外的断面称为移出断面，如图 7-19 所示。

1. 移出断面的画法

(1) 移出断面的轮廓线用粗实线绘制，并应尽量配置在剖切符号或剖切平面迹线的延长线上。必要时也可配置在其他适当位置。当剖面图形对称时也可画在视图的中断处，如图 7-20 所示。

(2) 由两个或多个相交的剖切面剖切得出的移出断面，中间一般应断开，如图 7-21 所示。

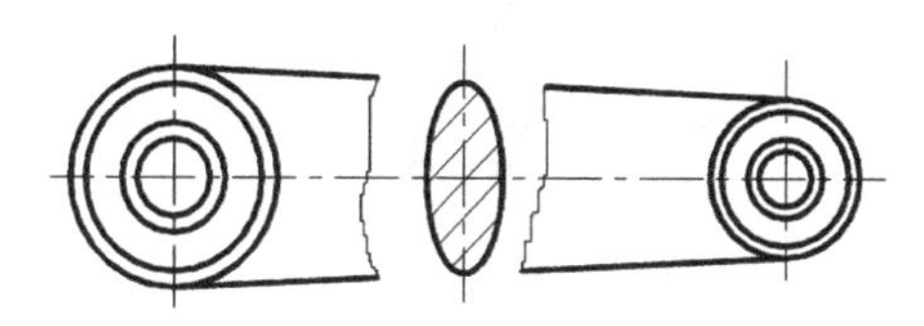

图 7-20　断面图画在中断处

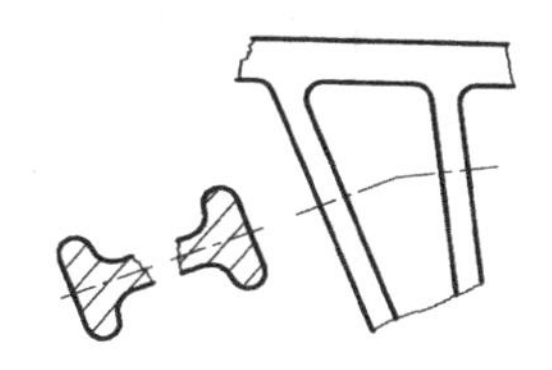

图 7-21　两相交剖切平面的断面图画法

(3) 当剖切平面通过回转面形成的孔或凹坑的轴线时，这些结构应按剖视绘制，如图 7-22 所示。

(4) 当剖切平面通过非圆孔，会导致出现完全分离的两个断面时，这些结构应按剖视绘制，如图 7-23 所示。

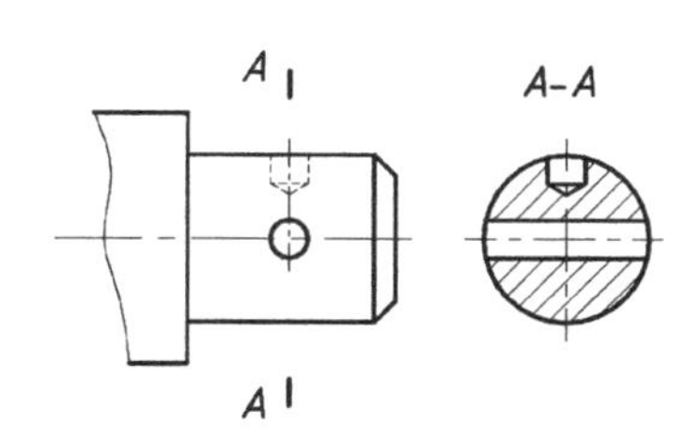

图 7-22　按剖视图画出的断面图 1

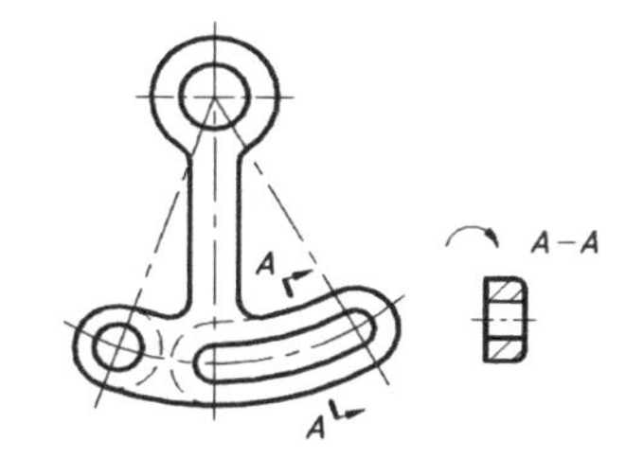

图 7-23　按剖视图画出的断面图 2

2. 移出断面的标注

(1) 移出断面一般应用剖切符号表示剖切位置，用箭头表示投射方向，并注上大写拉丁字母，在剖面图的上方应用同样的字母标出相应的名称×-×。

(2) 配置在剖切符号延长线上的不对称移出断面，可以省略字母，如图 7-19(a)所示。

(3) 当断面图按投影关系配置或断面图对称时，可以省略箭头，如图 7-19(b)和图 7-22 所示。

(4) 画在剖切符号延长线上，并以该线为对称轴的对称断面图，以及画在视图中断处的对称断面图可以省略标注，如图 7-19(b)和图 7-20 所示。

7.3.2　重合断面

画在视图内的断面称为重合断面，如图 7-24 所示。

1. 重合断面的画法

重合断面的轮廓线用细实线绘制，当视图中的轮廓线与重合断面的轮廓线重叠时，视图中的轮廓线仍应连续画出，不可间断，如图 7-24(a)所示。

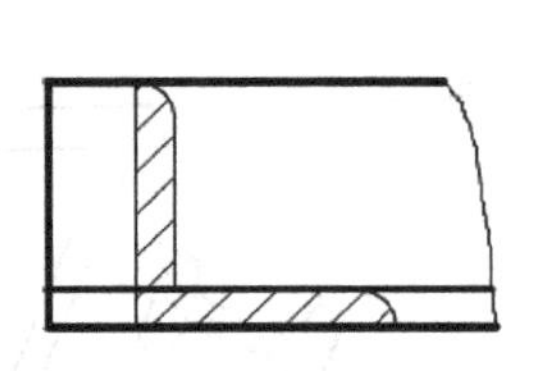

(a) 不对称断面图

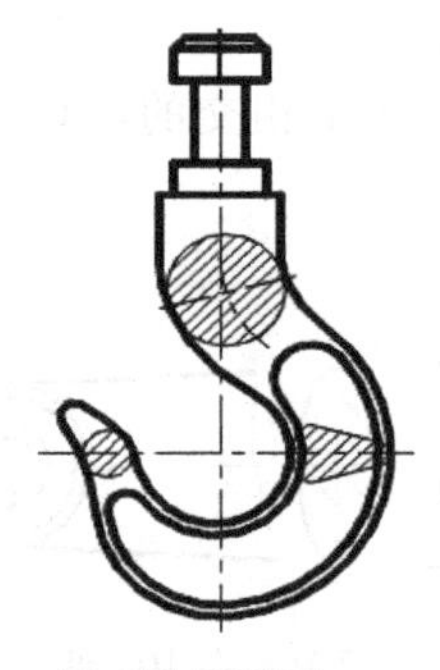

(b) 对称断面图

图 7-24　重合断面图

需注意，因重合断面是画在视图内，所以只能在不影响图形清晰的情况下采用。

2. 重合断面的标注

当重合断面图形对称时，可以省略标注，如图 7-24(b)所示。当不对称的重合剖面不致引起误解时，也可省略标注，如图 7-24(a)所示。

7.4　其他表达方法

1. 局部放大图

当机件的部分结构图形过小而表达不清或不便于标注尺寸时，可将该部分结构用大于原图形所采用的比例画出，所得的图形称为局部放大图，如图 7-25 所示。

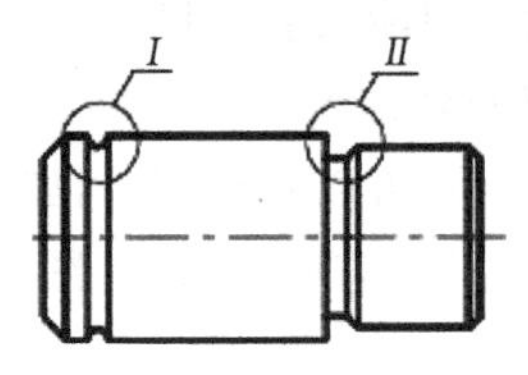

(a) 局部放大部位指引

(b) 局部放大部位 1

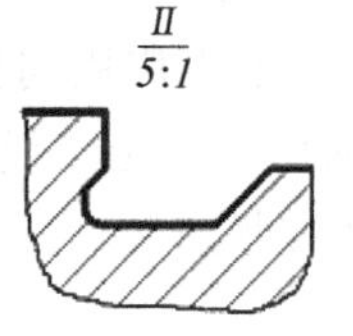

(c) 局部放大部位 2

图 7-25　局部放大图

局部放大图可以根据需要画成视图、剖视图或断面图，与被放大部位的表达形式无关。局部放大图应尽量配置在被放大部位的附近。

绘制局部放大图时，应当用细实线圈出放大部位。当同一机件上有几个放大部位时，必须用罗马数字顺序地标明放大的部位，并在局部放大图的上方标注相应的罗马数字和采用的放大比例。当机件上仅有一个放大部位时，在局部放大图的上方只需注明采用的比例即可。

2. 简化画法

GB/T 4458.1—1984《机械制图 图样画法》规定了若干简化画法，在 GB/T 4458.1—2002 中又做了补充。这些画法的使用可令图样清晰、有利于看图和画图。现将一些常用的简化画法介绍如下。

(1) 对于机件的肋、轮辐及薄壁等，如按纵向剖切，这些结构都不画剖面符号，而用粗实线将它与其邻接部分分开，如图 7-26、图 7-27 和图 7-28 所示。

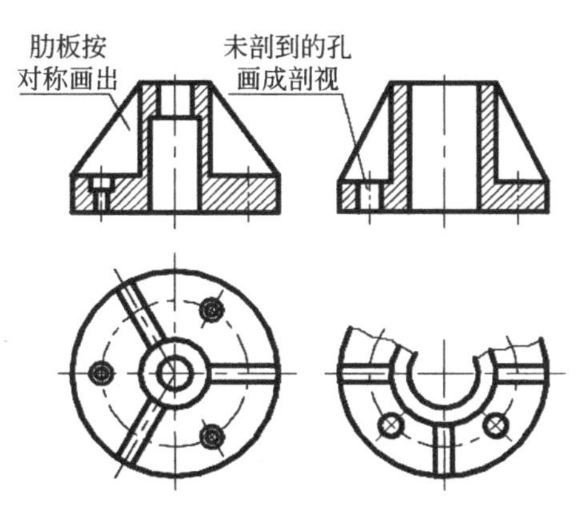

图 7-26 均匀分布的肋、孔的剖视画法

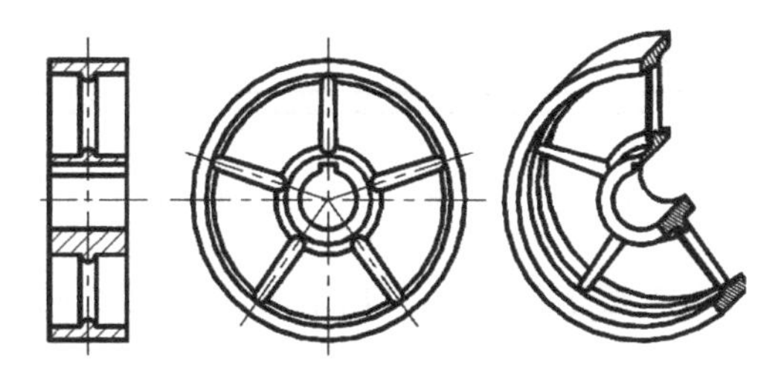

图 7-27 轮辐的剖视画法

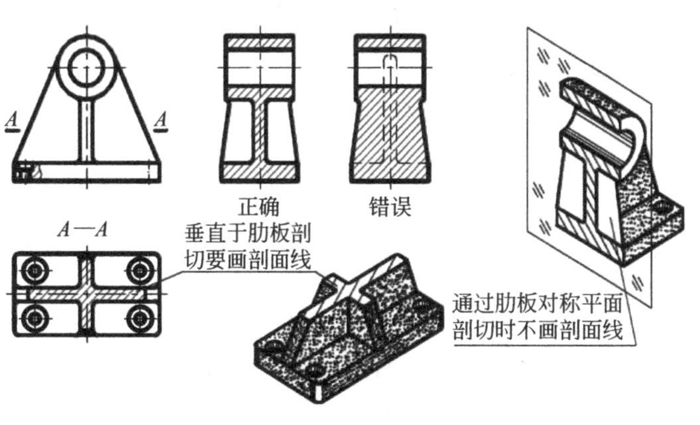

图 7-28 肋板的剖视画法

(2) 当零件回转体上均匀分布的肋、轮辐、孔等结构不处于剖切平面时，应将这些结

构旋转到剖切平面上画出，如图 7-26 和图 7-27 所示。

(3) 当机件具有若干相同结构(齿、槽等)，并按一定规律分布时，只需画出几个完整的结构，其余用细实线连接，在零件图中则必须注明该结构的总数，如图 7-29 所示。

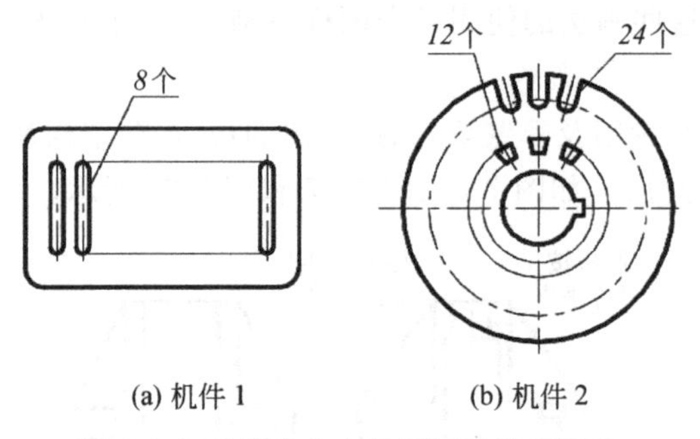

(a) 机件 1　　(b) 机件 2

图 7-29　按规律分布的相同要素的画法

(4) 若干直径相同且成规律分布的孔(圆孔、螺孔、沉孔等)，可以仅画出一个或几个，其余只需用点画线表示其中心位置，在零件图中应注明孔的总数，如图 7-30 所示。

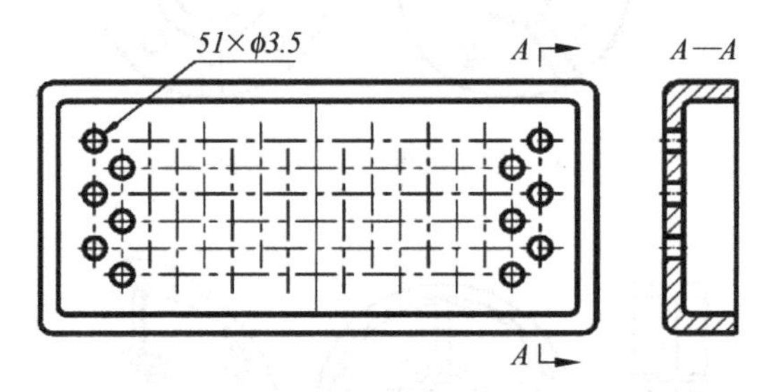

图 7-30　按规律分布的孔的画法

(5) 当平面在图形中不能充分表达时，可用平面符号(相交两细实线)表示，如图 7-31 所示。

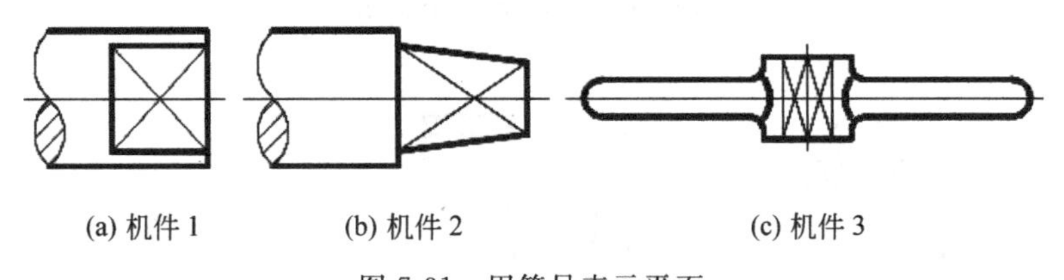

(a) 机件 1　　(b) 机件 2　　(c) 机件 3

图 7-31　用符号表示平面

(6) 在不致引起误解时，对于对称机件的视图可只画一半或四分之一，并在对称中心线的两端画出两条与其垂直的平行细实线，如图 7-32 所示。

(7) 较长的机件(轴、杆、型材、连杆等)沿长度方向的形状一致或按一定规律变化时，可断开后缩短绘制，如图 7-33 所示。折断处可用波浪线表示。标注机件的长度尺寸时，仍按原来的实际长度注出。实心圆柱体和空心圆柱体的折断还可分别以图 7-33(c)、(d)所示来表示。

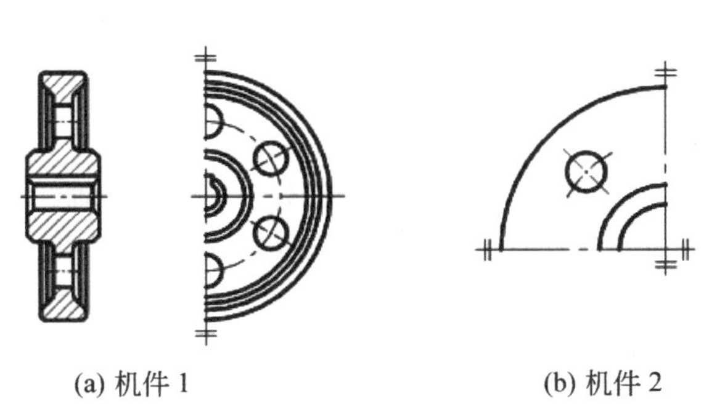

图 7-32　对称图形的简化画法

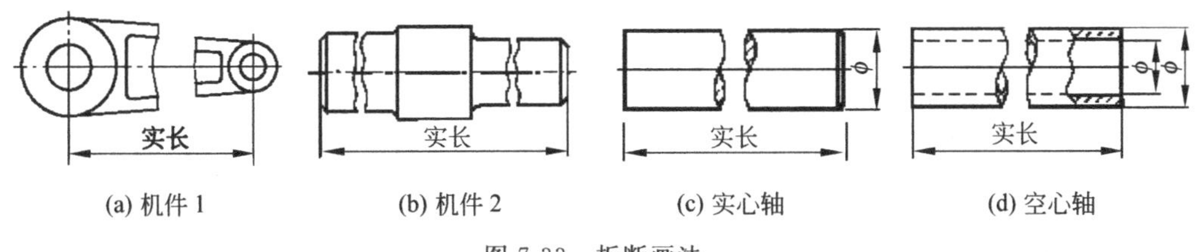

图 7-33　折断画法

7.5　剖视应用举例

绘制机件图样时，应首先考虑看图方便。

在完整、清晰地表达机件各部分结构形状的前提下，力求制图简便。这就要求在选择机件的表达方案时，尽可能针对机件的结构特点，恰当地选用各种视图、剖视图、断面图和简化画法等表达方法。下面举例说明。

【例 7-1】 图 7-34(a)所示的机件，上部是空心圆柱，下部是有 4 个圆柱通孔的斜板，上下部由中间的十字形肋板连接而成。

为了完整、清晰、简明表达该机件，将空心圆柱的轴线水平放置，并局部剖开空心圆柱和斜板上的圆柱通孔作为主视图，这样既表达了肋、圆柱和斜板的外部结构形状，又表达了空心圆柱和圆柱通孔的内部结构形状，如图 7-34(b)所示。

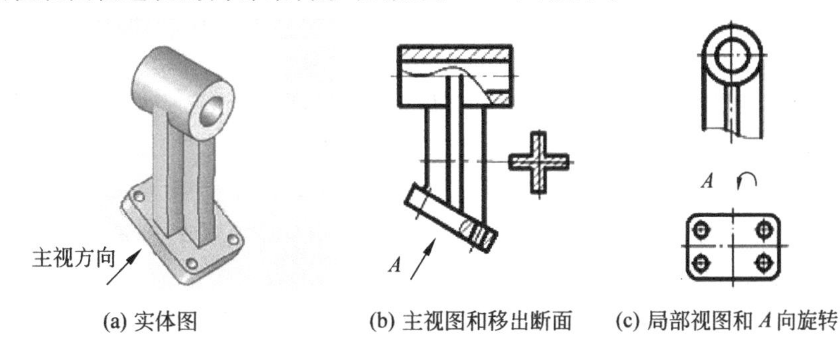

图 7-34　机件的表达方法示例 1

为了表达十字肋的形状，采用了一个移出断面，如图 7-34(b)所示；为了表达水平圆柱与十字肋的连接关系，采用了一个局部视图；为了表达斜板的实形，采用了 A 向旋转的斜视图，如图 7-34(c)所示。

【例 7-2】 如图 7-35(a)所示，机件的主体部分是在垂直于轴线方向上有若干直径不同的阶梯空心圆柱体，顶部为四个小孔的方盘，底部为有四个小孔的圆盘，两旁各有一柱形通道，左上方的通道端面是圆盘，右前方的通道端面是卵形凸缘。

在选择表达方案时，首先要考虑选择最能反映形体特征的投射方向作为主视图方向，然后正确运用有关的机件表达方法，从而使图形清晰易看。

为了把该机件主体的内腔形状及主体部分与左右两凸缘部分的关系表达清楚，主视图采用了 A-A 两个相交的剖切平面。剖切位置在俯视图中注明。因 A-A 剖视图的投射方向明确，所以省略了箭头，如图 7-35(b)所示。

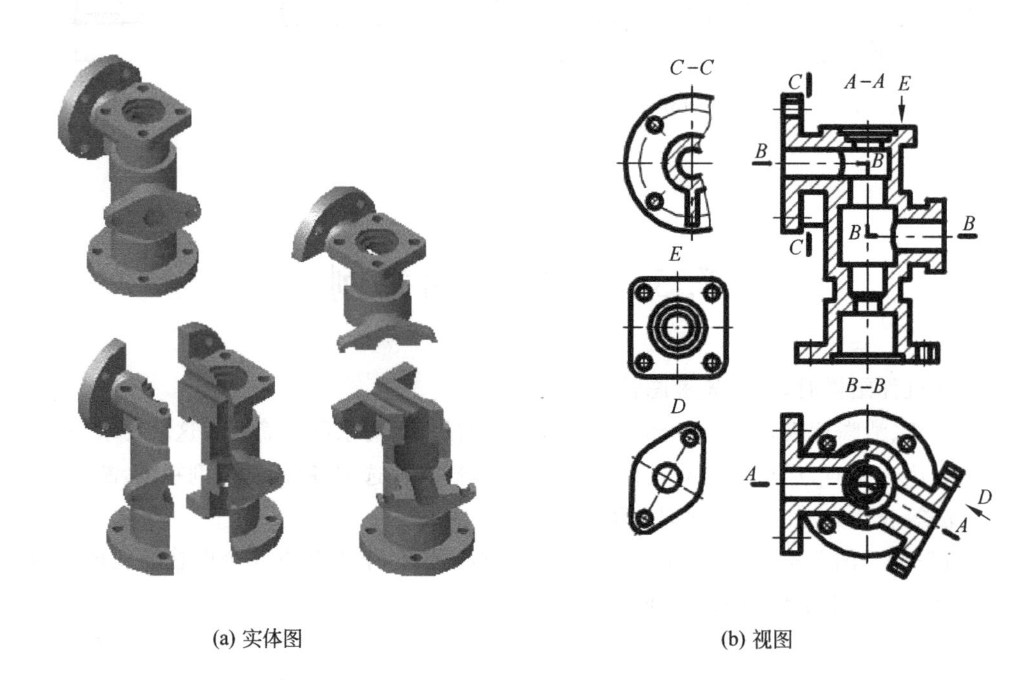

(a) 实体图　　(b) 视图

图 7-35　机件的表达方法示例 2

俯视图采用 B-B 两个平行剖切面剖切，从而将两旁柱形通道的内部结构及相对位置表达清楚。B-B 剖视的标注也省略了箭头。

由于 B-B 剖切平面将机件上端面的方盘剖切掉了，所以用 E 向局部视图表示上端面的基本形状及四个小孔的分布位置。

左侧凸缘的形状用 C-C 剖视来表示，右前方的凸缘形状是用 D 向局部视图来表示的。机件左侧凸缘及底面圆盘上有四个小孔，可将其中一个孔旋转到被 A-A 剖切平面剖切到位置画出，以表示都是通孔。

第8章 螺纹及螺纹紧固件

本章主要介绍螺纹的画法、标注及螺纹连接件的画法。通过本章的学习，应掌握以下基本内容：

- 内、外螺纹的画法及内、外螺纹连接的画法；
- 螺纹的标注；
- 螺纹紧固件装配图的画法。

8.1 螺纹的基本知识

在机器或设备中，部件的组装、零件的固定及锁紧、定位等常用到螺纹紧固件。螺纹紧固件的种类虽然很多，但它们的结构特点基本相同，为了适应专门化大批量生产，降低成本，确保互换性，它们的结构和尺寸都已标准化，同时对它们的外形投影图也规定了相应的简易画法，便于制图。

1. 螺纹的形成

当圆柱表面点 A 绕圆柱等速圆周运动，同时又沿轴线做等速直线运动时，A 点在圆柱表面的运动轨迹为一条螺旋线，如图 8-1(a)所示。螺旋线的展开图如图 8-1(b)所示，A 点绕圆柱体旋转一周所上升的高度称为导程 L，λ 称为螺旋升角，直角三角形的斜边就是螺旋线，螺旋升角为

$$\text{tg}\ \lambda = L/\pi d$$

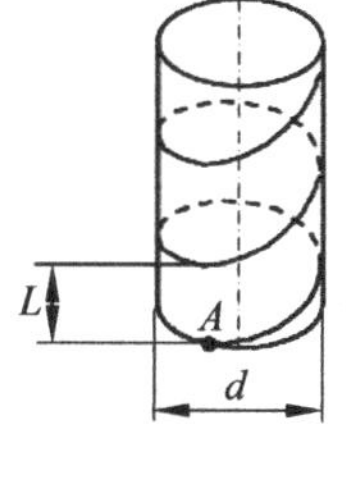

(a) 螺旋线

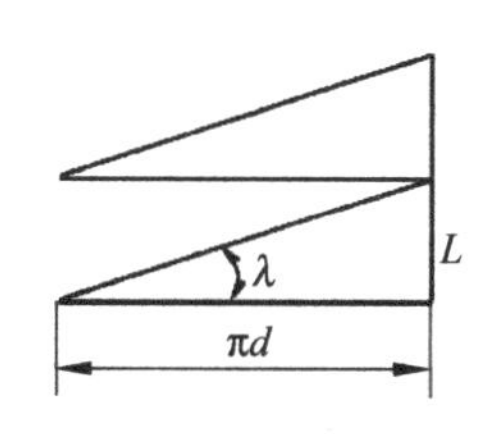

(b) 展开图

图 8-1 螺纹的形成

如果一个平面图形(如三角形、梯形)沿着螺旋线运动且它们的法线方向始终保持一致,则会得到一圆柱螺旋体,该螺旋体称为螺纹。

2. 螺纹的加工

常见的螺纹加工方法是在车床上车出螺纹,如图 8-2 所示,将圆柱杆件卡在车床的卡盘上,车床卡盘带动圆柱杆件等速旋转,车刀做等速直线运动。当车刀切入圆柱杆件一定深度时,圆柱杆件的表面上就形成了螺纹。在圆柱杆件外表面车出的螺纹叫外螺纹,如螺栓、螺柱和螺钉上的螺纹;在圆柱杆件内表面车出的螺纹叫内螺纹,如螺母上的螺纹。内、外螺纹只有旋合在一起时才能起连接作用。

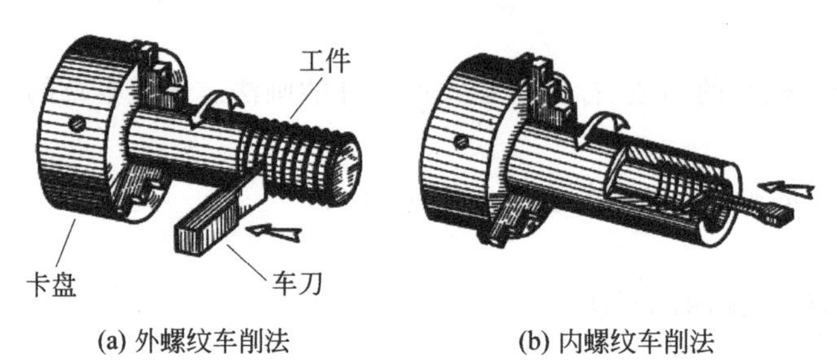

图 8-2　车削的螺纹加工方法

3. 螺纹的要素

螺纹的牙型、大径和螺距是决定螺纹的最基本的要素,称为螺纹的三要素,如图 8-3 所示。螺纹的三要素已标准化。大径称为公称直径,代表螺纹的尺寸,内外螺纹的大径分别用字母 D 和 d 表示;螺距用 P 表示。大径和螺距数据可在机械手册中查找选用。

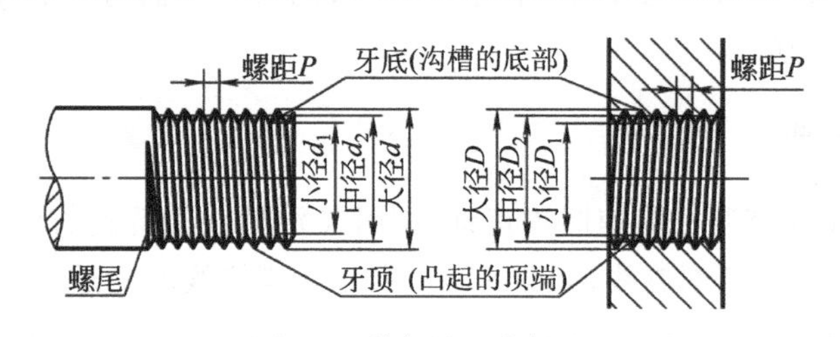

图 8-3　外螺纹和内螺纹

螺纹还有线数、旋向等要素。线数是指圆柱体上具有的螺纹线条数,如图 8-4 所示,用于连接的螺纹线数为 1;螺纹还分左旋和右旋,如图 8-5 所示。

内外螺纹旋合时,螺纹的牙型、大径、螺距、旋向和线数这五个要素必须完全一致。

4. 螺纹的分类

螺纹按用途分为连接螺纹和传动螺纹两大类。连接螺纹最常见的有三种,即粗牙普通螺纹、细牙普通螺纹和管螺纹。

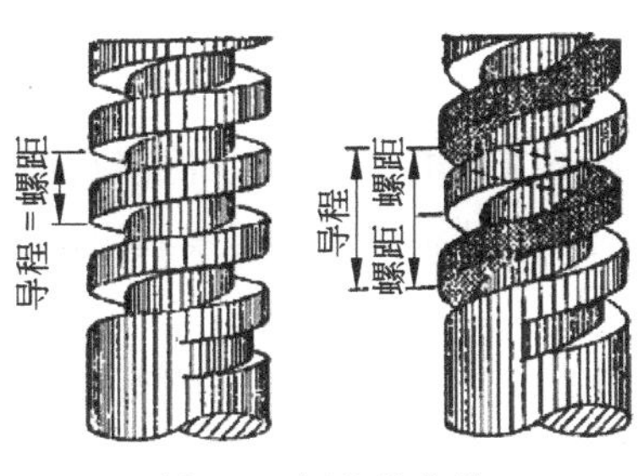

图 8-4　螺纹的线数

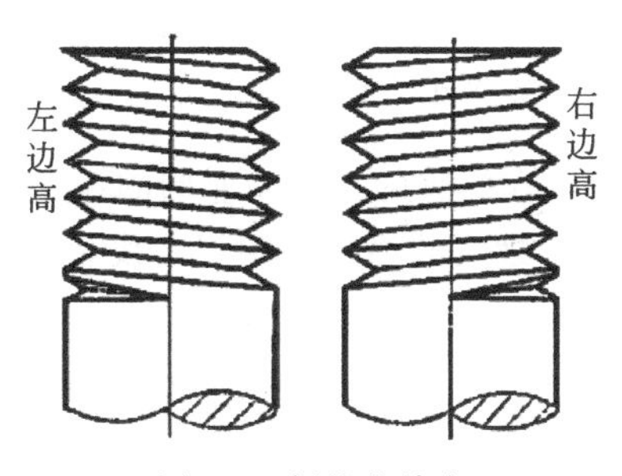

图 8-5　螺纹的旋向

连接螺纹的共同特点是牙型都为三角形，其中普通螺纹的牙型角为 60°，管螺纹的牙型角为 55°。普通螺纹中的粗牙与细牙的区别是：在大径相同的条件下，细牙的螺距比粗牙的螺距小。

常用标准螺纹见表 8-1。

表 8-1　常用标准螺纹

螺纹种类及牙型符号		外　形　图	内、外螺纹旋合后牙型放大图	功　　用
连接螺纹	粗牙普通螺纹 M			它们是最常用的连接螺纹。细牙螺纹的螺距比粗牙螺纹小，切深较浅，用于细小的精密零件或薄壁零件
	细牙普通螺纹 M			
	非螺纹密封的管螺纹 G			用于水管、油管、煤气管等薄壁管子上，是一种螺纹深度较浅的特殊细牙螺纹，仅用于管子的连接
传动螺纹	梯形螺纹 Tr			作传动用，各种机床上的丝杠多采用这种螺纹
	锯齿形螺纹 B			只能传递单向动力，例如螺旋压力机的传动丝杠就采用这种螺纹

5. 螺纹的规定画法

(1) 在螺纹的投影为非圆的视图中,内、外螺纹的牙顶画粗实线,内、外螺纹的牙底画细实线。螺纹的终止线用粗实线表示,螺纹上的倒角或倒圆部分用粗实线画出。在倒角或倒圆内的牙底细实线也应画出。

在螺纹的投影为圆的视图中,表示牙底的细实线圆只画 3/4 圈,此时螺纹上的倒角或倒圆省略不画。如图 8-6 所示为外螺纹的画法,如图 8-7 所示为内螺纹的画法。

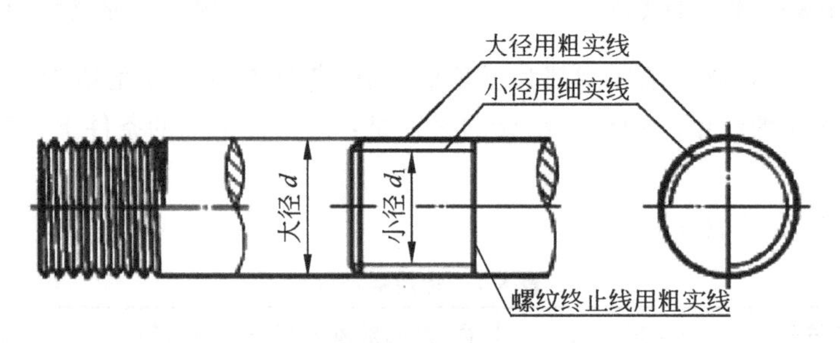

图 8-6 外螺纹的画法

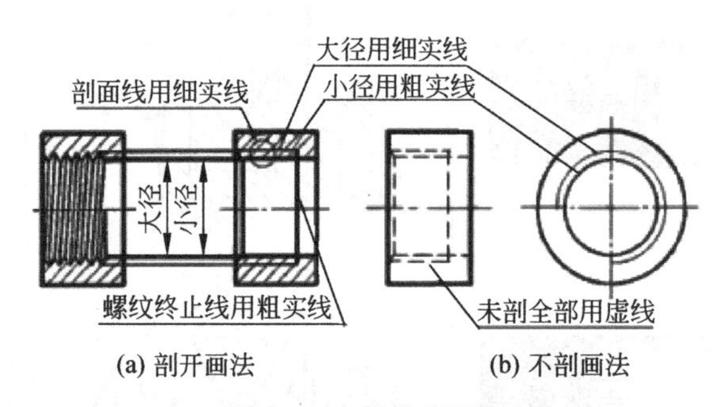

(a) 剖开画法　　(b) 不剖画法

图 8-7 内螺纹的画法

(2) 当螺纹需要剖切时,剖面线要画到表示牙顶的粗实线处。

(3) 当需要表示螺纹牙型时,可采用局部剖视或局部放大图来表示,如图 8-8 所示。

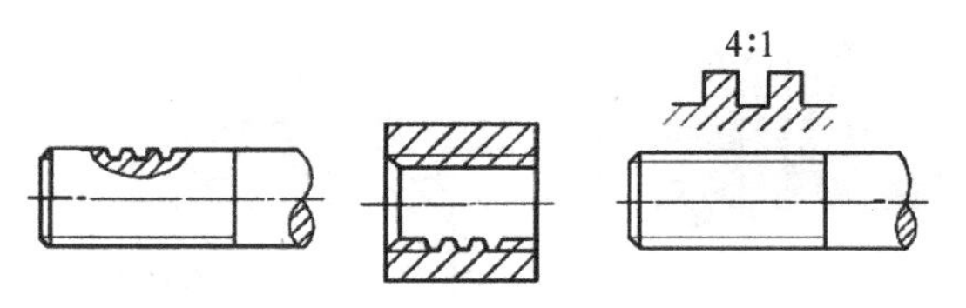

图 8-8 螺纹牙型的表示方法

(4) 绘制不穿通的螺孔时,钻头角按照 120°来画,一般应将钻孔深度与螺纹部分的深度分别画出,如图 8-9 所示。

(5) 当内外螺纹旋合在一起时,在剖视图中内、外螺纹旋合的部分应按外螺纹的画法绘制,其余部分仍按各自的画法来画。内、外螺纹旋合时,外螺纹大径的粗实线要与内螺纹大径的细实线对齐;外螺纹小径的细实线要与内螺纹小径的粗实线对齐,而且外螺纹的终止线不要画到内螺纹之内(即外螺纹的螺纹长度应大于旋入深度),如图 8-10 所示。

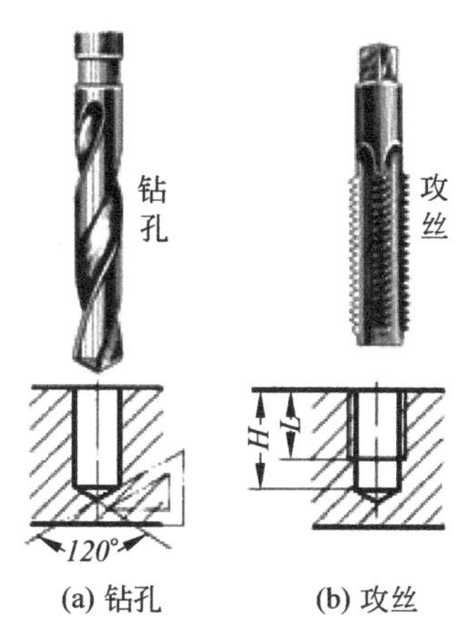

图 8-9　不穿通螺纹的画法

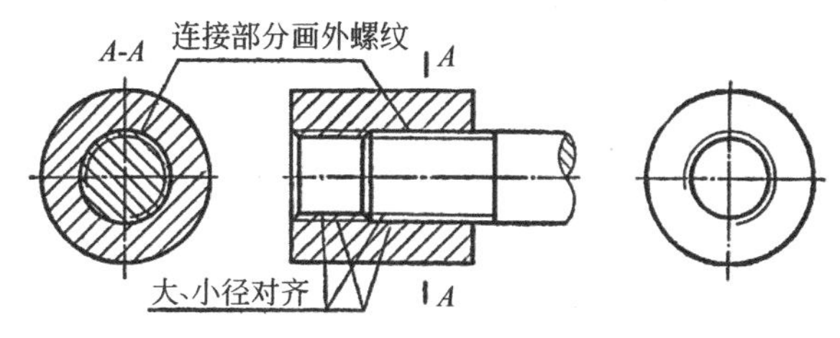

图 8-10　螺纹连接的画法

6. 螺纹的标注

根据国家标准规定，螺纹的标注由下列各部分组成：

螺纹特征代号 公称直径×螺距(或导程/线数)旋向—公差带代号—旋合长度

在标注时，对常用的单线、右旋螺纹，其线数和旋向可省略不标注。左旋螺纹用 LH 表示。

螺纹公差带代号包括中径公差带代号和顶径(外螺纹为大径，内螺纹为小径)公差带代号。公差代号由公差等级(用数字表示)和基本偏差代号(用英文字母表示)组成，例如：6H、7g 等。如果螺纹中径公差带代号与顶径公差带代号不同，则分别注出。前者表示中径公差带，后者表示顶径公差带。如果中径和顶径公差带代号相同，则只标注一个代号。

螺纹的旋合长度规定为短(S)、中(N)、长(L)三种。当选用 N 时，可省略不标。一般情况下都选用 N，必要时可选用 S 或 L。

常用螺纹的种类、牙型与标注见表 8-2。

表 8-2　常用螺纹的种类、牙型与标注

螺纹类别		牙型及外形图	主要用途	特征代号	标注方法	示例
连接螺纹	粗牙普通螺纹	60°	用于一般机件的连接部分	M	*M*20－6*g* 中径和顶径公差带代号 公称直径 牙型代号(粗牙不注螺距)	*M*20－6*g*
	细牙普通螺纹		用于薄壁机件和紧密连接的部分	M	*M*20×1.5–5*g*6*g* 顶径公差带代号 中径公差带代号 螺距 公称直径 牙型代号	*M*20×1.5–5*g*6*g*

续表

螺纹类别		牙型及外形图	主要用途	特征代号	标注方法	示例
连接螺纹	圆柱管螺纹	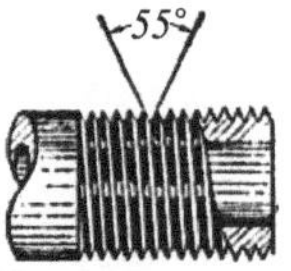 55°	用于连接管件	R_P	G 1″ 公称直径 牙型代号	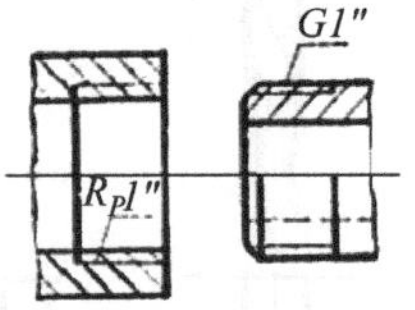 G1″ R_P1″
	圆锥管螺纹	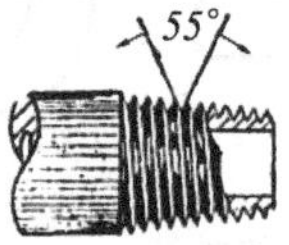 55°	用于密封性强的连接(圆锥管螺纹锥度为1∶16)	R_C R_1/R_2	R_C 1/2″ 公称直径 牙型代号	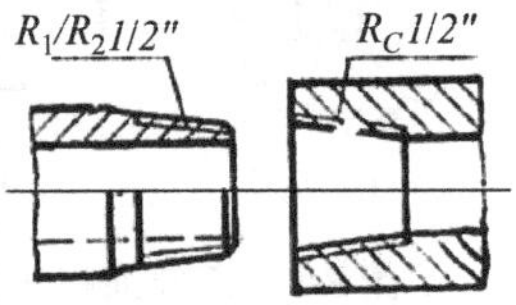 $R_1/R_2$1/2″ R_C1/2″
	圆锥螺纹	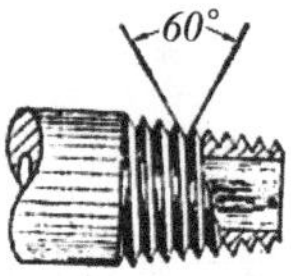 60°	用于中、高压液压系统	NPT	NPT 3/4″ 公称直径 牙型代号	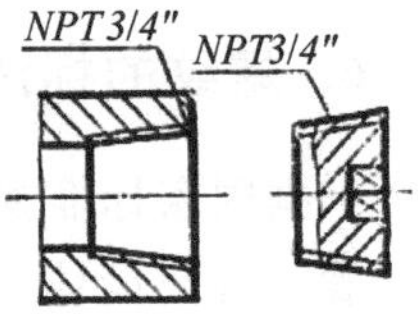 NPT3/4″ NPT3/4″
传动螺纹	梯形螺纹	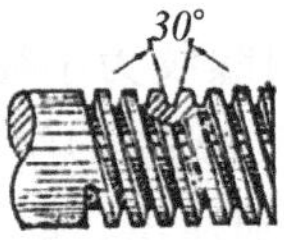 30°	用于需承受两个方向的轴向力的地方(例如车床丝杠)	T_r	T_r 40×14(P7)LH −7H 公差带代号 旋向 螺距 导程 公称直径 牙型代号	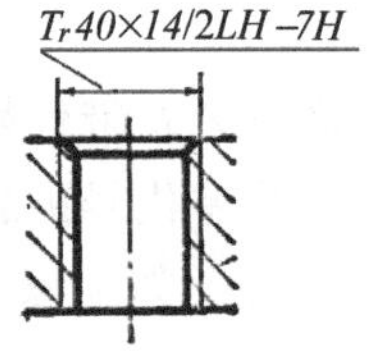 T_r40×14/2LH −7H
	锯齿形螺纹	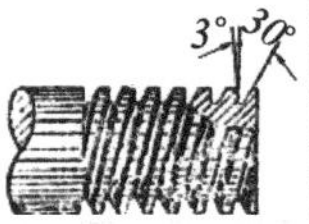 3° 30°	用于只承受单向轴向力的地方(如虎钳、千斤顶的丝杆等)	B	B32×6LH 旋向 螺距 公称直径 牙型代号	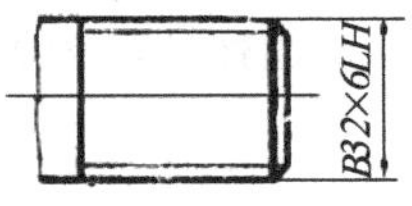 B32×6LH

注：由于螺纹的种类不同，标注的具体要求也不同，标注时应查阅相关的标准。

8.2 螺纹紧固件

8.2.1 螺纹紧固件的种类及用途

常用的螺纹紧固件有螺栓、双头螺柱、螺钉、螺母和垫圈等，如图 8-11 所示。

螺栓连接用于被连接件允许钻成通孔的情况，如图 8-12(a)所示。双头螺柱连接用于被连接件之一较厚或不允许钻成通孔的情况，双头螺柱两端都有螺纹，其中一端旋入被连接件的螺孔内，如图 8-12(b)所示。螺钉连接则用于不经常拆卸和受力较小的连接中，按其用途可分为连接螺钉和紧定螺钉，如图 8-12(c)和图 8-13 所示。螺母是和螺栓或双头螺柱旋合在一起进行连接的。垫圈放在螺母下面，可避免旋紧螺母时损伤被连接件的表面。弹簧垫圈还可防止螺母松动脱落。

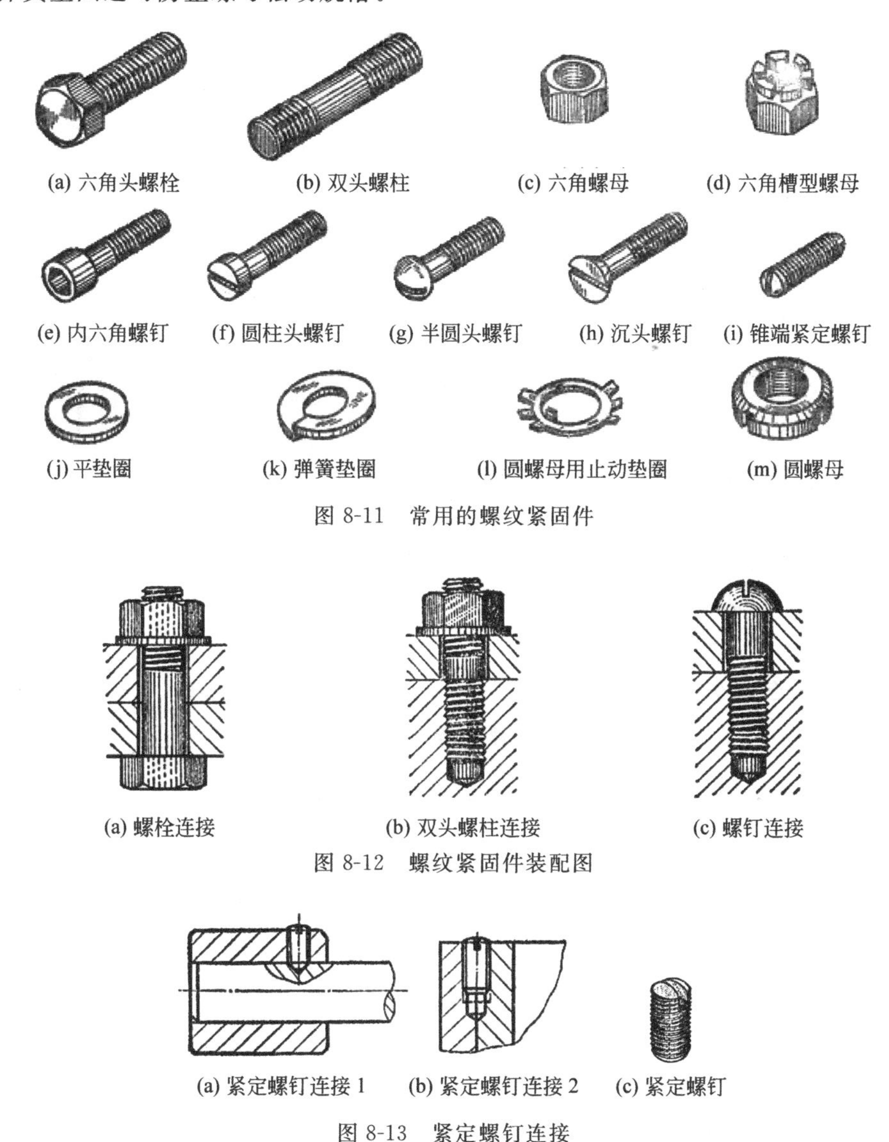

图 8-11　常用的螺纹紧固件

图 8-12　螺纹紧固件装配图

图 8-13　紧定螺钉连接

8.2.2　螺纹紧固件的画法和标记

常用的螺纹紧固件都是标准件，因此在设计时，只需注明其规定标记，外购即可，不需要画出零件图。在画螺纹紧固件装配图时，为了作图方便，不必查表按实际数据画出，而是采用比例画法。所谓比例画法,即除了有效长度 L 需要计算、查有关标准确定外,其他各部分尺寸都取与螺纹大径成一定的比例画图,如图 8-14 所示。

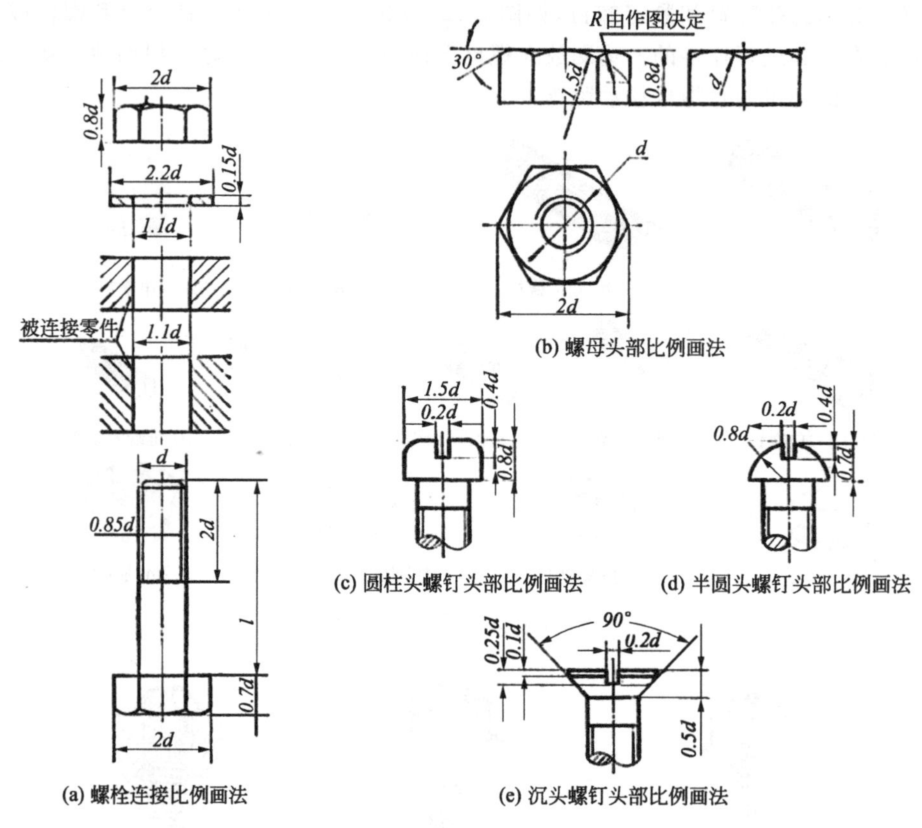

图 8-14　螺栓、螺母、螺钉头部的比例画法

标准的螺纹紧固件,都有规定的标记,标记的一般格式如下:

螺纹紧固件名称 类型及代号 标准号

例如:螺柱 M10×50 GB/T898—1988,表示两端均为粗牙普通螺纹,公称直径为 10mm,有效长度(不包括旋入端的长度)为 50mm,旋入被连接件的长度为 1.25d 的双头螺柱。

8.2.3　螺纹紧固件连接装配图的画法

图 8-15、图 8-16 和图 8-17 所示分别为螺栓、双头螺柱和螺钉装配图的画法,其规定画法如下:

(1) 在两个被连接件的接触面处画一条粗实线。

(2) 作剖视所用的剖切平面沿轴线(或对称中心线)通过实心件或标准件(螺栓、双头螺柱、螺钉、螺母、垫圈)时,这些零件均按不剖绘制。

(3) 在剖视中,表示相互接触的两个零件时,它们的剖面线方向应该相反,而同一个零件的剖面线的方向和间隔在各剖视图中应相同。

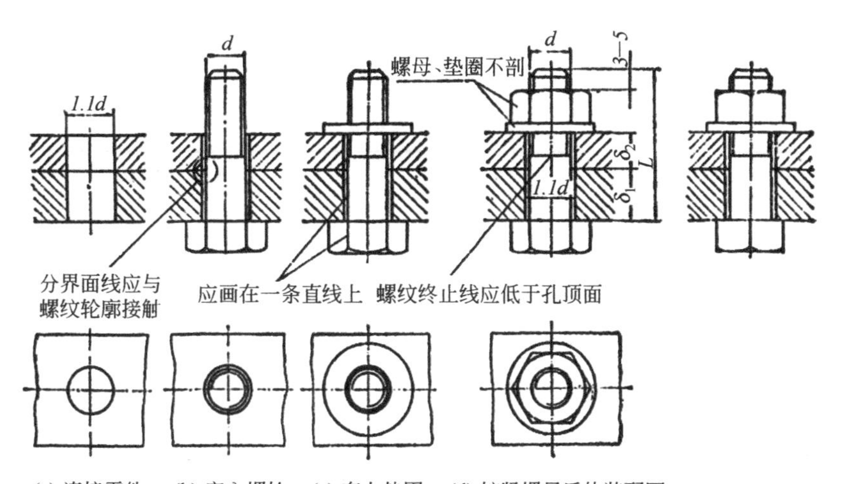

(a) 连接零件　(b) 穿入螺栓　(c) 套上垫圈　(d) 拧紧螺母后的装配图

图 8-15　螺栓装配图的画法

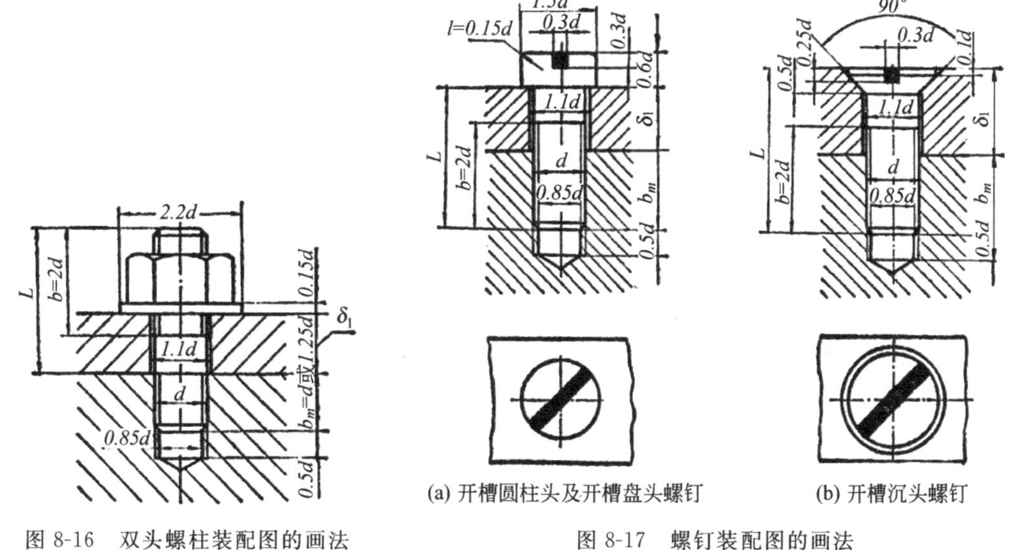

(a) 开槽圆柱头及开槽盘头螺钉　(b) 开槽沉头螺钉

图 8-16　双头螺柱装配图的画法

图 8-17　螺钉装配图的画法

螺纹紧固件有效长度 L 的确定：

(1) 由图 8-15 可以看出螺栓的有效长度 L 的大小可按下式计算：

$$L = \delta_1 + \delta_2 + 0.15d(\text{垫圈厚度}) + 0.8d(\text{螺母厚度}) + (3 \sim 5)$$

一般螺栓末端伸出螺母外部 3～5mm 左右。计算出 L 值后，再根据 L 值查有关标准，选取相近的标准数值作为螺栓的实际长度。

(2) 双头螺柱的有效长度 L 是指双头螺柱上无螺纹部分长度与拧紧螺母部分长度之和，如图 8-16 所示，可按下式计算：

$$L = \delta_1 + 0.15d(\text{垫圈厚度}) + 0.8d(\text{螺母厚度}) + (3 \sim 5)$$

然后根据计算出的 L 值查有关标准，选取相近的标准数值。

双头螺柱旋入被连接件的一端称为旋入端，其长度用 b_m 表示。b_m 与被连接件的材料有关，见表 8-3，旋入后应保证连接可靠。

表 8-3　旋入端长度

被旋入零件的材料	旋入端长度 b_m
钢、青铜	$b_m = d$
铸铁	$b_m = 1.25d$ 或 $1.5d$
铝	$b_m = 2d$

(3) 螺钉的有效长度 L 可按下式计算：

$$L = \delta_1 + b_m$$

b_m 为螺钉的旋入端，取值见表 8-3。螺纹长度 $b = 2d$，使螺纹终止线伸出螺纹孔端面，以确保螺纹连接时能使螺钉旋入、压紧，如图 8-17 所示。

【例 8-1】 螺纹连接件的画法比较烦琐，容易出现错误。下面以图 8-18 所示的双头螺柱连接为例进行说明。

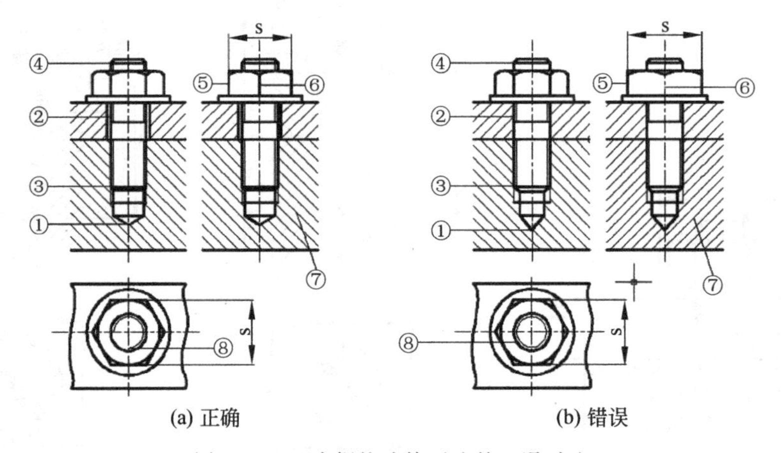

(a) 正确　　(b) 错误

图 8-18　双头螺柱连接画法的正误对比

(1) 钻孔锥角应为 120°；

(2) 被连接件的孔径为 1.1d，此处应画两条粗实线；

(3) 内、外螺纹的大、小径应对齐，与小径倒角无关；

(4) 应有螺纹小径(细实线)；

(5) 左、俯视图宽度应相等；

(6) 应有交线(粗实线)；

(7) 同一零件在不同视图上剖面线的方向、间隔都应相同；

(8) 应有 3/4 圈细实线，倒角圆不画。

第 9 章 零件图

本章主要介绍零件图的作用、内容、表达方法、技术要求和用 AutoCAD 绘制零件图的方法。通过本章的学习，应掌握以下内容：

- 零件图的作用、内容、表达方法；
- 完整、正确、清晰地标注零件图上的尺寸；
- 表面粗糙度的概念及标注方法；
- 公差的概念及标注方法；
- 阅读零件图的方法；
- 零件的测绘方法；
- 使用 AutoCAD 软件绘制零件图的方法和步骤。

9.1 零件图的作用和内容

一台机器或一个部件是由若干个零件按照一定的装配关系和技术要求装配在一起的，零件是组成机器的最小单元。在现代生产中零件是依据图纸来加工的。

1. 零件图的作用

零件图就是表示单个零件的图样。它是根据零件在装配体中所起的作用、位置，以及与其他零件的装配关系而设计、绘制的。它表达了零件的结构形状、尺寸、技术要求、所用材料和在装配体中所用的数量等信息。因此，零件图是制造、检验零件的重要技术文件。由于它与生产息息相关，因此绘制零件图必须认真仔细，任何差错都可能造成废品。

2. 零件图的内容

以图 9-1 所示的滚轮零件图为例，可以看出，零件图包括以下四部分内容。

(1) 一组视图：完整、清晰地表达出零件内、外形的结构形状。可以采用前面介绍过的视图、剖视图、断面图及简化画法等各种表达方法。

(2) 完整的尺寸：确定零件各部分结构大小及其位置的全部尺寸。

(3) 技术要求：说明零件制造、检验时应达到的一些要求，如尺寸公差、形状位置公差、表面粗糙度、热处理及表面涂覆等。

(4) 标题栏：说明零件的名称、材料、数量、图号、比例及设计、绘图、校核等人员的签名和日期。

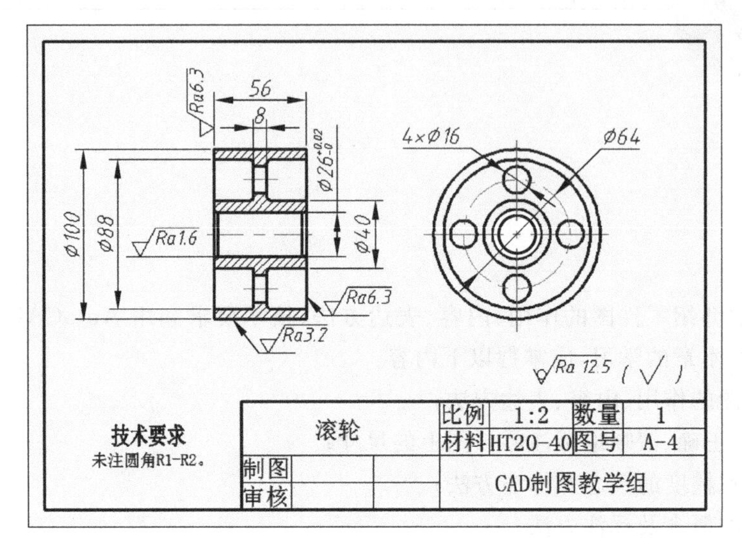

图 9-1　滚轮零件图

9.2　零件图的表达方法

为了将零件内外结构和形状正确、完整、清晰地表达出来，又能使读图方便，绘图简单，就必须了解零件在机器上的位置、作用、性能和装配关系，根据零件的特点和复杂程度正确、灵活、综合地运用前面章节所学到的表达物体的各种方法，绘制出合格的零件图。

9.2.1　零件图的视图选择

在实际生产中所遇到的零件是千差万别的，要想完整、准确地将其形体表达出来，关键是合理地选择表达方案，即应认真考虑主视图的选择及其他视图的数量、画法的选择。

确定零件表达方法的原则是：

(1) 在表达零件结构形状完整、清晰的前提下，选择视图的数量越少越好，力求绘图简单，看图容易。

(2) 优先考虑主视图。一般选择反映零件形状特征较多的面作为主视图，同时也应尽量使主视图满足零件加工位置或符合零件在机器中的工作位置。

(3) 其他视图的选择。根据零件的复杂程度，以结构为线索，主视图为基础来配置其他视图，使各个视图各有侧重，又相互配合。优先选择左视图、俯视图，同时在基本视图之上作适当剖视。

下面介绍几种典型零件的视图选择。

1. 轴类零件

轴类零件是机器中应用很广泛的一类零件。它主要用来支撑传动件(如齿轮、皮带轮等)和传递动力。

1) 结构特点

这类零件多数由共轴线的回转体(大部分为圆柱体)构成。它的轴向尺寸远远大于径向尺寸,一般是用圆棒料在车床上或磨床上加工出来。由于使用和加工的需要,轴上常有一些螺纹、键槽、倒角、中心孔和结构平面等。车床加工轴类零件如图 9-2 所示。

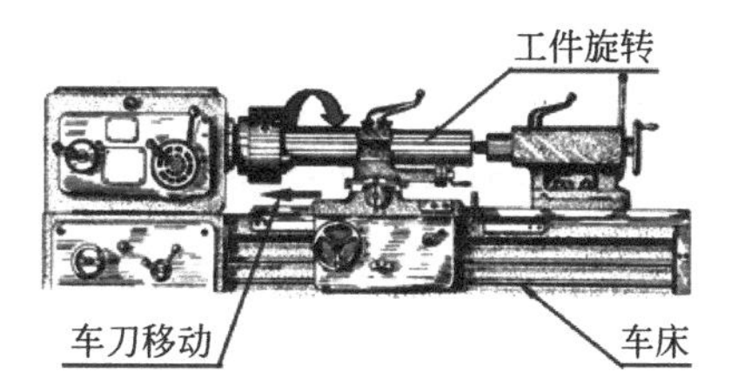

图 9-2 车床加工轴类零件

2) 视图表达

(1) 选择轴类零件的主视图时,一般考虑加工位置,轴线水平放置,如图 9-3 所示。这样的主视图也反映了零件的形体特征,便于看图。

(2) 由于轴的主要形体是回转体,所以一般只画一个视图即主视图就可将轴的主体形状表达清楚,同时必须注明直径尺寸符号 ϕ。

(3) 对轴上的孔、槽、结构平面等细节部分,采用剖面、局部剖视、局部放大图等来表达。

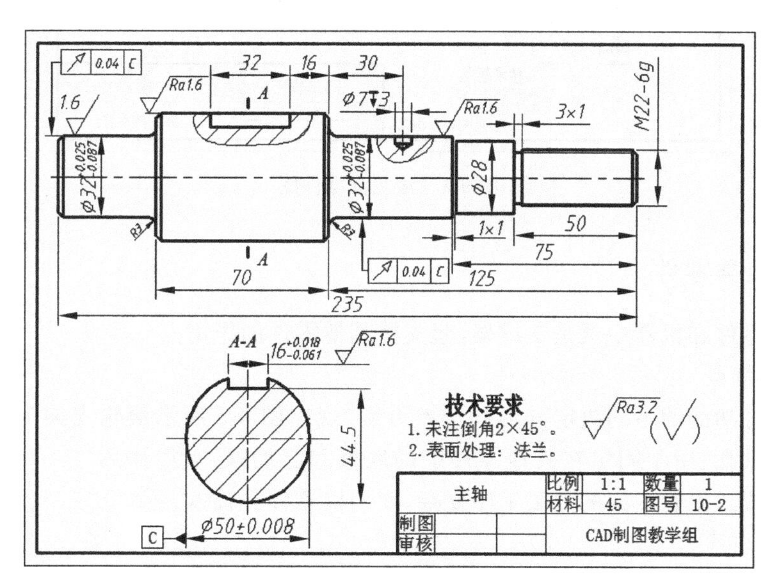

图 9-3 主轴零件图

2. 盘类零件

盘类零件在机器中主要起传动(如齿轮、链轮、皮带轮)、支撑(如花盘)、连接(如法兰盘)、分度(如分度盘)和防护(如轴承盖)等作用。

1）结构特点

盘类零件的主体与轴类零件相似，也是回转体，但它的轴向尺寸与径向尺寸相差较小。

这类零件在圆周方向常带有呈辐射状分布的孔、槽、肋、齿等结构。这类零件多在车床上或磨床上加工。

2）视图表达

（1）选择主视图时，一般考虑加工位置，将轴线水平横放，并画成剖视图，如图 9-4 所示。这样的选择也能更多地反映零件的形体特征。

（2）除主视图外，还常画出左视图（或右视图）来表明孔、槽、肋等的分布情况。

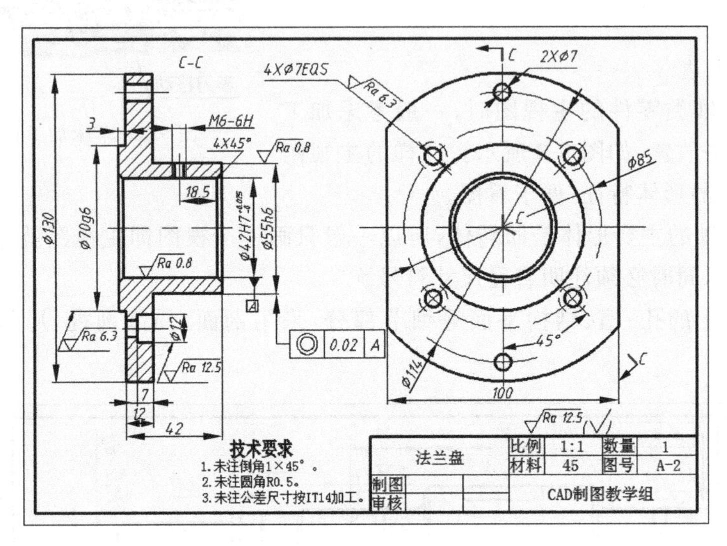

图 9-4　法兰盘零件图

3. 支架类零件

支架类零件在机器中就是支撑架，起支撑其他零件的作用。

1）结构特点

这类零件功能的不同决定其形状千差万别，现以图 9-5 所示滚轮支架为例说明。它由支撑轴的轴孔、用于固定在其他零件上的底板和起加强、支撑作用的肋板等组成。滚轮支架的加工工序复杂，使用机器种类较多。

图 9-5　滚轮支架

2）视图表达

（1）滚轮支架的加工工序较多，故选择主视图时，一般按工作位置放置，如图 9-6 所示。组成该零件的几何形体（如圆筒、肋板和底板等）及其相对位置，都表达得比较清楚，而且滚轮支架上的两个螺栓孔及凸台也表达出来。这样的选择能较为充分地表达该零件的形体及结构特征。

（2）滚轮支架的主视图仅表达了零件的主要形状，但滚轮支架的内腔结构、底板形状、肋板的断面形状等，仍然没有表达清楚。在图 9-6 中，通过全剖左视图来表达滚轮支架内腔结构及肋板、螺纹孔等形状。俯视图则表达了底板和肋板的形状。

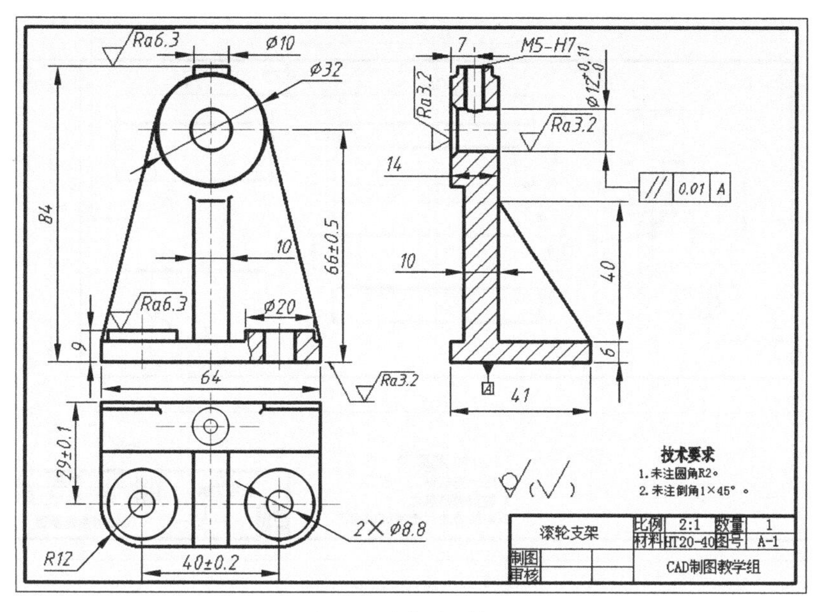

图 9-6　支架类零件图

4. 薄板类零件

薄板类零件在电子、仪表等行业大量使用，大到机柜、机箱的底板、面板，小到压板、焊片、簧片。据统计，在电子、仪表和无线电设备中的结构件 80％为薄板零件。这些零件通常是在常温下使用一次或多次冲床加工，无需或经过少量金属切削加工制造出来的。此类零件又称为钣金件。

1）结构特点

这类零件厚度均匀，孔、槽多为通孔，弯角处带有圆角，种类很多。它们大多数使用厚度小于 3mm 的薄板加工制成。

2）视图表达

以板状零件仪器面板为例，一般使用一个主视图反映其平面的形状即可。当然应选用最能反映其形状特征的平面，如图 9-7 所示，这样既反映了孔的形状尺寸又反映了各孔之间的位置尺寸。需要注意的是，通过加注板厚尺寸，略画了一个视图。

如遇有弯折或侧面孔的零件，应将主弯方向作为主视图的投影方向，然后根据情况再加一两个基本视图或剖视图，如有必要可采用展开图标注尺寸，如图 9-8 所示。

5. 结合件

结合件就是用焊接、铆接、粘合、镶合等方式将两个或多个相同或不同的零件连接在一起，形成一个组件。结合件在功能上往往仅起到零件的作用，但在视图表达上是按装配图表达的(有关装配图的详细介绍见本书第 10 章)。下面以镶合件扭轮为例说明，其他组

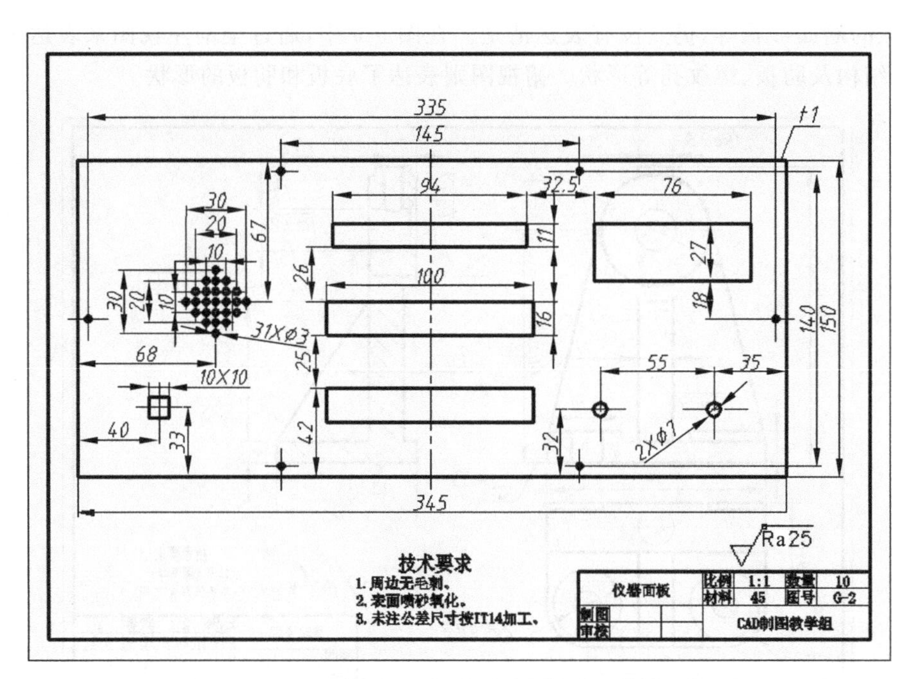

图 9-7　薄板类零件图

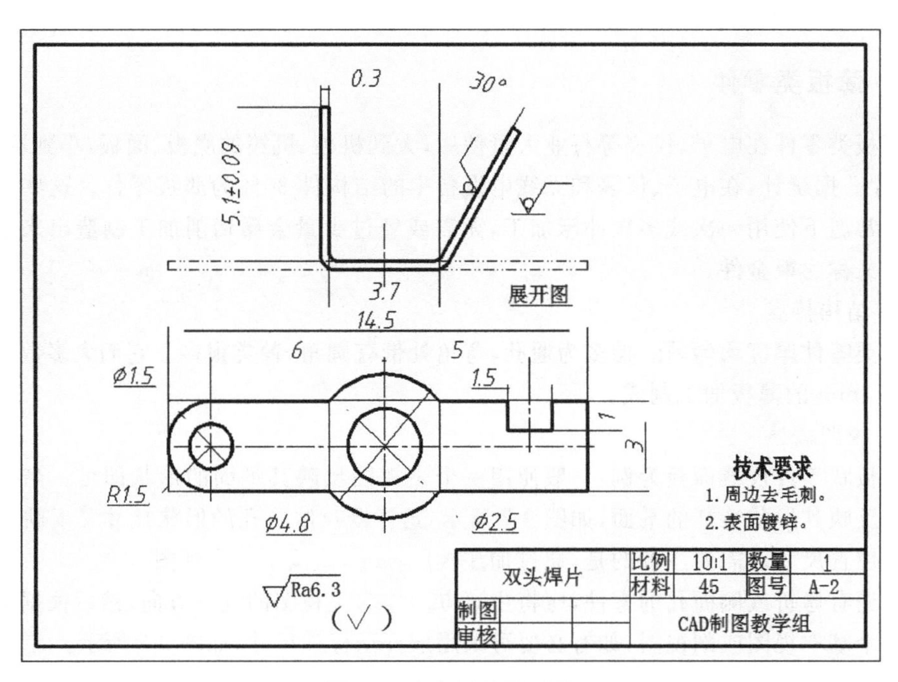

图 9-8　弯角件的展开图

合件的表达基本类似。图 9-9 是表示某仪表扭轮组件的装配图，它既表达出金属材料与塑料的结合关系，又清楚表达出塑料部分的全部结构形状。螺杆只需画出外形及标注与塑料的相对位置尺寸，而其他详细内容由图 9-10 螺杆的零件图表示。

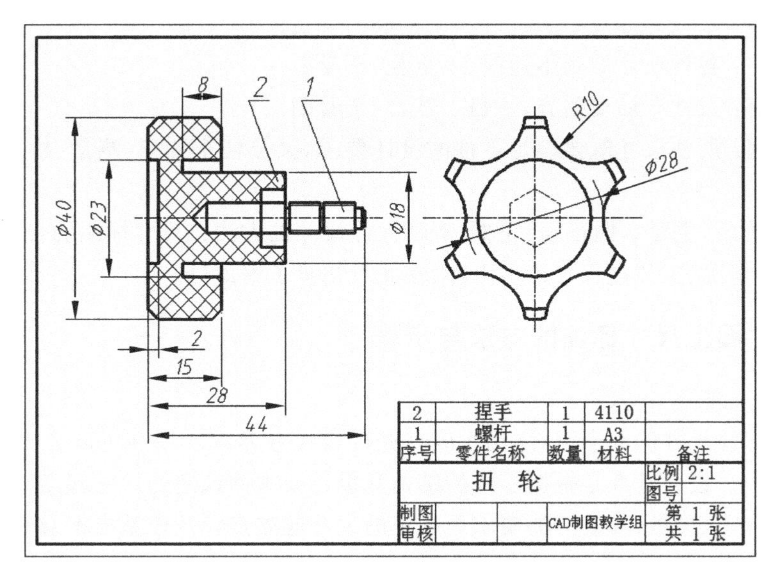

图 9-9　扭轮组件图

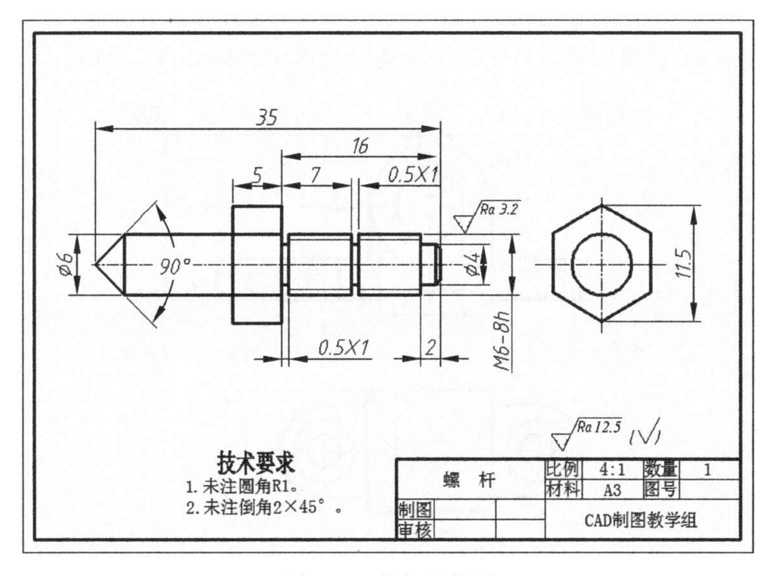

图 9-10　螺杆零件图

9.2.2　零件图的尺寸标注

1. 零件图上尺寸标注的要求

零件图上的尺寸是零件加工、检验的重要依据。如果尺寸标注有误，就会给生产带来困难，甚至造成废品，因此，在标注尺寸的学习阶段就要培养认真负责、一丝不苟的严谨作风。尺寸的标注应达到以下要求：

(1) 正确：尺寸的标注必须符合国家标准的规定。

(2) 完整：各种尺寸做到不遗漏、不重复、不矛盾。

(3) 清晰：尺寸布局要整齐，一目了然，便于看图。

(4) 合理：所注尺寸既要满足零件的设计要求，又要便于加工、测量、检验，符合工艺要求。

在学习阶段，主要掌握正确、完整、清晰标注尺寸的方法。尺寸标注的合理性，涉及生产条件、设备情况、工艺过程等诸多内容，在此只初步了解即可。

2. 零件图上尺寸标注的方法与步骤

1) 确定基准

基准是标注尺寸的起点，标注尺寸应首先确定尺寸基准。基准可以分为设计基准和工艺基准两类。设计基准是根据零件的结构和设计要求而选定的尺寸起点。工艺基准是根据零件在加工、测量、安装时的要求而选定的尺寸起始点。按照基准本身的几何形式可分为以下三种，应分析零件形体特点选择适当基准。

(1) 平面基准：一般是零件上的加工表面(特别是先加工的较大平面)，如底面、端面、对称面或与其他零件配合的结合面等。如图 9-11 所示的轴承座，其高度方向的尺寸是以底面为基准的，长度和宽度方向的尺寸是以轴承座对称面为基准的。

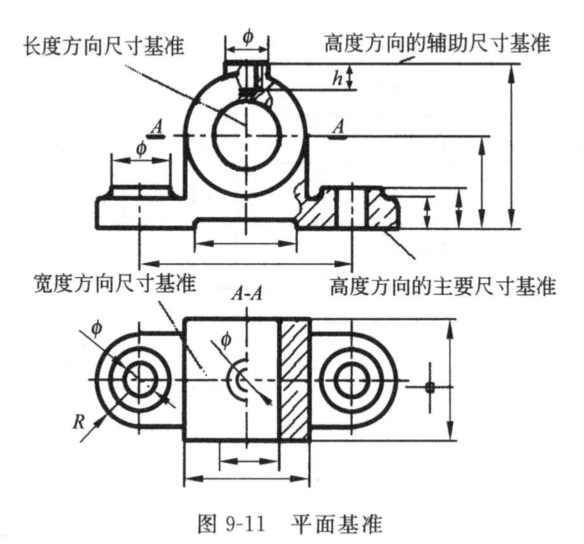

图 9-11 平面基准

(2) 直线基准：一般是回转轴线。如图 9-12 所示，确定各直径尺寸的起点都是以回转轴线为基准。

(3) 点基准：一般为曲线轮廓的板状零件或轮、盘类零件上沿圆周分布的孔的画线基准，这时零件被看成平面图形。如图 9-13 所示的盘状零件上，沿圆周方向分布孔，其定位尺寸是以圆的中心(点)为基准的。

有时在零件的长、宽、高三个方向上各选一个基准还不够，往往一个方向上有两个以上的基准，其中起主要作用的是主要基准，起辅助作用的称辅助基准。如图 9-11 中高度

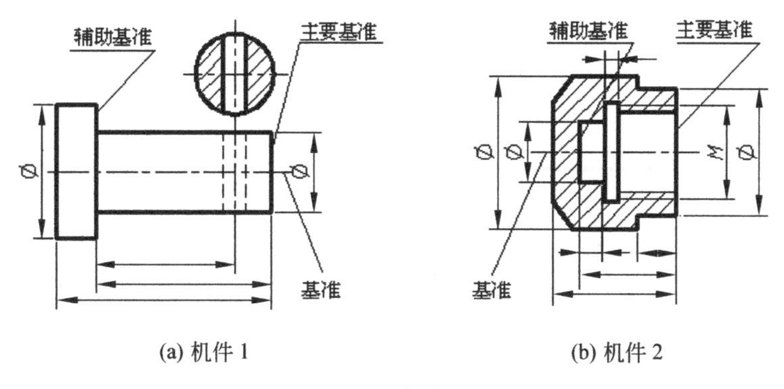

图 9-12　直线基准

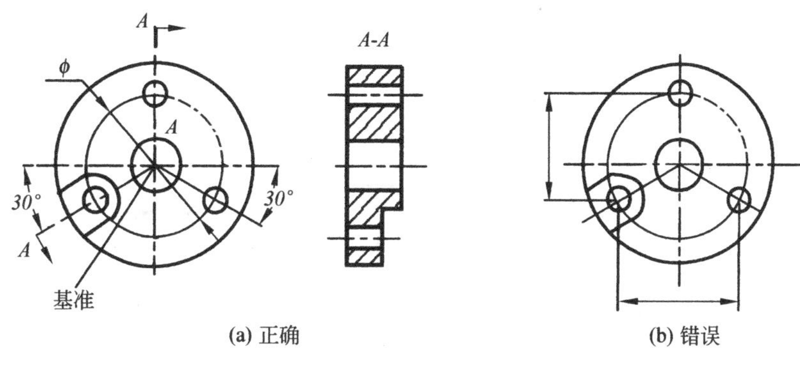

图 9-13　点基准

方向的尺寸主要是以底面为基准，而尺寸 h 则是以顶面为基准，顶面对于测量 h 比较方便，故称为高度方向的辅助基准。

2）标注定形、定位尺寸

所谓定形尺寸，即确定零件中各基本形状和大小的尺寸。如图 9-14(a)所示，标注的尺寸都是定形尺寸。所谓定位尺寸，即确定零件中各基本形体之间相对位置的尺寸，如图 9-14(b)所示是标注的定位尺寸。

3）标注总体尺寸

所谓总体尺寸，即表示零件在长、宽、高三个方向的最大尺寸。总体尺寸有时会与定形或定位尺寸重合，注意不要重复标注。

3. 尺寸标注应注意的几个问题

1）尺寸标注应避免出现封闭的尺寸链

标注零件各段尺寸时，这些尺寸如果按一定顺序互相衔接、形成链条，称为尺寸链。尺寸标注一般有以下三种形式，如图 9-15 所示。

组成尺寸链的各尺寸称为尺寸链的环。按加工顺序，最后得到的尺寸称为封闭环。标注零件尺寸时，应避免标注成封闭的尺寸链，如图 9-16 所示。

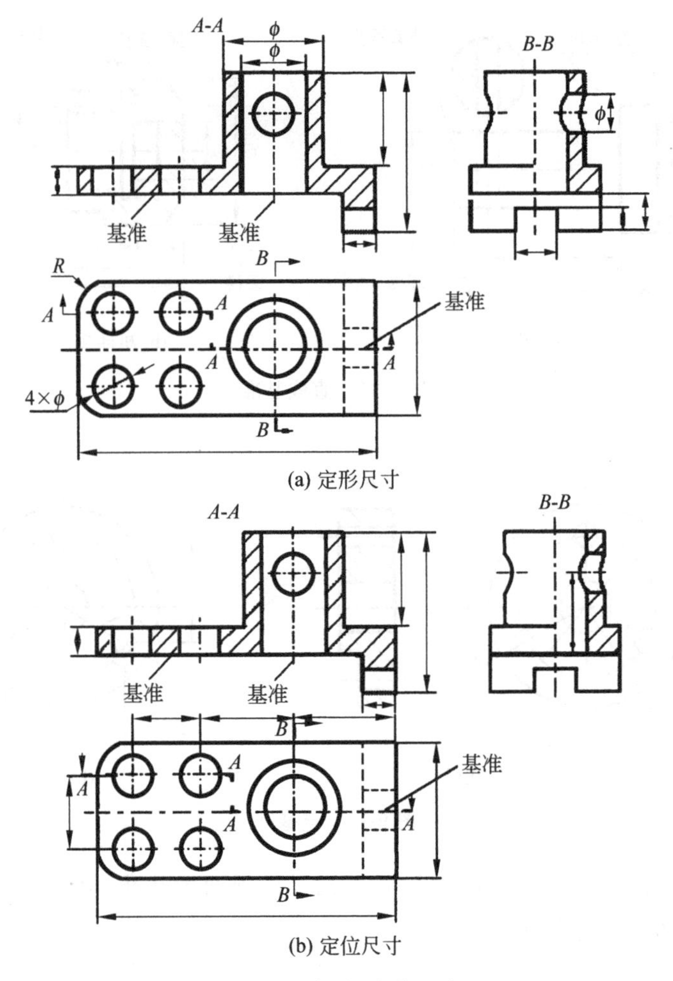

图 9-14　定形、定位尺寸

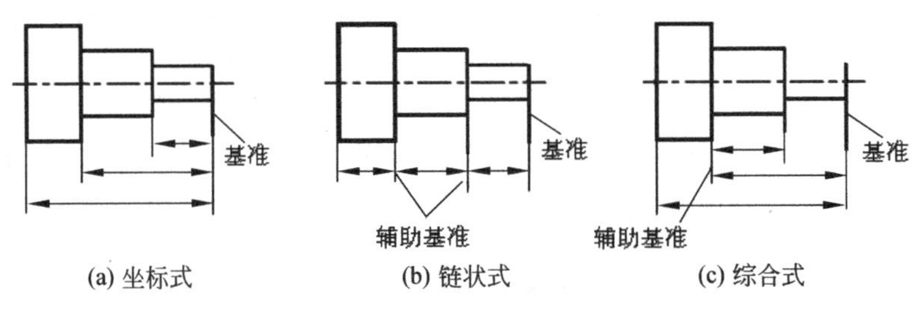

图 9-15　标注尺寸的三种形式

2）尺寸标注应考虑测量方便

尺寸标注应考虑能使用普通量具方便地进行测量，尽量减少专用量具的使用。

图 9-17(a)所示的套筒，尺寸 A 测量比较困难，改为图 9-17(b)，图中尺寸 B 就可直接测量了。

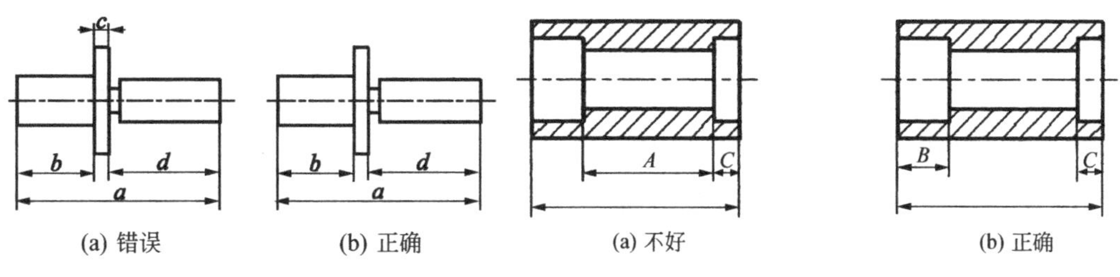

(a) 错误　(b) 正确

图 9-16　封闭的尺寸链

(a) 不好　(b) 正确

图 9-17　套筒的尺寸标注

3）标注尺寸要注意尺寸的标准化

凡是标准的零件结构要素，如长度、直径、锥度，以及倒角、倒圆、退刀槽、越程槽等，在结构确定之后，其尺寸应查阅相关机械设计手册，按标准选择。

9.3　零件图的技术要求与标注

零件图中所标注的技术要求主要反映在对表面粗糙度、极限与配合、几何公差、热处理及表面涂覆等几个方面。

9.3.1　表面粗糙度

1. 表面粗糙度的概念

零件经过机械加工，由于机床、刀具的振动，材料被切削时产生塑性变形及刀痕等原因，零件的表面不可能是一个理想的光滑表面，即使零件经过精密加工后，在放大镜下观察，其表面仍然是高低不平的，如图 9-18 所示。这种加工表面上具有的较小间距和峰谷所组成的微观几何形状特征，称为零件的表面粗糙度。它是评定零件表面的加工质量的一项重要指标。当间距和峰谷值小时，表面光滑，反之表面粗糙。

根据最新国家标准 GB/T 131—2006《产品几何技术规范(GPS)技术产品文件中表面结构的表示法》的规定，在零件图上一般按 *Ra* 值和 *Rz* 值来评定表面粗糙度，*Ra* 值是指在取样长度 *lr* 内，轮廓偏差绝对值的算术平均值，称轮廓算术平均偏差；*Rz* 值用于表示在取样长度 *lr* 内，轮廓顶峰线和轮廓谷底线之间的距离，称轮廓最大高度，如图 9-19 所示。

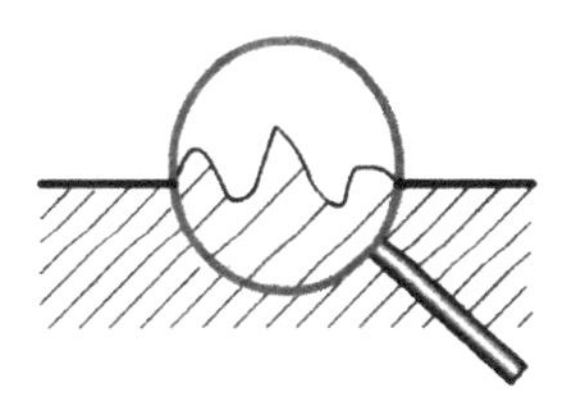
图 9-18　表面粗糙度概念

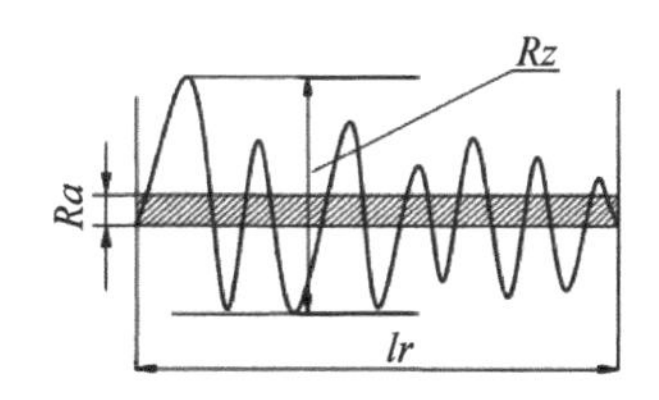

图 9-19　表面粗糙度 *Ra* 值和 *Rz* 值示意图

零件的表面粗糙度 Ra 值的获得与加工方法有关，表面质量要求越高（即表面越光滑），则加工工艺越复杂，成本也就越高，Ra 值越小；反之表面越粗糙，Ra 值越大。表面粗糙度对零件的使用性能影响很大，零件的耐磨性、抗腐蚀性及配合质量都同表面粗糙度有关。在满足使用的前提下应尽量选用较大的 Ra 值。

2. 表面粗糙度的代号及标注方法

1）表面粗糙度符号

表面粗糙度的符号及意义见表 9-1。

表 9-1　表面粗糙度符号及意义

符　　号	意义及说明
	扩展图形符号，基本符号上加一小圆，表示表面是用不去除材料的方法获得。例如：铸、锻、冲压变形、热轧、冷轧、粉末冶金等，或者是用于保持原供应状况的表面（包括保持上道工序的状况）
	完整图形符号，当要求标注表面结构特征的补充信息时，在允许任何工艺图形符号的长边上加一横线。在文本中用文字 APA 表示
	完整图形符号，当要求标注表面结构特征的补充信息时，在去除材料图形符号的长边上加一横线。在文本中用文字 MRR 表示
	完整图形符号，当要求标注表面结构特征的补充信息时，在不去除材料图形符号的长边上加一横线。在文本中用文字 NMR 表示

2）表面粗糙度符号画法

表面粗糙度符号画法如图 9-20 所示，相关数据见表 9-2。

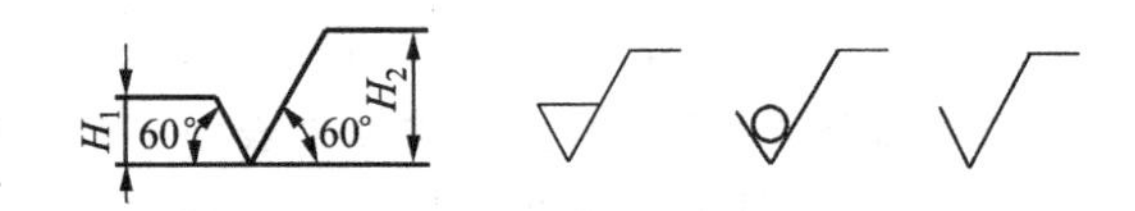

图 9-20　表面粗糙度符号画法

表 9-2　表面粗糙度符号的尺寸

数字和字母高度 h	2.5	3.5	5	7	10	14	20
符号的线宽 d'	0.25	0.35	0.5	0.7	1	1.4	2
字母的线宽 d							
高度 H_1	3.5	5	7	10	14	20	28
高度 H_2	7.5	10.5	15	21	30	42	60

3）表面粗糙度代号

在表面粗糙度符号长边横线下面注写粗糙度的参数值及其他有关规定后组成表面粗糙度代号，见表 9-3。

表 9-3　表面粗糙度代号及意义

(a) *Ra* 值的代号及意义

代　号	意　　义	代　号	意　　义
R_a 3.2	任何方法获得的表面粗糙度,*Ra* 的上限值为 3.2μm,在文本中表示为 APA：*Ra* 3.2	R_a 3.2	用去除材料方法获得的表面粗糙度,*Ra* 的上限值为 3.2μm,在文本中表示为 MRR：*Ra* 3.2
R_a 3.2	用不去除材料方法获得的表面粗糙度,*Ra* 的上限值为 3.2 μm,在文本中表示为 NMR：*Ra* 3.2	R_a 3.2 R_a 1.6	用去除材料方法获得的表面粗糙度,*Ra* 的上限值为 3.2μm,*Ra* 的下限值为 1.6μm,在文本中表示为 MRR：*Ra*3.2;*Ra*1.6

(b) *Rz* 值的代号及意义

代　号	意　　义	代　号	意　　义
R_z 3.2	任何方法获得的表面粗糙度,*Rz* 的上限值为 3.2μm,在文本中表示为 APA：*Rz* 3.2	R_a 3.2 R_z 12.5	用去除材料方法获得的表面粗糙度,*Ra* 的上限值为 3.2μm,*Rz* 的下限值为 12.5μm,在文本中表示为 MRR：*Ra* 3.2;*Rz*12.5
R_z 3.2 R_z 1.6	用去除材料方法获得的表面粗糙度,*Rz* 的上限值为 3.2μm,*Rz* 的下限值为 1.6μm,在文本中表示为 MRR：*Rz*3.2;*Rz*1.6	R_{amax} 3.2 R_{zmax} 12.5	用去除材料方法获得的表面粗糙度,*Ra* 的上限值为 3.2μm,*Rz* 的上限值为 12.5μm,在文本中表示为 MRR：*Ra*3.2;*Rz*12.5

表面粗糙度代号的标注示例见表 9-4。

表 9-4　表面粗糙度代号的标注示例

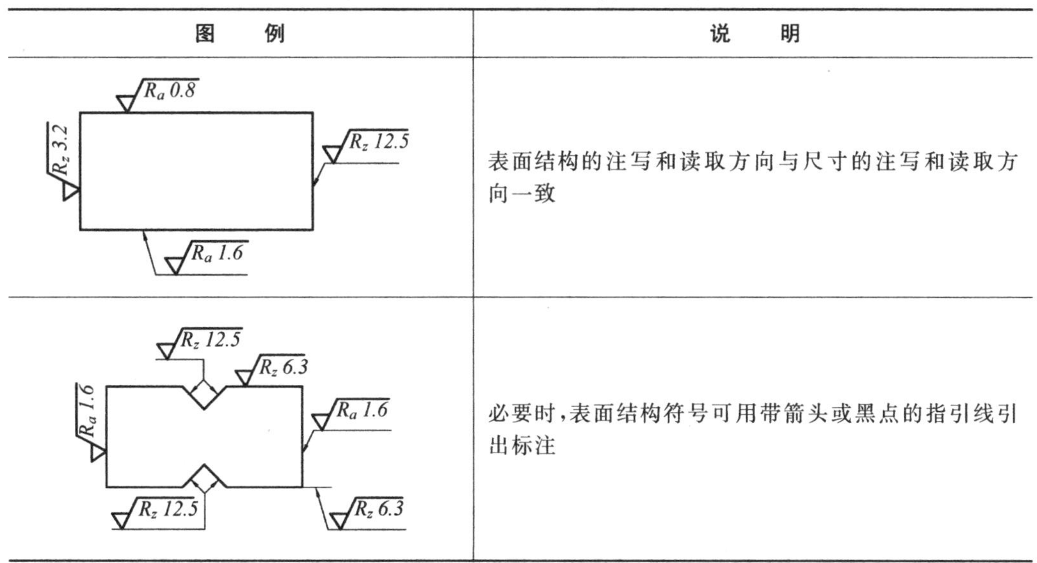

图　　例	说　　明
R_a 0.8, R_z 3.2, R_z 12.5, R_a 1.6	表面结构的注写和读取方向与尺寸的注写和读取方向一致
R_z 12.5, R_z 6.3, R_a 1.6, R_a 1.6, R_z 12.5, R_z 6.3	必要时,表面结构符号可用带箭头或黑点的指引线引出标注

续表

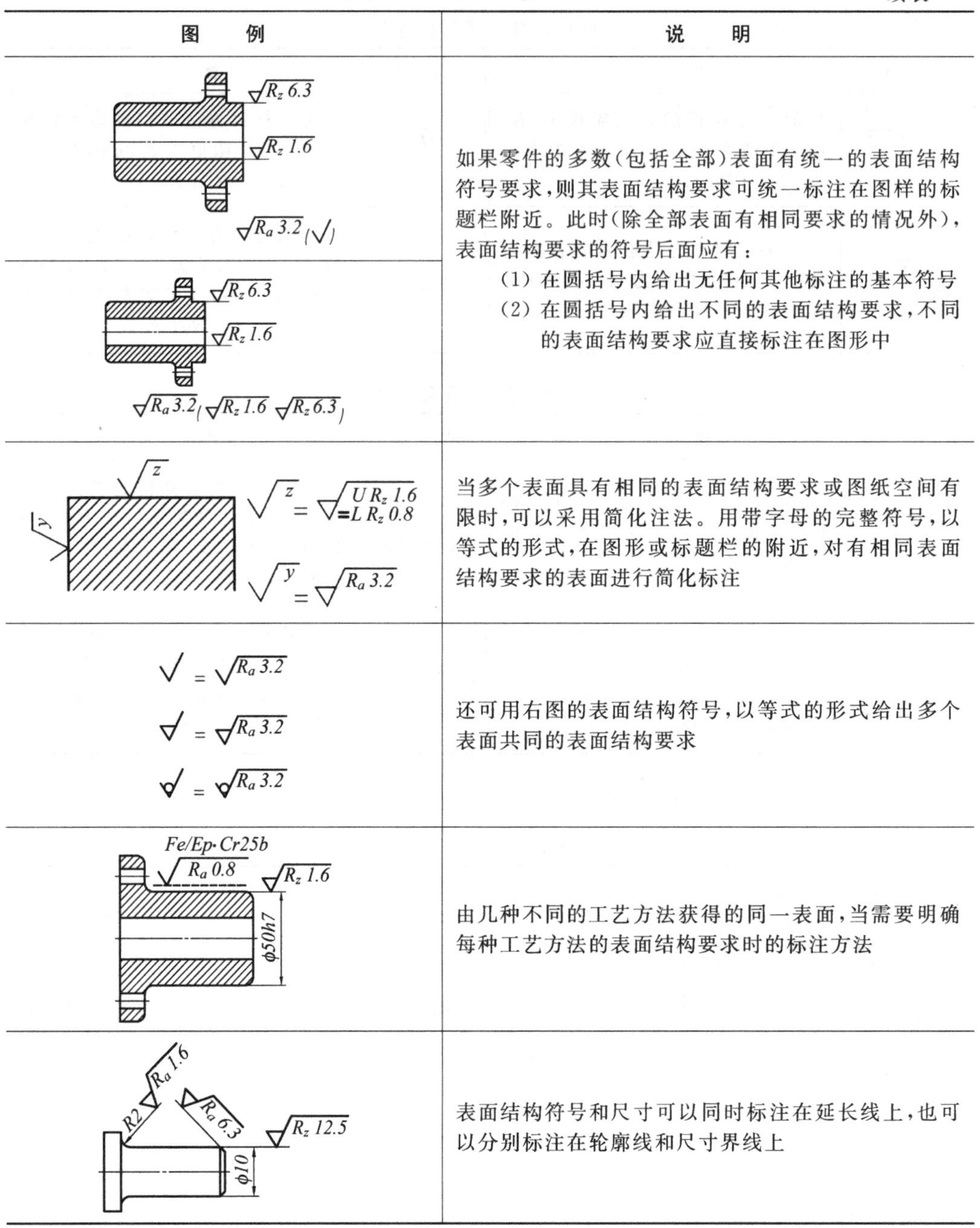

图例	说明
（见上图）	如果零件的多数（包括全部）表面有统一的表面结构符号要求，则其表面结构要求可统一标注在图样的标题栏附近。此时（除全部表面有相同要求的情况外），表面结构要求的符号后面应有： （1）在圆括号内给出无任何其他标注的基本符号 （2）在圆括号内给出不同的表面结构要求，不同的表面结构要求应直接标注在图形中
（见上图）	当多个表面具有相同的表面结构要求或图纸空间有限时，可以采用简化注法。用带字母的完整符号，以等式的形式，在图形或标题栏的附近，对有相同表面结构要求的表面进行简化标注
（见上图）	还可用右图的表面结构符号，以等式的形式给出多个表面共同的表面结构要求
（见上图）	由几种不同的工艺方法获得的同一表面，当需要明确每种工艺方法的表面结构要求时的标注方法
（见上图）	表面结构符号和尺寸可以同时标注在延长线上，也可以分别标注在轮廓线和尺寸界线上

3. 国家标准 GB/T 131—1993 介绍

鉴于目前正处于新旧粗糙度国家标准使用的过渡时期，很多教科书和企业技术文件上还存在使用老标准的情况，下面将国家标准 GB/T 131—1993 的有关内容进行简单介绍。在本章所选例题中所标粗糙度符号，有采用新标准标注也有采用老标准标注的方法，便于对照学习。

国家标准GB/T 131—1993中规定，在零件图上一般按算术平均偏差Ra值来评定表面粗糙度，Ra值是指在取样长度L内，轮廓偏差绝对值的算术平均值，如图9-21所示。

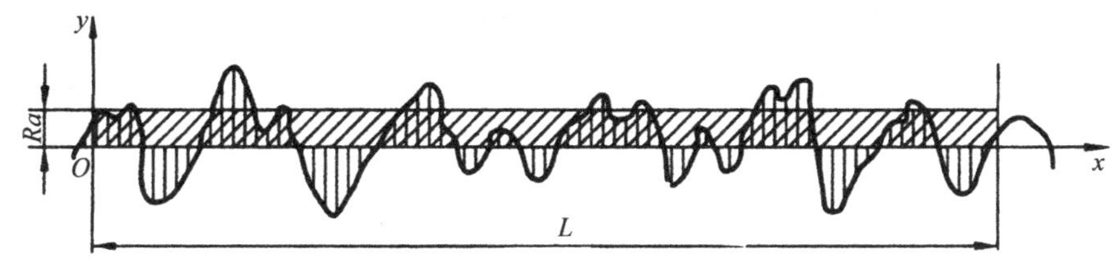

图9-21　轮廓算术平均偏差Ra

1）表面粗糙度符号

表面粗糙度的符号及意义见表9-5。

表9-5　表面粗糙度符号的意义

符　　号	意义及说明
	用任何方法获得的表面（单独使用无意义）
	用去除材料的方法获得的表面
	用不去除材料的方法获得的表面
	横线上用于标注有关参数和说明
	表示所有表面具有相同的表面粗糙度要求

2）表面粗糙度代号

在表面粗糙度符号中注写粗糙度的参数值及其他有关规定后组成表面粗糙度代号，数值及有关规定在符号中注写的位置见表9-6。

表9-6　表面粗糙度数值及有关规定在符号中的位置

代　号	意　　义	代　号	意　　义
3.2	用任何方法获得的表面粗糙度Ra的上限值为3.2μm	3.2max	用任何方法获得的表面粗糙度Ra的最大值为3.2μm
3.2	用去除材料方法获得的表面粗糙度Ra的上限值为3.2μm	3.2max	用去除材料方法获得的表面粗糙度Ra的最大值为3.2μm

续表

代　号	意　　义	代　号	意　　义
 3.2	用不去除材料方法获得的表面粗糙度 Ra 的上限值为 3.2μm	 3.2max	用不去除材料方法获得的表面粗糙度 Ra 的最大值为 3.2μm
 3.2 1.6	用去除材料方法获得的表面粗糙度 Ra 的上限值为 3.2μm，Ra 的下限值为 1.6μm	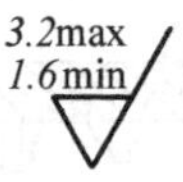 3.2max 1.6min	用去除材料方法获得的表面粗糙度 Ra 的最大值为 3.2μm，Ra 的最小值为 1.6μm

3）表面粗糙度代号在零件图上的标注方法

图样上所注表面粗糙度代(符)号是对表面完成加工后的要求，标注的原则是：

(1) 表面粗糙度代(符)号应标注在可见轮廓线、尺寸线、尺寸界线或它们的延长线上。

(2) 符号的尖端必须从材料外指向零件表面。

(3) 每一表面一般只标注一次代(符)号，并尽量靠近有关尺寸线，若地方不够也可以引出来标注。

表面粗糙度代号的标注示例见表 9-7。

表 9-7　表面粗糙度代号的标注示例

图　　例	说　　明	图　　例	说　　明
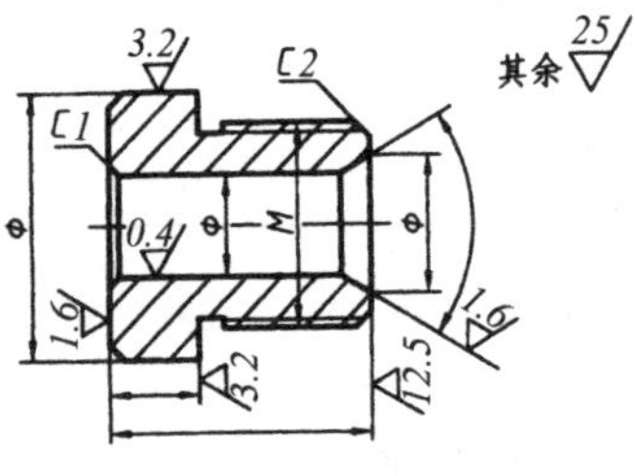 3.2　C2　其余 25　C1　0.4　M　1.6　3.2　12.5　1.6	代号中数字的方向必须与尺寸数字方向一致。对其中使用最多的一种代(符)号可以统一标注在图样右上角，并加注“其余”两字，且应比图形上其他代(符)号大 1.4 倍	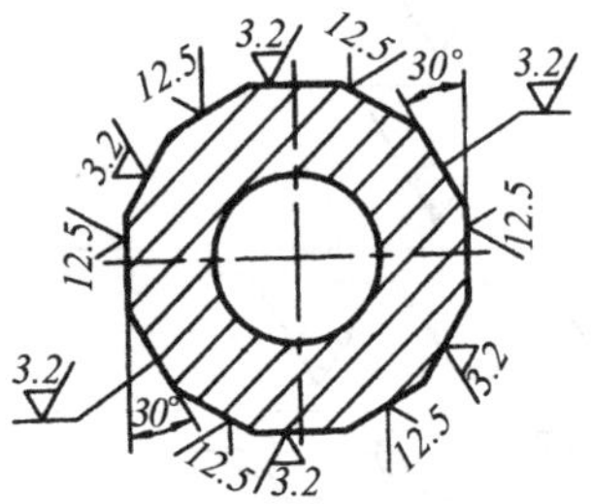 3.2　12.5　30°　3.2　12.5　3.2　12.5　12.5　3.2　3.2　30°　12.5　3.2　12.5	各倾斜表面代(符)号的注法，符号的尖端必须从材料外指向表面

9.3.2　极限与配合

1. 极限与配合概念

极限、配合是尺寸标注的一项重要内容。原因有三：

(1) 在实际生产中，由于机床的精度、刀具的磨损、操作人员的技术水平，以及测量误差等原因，要给零件标注一个允许的变动的尺寸范围。

(2) 一些部件或机器自身工作原理，也要求其组成零件中的某些尺寸应限制在一定范围，如图 9-22 所示的轴衬装在滚轮孔中，要求紧密配合，以便使轴衬能得到较好的定位；而轴和轴衬的配合要有一定的间隙，使轴能在轴衬中旋转。这两种不同的要求本身，就是对零件提出了偏差的要求。

(3) 现代化工业中，要求所生产的零件具有互换性。这样便于大批量生产中的专业协作，不但产品质量高，而且成本低，损坏后也便于修理、调换。

所谓互换性也就是在一批产品规格相同的零件中，任意取出一件，不需要修配或调整，便可装配到机器上，并且能符合装配技术条件和使用性能的要求。例如常见的螺钉、螺母，灯泡和灯头等都具有互换性。要满足零件的互换性，就要求有配合关系的尺寸（如滚轮孔径、轴衬的内、外径及轴颈的外径）在一个允许的范围内变动，并且在制造上又是经济合理的。

综上所述，极限、配合尺寸的标注，既是设计的要求也是制造的需求。国家标准《极限与配合》就是为控制尺寸误差和合适的结合关系而制定的。

2. 极限术语（(GB/T 1800.1—2009)、(GB/T 1800.2—2009)《极限与配合 第1部分：词汇》）

(1) 基本尺寸：是设计时给定的尺寸，如图 9-23 所示。通过它和上、下偏差可计算极限尺寸。

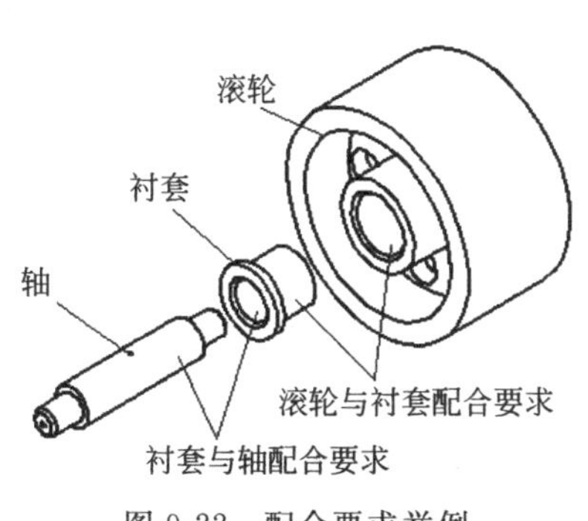

图 9-22 配合要求举例

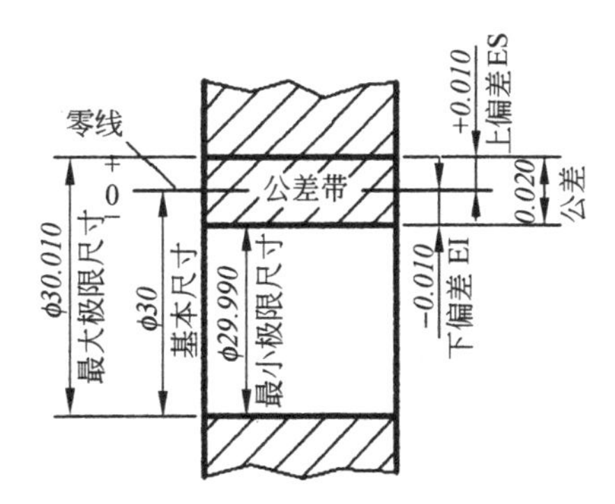

图 9-23 尺寸公差名词示例

(2) 实际尺寸：零件加工后实际测量得到的尺寸。

(3) 极限尺寸：允许的尺寸界限值，它以基本尺寸为基数来确定。

最大极限尺寸：允许的最大尺寸。

最小极限尺寸：允许的最小尺寸。

若某产品的全部实际尺寸在两个极限尺寸所限区间内，则该产品合格。

(4) 尺寸偏差(偏差)：实际尺寸或极限尺寸减去其基本尺寸所得的代数值。

上偏差：最大极限尺寸－其基本尺寸(孔以 ES、轴以 es 表示)

下偏差：最小极限尺寸－其基本尺寸(孔以 EI、轴以 ei 表示)

偏差可以为正值、负值或 0。

(5) 尺寸公差(公差)：允许尺寸的变动量。

尺寸公差＝最大极限尺寸－最小极限尺寸＝上偏差－下偏差

公差表示合格产品尺寸允许的变动量，所以公差永远是正值。

(6) 零线：在公差带图中，表示基本尺寸的一条直线，以其为基准确定偏差和公差的一条基准直线。在零线以上，偏差为正；在零线以下，偏差为负。

(7) 尺寸公差带(公差带)：在公差带图上，由代表上、下偏差或最大、最小极限尺寸的两条直线所组成的限制实际尺寸变动的一个区域，如图 9-24 所示。公差带图既表示了公差的大小，又表示了上、下偏差相对零线的位置。

(8) 标准公差(IT)：国家标准《极限与配合》(GB/T 1800.3—2009)中所规定的任一公差。它使用已确定公差带大小的一系列标准值(标准公差数值表见附录B)。

(9) 公差等级：确定尺寸精确程度的等级。

国家标准规定了由IT01、IT0、IT1至IT18共20个公差等级，其中IT01级的精度最高，IT18级的精度低。在同一标准公差等级中，对所有基本尺寸的一组公差被认为具有同等的精确程度。

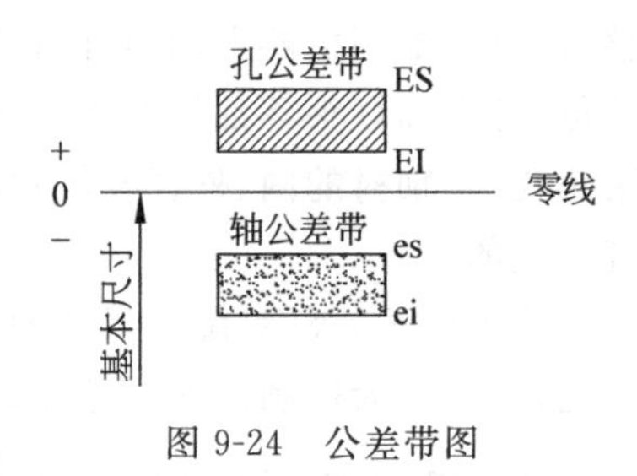

图 9-24 公差带图

如果公差等级的级别和基本尺寸的大小给定，则标准公差也就确定了。

(10) 基本偏差：公差带中两个极限偏差中接近零线的那个极限偏差。凡是位于零线以上的公差带，下偏差为基本偏差；而位于零线以下的公差带，上偏差为基本偏差。

国家标准《极限与配合》规定基本偏差共有28个，其代号用拉丁字母表示，大写字母为孔的基本偏差，小写字母为轴的基本偏差，如图9-25所示。

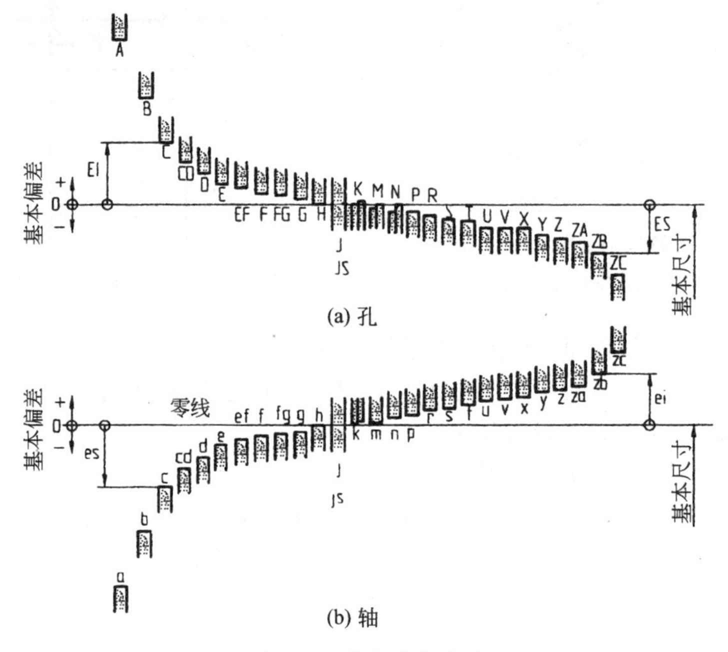

图 9-25 基本偏差系列

从图9-25中可见，孔的基本偏差：A～H为下偏差，J～ZC为上偏差；轴的基本偏差：a～h为上偏差，j～zc为下偏差。

轴或孔的基本偏差值可查附录B、另一偏差值可根据孔或轴查得的基本偏差和标准公差值，按下列公式计算：

轴：es=ei+IT，ei=es−IT

孔：ES=EI+IT，EI=ES−IT

下面用两个具体例子说明如何利用基本尺寸查表求基本偏差。

【例 9-1】 说明 ϕ50H8 的含义，计算其上、下偏差，并绘制公差带图。

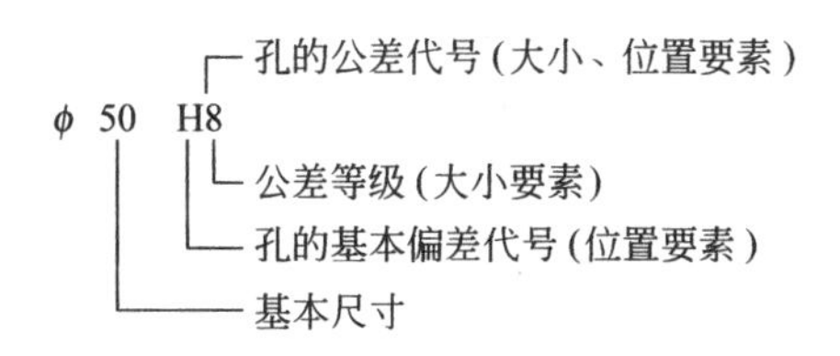

由附录 B 的表 B-1 可查得：IT8＝0.039(mm)

偏差位置为 H，则下偏差 EI＝0

上偏差 ES ＝ EI ＋ IT ＝ 0 ＋ 0.039 ＝ ＋0.039(mm)

所以，ϕ50 孔的上、下偏差为 $\phi50_{0}^{+0.039}$。

公差带图如图 9-26 所示。

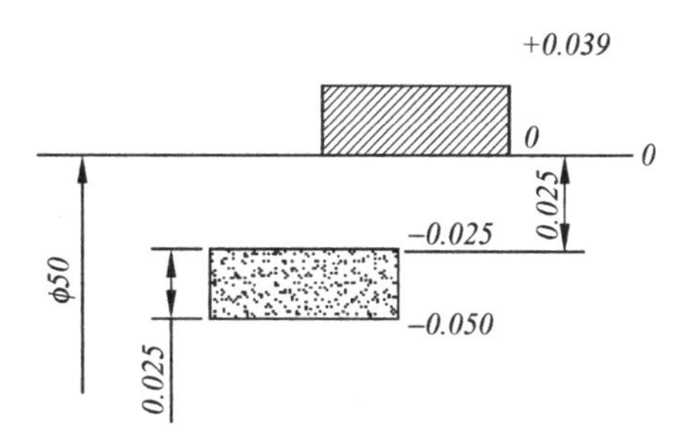

图 9-26 公差带图举例

【例 9-2】 计算 ϕ50f7 的偏差值，并画出其公差带图。

ϕ50f7 表示基本尺寸为 ϕ50 的轴，公差等级为 7 级，基本偏差为 f。

由附录 B 的表 B-1 可查得：IT7＝0.025(mm)

由附录 B 的表 B-2 可查得：es＝－0.025(偏差位置为 f)

所以，ei＝es－IT＝－0.025－0.025＝－0.050(mm)

即：$\phi50_{-0.050}^{-0.025}$。

公差带图如图 9-26 所示。

3. 配合术语

1) 配合

基本尺寸相同的孔和轴装配在一起称为配合。它说明基本尺寸相同、相互配合的轴和孔公差带之间的关系。当孔的实际尺寸大于轴的实际尺寸时，它们之间存在着间隙；当轴的实际尺寸大于孔的实际尺寸时，则为过盈，如图 9-27 所示。

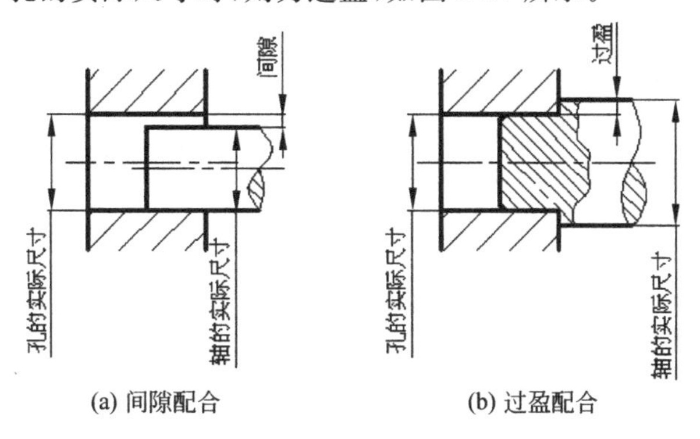

图 9-27 间隙配合与过盈配合

2）配合的种类

根据零件工作要求的不同，孔和轴之间的配合可分为三种。

（1）间隙配合：具有间隙（包括最小间隙等于零）的配合。此时轴的公差带完全在孔的公差带下方。

（2）过盈配合：具有过盈（包括最小过盈等于零）的配合。此时轴的公差带完全在孔的公差带上方。

（3）过渡配合：配合的轴与孔之间可能产生间隙，也可能产生过盈。此时轴的公差带与孔的公差带相互交叠。

3）配合的基准制

当基本尺寸确定之后，为了获得孔与轴之间不同种类的配合，需要确定它们的公差数值。但是如果轴和孔二者都可以任意的变动，则轴、孔尺寸变化太多，不利于零件的设计和制造。为此，国家标准规定了基孔制和基轴制两种配合制度，一般情况下，优先采用基孔制。

（1）基孔制：基本偏差一定的孔，与不同基本偏差的轴配合，得到的各种配合的一种制度。基孔制的孔为“基准孔”，用代号 H 表示，其基本偏差为下偏差 EI＝0，如图 9-28(a)所示。

（2）基轴制：基本偏差一定的轴，与不同基本偏差的孔配合，得到的各种配合的一种制度。基轴制的轴为“基准轴”，用代号 h 表示，其基本偏差为上偏差 es＝0，如图 9-28(b)所示。

（3）优先配合和常用配合：为了减少定值刀具、量具的规格数量，以获得最大的经济效果，不论基孔制还是基轴制，在间隙、过盈和过渡三种类型的配合中不同的公差等级下都规定有优先配合和常用配合，在一般条件下应尽量选用，具体内容可参考相关论著。

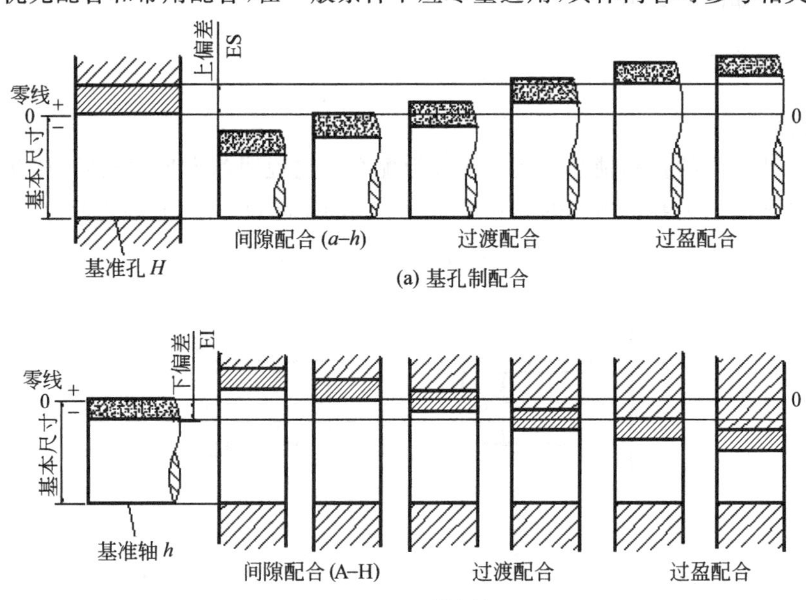

(a) 基孔制配合

(b) 基轴制配合

图 9-28　基孔制与基轴制

4. 极限与配合的标注(GB/T 4458.5—2003《机械制图 尺寸公差与配合注法》)

1) 装配图上的标注

在装配图上，配合尺寸由基本尺寸和孔、轴公差带代号组成，其标注形式如下。

基孔制：基本尺寸　基准孔代号(H)　公差等级/轴的基本偏差代号　公差等级

基轴制：基本尺寸　孔的基本偏差代号　公差等级/基准轴代号(h)　公差等级

例如：ϕ30H8/f7 表示：基本尺寸 ϕ30，基孔制，孔为 8 级公差；轴为 7 级公差，基本偏差为 f，两者组成间隙配合，其标注如图 9-29(a)所示。

ϕ30F8/h7 表示：基本尺寸 ϕ30，基轴制，轴为 7 级公差；孔为 8 级公差，基本偏差为 F，二者组成间隙配合，其标注如图 9-29(b)所示。

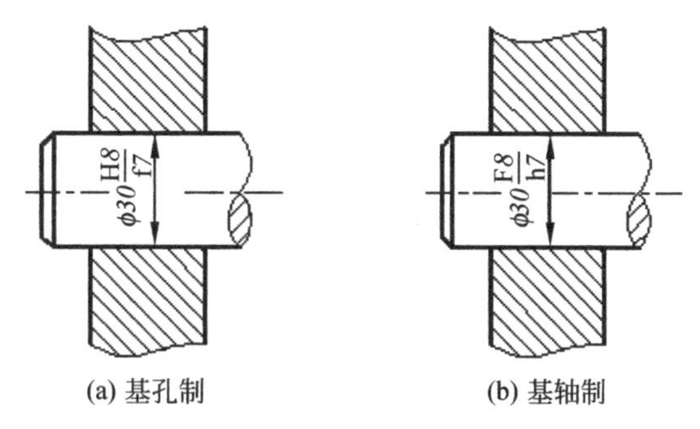

(a) 基孔制　　(b) 基轴制

图 9-29　装配图上公差与配合的标注

2) 在零件图上的标注

零件图上标注一般采用三种形式，如图 9-30 所示。

(1) 在基本尺寸后标注偏差代号；

(2) 在基本尺寸后标注偏差数值；

(3) 在基本尺寸后标注偏差代号和偏差数值(偏差数值用括号括起来)。

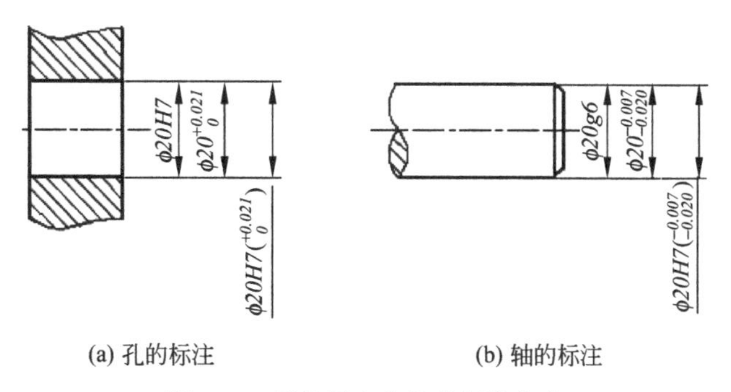

(a) 孔的标注　　(b) 轴的标注

图 9-30　零件图上公差的标注方法

当基本尺寸、基本偏差、公差等级确定以后，可以从标准公差表(附录 B 的表 B-1)及轴或孔的基本偏差表(附录 B 的表 B-2 和表 B-3)中分别查出相应的标准公差值和上偏差(或下偏差)值，再计算另一偏差值，这样就可以将偏差代号转换成偏差数值。为了使用方便，国家标准《极限与配合》将常用(部分)和优先配合的所有数值偏差全部列表，以供使用。对于该表本书从略,具体内容可参考相关论著。

9.3.3 几何公差

经过机械加工后的零件表面同它的尺寸一样,不可能制造的绝对准确。零件表面的实际形状、位置与理想的形状、位置比较,都具有一定的误差。如图 9-31 所示一根轴的某段圆柱,在尺寸误差范围内,会出现一头粗一头细,或中间粗两头细,以及两段圆柱的轴线不重合等现象。这些误差影响机器的工作精度和使用寿命。因此,对于重要的零件,除了控制尺寸误差之外,还应控制某些形状和位置误差。国家标准产品几何技术规范(GPS)几何公差形状、方向、位置和跳动公差标准(GB/T 1182—2008)正是为此而制定的。

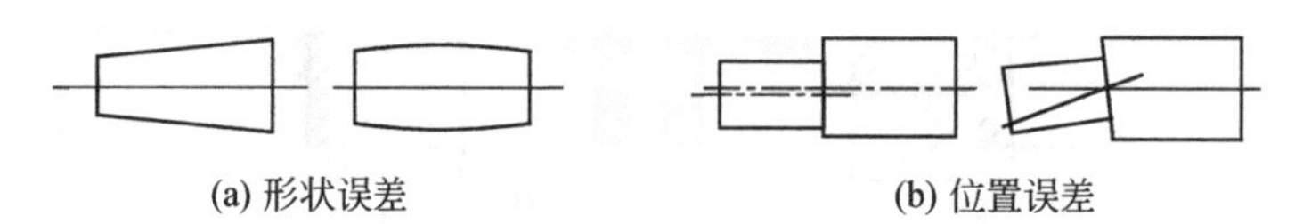

(a) 形状误差　　(b) 位置误差

图 9-31　形状与位置误差实例

1. 几何公差的概念及标注

几何公差是几何误差所允许的变动全量。它包括形状公差和位置公差。

形状公差:对形状误差所规定的允许值。

位置公差:对位置误差所规定的允许值。

国家标准中将形状公差分为六种,位置公差分为八种,见表 9-8。

表 9-8　几何公差名称及符号

分　类	项　目	符　号	分　类		项　目	符　号
形状公差	直线度	—	位置公差	定向	平行度	//
	平面度	▱			垂直度	⊥
	圆度	○			倾斜度	∠
	圆柱度	⌭		定位	同轴度	◎
	线轮廓度	⌒			对称度	⌯
					位置度	⌖
	面轮廓度	⌓		跳动	圆跳动	↗
					全跳动	⌰

在图样上用代(符)号标注几何公差,也可以在技术要求中用文字说明。几何公差代号包括:项目的符号、公差框格、指引线、公差数值和基准符号等内容,如图 9-32 所示。

2. 几何公差标注举例

标注几何公差时,如图 9-32 所示,当被测几何要素为表面时,指引线的箭头应当指向该要素的轮廓线或其延长线上，并应明显的与尺寸线错开。当被测几何要素为轴线时，指引线的箭头应与该要素的尺寸线对齐。当标注位置公差时，一定要选择基准。基准为轴线时，基准代号应与该轴线的尺寸线对齐。

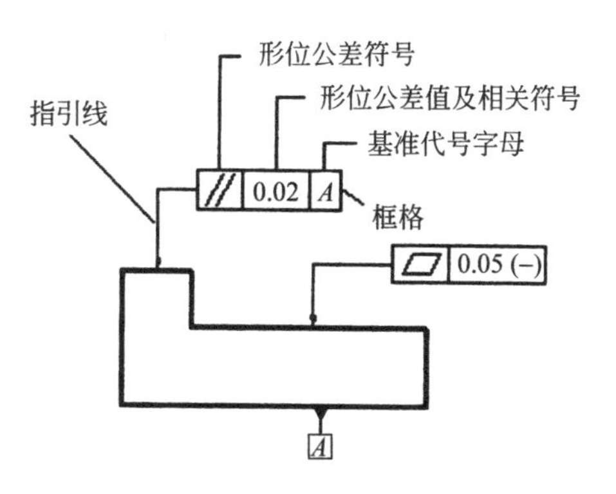

图 9-32　几何公差代号及其内容

在图 9-33(a)所示的图例中，是选取 $\phi22$ 圆柱孔的轴线 A 为基准。在图 9-33(b)所示的图例中是分别选取三个表面 A、B、C 为基准。图例中相关符号的意义如下：

[⌭ | 0.05]：表示 $\phi35$ 的圆柱外表面的圆柱度公差为 0.05。

[⊥ | 0.1 | A]：表示 $\phi35$ 的圆柱左端面与 $\phi22$ 圆柱孔轴线的垂直度公差为 0.1。

[↗ | 0.015 | A]：表示 $\phi22$ 圆柱面对于基准 A 即 $\phi22$ 的轴线的圆跳动量不大于 0.015。

[⌖ | ϕ0.1Ⓜ | A | B | C]：表示 $6\times\phi12$ 孔的轴线相对于 A、B、C 三表面的位置度不大于$\phi0.1$。Ⓜ表示最大实体状态，即实际要素在尺寸公差范围内具有材料量为最多的状态，[30] [36] 表示理论正确位置尺寸。

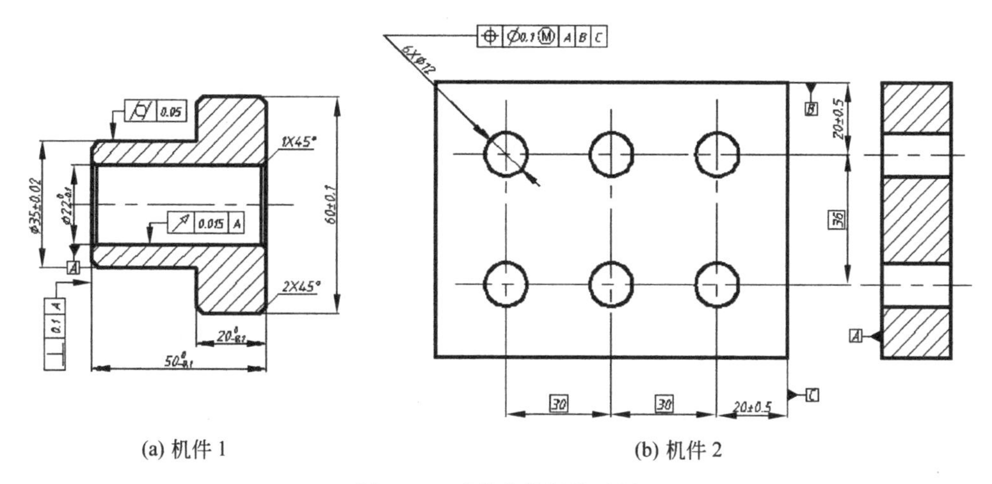

图 9-33　形位公差标注示例

9.4　零件图的读图

在实际生产和工作中，经常需要阅读零件图，加工零件离不开零件图，检验零件是否合格离不开零件图，由零件装配机器离不开零件图，维修设备也离不开零件图。因此，熟练地阅读零件图是工程技术人员应具备的基本技能。

阅读零件图的要求是：

(1) 了解零件的名称、材料、用途。

(2) 分析图形、尺寸、技术要求,想象出零件各组成部分形体的结构、大小及相对位置。

(3) 对零件有一个完整、具体的形象构思,更好地理解设计意图,进而设计加工过程。

现以图 9-34 为例,说明零件图的读图方法及步骤。

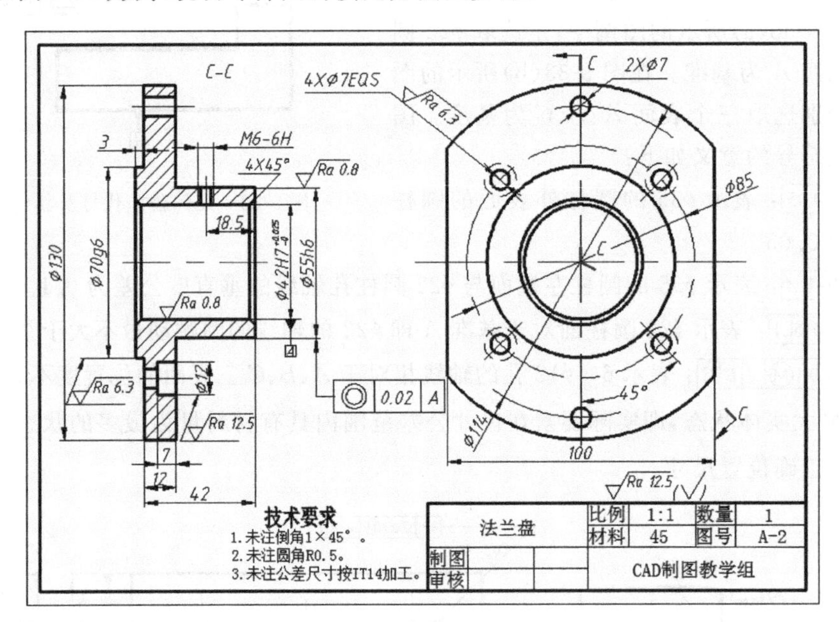

图 9-34　法兰盘零件图

1. 读标题栏

从标题栏了解零件的名称、材料、比例等,结合装配图和有关资料了解零件的作用,并联系典型零件的分类特点,对零件的类型、用途及加工有一初步了解。由图 9-34 的标题栏可知该零件为连接用法兰盘,属于盘类零件,在车床、磨床上加工而成,材料为 45 钢。

2. 分析表达方案

根据图纸布局找出主视图、基本视图和其他视图的位置,搞清剖视、断面的剖切方法、位置、数量、目的和彼此的联系。图 9-34 所示法兰盘的主视图为 *C-C* 旋转剖,以表达其内部结构,为了表达盘上各孔的分布情况及外形,另一视图则采用左视图。

3. 分析形体、想象零件形状

这是阅读零件图的基本环节,在了解表达方案的基础上,运用形体分析、线面分析及读剖视图的方法,仔细分析图形,进一步了解细节,综合想象出零件的完整形象。有些图形如不完全符合投影关系,应考虑是否为规定画法或简化画法,并通过查阅图上的尺寸和代号帮助了解,甚至通过绘制三维实体图作为零件的验证和参考。

4. 分析尺寸

根据零件类型，分析尺寸标注的基准及标注形式，找出定形尺寸和定位尺寸。图 9-34 法兰盘的主要基准是轴线，长度方向(轴向)尺寸的主要是装配时作为轴向定位的端面。圆周均匀分布的孔组用 4×ϕ7 EQS(均布)表示，其他尺寸读者可根据基准自行分析。

5. 读技术要求

根据图纸上标注的表面粗糙度、尺寸公差、形位公差及其他技术要求，进一步了解零件的结构特点和设计意图。

在图 9-34 所示的法兰盘中，ϕ70g6、ϕ55h6 和 ϕ42H7 孔的尺寸精度及相对应的表面粗糙度要求较高，ϕ55h6 外圆和 ϕ42H7 孔的轴线要求同轴，其他技术要求请参阅图纸有关内容。

6. 总结、概括

综合以上的分析，再作归纳，就能对该零件有较全面的了解，达到读图的要求。但应避免在读图过程中教条的执行上述过程，而应视具体情况交叉进行。

9.5 零件测绘

零件测绘是根据已有的零件，采用简单的绘图工具，徒手目测并快速绘出零件的图形，测量并注上尺寸及技术要求，得到零件草图，再经整理，按比例画出零件工作图的过程。多用于修配机器时，因缺乏原始图样和技术资料，在现场对机器零件进行测绘以获得相关数据。同时在推广先进技术、改进现有设备等工作中也发挥重要作用。因此，也是工程技术人员必须掌握的工程技能之一。

9.5.1 测绘零件的方法和步骤

1. 画零件草图

(1) 分析零件：为将各种零件准确完整地表达出来，应对被测零件进行详细的分析，了解零件的名称、类型，在机器中的作用，使用材料及大致的加工方法，从而构思零件的表达方案。

(2) 选择、比较并决定零件视图的表达方案：零件的表达方案并不唯一，应根据准确、完整、便于绘图和读图的原则确定最佳方案。

(3) 徒手目测画出零件图，如图 9-35 所示。

① 选择图幅：根据视图数量和实物大小，确定适当图幅(优选比例 1∶1)。

② 定位布局：根据零件形状，在图纸上画出作图基准、中心线，注意留出标注尺寸的位置，如图 9-35(a)所示。

③ 详细画出零件的内、外部结构和形状：从主视图开始，先画各视图的主要轮廓线，后画细节部分，并注意各视图间的投影关系，如图 9-35(b)所示。

④ 测量并标注尺寸：选择基准，画出零件全部尺寸界限、尺寸线和箭头，集中测量各个尺寸，逐一填充全部尺寸，如图 9-35(c)所示。

⑤ 制定技术要求：根据实践经验或样板进行比较，确定表面粗糙度。查阅有关设计手册确定零件尺寸公差、形位公差及表面处理、热处理的要求，如图 9-35(d)所示。

⑥ 最后检查、加深草图，填写标题栏，完成草图。

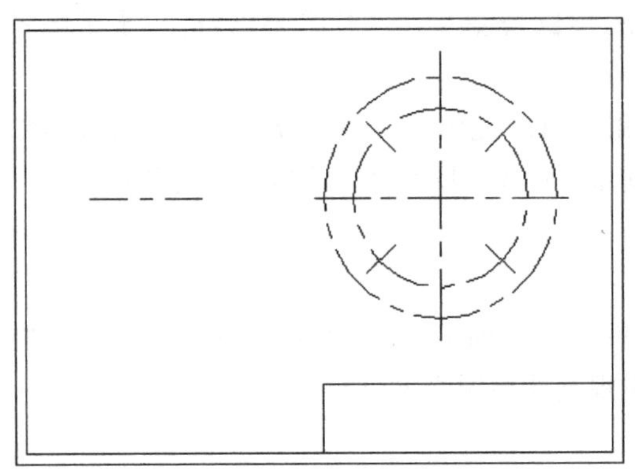

(a) 选择图幅并定位布局

(b) 详细画出零件的内、外部结构

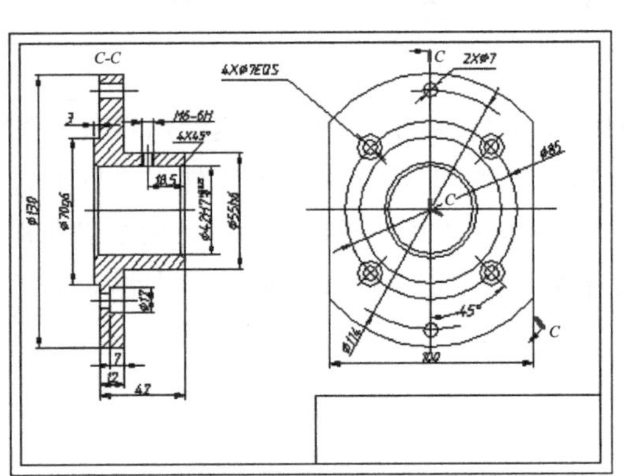

(c) 测量并标注尺寸

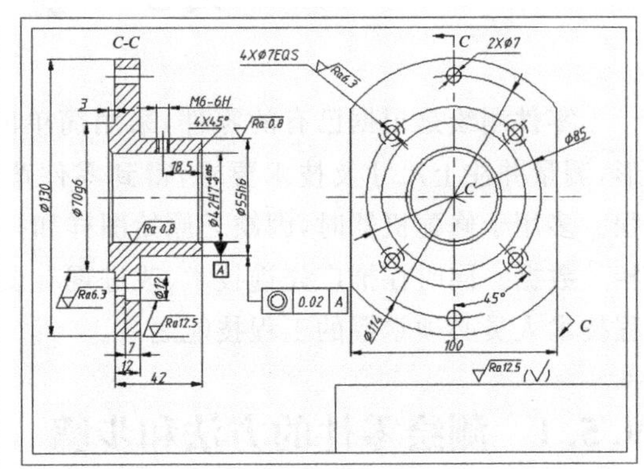

(d) 标注公差

图 9-35　画零件草图的步骤

(4) 画零件图应注意的几个问题：

① 零件上的工艺结构如倒角、圆角、退刀槽等不应遗漏。

② 铸造所留的浇冒口痕迹，铸件的砂眼、气孔等，零件由于破旧、磨损等缺陷不应画出。

③ 零件上的标准结构要素(如螺纹、键槽等)的尺寸经测量后，应再查阅相关手册，核对调准使尺寸符合标准系列。

④ 应把零件上全部尺寸集中一次测量，避免注错或遗漏尺寸，量得的尺寸应圆整成适当的整数，使其符合标准值。

2. 画零件图

由于绘制零件草图时，受地点、条件的限制，有些问题处理并不完善，在整理零件草图完成零件图的过程中，还需对草图进行仔细审核，对视图表达、尺寸标注等进行复查、补充或修改。对表面粗糙度、尺寸公差、形位公差等进行查对、核算，选择国家标准所规定的比例和图幅，从而完成零件图，如图 9-34 所示。

9.5.2 零件尺寸的测量

在零件测绘中，常用的测量工具有直尺、内卡钳、外卡钳、游标卡尺、千分尺、圆角规、螺纹规等。

1. 直线尺寸的测量

一般用直尺直接测量，若要求精度高，则采用游标卡尺，如图 9-36(a)、(b)所示。

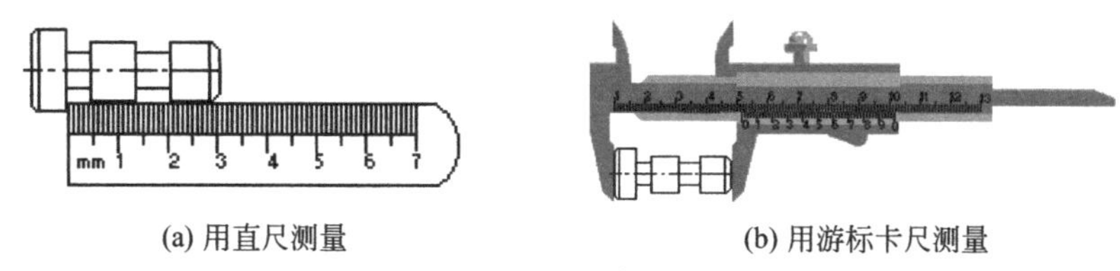

(a) 用直尺测量　　(b) 用游标卡尺测量

图 9-36　测量直线尺寸

2. 测量回转体的内、外直径

通常用内卡钳测量内径，用外卡钳测量外径，间接得到测量值，或用游标卡尺、千分尺直接得到较精确的测量值，如图 9-37(a)、(b)、(c)、(d)所示。测量时要上下、前后移动测量工具与被测零件的接触位置，以得到最大值。

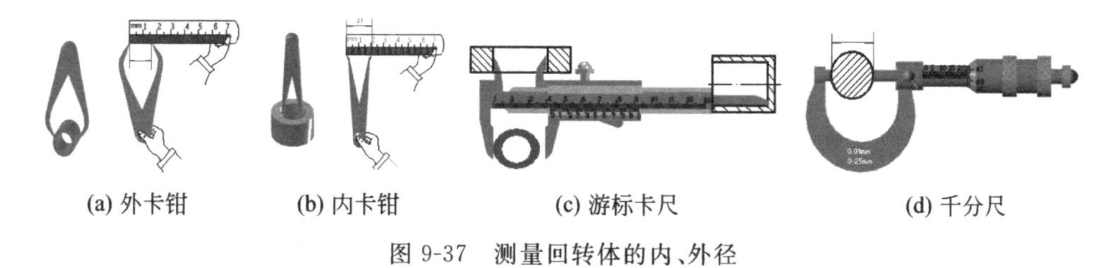

(a) 外卡钳　　(b) 内卡钳　　(c) 游标卡尺　　(d) 千分尺

图 9-37　测量回转体的内、外径

3. 测量壁厚

可使用直尺、内卡尺、内外卡钳等相互配合测量壁厚，具体操作如图 9-38(a)、(b)、(c)、(d)所示。

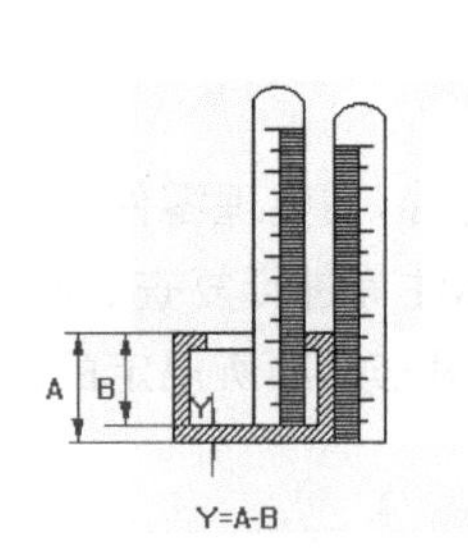

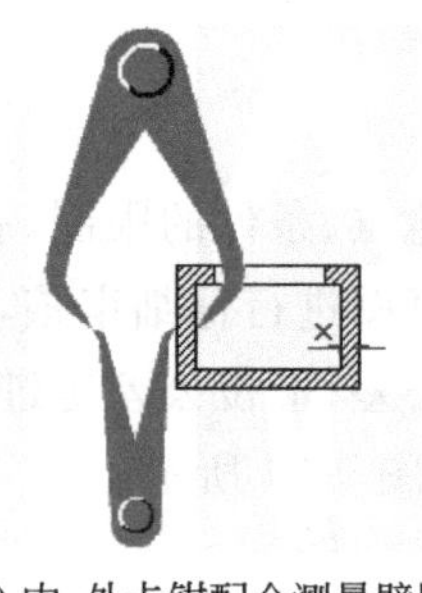

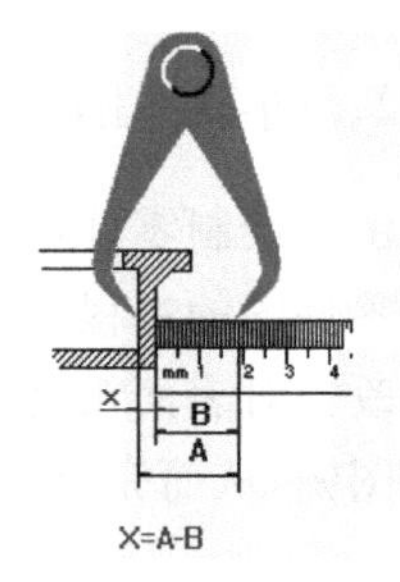

(a) 直尺测量壁厚 (b) 内卡尺测量壁厚 (c) 内、外卡钳配合测量壁厚 (d) 外卡钳、直尺配合测量壁厚

图 9-38 测量壁厚

4. 测量孔距及中心高

测量孔距及中心高所采用的工具及方法如图 9-39(a)、(b)所示。

5. 测量圆角

圆角规是由一组含不同圆弧半径的钢片组成的，测量时从圆角规中找出与被测量圆角完全吻合的一片，则片上所示读数即为圆角半径，如图 9-40 所示。

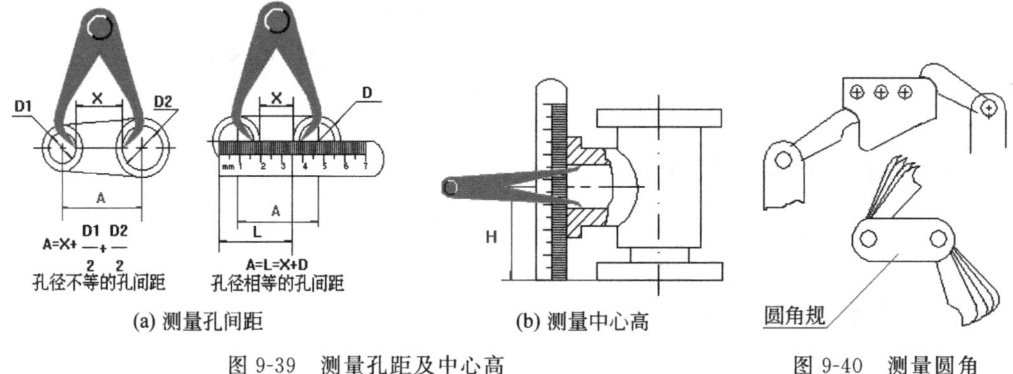

(a) 测量孔间距 (b) 测量中心高

图 9-39 测量孔距及中心高

图 9-40 测量圆角

6. 测量螺纹参数

螺纹参数包括螺纹直径和螺距。对于外螺纹测大径和螺距，对于内螺纹则测小径和螺距，如图 9-41 所示，然后查手册取标准值。

螺距的测量可以用螺纹规，如图 9-42 所示，直接测出螺纹大小。在没有螺纹规情况下，则可在纸上压出螺纹的痕迹，用直尺量出 n 个螺距的长度 T，n 为螺距数量，计算出螺距 T/n。根据计算出的螺距值查手册取标准值。

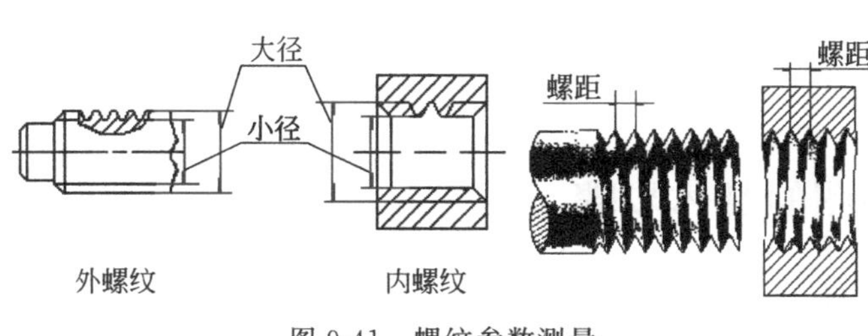

图 9-41　螺纹参数测量

图 9-42　螺纹规

9.6　AutoCAD 绘制零件图的实例

学习本章的重要目的之一就是要正确、熟练地绘制符合国家标准的零件图，无论是手工绘制还是使用 AutoCAD 绘制，考虑问题的思路、解决问题的步骤大体相同，只是具体操作的对象、实现的方式不同。下面以工程图中常见的法兰盘零件为例（见图 9-43），说明如何利用 AutoCAD 绘制零件图，这些也可作为手工绘图的参考。

9.6.1　计算机绘制零件图的方法

1. 分析零件形状，确定视图数量、表达方法及摆放位置

按照 9.2 节零件图的表达方法可知，法兰盘属于典型的盘类零件，一般采用两个视图即全剖或旋转剖的主视图加左视外形图就能表达清楚，而摆放位置采用其主要的加工位置轴线水平放置，具体所采用的投影方向如图 9-44 所示。

图 9-43　法兰盘零件实体

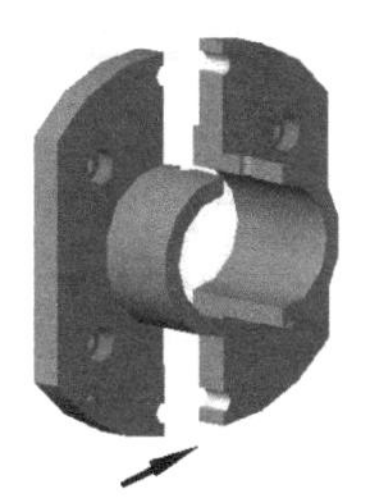

(a) 主视投影方向

(b) 左视投影方向

图 9-44　选择视图和投影方向

2. 按照零件大小确定图纸幅面

测量法兰盘的尺寸，根据优先采用 1∶1 的绘图比例原则，经估算此零件的长、宽、高并预留出视图间距和标注尺寸公差的位置后，确定采用 A3(420×297)图幅。

3. 按照计算机绘图的特点，设置相关绘图环境，顺序绘图

具体步骤见 9.6.2 节。

9.6.2 计算机绘制零件图的具体步骤

1. 绘图基本环境和绘图辅助工具的设置

绘图辅助工具的使用，将直接影响到绘图的效率，应根据所绘图形的不同特点，利用“工具”菜单中的“草图设置”对话框设置绘图辅助工具，包括对象捕捉、极轴追踪等工具。为了保证绘制法兰盘零件左视图与主视图“高平齐”关系，设置相应的绘图辅助工具，设置后要使 AutoCAD 绘图界面下面状态栏中的“极轴”按钮、“对象捕捉”按钮和“对象追踪”按钮处于打开状态。

2. 创建图层和图层对象特性设置

一个图形文件中可设置若干个图层，一般应将同类线型放入同一图层中。根据所绘零件的不同，通常设置中心线层、虚线层、粗实线层、剖面线层、尺寸层、文字层等图层，当然这些层的线型、颜色、线宽等也要按照国家标准的规定作相应调整。图层有可能一次设置不全，可根据具体情况随时添加和删除。

3. 绘制图框、确定零件图视图布局

已确定法兰盘绘制在 A3(420×297)图纸上，使用“视图”→“缩放”→“全部”命令，将设置的绘图界限(图幅尺寸)充满屏幕。然后使用有关的绘图命令画出图框及标题栏，如图 9-45 所示。

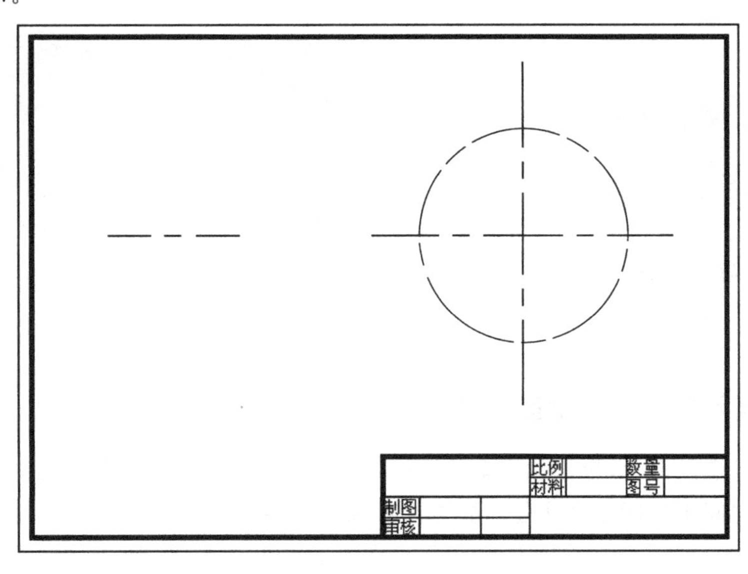

图 9-45 绘制图框并布局主、左视图

确定零件图视图布局，除了选择视图外，就是确定各视图的位置，所以应先绘制各视图的主要基准，如主要的中心线，对称线或主要端面的轮廓线等。要注意确定主要基线时，各视图之间要留有适当的间隔，并预留出标注尺寸及公差的位置等。如图 9-45 所示，将法兰盘两个视图的主要基准线绘出。如果预留间距不合适可以使用“移动”命令，根据需要随时调整各视图之间的相对位置。

4. 完成零件图的绘制

不同的线型绘制在不同的图层上，这是计算机绘图与手工绘图的区别。法兰盘图形由包括粗实线、中心线、剖面线等线型组成，应分别进入不同层绘制不同线型的图形，如所有中心线应绘制在中心线图层上，如图 9-46 所示。

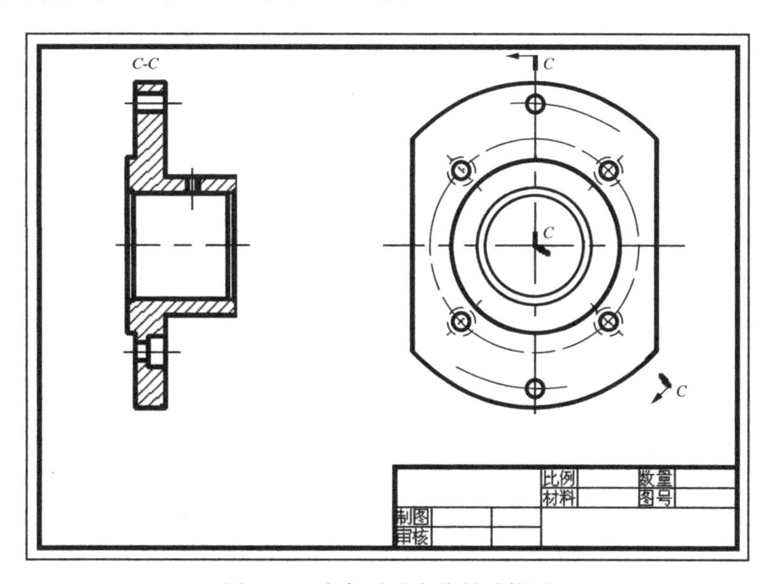

图 9-46　在各图层中绘制零件图

5. 零件图尺寸标注

使用 AutoCAD 标注零件图尺寸先要进行标注样式设置。建议新建一个或多个零件图尺寸标注样式，这样使用起来方便些。由于本图尺寸有带公差和不带公差之分，按规定角度尺寸的文字必须水平书写，因此，建立了三种尺寸标注样式。

将尺寸图层设置为当前图层，分别标注法兰盘零件的定形尺寸、定位尺寸和总体尺寸，如图 9-47 所示。

6. 图块创建和插入

法兰盘零件图中需创建的图块就是粗糙度符号，建议将图块绘制在 0 层，将块中对象的颜色、线性和线宽设置为 Bylayer(随层)，这样将图块插入图形中时，使用与当前图层相同的颜色、线性和线宽。为保证粗糙度符号上的文字方向为符合国标的样式，在本图中创建了两种粗糙度图块。利用图块插入命令，将不同值的粗糙度符号插入适当位置，如

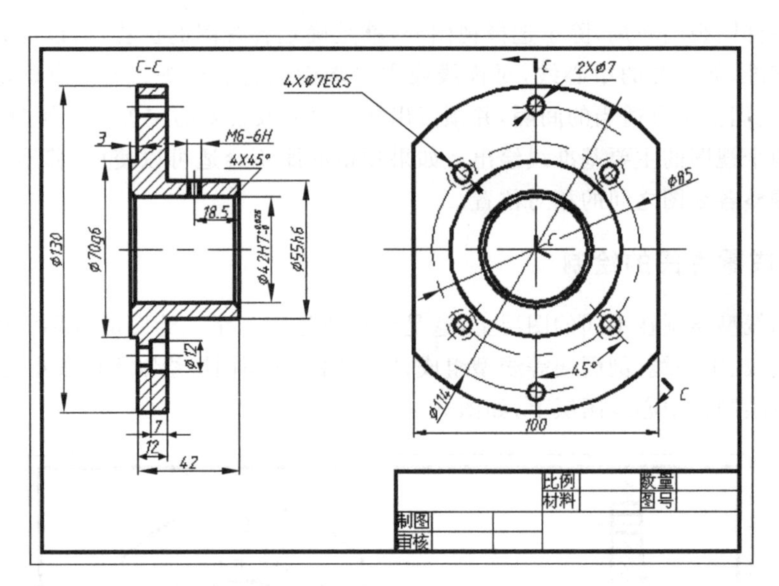

图 9-47　零件图尺寸标注

图 9-48 所示。

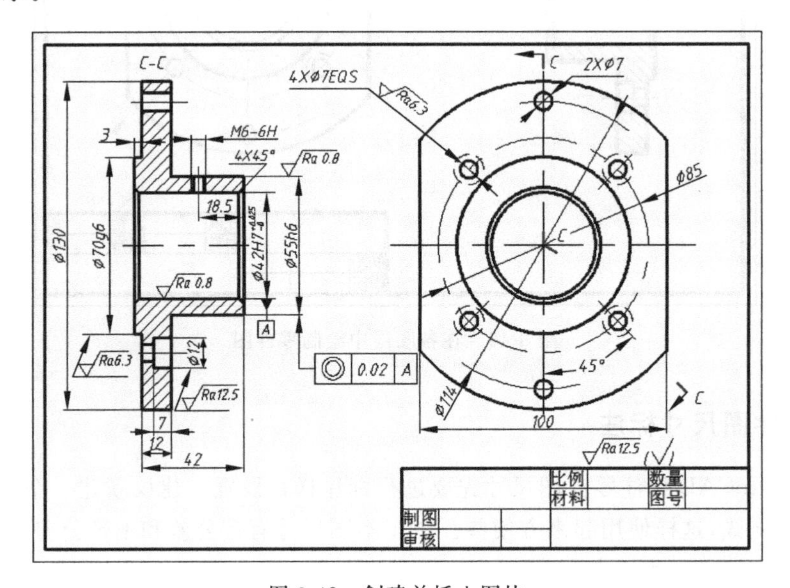

图 9-48　创建并插入图块

7. 填写标题栏和技术要求

将当前图层设置为文字层，也可以建立标题栏明细表图层。进行文字样式设置，新建一个中文的文字样式，选用工程字，即在文字样式对话框中选用宋体。填写好标题栏和技术要求，如图 9-49 所示，这样就完成了一张符合国家标准的法兰盘零件图。

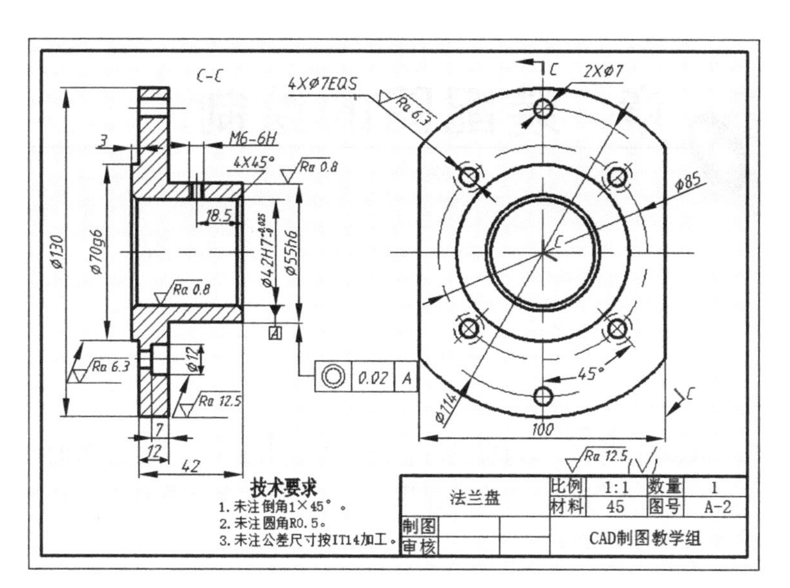

图 9-49 填写标题栏和技术要求

第10章 装配图的绘制

本章主要介绍装配图的基本内容、表达方法，绘制装配图、读装配图的方法及拆画零件图的方法等。绘制装配图部分给出了使用 AutoCAD 绘制装配图的方法和步骤。通过本章的学习，应掌握以下内容：

- 装配图的基本内容和表达方法；
- 能够绘制和读懂装配图；
- 使用 AutoCAD 绘制装配图的方法；
- 由装配图拆画零件图的方法。

10.1 装配图的基本内容与表达方法

装配图是表达一台整机、一个部件或组件的装配和连接关系的图样。在设计新机器及产品时，一般是首先绘制出装配图，然后根据装配图拆画零件图。装配图是进行生产准备，制定装配工艺规程，进行装配、检验、安装与维修的技术依据，是表达设计思想、进行技术交流的重要技术资料。

10.1.1 装配图的基本内容

装配图是机器设计、生产和装配的主要图样。下面以图 10-1 滚轮架轴测装配图为例来说明装配图的基本内容。

滚轮架装置是一种小型传送带滚动支承装置。从图 10-1 中可以看出滚轮架装置的工作原理和装配关系。滚轮 1 可以在相对支承轴 4 上转动。底座 6 可以用螺钉固定在机体上。支架 5 用螺钉 8 固定在底座 6 上。滚轮 1 两端装入衬套 2 后套在支承轴 4 上，支承轴 4 用紧定螺钉 3 固定在支架 5 上。支承轴 4 内有注油孔。滚轮 1 和衬套 2 有配合关系，衬套 2 与支承轴 4 也有配合关系。

从对滚轮架装置的分析可知装配图应表达出整机或部件的工作原理、结构特点及装配关系等内容。图 10-2 为此滚轮架装置的装配图，由此看出装配图应有以下一些基本内容。

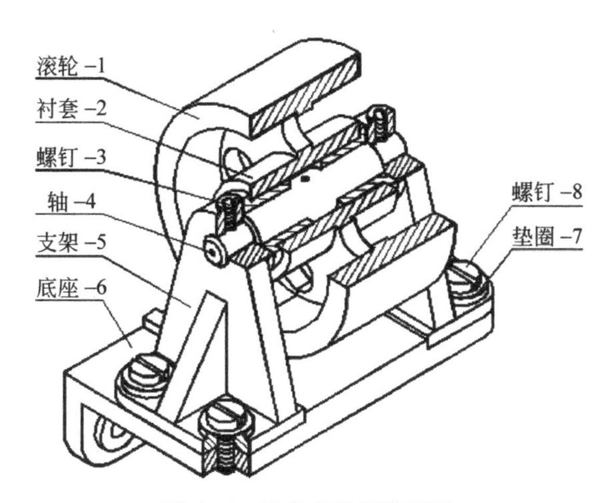

图 10-1　滚轮架轴测装配图

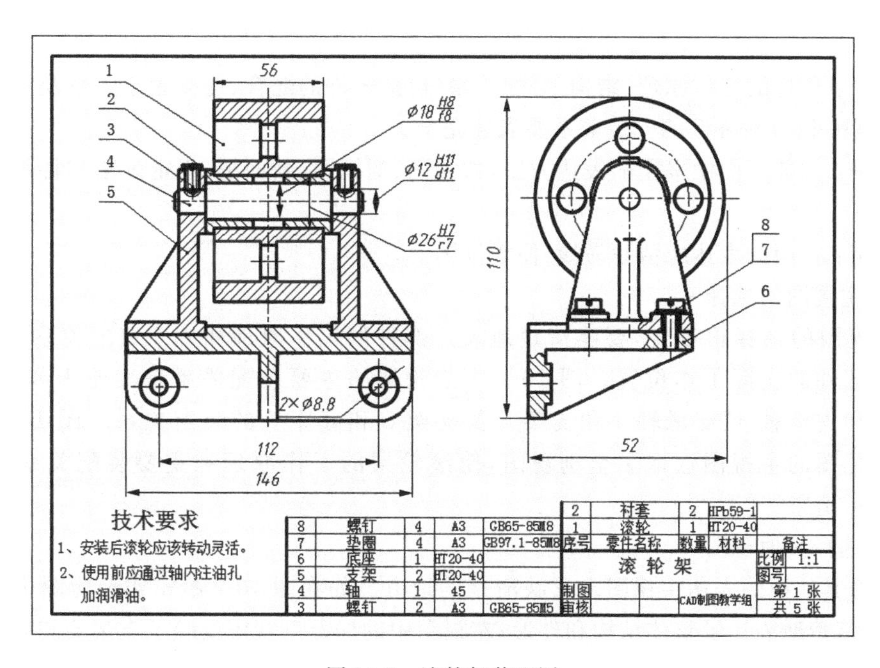

图 10-2　滚轮架装配图

(1) 一组必要的视图(包括剖视、剖面等),主要作用是表达整机或部件的工作原理、结构特征、零件间的装配和连接关系等。

(2) 必要的尺寸,以表达整机或部件的规格、外形、安装、配合、检验等方面所需的尺寸。

(3) 技术要求,用文字或符号说明整机或部件的性能、装配、安装、调试等方面的要求和指标。

(4) 零件序号、明细栏和标题栏。根据生产组织和标准化管理工作的要求,按一定格式在装配图上对零件(或部件)进行编号,即零件序号。明细栏说明机器或部件上各种零件的序号、名称、数量、材料等。明细栏中的序号与零件序号相对应，这样便于看图和组织生产。标题栏表明机器或部件的名称、数量、比例、图号、设计和审核等。

应该注意到装配图和零件图在内容和要求上存在着异同，装配图有一些规定画法和特殊表示方法，装配图更侧重于功用和装配关系的表达，装配图的尺寸要求和零件图的也不同。

10.1.2 装配图的表达方法

装配图的表达方法包括视图选择、规定画法和简化画法、尺寸标注、零件编号、明细表及技术要求等。

1. 装配图的视图选择

装配图应便于读图，在视图表达上要做到完全、正确、清楚，在画法上要符合国家标准规定。

完全：部件的工作原理、结构、装配关系(包括零件的配合、连接固定关系及零件的相对位置等)，以及对外部的安装关系要表达完全。

正确：在装配图中采用的表达方法，如视图、剖视图、断面图、规定画法和特殊画法要正确。

清楚：视图的表达应清楚易懂，便于读图。

1) 主视图的选择

主视图的选择很重要，要能清楚地表达部件的工作原理和主要装配关系，并尽可能符合部件的实际工作位置。图 10-1 中滚轮架的主要装配关系是滚轮 1 和衬套 2、衬套 2 和支承轴 4、支承轴 4 和支架 5 及支架 5 和底座 6 的装配关系。图 10-2 中滚轮架装配图的主视图选取了全剖视图，使滚轮架的工作原理和主要装配关系非常清楚地表示出来。

2) 选择其他视图

选择其他视图表达主视图未反映清楚的地方。如在图 10-2 滚轮架装配图中选取左视图后，清楚地表达了整体结构和外形；左视图中的局部剖视图反映了支架 5 和底座 6 用垫片 7、螺钉 8 固定连接的装配关系。

在装配图视图选择时，最好多考虑几种视图表达方案，加以比较，以便选出较佳方案。为了更清楚地表达图 10-1 的装配图，可以再绘制出俯视图。

2. 装配图的规定画法和简化画法

1) 装配图规定画法

(1) 相邻零件的接触表面和配合表面，只画一条粗实线，如图 10-3 中标号①和②所示；不接触表面和非配合表面应画两条粗实线，如图 10-3 中标号③所示。

(2) 两个(或两个以上)零件相互邻接时，剖面线的倾斜方向应当相反，如图 10-3 中标号④所示；如若方向一致，则应间隔错开，稀密程度不等。

(3) 同一零件在各视图中的剖面线方向和间隔必须一致，如图 10-3 中剖面线所示。

(4) 当剖切平面通过螺钉等连接件及实心回转体如轴、销等基本轴线时，这些零件均按不剖绘制，如图 10-3 中标号⑤所示。

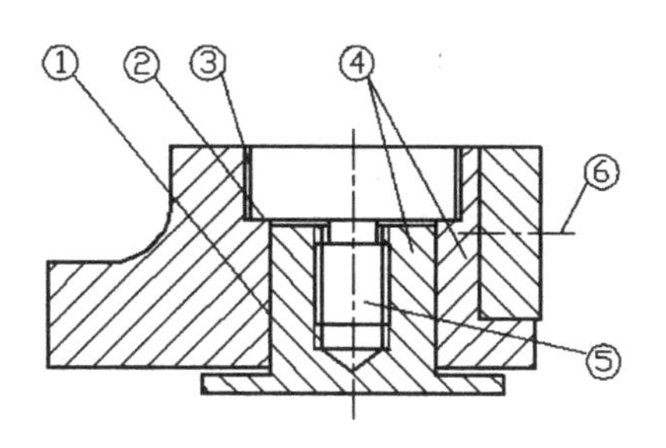

图 10-3 装配图规定画法

2) 装配图的简化画法

(1) 对于装配图中常用的螺栓连接等若干相同的零件组，可详细画出一处或几处，其余只需用点画线表示其中心位置，如图 10-3 标号⑥所示。

(2) 在装配图中，零件的工艺结构如圆角、倒角、退刀槽等允许不画，如图 10-3 中的中间螺钉零件。

(3) 装配图中标准件及标准产品的组合件也有简化画法。

另外，在装配图中还有一些特殊画法和夸大画法等，这里就不介绍了，请参阅有关书籍。

3. 装配图的尺寸标注

装配图的尺寸标注不像零件图那样要标出制造零件所需的全部尺寸。一般应注出下列几方面的尺寸。

1) 特性尺寸

它是表明部件的性能或规格的尺寸，是设计和选择部件的主要依据。

如图 10-2 中滚轮的长度尺寸 56，给出了所支承的传送带的最大长度。

2) 装配尺寸

用以保证部件装配性能的尺寸，如配合尺寸和重要的相对位置尺寸。

如图 10-2 中的配合尺寸：滚轮 1 和衬套 2 的配合尺寸为 ϕ26H7/r7，衬套 2 与轴 4 的配合尺寸为 ϕ18H8/f8，轴 4 与支架 5 的配合尺寸为 ϕ12H11/d11。

3) 安装尺寸

部件安装到其他部件或基座上的尺寸。

如图 10-2 中的主视图中的安装尺寸 2×ϕ8.8 和尺寸 112。

4) 外形尺寸

表示部件的总长、总宽和总高尺寸，为包装、运输、安装所需要的空间大小提供依据。如图 10-2 中的长度尺寸 146、宽度尺寸 102 及高度尺寸 160。

除了上面四个方面的尺寸外，对于运动零件的极限尺寸、主要零件重要的结构尺寸等也需要标注。

4. 装配图的零件序号、明细表及技术要求

在装配图中需对每个(每种)零件进行编号，编号常用形式如图 10-4 所示。

在所要标注的零件投影上注一黑点，引出指引线，在指引线顶端画水平标注短横线(也可以画圆圈)，在标注线上或圆圈内写明该零件的编号数字。指引线和标注线均为细

实线，编号数字比装配图上尺寸数字大两号。

标注零件编号时，有以下几项规定：

(1) 装配图中相同的零件只编一个序号，不应重复。

(2) 指引线相互不能相交，当通过有剖面线的区域时，指引线尽量不与剖面线平行。

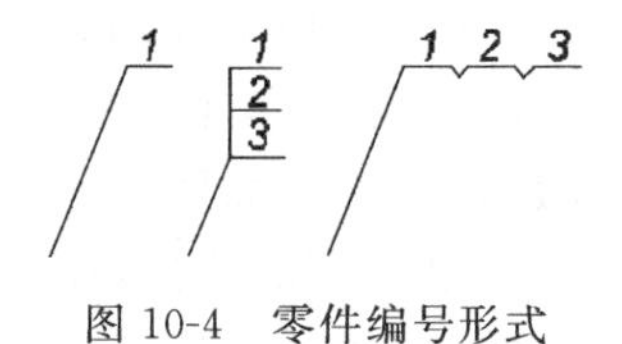

图 10-4 零件编号形式

(3) 一组连接件及装配关系清楚的零件组，可以采用公共指引线编号，如图 10-4 所示。

(4) 编号应按顺时针或逆时针顺序在水平方向和垂直方向排列。

装配图明细表是全部零件目录，应将零件的编号、名称、材料、数量等填写在表格中。装配图明细表见 1.1.1 节的图 1-5(GB/T 10609.2—2009)，图 1-7 所示格式可供学习时使用和参考。

装配图明细表接在标题栏上方，由下向上顺序填写零件编号。可在标题栏左边续写，工程上还允许明细表另附。

装配图技术要求在图的下方空白处，写出装配该部件时所必须遵守的技术要求。

10.2 装配图的绘制方法和步骤

在这一节中，仍以图 10-1 所示滚轮架为例来说明画装配图的方法，然后给出用 AutoCAD 绘制滚轮架装配图的详细步骤。

在用 AutoCAD 绘制工程装配图样时，可以直接使用 AutoCAD 的绘图命令来绘制，也可以利用建立零件图形(库)拼画装配图，或者创建三维装配实体转化生成二维的平面装配图形。这里采用直接使用 AutoCAD 的绘图命令绘制，把不同的零件画在不同的图层上。对于标准连接件采用图块方式插入到装配图中。

10.2.1 对所画对象进行剖析

在画装配图之前，首先要对所画的对象有深入的了解，搞清楚机器或部件的用途、工作原理、零件之间的装配关系及相互位置等，然后才着手画图。如图 10-5 所示为滚轮架的轴测分解图。

从滚轮架轴测分解图可以看出各零件的结构形状和装配位置关系。可以先从滚轮 1 两端装入两个衬套 2，靠零件端面定位，再将支承轴 4 装入衬套 2 内，然后将两个支架 5 装入支承轴 4 两端，用紧定螺钉 3 固定。最后用螺钉 7(带垫片 8)整体固定在底座 6 上，也是靠支架下侧面和底座凸台侧面定位。

10.2.2 确定视图表达方案

对所要绘制的滚轮架整体有了清楚的分析之后，根据前面讲过的装配图视图选择原

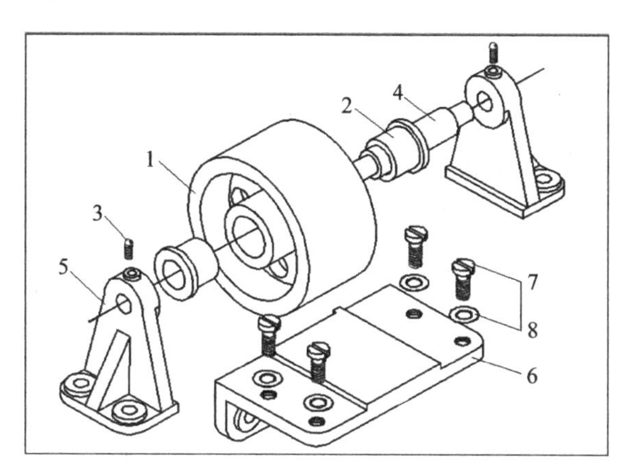

图 10-5　滚轮架轴测分解图

则，确定表达方案，针对滚轮架的结构分析出沿着图 10-5 所示轴线为主装配线。这里采用主视图为全剖视图，左视图在主要表达外形基础上采用局部剖视。当然若增加有俯视图或向视图会更清楚。

10.2.3　计算机绘制装配图

本节给出用 AutoCAD 2010 中文版绘制滚轮架装配图的详细方法和步骤。采用绘图命令直接绘制装配图，与手工绘图主要绘制步骤是一致的，因此使用手工绘图可以参考下面的计算机绘图步骤。

计算机绘制装配图的具体步骤为：

(1) 绘图基本环境设置；

(2) 绘图辅助工具的设置；

(3) 创建图层和图层对象特性设置；

(4) 绘制图框，确定装配图视图布局；

(5) 在不同的图层绘制零件图；

(6) 标准件"图块"创建和插入；

(7) 标注装配图尺寸和零件序号；

(8) 绘制并填写标题栏和明细表。

下面对每一步骤进行具体的说明。

1. 绘图基本环境设置

AutoCAD 绘图环境的设置与手工绘图前的准备过程相似，要确定图纸的图幅大小、采用的绘图单位和比例，以及使用哪些绘图辅助工具等。

按照选定的表达方案，根据所画对象的大小决定绘图的比例为 1∶1、绘图单位为毫米，图幅为 A3(420×297)。

在 AutoCAD 中创建一个新图形，系统默认图形界限为 420×297。

2. 绘图辅助工具设置

绘图辅助工具的使用，将影响到绘图的效率，设置好绘图辅助工具将营造一个良好的绘图工作环境，大大提高绘图的精度和效率。例如在绘图时，直线与圆相切使用“切点”捕捉工具就可很方便地绘出直线与圆相切。

利用“草图设置”对话框设置绘图辅助工具，该对话框可以进行“对象捕捉”工具设置，详见 4.1 节中的图 4-14。

除了对象捕捉等功能，AutoCAD 还提供有极轴捕捉追踪、对象自动追踪等功能，可以保证绘制工程图形时的“三等关系”，例如绘制零件的左视图应保证与主视图“高平齐”的关系，使用自动追踪功能很容易做到这一点。

在 AutoCAD 绘图界面下面的状态栏中，将“极轴”按钮、“对象捕捉”按钮、“对象追踪”按钮打开，就设置了捕捉追踪等功能。

3. 创建图层和图层对象特性设置

在绘制工程装配图时可以利用 AutoCAD 提供的图层功能，将不同的零件绘制在不同的图层上，以便于图形的组织和管理。因此在绘制滚轮架装配图时就可以建立“滚轮图层”“底座图层”等，还可以给不同的零件图层以不同的颜色，使装配图更加清楚明了。

建立图层并进行设置可以使用“图层特性管理器”来完成，详见 4.6 节。另外，绘制的图形除有粗实线、细实线外，还有点画线、虚线等，因此，要建立相应的图层和设置颜色、线型和线宽。

根据《CAD 工程制图规则》（详见 1.1.6 节）可以将中心线图层的颜色设置为红色，虚线图层的颜色设置为黄色等。中心线线型为 Center，虚线线型为 Dashed，其他线型为 Continuous。

零件轮廓显示线宽设置为 0.50，其他线宽设置为 0.25。打印出图时再调整轮廓线的线宽值（详见 1.1.6 节）。参考的图层特性设置如图 10-6 所示。

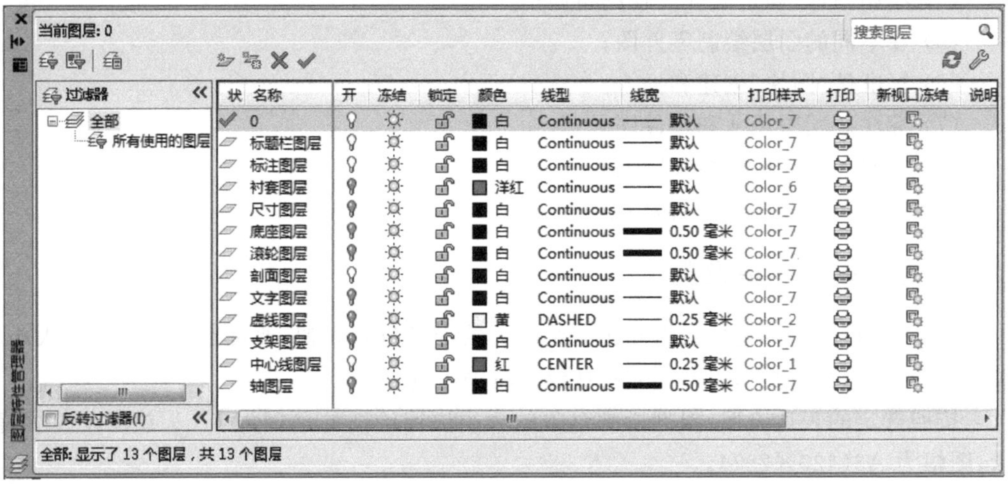
当前图层: 0
搜索图层
过滤器
全部
所有使用的图层
反转过滤器(I)
状 名称 开 冻结 锁定 颜色 线型 线宽 打印样式 打印 新视口冻结 说明
0 白 Continuous 默认 Color_7
标题栏图层 白 Continuous 默认 Color_7
标注图层 白 Continuous 默认 Color_7
衬套图层 洋红 Continuous 默认 Color_6
尺寸图层 白 Continuous 默认 Color_7
底座图层 白 Continuous 0.50 毫米 Color_7
滚轮图层 白 Continuous 0.50 毫米 Color_7
剖面图层 白 Continuous 默认 Color_7
文字图层 白 Continuous 默认 Color_7
虚线图层 黄 DASHED 0.25 毫米 Color_2
支架图层 白 Continuous 默认 Color_7
中心线图层 红 CENTER 0.25 毫米 Color_1
轴图层 白 Continuous 0.50 毫米 Color_7
全部: 显示了 13 个图层，共 13 个图层
图层特性管理器

图 10-6　图层特性设置

4. 绘制图框，确定装配图视图布局

1）绘制图框

已确定绘制滚轮架装配图的绘图界限（图幅尺寸）为 A3（420×297）。使用“视图”功能下拉菜单中的“缩放”子菜单的“全部”命令，将设置的绘图界限（图幅尺寸）充满屏幕。然后使用绘图命令画出图框，如图 10-7 所示。

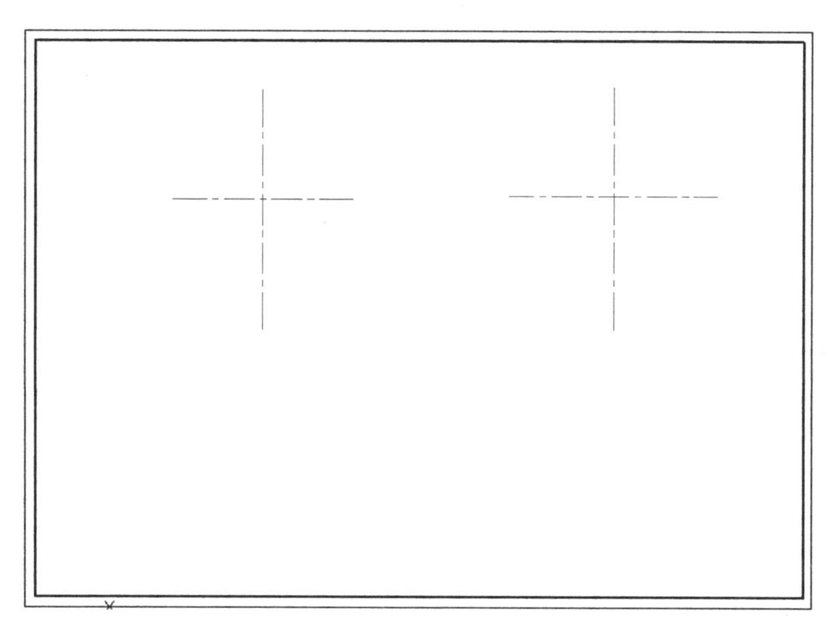

图 10-7　确定装配图视图布局

2）确定装配图视图布局

确定装配图视图布局，除了选择视图外，就是确定各视图的位置。所以应先绘制各视图的主要基准，如主要的中心线、对称线或主要端面的轮廓线等。要注意，确定主要基线时，各视图之间要留有适当的间隔，并注意留出标注尺寸、零件编号的位置等。如图 10-7 所示绘出滚轮架视图主要基准线（主要装配线）。

当然，计算机绘制装配图视图布局与手工在图纸上绘制相比的优点在于可以使用“移动”命令，根据需要随时调整各视图位置。

5. 在不同的图层绘制零件图

在不同图层绘制零件图是指将组成装配图整体的各个零件绘制在不同的图层上，既利用了计算机绘图的图层特性，便于图形的管理，也有利于装配图的读图和拆画零件图。

使用计算机绘制装配图与手工在图纸上绘制一样，先画主要装配线。画时先从主视图开始，以主视图为主，几个视图按投影配合绘制。可采用的基本方法是先画主要零件，后画次要零件；先定零件位置，后画零件形状；先画主要轮廓，后画结构细节。

滚轮架部件的主装配线绘制次序可以为滚轮 1、两个衬套 2、支承轴 4、两个支架 5。待主装配线零件绘制好后再绘制底座等。

1）绘制滚轮 1 零件图

首先将“滚轮图层”设置为当前图层，这样滚轮零件图形就会绘制在“滚轮图层”上。先绘制滚轮零件主视图，滚轮零件图形主视图一定要以中心线为基准对称绘制，以保证装配图图形的定位。

绘制好滚轮零件的主视图后，利用极轴追踪功能绘制滚轮零件的左视图，这样可以保证三视图的“三等关系”。

滚轮零件在滚轮图层的绘制如图 10-8 所示。图中滚轮零件主视图中的剖面线也可以先不填充。

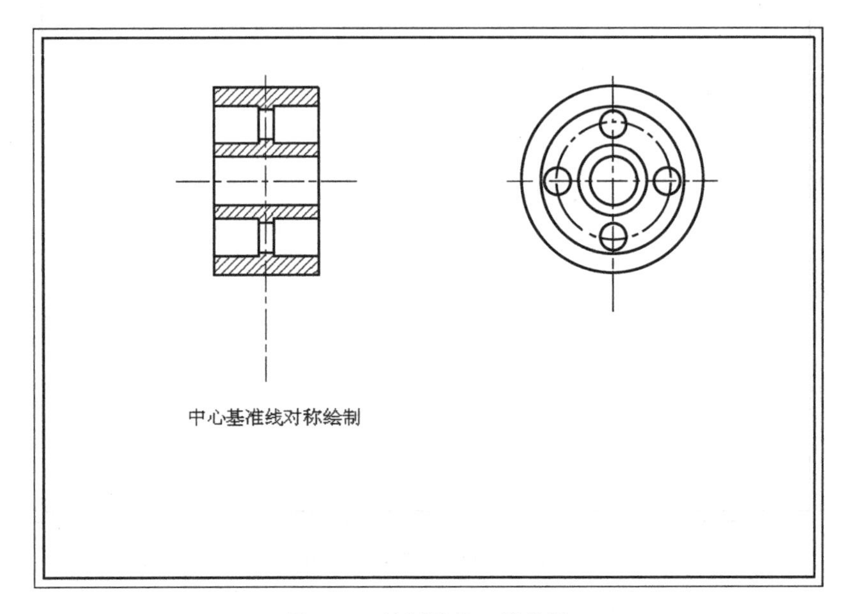

图 10-8　绘制滚轮 1 零件图

2）绘制衬套 2 零件图

先将“衬套图层”设置为当前图层，也就是将衬套 2 零件图画在“衬套图层”。绘制时的定位基准是衬套零件的端面与滚轮的两端面对齐，如图 10-9 所示。

被遮挡不可见线及多余线条（如图 10-9 所示）应进行处理。在某些绘图软件中有装配图消隐功能，但 AutoCAD 软件不具备清除原零件图在装配图上不应再出现的线条，所以在绘制时可以使用“擦除”命令及“修剪”命令等，消除被遮挡的不可见线及多余线条。

还需说明的是，当插入一些图形或者插入一些标准图形库中的图形时，可能使拼画装配图中还缺少某些必要的线条，因此要把所缺线条补画上。

3）绘制支承轴 4 零件图

先将“轴图层”设置为当前图层，也就是将支承轴 4 零件图画在“轴图层”。绘制时的定位基准是中心线基准，支承轴零件对称绘制，支承轴 4 两台阶与衬套 2 两个端面对齐。主视图中被支承轴 4 图形遮挡的不可见线应擦除掉，如图 10-10 所示。

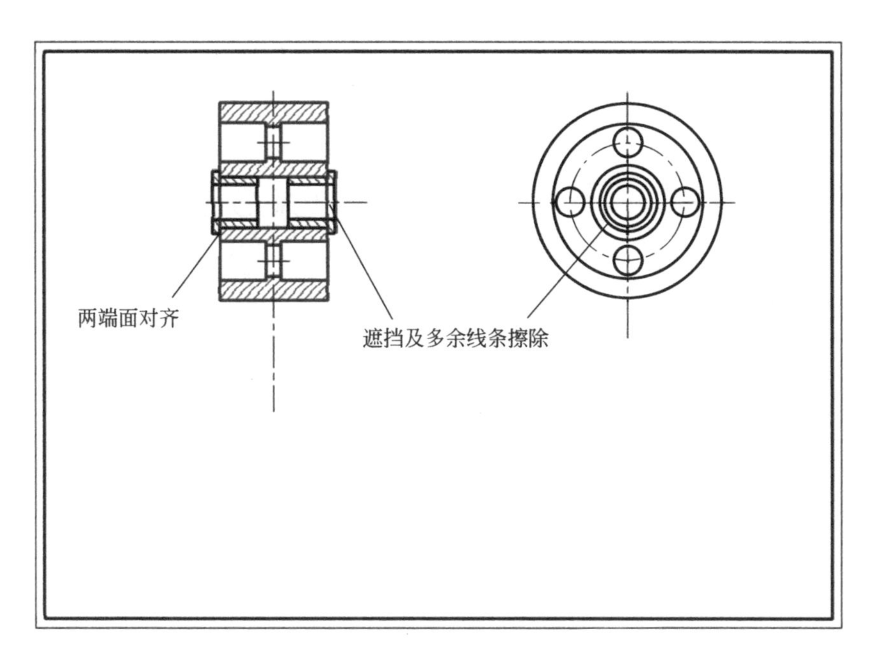

图 10-9　绘制衬套 2 零件图

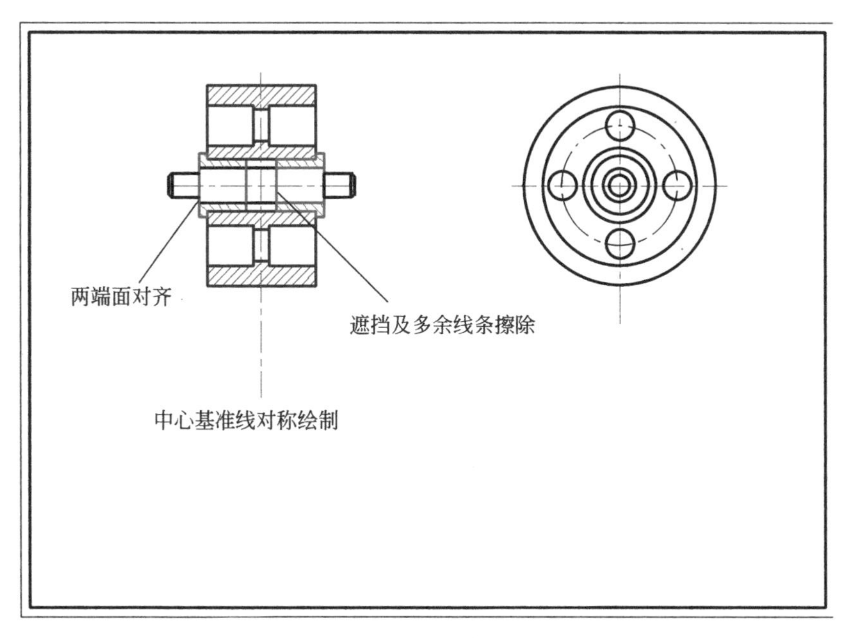

图 10-10　绘制支承轴 4 零件图

4）绘制支架 5 零件图

先将“支架图层”设置为当前图层，也就是将支架 5 零件图画在“支架图层”。绘制时的定位基准是以中心线基准对称绘制，支架 5 端面两台阶与衬套 2 两个外端面对齐。左视图中被支架 5 图形遮挡的不可见线应擦除掉，如图 10-11 所示。

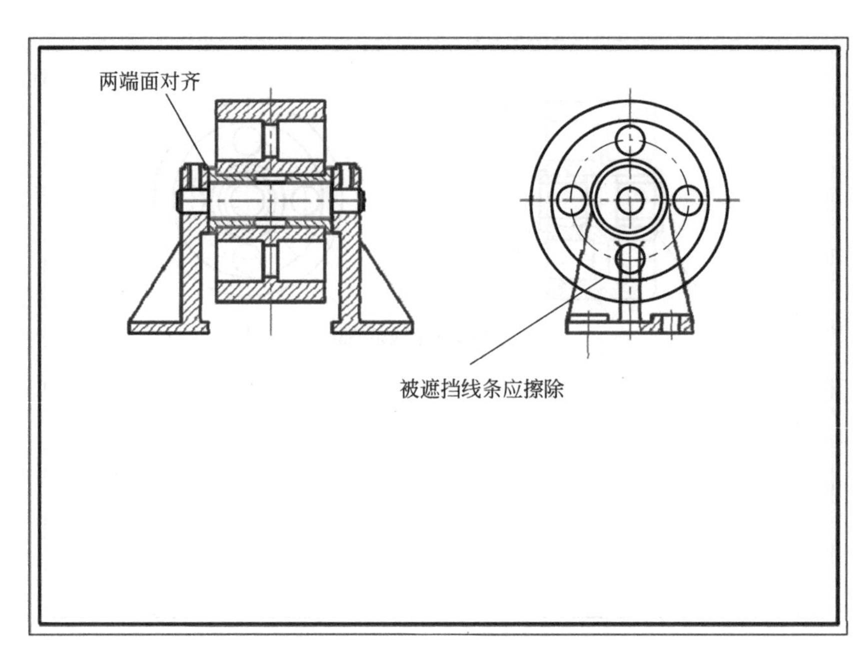

图 10-11　绘制支架 5 零件图

5）绘制底座 6 零件图

画完主要装配线后再画其他零件装配关系。如将底座 6 与支架 5 的装配关系画出。

先将“底座图层”设置为当前图层，也就是将底座 6 零件图画在“底座图层”。绘制时支架 5 下侧面和底座 6 凸台两侧端面对齐。左视图中被支架 5 图形遮挡的不可见线应擦除掉，如图 10-12 所示。

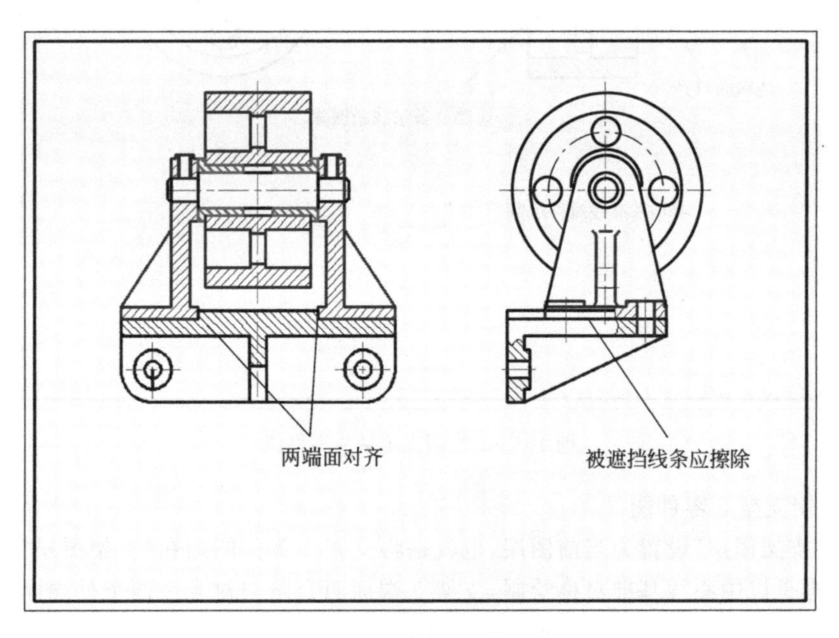

图 10-12　绘制底座 6 零件图

6）标准紧固件（紧定螺钉 3、螺钉 7 和垫片 8）以图块形式插入

标准紧固件可以绘制在 0 图层。

使用插入块命令分别将紧定螺钉 3 和螺钉 7 及垫片 8 插入到图形中，细部结构（如紧定螺钉连接处的局部剖切）应仔细画好，有多余的线条（如被紧定螺钉 3 挡住的线条）应该擦去，修改后的图形应符合螺钉装配画法。

紧定螺钉 3、螺钉 7 和垫片 8 以图块形式插入后如图 10-13 所示。

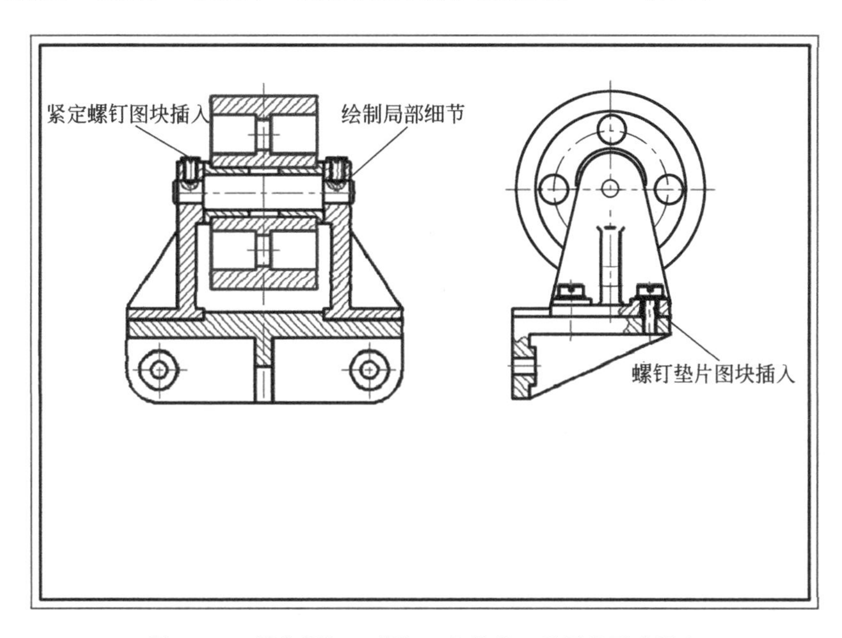

图 10-13　紧定螺钉 3、螺钉 7 和垫片 8 以图块形式插入

这里需要说明，零件图作为图块调入时，因为零件图是一个图块，所以不能单独清除其中的某些线条，除非把图块拆开。一般作法是用“分解”命令将插入的图块分解后，再用“擦除”及“修剪”等命令清除图面上的多余线条。

AutoCAD 图块的创建和插入方法请详见 5.5 节。

以上详细说明了在不同图层绘制零件图的方法，这部分内容是绘制装配图的重要部分。如果在图纸上手工绘制，就相当于绘制装配图的底稿。

6. 标注装配图尺寸和零件序号

使用 AutoCAD 标注装配图尺寸先要进行标注样式设置。建议新建一个装配图标注样式，这样使用起来方便些。将“尺寸图层”设置为当前图层，将装配图的特性尺寸、总体尺寸和配合尺寸标注在图形中，如图 10-14 所示。

AutoCAD 没有专门的标注装配图配合尺寸的功能，所以在标注装配图配合尺寸时应该使用 AutoCAD 的多行文字编辑器，使用“堆叠”编辑方法来标注配合尺寸 ϕ26H7/r7 等。AutoCAD 也没有专门的标注装配图零件序号的功能，建议使用“引线”标注命令来标注装配图零件序号，也可以使用“直线”命令和“单行文字”命令组合来绘制零件序号。

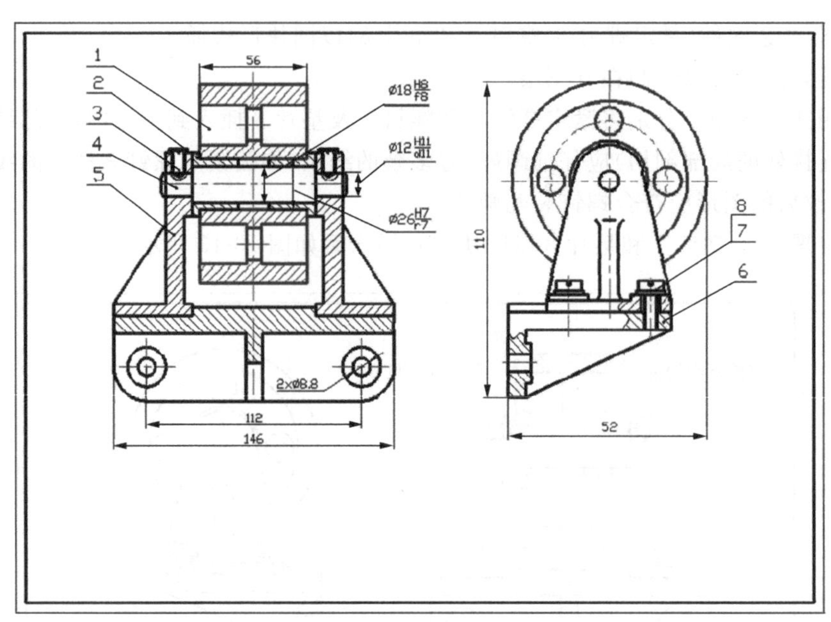

图 10-14　标注装配图尺寸和零件序号

7. 绘制并填写标题栏和明细表

将当前图层设置为“文字图层”。当然也可以建立标题栏明细表图层。使用 AutoCAD 写入文字也先要进行文字样式设置。建议新建一个中文的文字样式，选用工程字即在文字样式对话框中选用仿宋 GB_2312 字体，同时选中大体字 gbcbig. shx，也可选用宋体。

标题栏和明细表绘制好后，再写好技术要求，完成装配图的绘制，如图 10-15 所示。

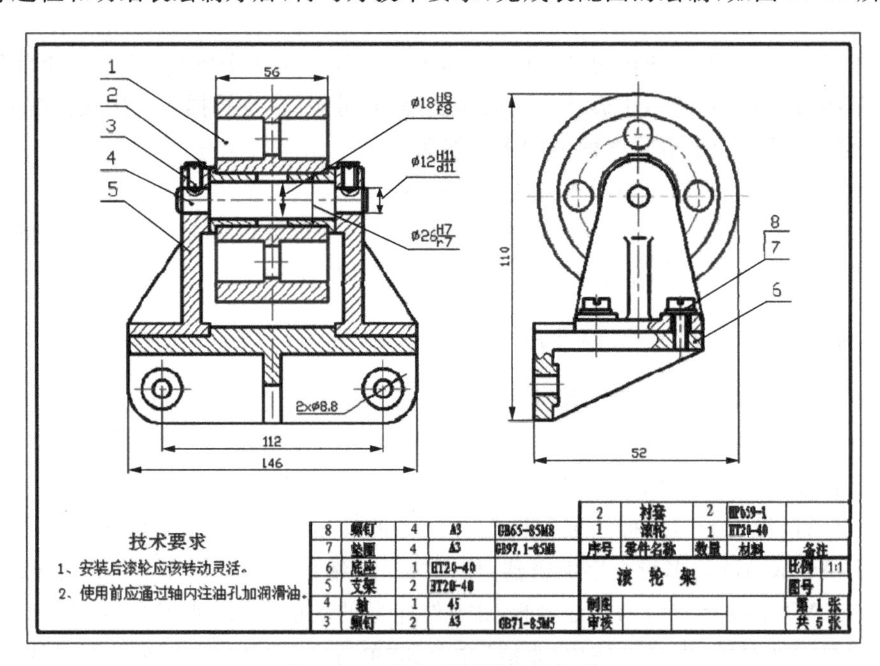

图 10-15　绘制标题栏和明细表

如果是在图纸上手工绘图，则检查无误后加深，进行零件编号，填写标题栏、明细表，写技术要求，完成装配图绘制。

10.3 装配图的读图

在实际生产工作中，经常要看装配图。例如在安装机器时，要按照装配图来装配零件和部件；在设计过程中，要按照装配图来设计和绘制零件图；在技术交流时，则要参阅装配图来了解零件、部件的具体结构。也就是说，在机器及零部件的设计、装配、安装、调试及进行技术交流时，都需要进行装配图的读图，因此具备装配图的读图能力是非常重要的。

10.3.1 装配图的读图要求

装配图的读图目的和要求主要有：

（1）了解部件或机器的功能、使用性能和工作原理。

（2）弄清楚各零件的作用，零件之间的相对位置、装配关系、连接固定方式，以及装拆顺序等。

（3）读懂各零件的结构形状。

（4）了解装配图的尺寸及技术要求。

10.3.2 装配图的读图方法和步骤

现以图 10-16 所示高频插座装配图为例，说明装配图的读图方法及步骤。

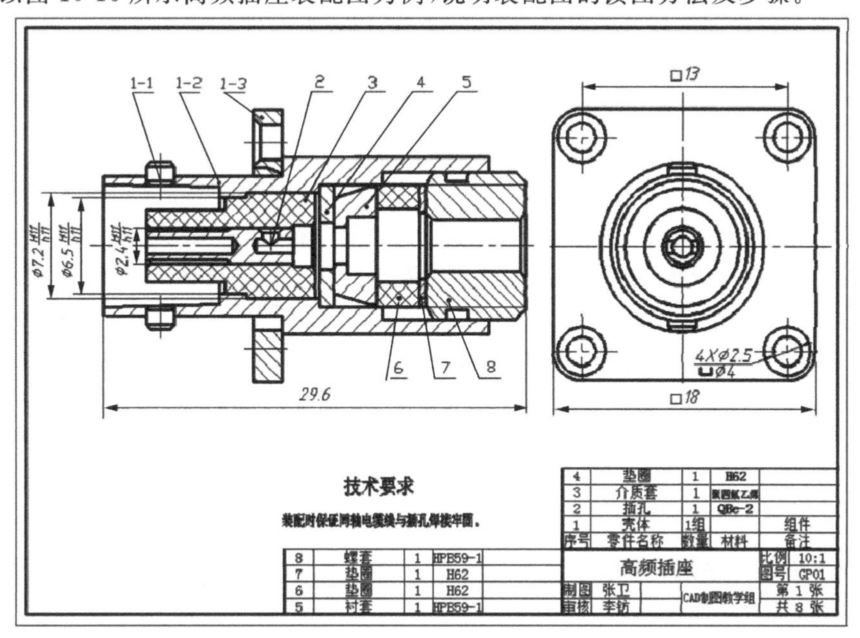

图 10-16 高频插座装配图

1. 概括了解

(1) 看标题栏,并参阅有关资料(产品使用说明书等),了解部件的名称、用途和使用性能等。

(2) 看零件序号和明细表,了解各零件的名称、数量,找到它们在图中的位置。由图形的比例及外形尺寸,了解部件的大小。

(3) 分析视图,弄清各视图的名称、投影关系、所采用的表达方法和所表达的主要内容。

从图10-16装配图的标题栏中得知,该部件是高频插座装置。高频插座是连接高频同轴电缆的部件。它的一端可以与高频插头连接,另一端可以连接高频同轴电缆。它是一种机电相结合的装配体。

由明细表和零件序号可知,它是由壳体1、插孔2、介质套3、垫圈4、衬套5、垫圈6、7和螺套8等八个零件组成。

高频插座装配图由两个视图来表达。全剖的主视图表达了部件主要的装配关系及相关的工作原理,左视图表达了外形轮廓特征及连接固定方式。

2. 分析部件的工作原理和装配关系

(1) 分析部件的工作原理

对于一般的机器部件的装配图,要从表达运动关系的视图入手,根据视图并参考说明书进行分析。图10-16所示的高频插座是一种用于连接的装配体,工作原理及作用是左端与高频插头连接,右端焊接高频同轴电缆。

(2) 分析部件的装配关系

要弄清零件之间的配合关系、连接固定方式,以及各零件的安装部位。

图10-16的高频插座主要由一条装配线组成。高频插座通过外壳1的四个$\phi 2.5$的沉头孔安装在面板上。装配焊接时将同轴电缆穿入垫圈4、衬套5、垫圈6、垫圈7、螺套8孔中,插入插孔2内。将同轴电缆的细铜线翻转好后,套上介质套3即可装入外壳1中,再旋紧螺套8。

分析零件的配合关系:根据图中配合尺寸的配合符号,判别零件的配合制、配合种类、轴与孔的公差等级等。从图10-16中可以看出插孔2与介质套3的配合为$\phi 2.4H11/h11$,外壳1与介质套3的配合为$\phi 6.5H11/h11$、$\phi 7.2H11/h11$。

分析零件的连接固定方式:要弄清部件中的每一个零件的位置是如何定位的,零件间是用什么连接、固定的。例如介质套3与壳体1-2件是端面定位。轴向固定是靠螺套8紧固来完成的。

3. 分析零件的结构形状

分析零件的顺序是:一般先看主要零件,后看次要零件;先从容易区分零件投影轮廓的视图开始,再看其他视图。

确定零件形状结构的方法如下:

(1) 对投影，分析形体。首先分离零件，根据零件序号、剖面线方向和间隔的不同、实心件不剖及视图间的投影关系等，将零件从各视图中分离出来。

(2) 看尺寸，定形状。若尺寸标注的是 ϕ，就可以确定零件的形状是圆柱面。

(3) 将作用、加工、装配工艺综合考虑加以判断。根据零件在部件中的作用及与之相配合的其他零件的结构，进一步弄懂零件的细部结构，并把分析零件的投影和作用、加工方法、装拆方便与否等综合起来考虑，最后确定并想象出零件完整的形状。

现以图 10-16 中的壳体 1-2 零件为例来说明零件结构的分析过程。根据剖面线的倾斜方向，将壳体从主视图中分离出来，再根据视图间的投影关系，找到它在两视图中的投影轮廓，如图 10-17 所示。从左视图及包含 ϕ 尺寸知其主要形体是空心圆柱体形状。根据两个视图综合分析可知，壳体 1-2 的形状如图 10-18 所示。

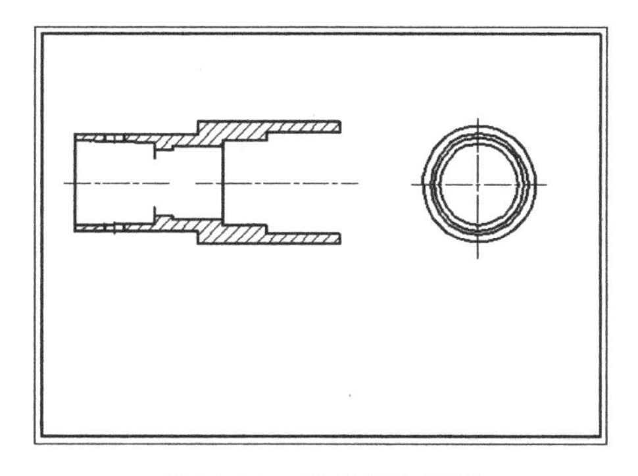

图 10-17　拆出壳体视图

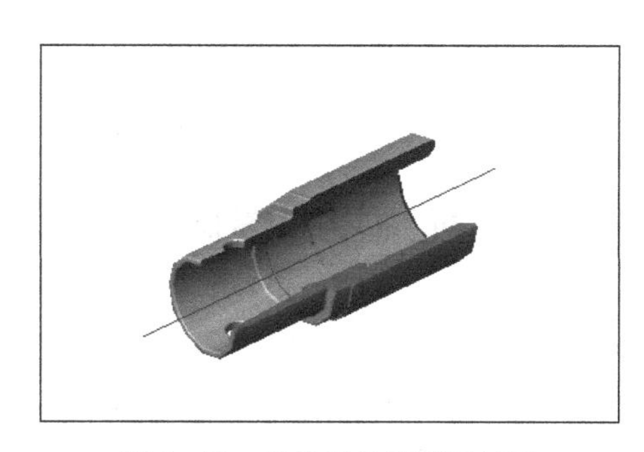

图 10-18　壳体零件轴测剖切图

在对每个零件的结构进行仔细分析的基础上，进行综合分析，可以得到高频插座的整体结构，图 10-19 为高频插座的轴测分解图。

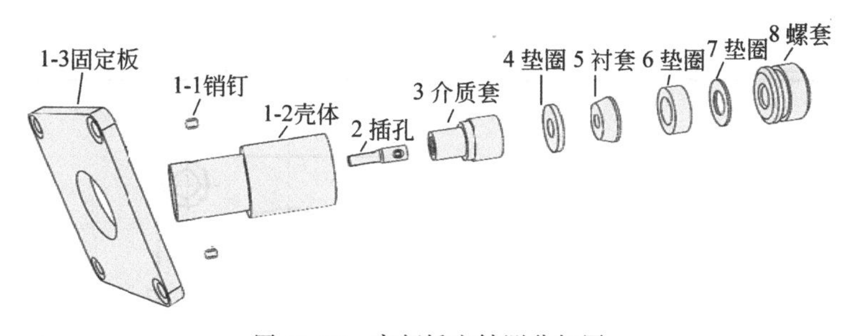

图 10-19　高频插座轴测分解图

以上介绍的是看装配图的一般方法和步骤，实际上有些步骤可能是交替进行的。分析机器部件的工作原理时，也要分析零件间的装配关系；分析装配关系时，也要分析各零件的形状和结构；就是分析零件形状结构时，也需要进一步分析零件间的装配关系等。也就是说看装配图是一个不断深入、综合分析的过程。

10.4 由装配图拆画零件图

设计时一般先绘制出装配图，然后根据装配图拆画出零件图。由装配图拆画零件图是设计工作中的一个重要环节。

10.4.1 由装配图拆画零件图的步骤

由装配图拆画零件图的一般步骤为：

(1) 按照装配图的要求，看懂部件的工作原理、装配关系及零件的结构形状。

(2) 根据零件图视图表达要求，确定所绘制零件的视图表达方案。

(3) 根据零件图的内容及画图要求绘制出零件图。

10.4.2 拆画零件图应注意的问题

拆画零件图是在看懂装配图的基础上进行的。装配图不表达单个零件的形状，拆画零件图时要将零件的结构补充表达完整。因此，拆画零件图的过程也是零件设计的过程。应该注意以下问题：

(1) 零件的视图表达方案是根据零件的形状结构确定的，不能盲目照抄装配图。如图 10-20 所示固定板的视图表达是从装配图分离出来的，直接作为绘制固定板零件图视图表达是可以的。但从表达零件的形状、整体结构等方面来考虑，采用图 10-21 所示的视图表达方案更好些。

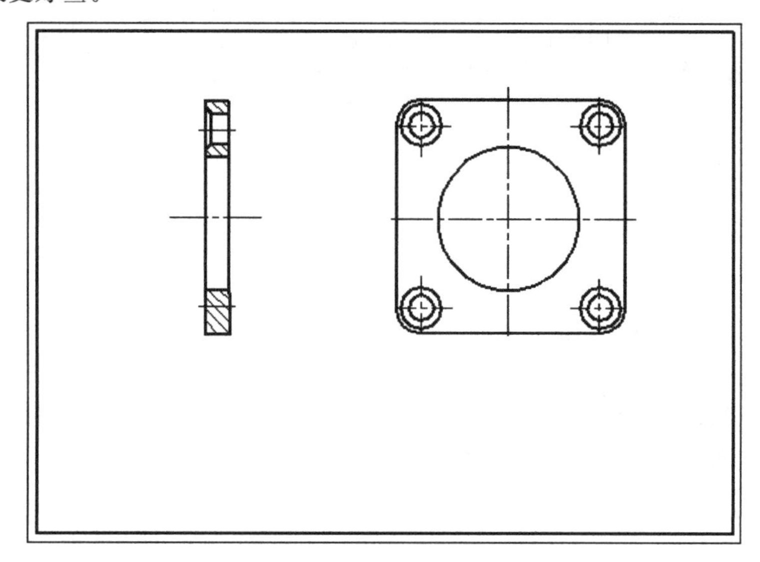

图 10-20 固定板视图表达

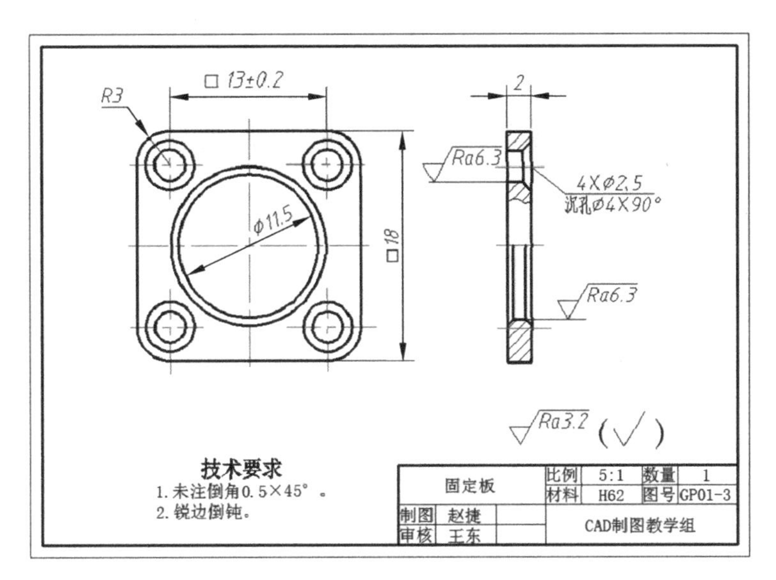

图 10-21　固定板零件图

(2) 在装配图中允许省略不画的零件工艺结构，如倒角、圆角、退刀槽等，在零件图中应该全部绘制出来。

(3) 零件之间有配合要求的表面，其基本尺寸必须相同，并注出公差代号和极限偏差数值。

(4) 零件图的尺寸，除在装配图中已标注出的以外，其余尺寸都在装配图上按比例直接量取，并加以圆整。有关螺纹、倒角、圆角、退刀槽、键槽等，应查标准，按规定标出。

(5) 根据零件各表面的作用和工作要求，注出表面粗糙度代号。

(6) 根据零件在部件中的作用和加工条件，确定零件图的其他要求。

图 10-21 是根据高频插座装配图拆画出的固定板零件图。使用计算机绘制固定板零件图的方法及步骤可参考 9.6 节。

附录A 常用螺纹

1. 普通螺纹(摘自 GB/T 193—2003,GB/T 196—2003)

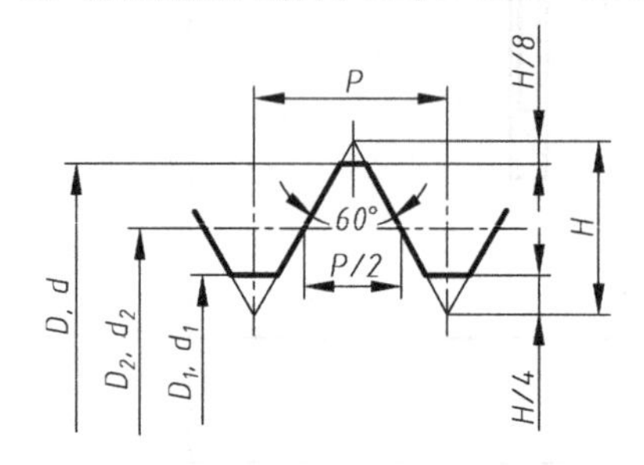

$H=\frac{\sqrt{3}}{2}P$

标记示例:

M24:公称直径为 24 mm 的粗牙普通螺纹。

M24×1.5:公称直径为 24 mm,螺距为 1.5 mm 的细牙普通螺纹。

表 A-1 普通螺纹直径、螺距和基本尺寸 单位:mm

公称直径 D,d 第一系列	公称直径 D,d 第二系列	螺距 P 粗牙	螺距 P 细牙	粗牙小径 D_1,d_1
3		0.5	0.35	2.459
	3.5	0.6		2.850
4		0.7	0.5	3.242
	4.5	0.75		3.688
5		0.8		4.134
6		1	0.75,(0.5)	4.917
8		1.25	1,0.75,(0.5)	6.647
10		1.5	1.25,1,0.75,(0.5)	8.376
12		1.75	1.5,1.25,1,(0.75),(0.5)	10.106
	14	2	1.5,(1.25),1,(0.75),(0.5)	11.835
16		2	1.5,1,(0.75),(0.5)	13.835
	18	2.5	2,1.5,1,(0.75),(0.5)	15.294
20		2.5		17.294

公称直径 D,d 第一系列	公称直径 D,d 第二系列	螺距 P 粗牙	螺距 P 细牙	粗牙小径 D_1,d_1
	22	2.5	2,1.5,1,(0.75),(0.5)	19.294
24		3	2,1.5,1,(0.75)	20.752
	27	3	2,1.5,1,(0.75)	23.752
30		3.5	(3),2,1.5,1,(0.75)	26.211
	33	3.5	(3),2,1.5,(1),(0.75)	29.211
36		4	3,2,1.5,(1)	31.670
	39	4		34.670
42		4.5	(4),3,2,1.5,(1)	37.129
	45	4.5		40.129
48		5		42.87
	52	5		46.587
56		5.5	4,3,2,1.5,(1)	50.046

注:1. 优先选用第一系列,括号内尺寸尽可能不用,第三系列未列入。

2. 中径 D_2,d_2 未列入。

表 A-2 细牙普通螺纹螺距与小径的关系 单位:mm

螺距 P	小径 D_1,d_1	螺距 P	小径 D_1,d_1	螺距 P	小径 D_1,d_1
0.35	$d-1+0.621$	1	$d-2+0.918$	2	$d-3+0.835$
0.5	$d-1+0.459$	1.25	$d-2+0.647$	3	$d-4+0.752$
0.75	$d-1+0.188$	1.5	$d-2+0.376$	4	$d-5+0.670$

注:表中的小径按 $D_1=d_1=d-2\times\frac{5}{8}H,H=\frac{\sqrt{3}}{2}P$ 计算得出。

2. 梯形螺纹(摘自 GB/T 5796.2—2005,GB/T 5796.3—2005)

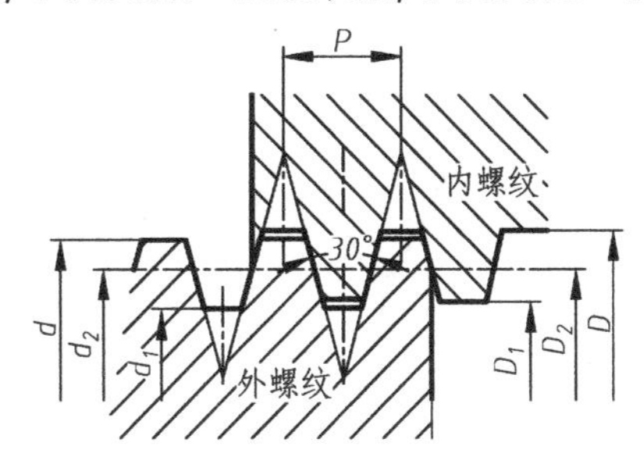

表 A-3　梯形螺纹直径、螺距和基本尺寸　　　　单位:mm

公称直径 d		螺距	中径	大径	小径	
第一系列	第二系列	P	$d_2=D_2$	D	d_1	D_1
8		1.5	7.25	8.30	6.20	6.50
	9	1.5	8.25	9.30	7.20	7.50
		2	8.00	9.50	6.50	7.00
10		1.5	9.25	10.30	8.20	8.50
		2	9.00	10.50	7.50	8.00
	11	2	10.00	11.50	8.50	9.00
		3	9.50	11.50	7.50	8.00
12		2	11.00	12.50	9.50	10.00
		3	10.50	12.50	8.50	9.00
	14	2	13.00	14.50	11.50	12.00
		3	12.50	14.50	10.50	11.00
16		2	15.00	16.50	13.50	14.00
		4	14.00	16.50	11.50	12.00
	18	2	17.00	18.50	15.50	16.00
		4	16.00	18.50	13.50	14.00
20		2	19.00	20.50	17.50	18.00
		4	18.00	20.50	15.50	16.00
	22	3	20.50	22.50	18.50	19.00
		5	19.50	22.50	16.50	17.00
		8	18.00	23.00	13.00	14.00
24		3	22.50	24.50	20.50	21.00
		5	21.50	24.50	18.50	19.00
		8	20.00	25.00	15.00	16.00

公称直径 d		螺距	中径	大径	小径	
第一系列	第二系列	P	$d_2=D_2$	D	d_1	D_1
	26	3	24.50	26.50	22.50	23.00
		5	23.50	26.50	20.50	21.00
		8	22.00	27.00	17.00	18.00
28		3	26.50	28.50	24.50	25.00
		5	25.50	28.50	22.50	23.00
		8	24.00	29.00	19.00	20.00
	30	3	28.50	30.50	26.50	29.00
		6	27.00	31.00	23.00	24.00
		10	25.00	31.00	19.00	20.00
32		3	30.50	32.50	28.50	29.00
		6	29.00	33.00	25.00	26.00
		10	27.00	33.00	21.00	22.00
	34	34	32.50	34.50	30.50	31.00
		6	31.00	35.00	27.00	28.00
		10	29.00	35.00	23.00	24.00
36		3	34.50	36.50	32.50	33.00
		6	33.00	37.00	29.00	30.00
		10	31.00	37.00	25.00	26.00
	38	3	36.50	38.50	34.50	35.00
		7	34.50	39.00	30.00	31.00
		10	33.00	39.00	27.00	28.00
40		3	38.50	40.50	36.50	37.00
		7	36.50	41.00	32.00	33.00
		10	35.00	35.00	29.00	30.00

3. 非螺纹密封的管螺纹(摘自 GB/T 7307—2001)

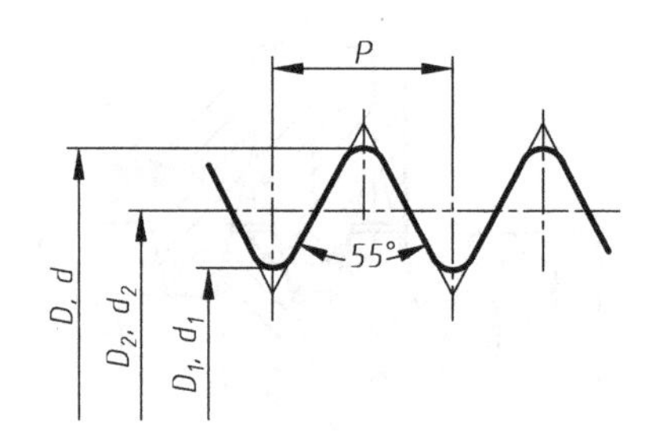

表 A-4 管螺纹尺寸代号及基本尺寸 单位：mm

尺寸代号	每 25.4mm 内的牙数 n	螺距 P	基本直径	
			大径 D,d	小径 D_1,d_1
1/8	28	0.907	9.728	8.566
1/4	19	1.337	13.157	11.445
3/8	19	1.337	16.662	14.950
1/2	14	1.814	20.955	18.631
5/8	14	1.814	22.911	20.587
3/4	14	1.814	26.441	24.117
7/8	14	1.814	30.201	27.877
1	11	2.309	33.249	30.291
$1\frac{1}{8}$	11	2.309	37.897	34.939
$1\frac{1}{4}$	11	2.309	41.910	38.952
$1\frac{1}{2}$	11	2.309	47.803	44.845
$1\frac{3}{4}$	11	2.309	53.746	50.788
2	11	2.309	59.614	56.656
$2\frac{1}{4}$	11	2.309	65.710	62.752
$2\frac{1}{2}$	11	2.309	75.184	72.226
$2\frac{3}{4}$	11	2.309	81.534	78.576
3	11	2.309	87.884	84.926

附录B　公差与配合

表B-1　标准公差数值(GB/T 1800.2—2009)

基本尺寸/mm		公差等级																	
		IT1	IT2	IT3	IT4	IT5	IT6	IT7	IT8	IT9	IT10	IT11	IT12	IT13	IT14	IT15	IT16	IT17	IT18
大于	至	μm											mm						
—	3	0.8	1.2	2	3	4	6	10	14	25	40	60	0.1	0.14	0.25	0.4	0.6	1	1.4
3	6	1	1.5	2.5	4	5	8	12	18	30	48	75	0.12	0.18	0.3	0.48	0.75	1.2	1.8
6	10	1	1.5	2.5	4	6	9	15	22	36	58	90	0.15	0.22	0.36	0.58	0.9	1.5	2.2
10	18	1.2	2	3	5	8	11	18	27	43	70	110	0.18	0.27	0.43	0.7	1.1	1.8	2.7
18	30	1.5	2.5	4	6	9	13	21	33	52	84	130	0.21	0.33	0.52	0.84	1.3	2.1	3.3
30	50	1.5	2.5	4	7	11	16	25	39	62	100	160	0.25	0.39	0.62	1	1.6	2.5	3.9
50	80	2	3	5	8	13	19	30	46	74	120	190	0.3	0.46	0.74	1.2	1.9	3	4.6
80	120	2.5	4	6	10	15	22	35	54	87	140	220	0.35	0.54	0.87	1.4	2.2	3.5	5.4
120	180	3.5	5	8	12	18	25	40	63	100	160	250	0.4	0.63	1	1.6	2.5	4	6.3
180	250	4.5	7	10	14	20	29	46	72	115	185	290	0.46	0.72	1.15	1.85	2.9	4.6	7.2
250	315	6	8	12	16	23	32	52	81	130	210	320	0.52	0.81	1.3	2.1	3.2	5.2	8.1
315	400	7	9	13	18	25	36	57	89	140	230	360	0.57	0.89	1.4	2.3	3.6	5.7	8.9
400	500	8	10	15	20	27	40	63	97	155	250	400	0.63	0.97	1.55	2.5	4	6.3	9.7
500	630	9	11	16	22	32	44	70	110	175	280	440	0.7	1.1	1.8	2.8	4.4	7	11
630	800	10	13	18	25	36	50	80	125	200	320	500	0.8	1.3	2	3.2	5	8	12.5
800	1000	11	15	21	28	40	56	90	140	230	360	560	0.9	1.4	2.3	3.6	5.6	9	14
1000	1250	13	18	24	33	47	66	105	165	260	420	660	1.05	1.65	2.6	4.2	6.6	10.5	16.5
1250	1600	15	21	29	39	55	78	125	195	310	500	780	1.25	1.95	3.1	5	7.8	12.5	19.5
1600	2000	18	25	35	46	65	92	150	230	370	600	920	1.5	2.3	3.7	6	9.2	15	23
2000	2500	22	30	41	55	78	110	175	280	440	700	1100	1.75	2.8	4.4	7	11	17.5	28
2500	3150	26	36	50	68	96	135	210	330	540	860	1350	2.1	3.3	5.4	8.6	13.5	21	33

表 B-2　轴的基本偏差数值(GB/T 1800.2—2009)　　单位：μm

基本偏差		上偏差 es												下偏差 ei		
		a	b	c	cd	d	e	ef	f	fg	g	h	js	j		
基本尺寸/mm		公差等级														
大于	至	所有等级												5、6	7	8
—	3	−270	−140	−60	−34	−20	−14	−10	−6	−4	−2	0	偏差=±ITn/2，式中ITn是IT数值	−2	−4	−6
3	6	−270	−140	−70	−46	−30	−20	−14	−10	−6	−4	0		−2	−4	—
6	10	−280	−150	−80	−56	−40	−25	−18	−13	−8	−5	0		−2	−5	—
10	14	−290	−150	−95	—	−50	−32	—	−16	—	−6	0		−3	−6	—
14	18															
18	24	−300	−160	−110	—	−65	−40	—	−20	—	−7	0		−4	−8	—
24	30															
30	40	−310	−170	−120	—	−80	−50	—	−25	—	−9	0		−5	−10	—
40	50	−320	−180	−130												
50	65	−340	−190	−140	—	−100	−60	—	−30	—	−10	0		−7	−12	—
65	80	−360	−200	−150												
80	100	−380	−220	−170	—	−120	−72	—	−36	—	−12	0		−9	−15	—
100	120	−410	−240	−180												
120	140	−460	−260	−200	—	−145	−85	—	−43	—	−14	0		−11	−18	—
140	160	−520	−280	−210												
160	180	−580	−310	−230												
180	200	−660	−340	−240	—	−170	−100	—	−50	—	−15	0		−13	−21	—
200	225	−740	−380	−260												
225	250	−820	−420	−280												
250	280	−920	−480	−300	—	−190	−110	—	−56	—	−17	0		−16	−26	—
280	315	−1050	−540	−330												
315	355	−1200	−600	−360	—	−210	−125	—	−62	—	−18	0		−18	−28	—
355	400	−1350	−680	−400												
400	450	−1500	−760	−440	—	−230	−135	—	−68	—	−20	0		−20	−32	—
450	500	−1650	−840	−480												

基本偏差		下偏差 ei															
		k		m	n	p	r	s	t	u	v	x	y	z	za	zb	zc
基本尺寸/mm		公差等级															
大于	至	4至7	≤3 >7	所有等级													
—	3	0	0	+2	+4	+6	+10	+14	—	+18	—	+20	—	+26	+32	+40	+60
3	6	+1	0	+4	+8	+12	+15	+19	—	+23	—	+28	—	+35	+42	+50	+80
6	10	+1	0	+6	+10	+15	+19	+23	—	+28	—	+34	—	+42	+52	+67	+97
10	14	+1	0	+7	+12	+18	+23	+28	—	+33	—	+40	—	+50	+64	+90	+130
14	18										+39	+45	—	+60	+77	+108	+150
18	24	+2	0	+8	+15	+22	+28	+35	—	+41	+47	+54	+63	+73	+98	+136	+188
24	30								+41	+48	+55	+64	+75	+88	+118	+160	+218
30	40	+2	0	+9	+17	+26	+34	+43	+48	+60	+68	+80	+94	+112	+148	+200	+274
40	50								+54	+70	+81	+97	+114	+136	+180	+242	+325
50	65	+2	0	+11	+20	+32	+41	+53	+66	+87	+102	+122	+144	+172	+226	+300	+405
65	80						+43	+59	+75	+102	+120	+146	+174	+210	+274	+360	+480
80	100	+3	0	+13	+23	+37	+51	+71	+91	+124	+146	+178	+214	+258	+335	+445	+585
100	120						+54	+79	+104	+144	+172	+210	+254	+310	+400	+525	+690
120	140	+3	0	+15	+27	+43	+63	+92	+122	+170	+202	+248	+300	+365	+470	+620	+800
140	160						+65	+100	+134	+190	+228	+280	+340	+415	+535	+700	+900
160	180						+68	+108	+146	+210	+252	+310	+380	+465	+600	+780	+1000
180	200	+4	0	+17	+31	+50	+77	+122	+166	+236	+284	+350	+425	+520	+670	+880	+1150
200	225						+80	+130	+180	+258	+310	+385	+470	+575	+740	+960	+1250
225	250						+84	+140	+196	+284	+340	+425	+520	+640	+820	+1050	+1350
250	280	+4	0	+20	+34	+56	+94	+158	+218	+315	+385	+475	+580	+710	+920	+1200	+1550
280	315						+98	+170	+240	+350	+425	+525	+650	+790	+1000	+1300	+1700
315	355	+4	0	+21	+37	+62	+108	+190	+268	+390	+475	+590	+730	+900	+1150	+1500	+1900
355	400						+114	+208	+294	+435	+530	+660	+820	+1000	+1300	+1650	+2100
400	450	+5	0	+23	+40	+68	+126	+232	+330	+490	+595	+740	+920	+1100	+1450	+1850	+2400
450	500						+132	+252	+360	+540	+660	+820	+1000	+1250	+1600	+2100	+2600

表 B-3　孔的基本偏差数值(GB/T 1800.2—2009)　　单位：μm

基本偏差		下偏差 EI												上偏差 ES								
		A	B	C	CD	D	E	EF	F	FG	G	H	JS	J			K		M		N	
基本尺寸/mm		公差等级																				
大于	至	所有等级												6	7	8	≤8	>8	≤8	>8	≤8	>8
—	3	+270	+140	+60	+34	+20	+14	+10	+6	+4	+2	0	偏差=±ITn/2,式中ITn是IT数值	+2	+4	+6	0	0	−2	−2	−4	−4
3	6	+270	+140	+70	+46	+30	+20	+14	+10	+6	+4	0		+5	+6	+10	−1+Δ	—	−4+Δ	−4	−8+Δ	0
6	10	+280	+150	+80	+56	+40	+25	+18	+13	+8	+5	0		+5	+8	+12	−1+Δ	—	−6+Δ	−6	−10+Δ	0
10	14	+290	+150	+95	—	+50	+32	—	+16	—	+6	0		+6	+10	+15	−1+Δ	—	−7+Δ	−7	−12+Δ	0
14	18																					
18	24	+300	+160	+110	—	+65	+40	—	+20	—	+7	0		+8	+12	+20	−2+Δ	—	−8+Δ	−8	−15+Δ	0
24	30																					
30	40	+310	+170	+120	—	+80	+50	—	+25	—	+9	0		+10	+14	+24	−2+Δ	—	−9+Δ	−9	−17+Δ	0
40	50	+320	+180	+130																		
50	65	+340	+190	+140	—	+100	+60	—	+30	—	+10	0		+13	+18	+28	−2+Δ	—	−11+Δ	−11	−20+Δ	0
65	80	+360	+200	+150																		
80	100	+380	+220	+170	—	+120	+72	—	+36	—	+12	0		+16	+22	+34	−3+Δ	—	−13+Δ	−13	−23+Δ	0
100	120	+410	+240	+180																		
120	140	+460	+260	+200	—	+145	+85	—	+43	—	+14	0		+18	+26	+41	−3+Δ	—	−15+Δ	−15	−27+Δ	0
140	160	+520	+280	+210																		
160	180	+580	+310	+230																		
180	200	+660	+340	+240	—	+170	+100	—	+50	—	+15	0		+22	+30	+47	−4+Δ	—	−17+Δ	−17	−31+Δ	0
200	225	+740	+380	+260																		
225	250	+820	+420	+280																		
250	280	+920	+480	+300	—	+190	+110	—	+56	—	+17	0		+25	+36	+55	−4+Δ	—	−20+Δ	−20	−34+Δ	0
280	315	+1050	+540	+330																		
315	355	+1200	+600	+360	—	+210	+125	—	+62	—	+18	0		+29	+39	+60	−4+Δ	—	−21+Δ	−21	−37+Δ	0
355	400	+1350	+680	+400																		
400	450	+1500	+760	+440	—	+230	+135	—	+68	—	+20	0		+33	+43	+66	−5+Δ	—	−23+Δ	−23	−40+Δ	0
450	500	+1650	+840	+480																		

续表

基本偏差		上偏差 ES													Δ					
		P 至 ZC	P	R	S	T	U	V	X	Y	Z	ZA	ZB	ZC						
基本尺寸/mm		公差等级																		
大于	至	≤7	>7												3	4	5	6	7	8
—	3	在>7级的相应数值上增加一个Δ值	−6	−10	−14	—	−18	—	−20	—	−26	−32	−40	−60	0					
3	6		−12	−15	−19	—	−23	—	−28	—	−35	−42	−50	−80	1	1.5	1	3	4	6
6	10		−15	−19	−23	—	−28	—	−34	—	−42	−52	−67	−97	1	1.5	2	3	6	7
10	14		−18	−23	−28	—	−33	—	−40	—	−50	−64	−90	−130	1	2	3	3	7	9
14	18							−39	−45	—	−60	−77	−108	−150						
18	24		−22	−28	−35	—	−41	−47	−54	−63	−73	−98	−136	−188	1.5	2	3	4	8	12
24	30					−41	−48	−55	−64	−75	−88	−118	−160	−218						
30	40		−26	−34	−43	−48	−60	−68	−80	−94	−122	−148	−200	−274	1.5	3	4	5	9	14
40	50					−54	−70	−81	−97	−114	−136	−180	−242	−325						
50	65		−32	−41	−53	−66	−87	−102	−122	−144	−172	−226	−300	−405	2	3	5	6	11	16
65	80			−43	−59	−75	−102	−120	−146	−174	−210	−274	−360	−480						
80	100		−37	−51	−71	−91	−124	−146	−178	−214	−258	−335	−445	−585	2	4	5	7	13	19
100	120			−54	−79	−104	−144	−172	−210	−254	−310	−400	−525	−690						
120	140		−43	−63	−92	−122	−170	−202	−248	−300	−365	−470	−620	−800	3	4	6	7	15	23
140	160			−65	−100	−134	−190	−228	−280	−340	−415	−535	−700	−900						
160	180			−68	−108	−146	−210	−252	−310	−380	−465	−600	−780	−1000						
180	200		−50	−77	−122	−166	−236	−284	−350	−425	−520	−670	−880	−1150	3	4	6	9	17	26
200	225			−80	−130	−180	−258	−310	−385	−470	−575	−740	−960	−1250						
225	250			−84	−140	−196	−284	−340	−425	−520	−640	−820	−1050	−1350						
250	280		−56	−94	−158	−218	−315	−385	−475	−580	−710	−920	−1200	−1550	4	4	7	9	20	29
280	315			−98	−170	−240	−350	−425	−525	−650	−790	−1000	−1300	−1700						
31	355		−62	−108	−190	−268	−390	−475	−590	−730	−900	−1150	−1500	−1900	4	5	7	11	21	32
355	400			−114	−208	−294	−435	−530	−660	−820	−1000	−1300	−1650	−2100						
400	450		−68	−126	−232	−330	−490	−595	−740	−920	−1100	−1450	−1850	−2400	5	5	7	13	23	34
450	500			−132	−252	−360	−540	−660	−820	−1000	−1250	−1600	−2100	−2600						

附录C　习　　题

习题 1

1.1　在指定位置照原样补画下图中所示的各类图线。

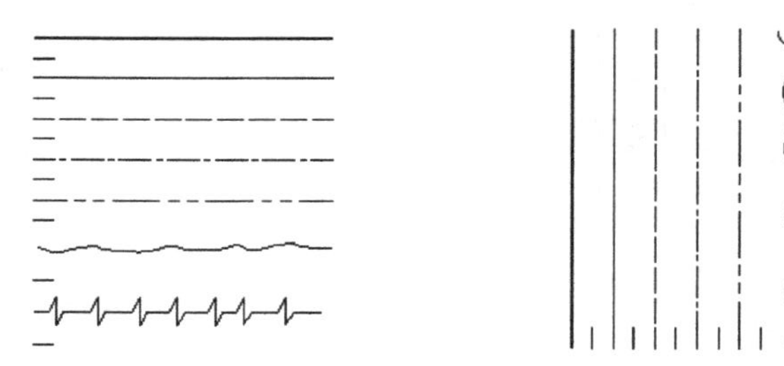

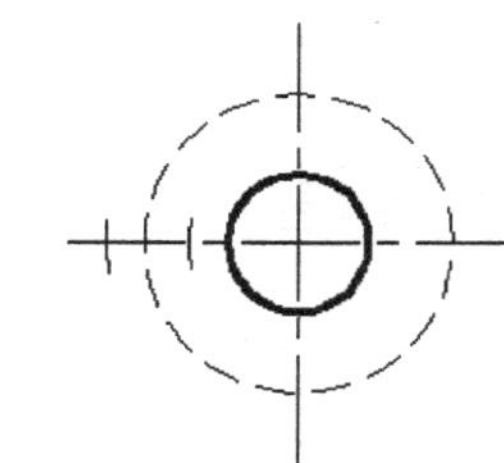

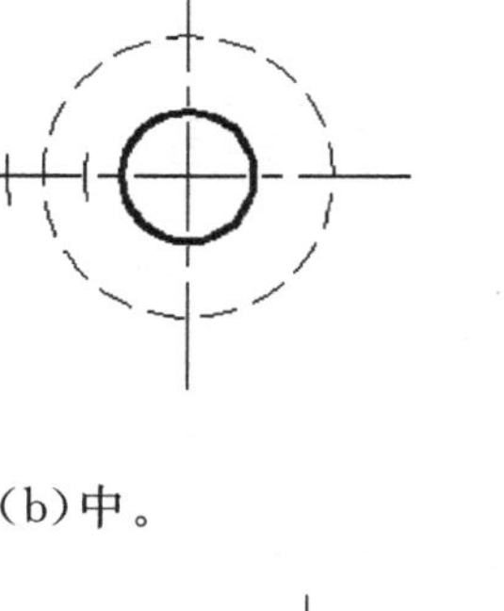

1.2　指出下图(a)中尺寸标注的错误,并将正确的尺寸标注在下图(b)中。

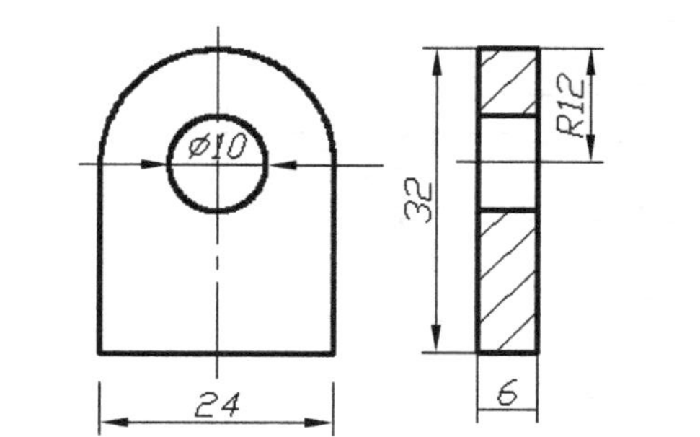

(a) 错误的图

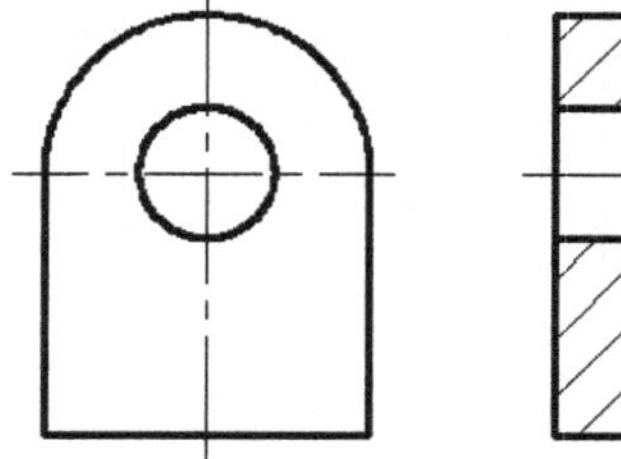

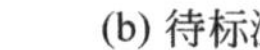

(b) 待标注的图

1.3　在下图中标注箭头和尺寸数值(由图中直接量取整数)。

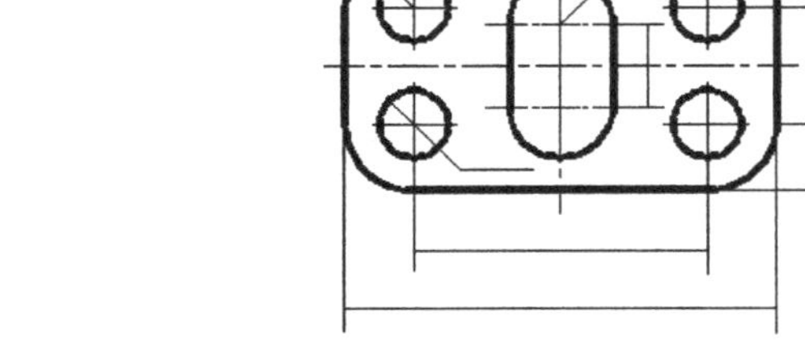

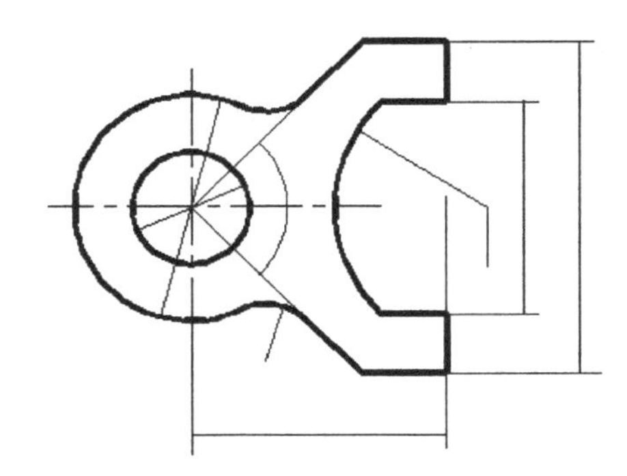

1.4　按 1∶1 的比例抄画下图,并标注尺寸。

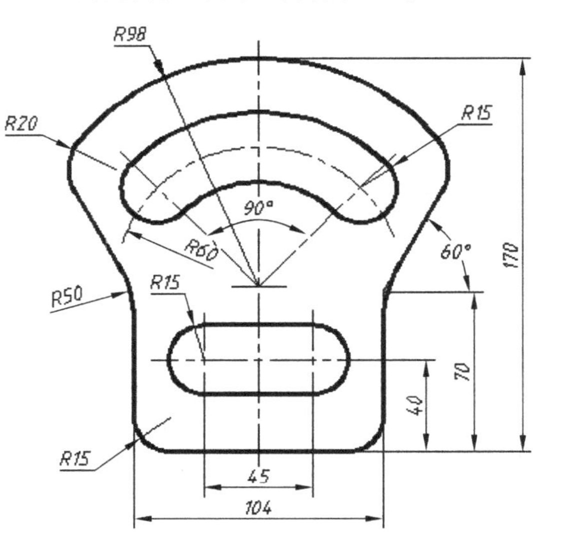

1.5　完成点的投影图。

（1）已知点 $A(20,25,15)$、$B(5,15,25)$，画出其三面投影图。

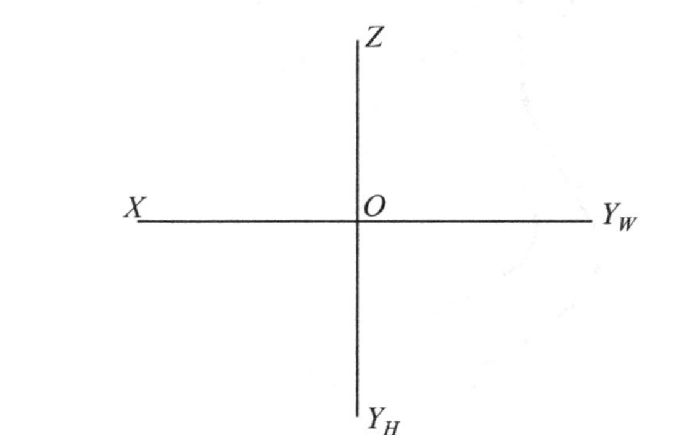

（2）已知点 A、B、C、D、E 的两面投影，画出其第三投影。

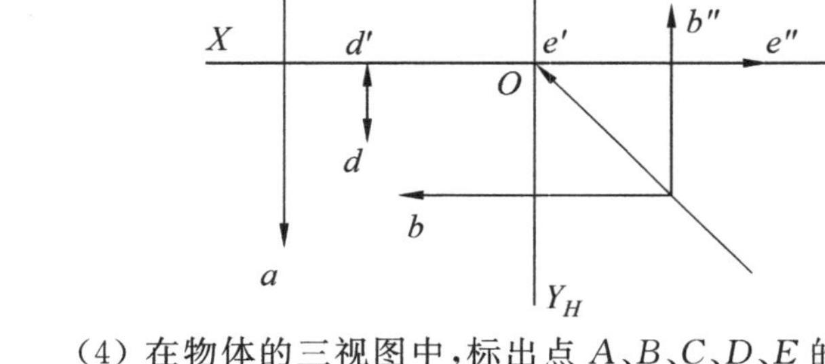

（3）求各点的第三面投影，并比较其相对位置。

点A在点B正___方___mm
点C在点D正___方___mm
点E在点F正___方___mm

（4）在物体的三视图中，标出点 A、B、C、D、E 的投影。

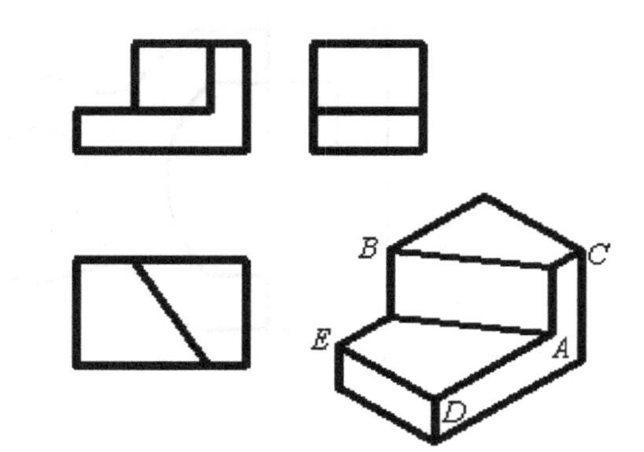

1.6　完成直线的投影图并回答问题。

（1）判断下列直线对投影面的相对位置。

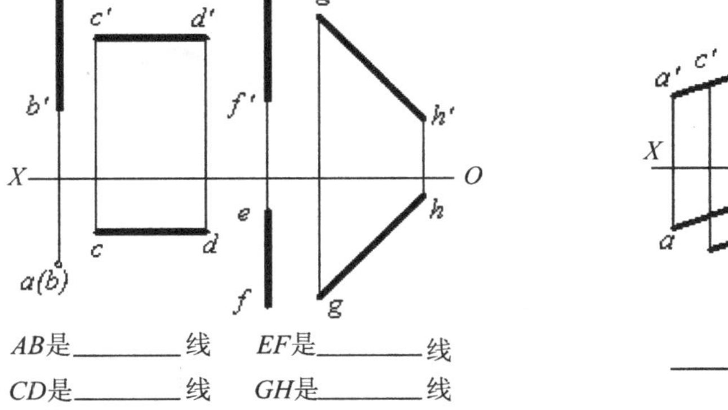

AB是________线　EF是________线

CD是________线　GH是________线

（2）判别两直线 AB、CD 的相对位置（平行、相交、交叉），并写在下面的横线上。

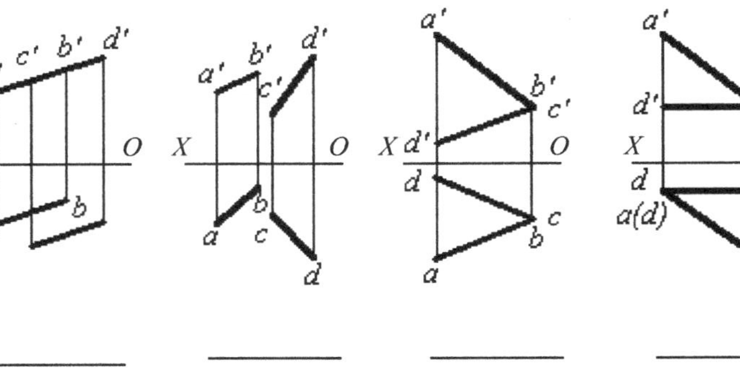

________　________　________　________

（3）判别三棱锥各线对投影面的相对位置，并画出第三投影。

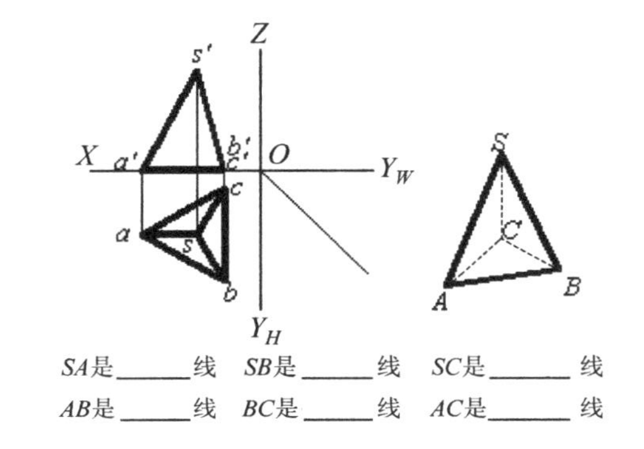

SA是______线　SB是______线　SC是______线

AB是______线　BC是______线　AC是______线

（4）求作一直线 KL，使其与直线 AB 平行，并与两直线 CD、EF 相交。

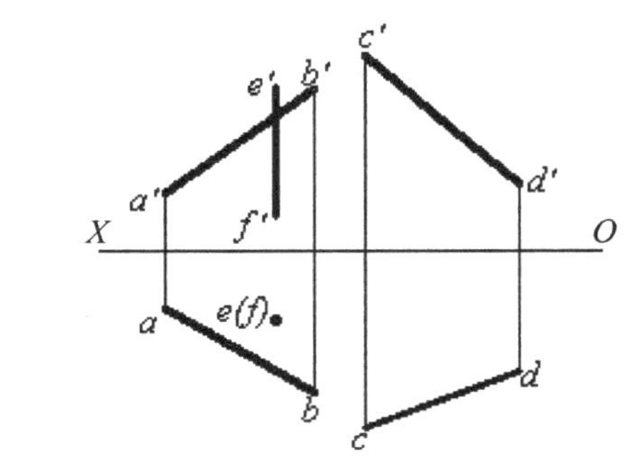

1.7 完成平面的投影图并回答问题。

（1）补全平面图形及该平面上点 K 的投影，并判断该平面相对于投影面的位置。

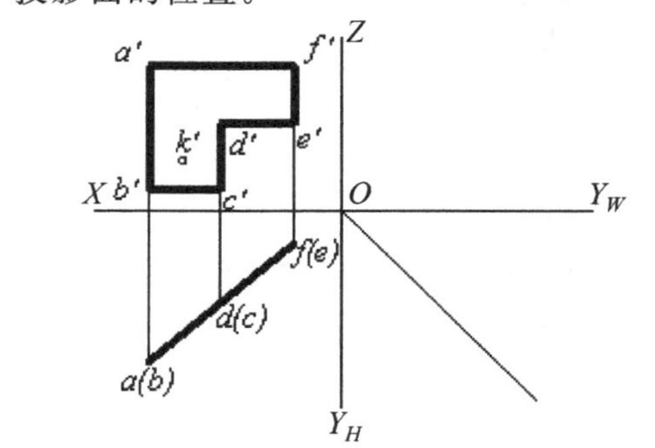
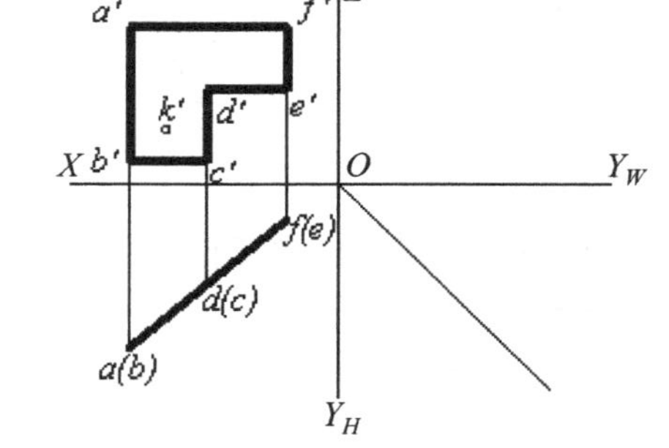

（2）对照立体图，标出平面 A、B、C 的三面投影（参考 D 面），并判断各平面相对于投影面的位置。

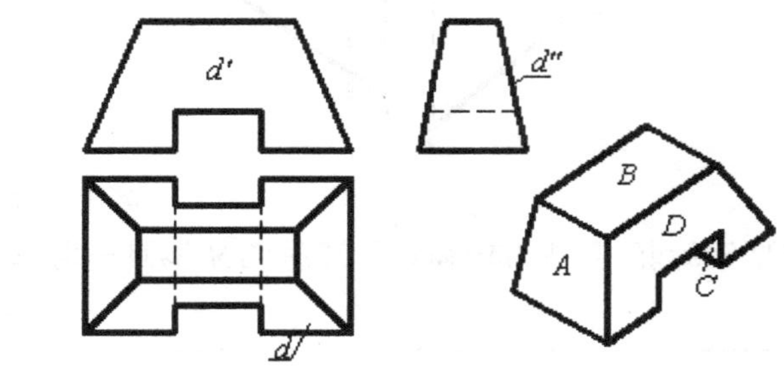

A是_____面　B是_____面　C是_____面　D是_____面

（3）完成平面图形的正面投影。

（4）判断点 K、M 及直线 BN 是否在△ABC 所确定的平面上。

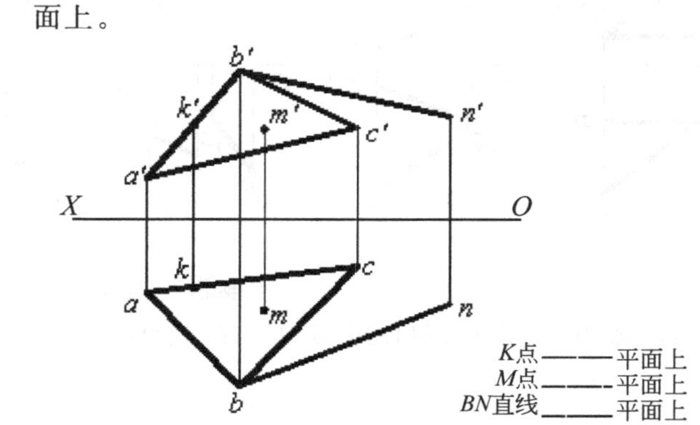

K点_____平面上
M点_____平面上
BN直线_____平面上

习题 2

2.1　求平面立体及其表面上点的投影。

（1）补画六棱柱的主视图，并求出其表面上点 a、b 的另外两个投影。

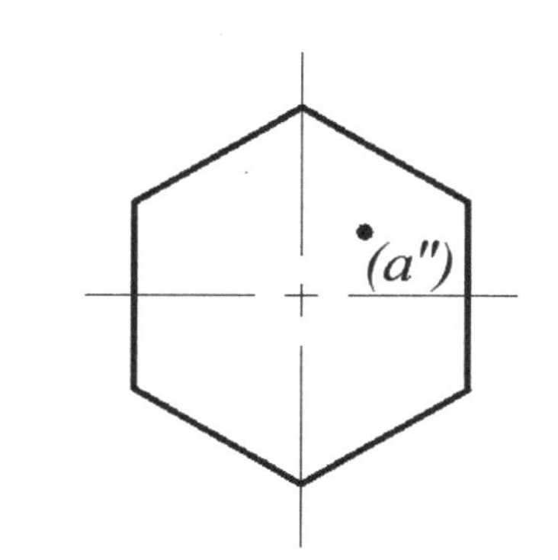

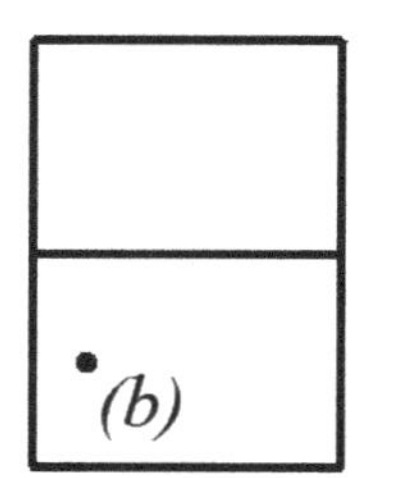

（2）画出五棱柱的左视图，并画出其表面上点 a、b 的另外两个投影。

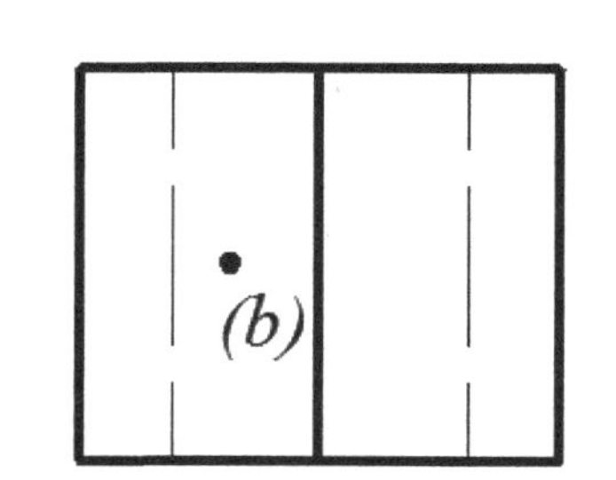

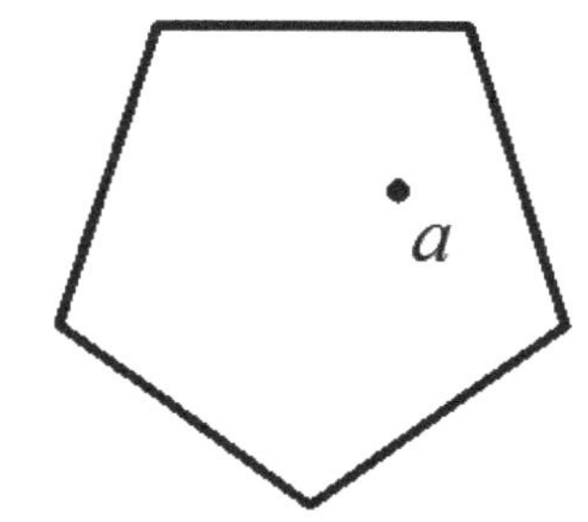

班级　　　　姓名　　　　学号

(3) 补画三棱锥的左视图,并求出其表面上点 a、b 的另外两个投影。

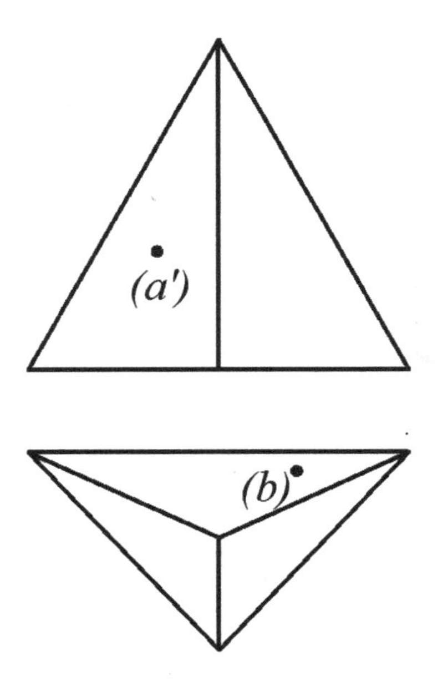

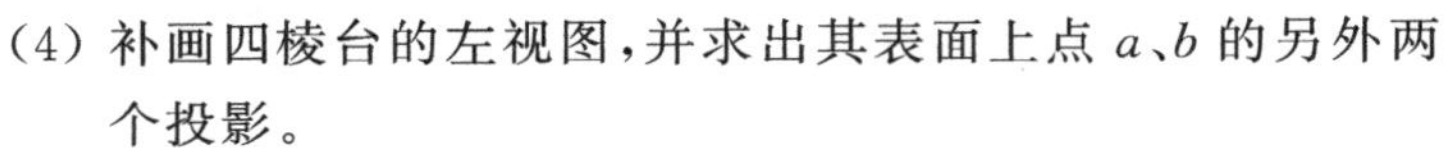

(4) 补画四棱台的左视图,并求出其表面上点 a、b 的另外两个投影。

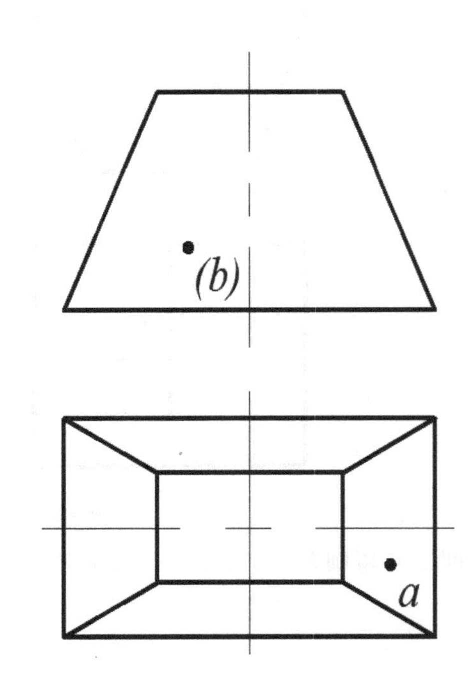

班级　　　　姓名　　　　学号

2.2　求回转体及其表面上点的投影。

（1）补画圆柱的俯视图，并求出其表面上点的其他投影。

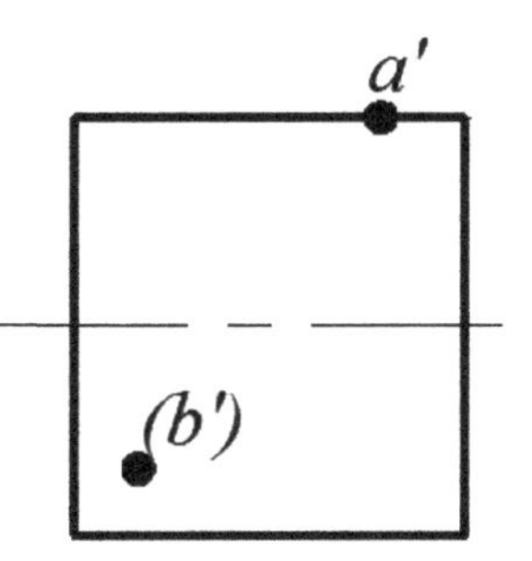

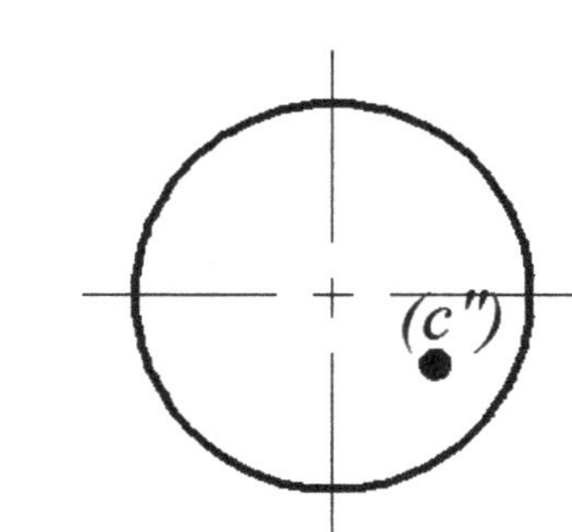

（2）补画圆锥的左视图，并画出其表面上点的其他投影。

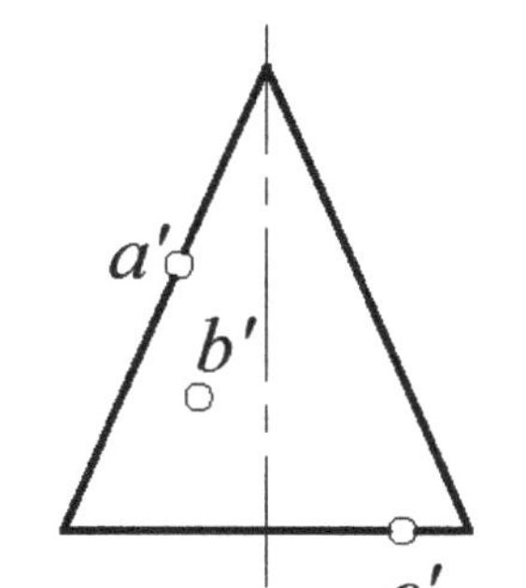

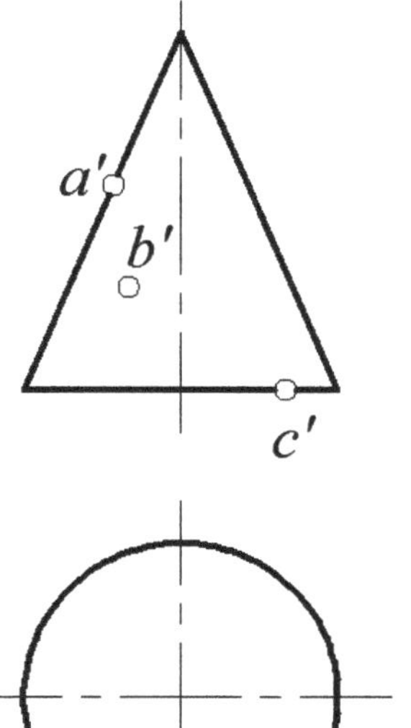

班级　　　　姓名　　　　学号

（3）补画球体的左视图，并画出其表面上点的其他投影。

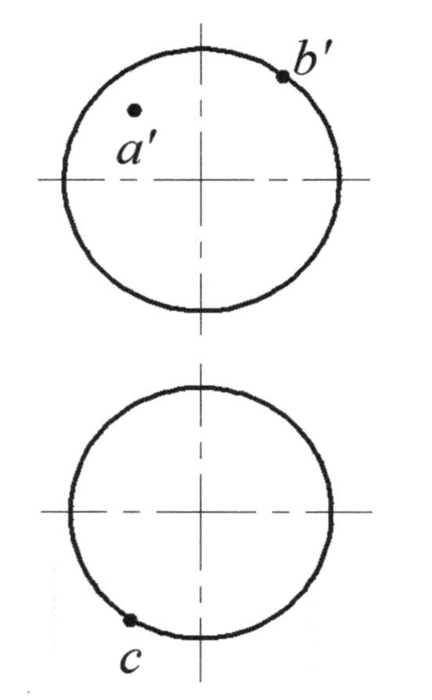

（4）补画曲面立体的俯视图，并求出其表面上点的其他投影。

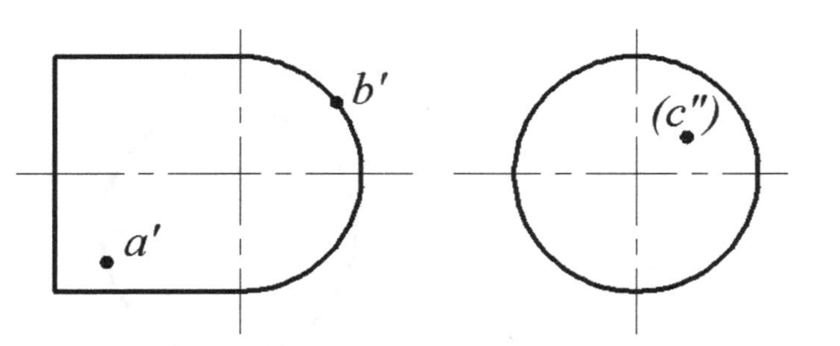

2.3　平面立体的截切。根据立体的正面投影，完成其他投影。

(1)

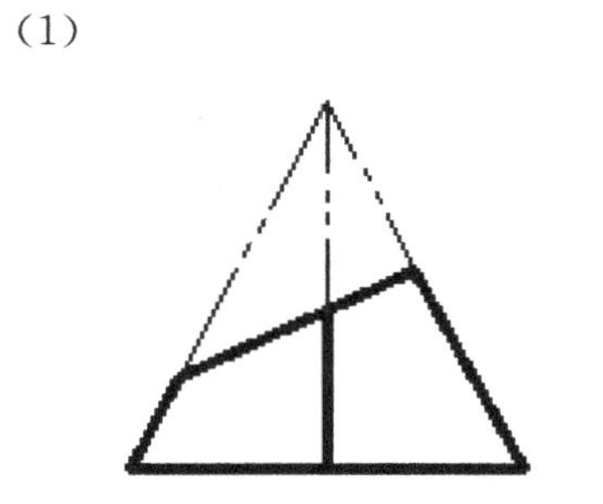

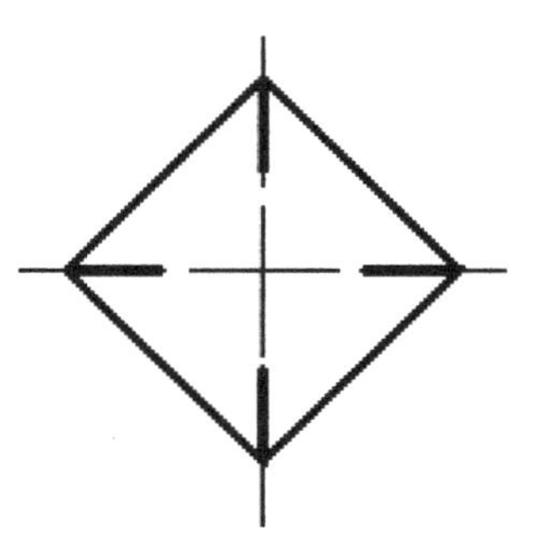

(2)

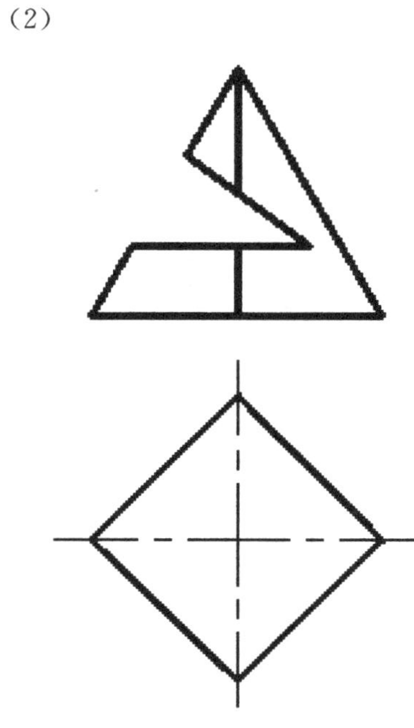

班级　　　　姓名　　　　学号

（3）

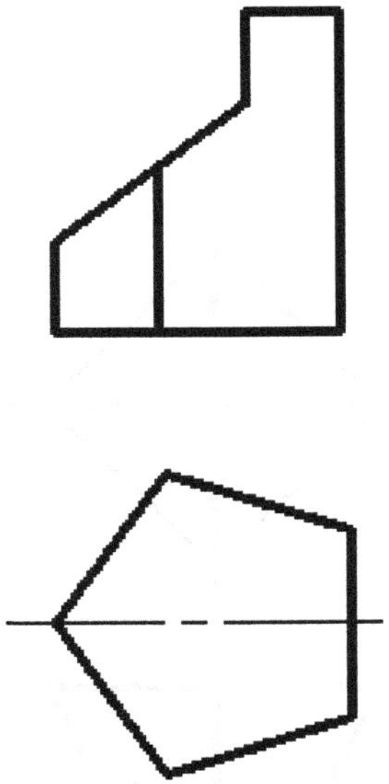

（4）

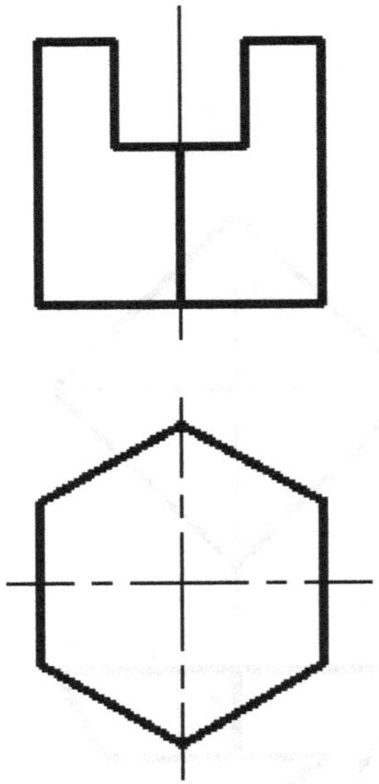

班级　　　　姓名　　　　学号

2.4　平面立体的截切。根据立体的两视图，完成其第三视图。

(1)

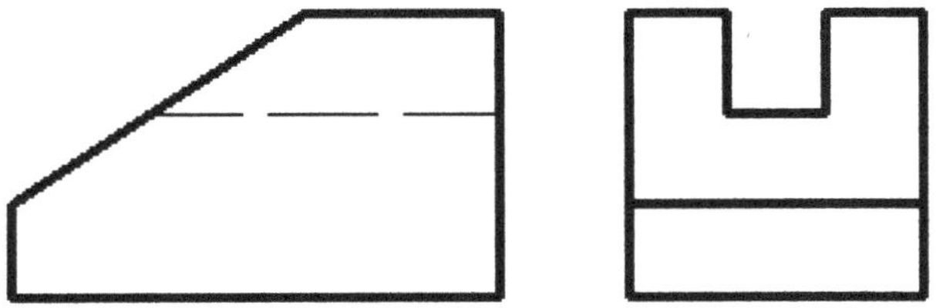

(2)

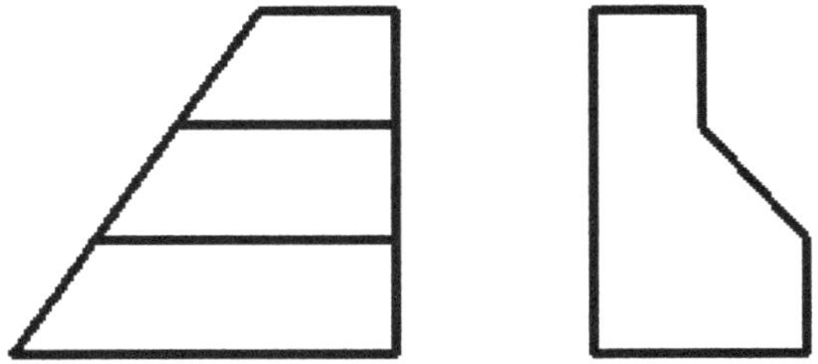

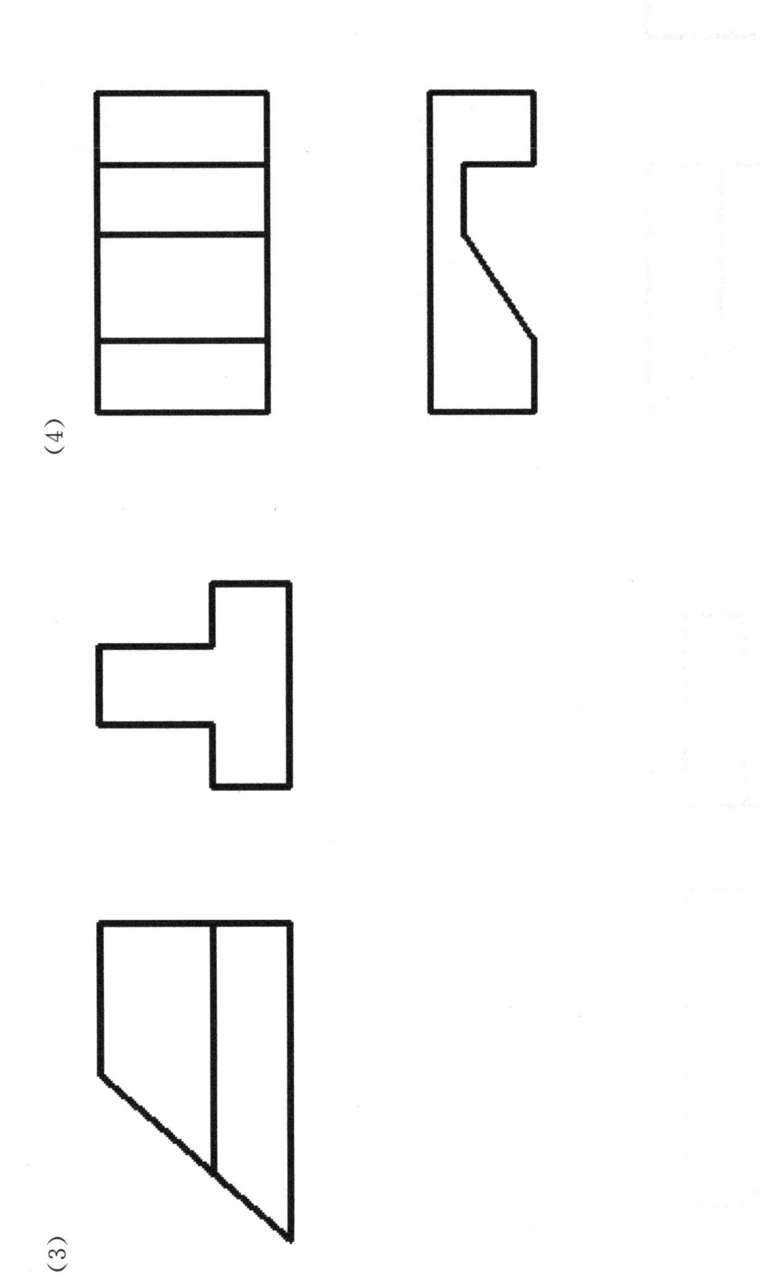
(4)
(3)

班级　　　　姓名　　　　学号

2.5　曲面立体的截切。

（1）根据立体的正面投影完成其他投影。

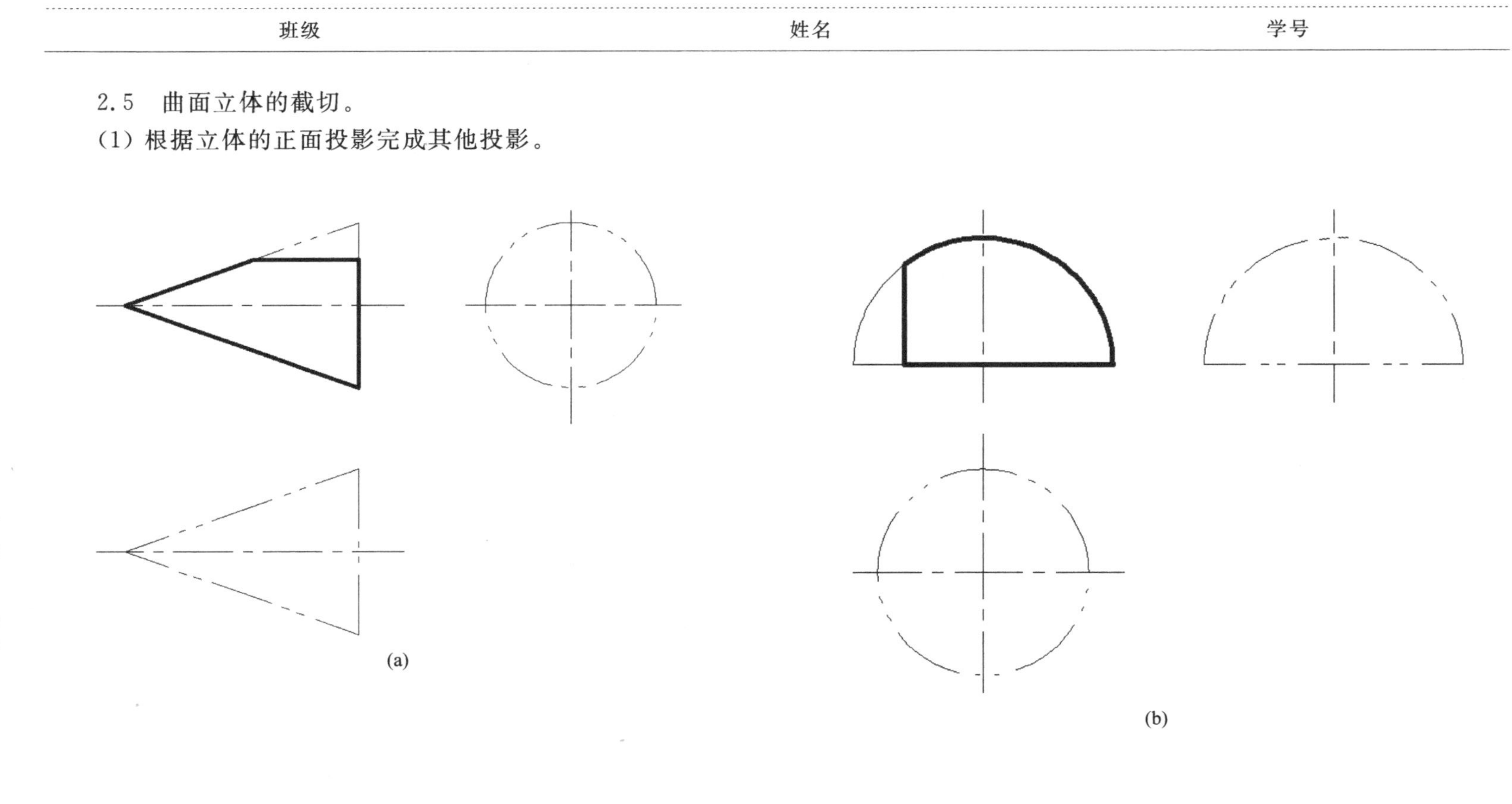

(a)　　(b)

(2) 根据立体的两视图完成第三视图。

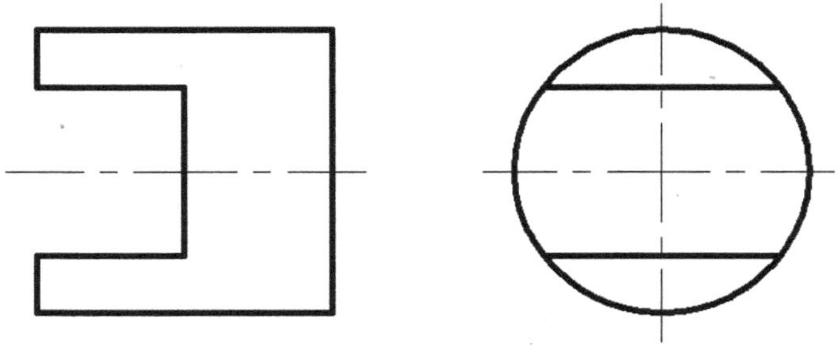

(a)

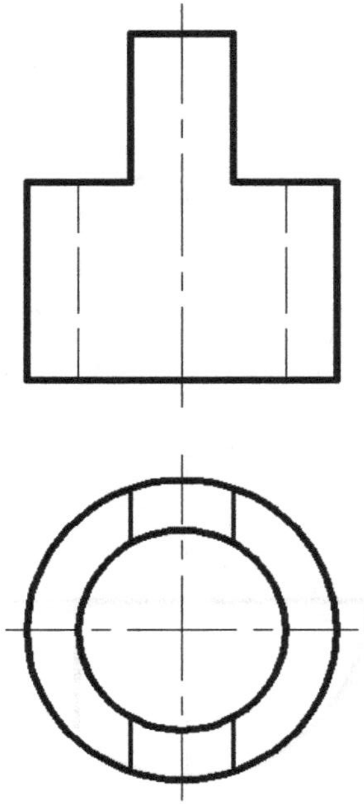

(b)

班级　　　　姓名　　　　学号

2.6　求作下列形体相贯线的投影。

（1）　　　　（2）

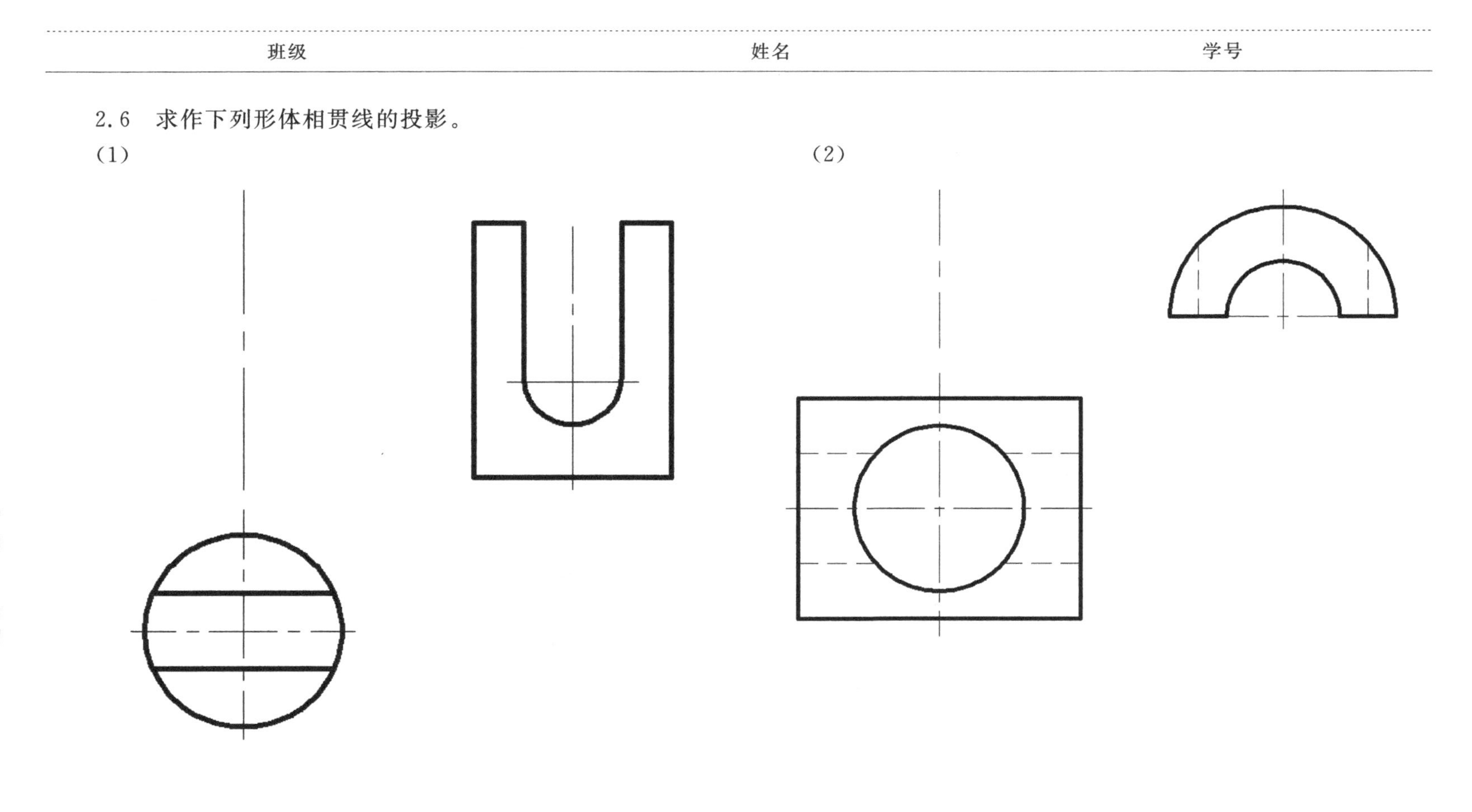

班级　　　　姓名　　　　学号

(3)

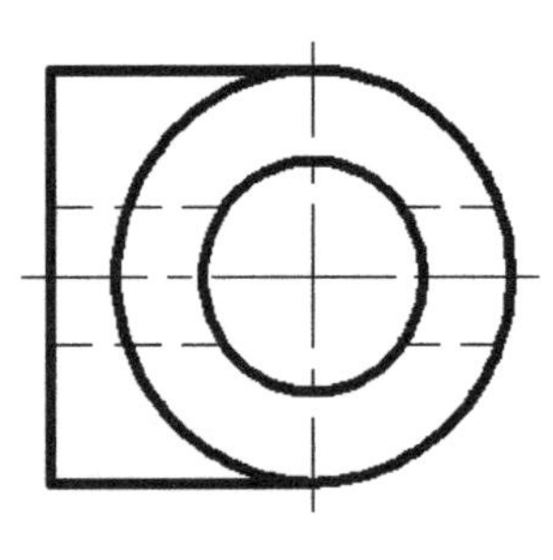

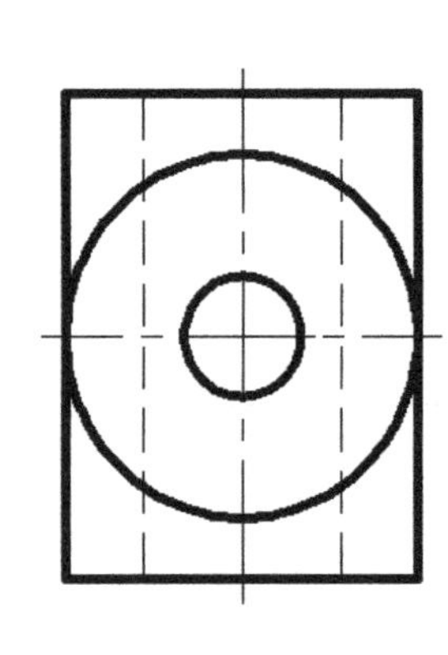

(4)

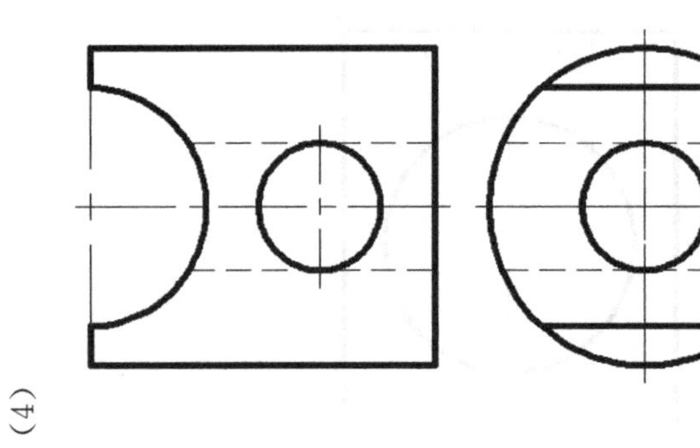

班级　　　　姓名　　　　学号

习题 3

3.1　分析下图(a)、(b)、(c)、(d)、(e)、(f)中所给出的组合体视图,补画视图中的漏线。

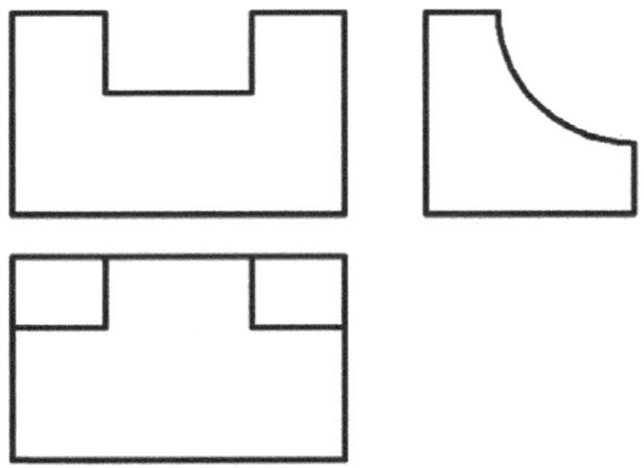

(a)

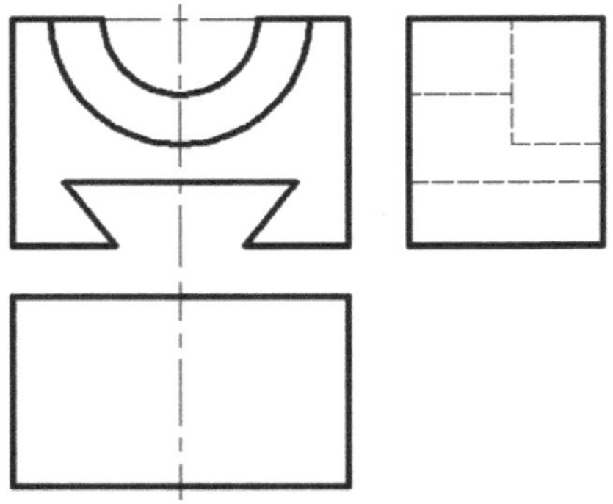

(b)

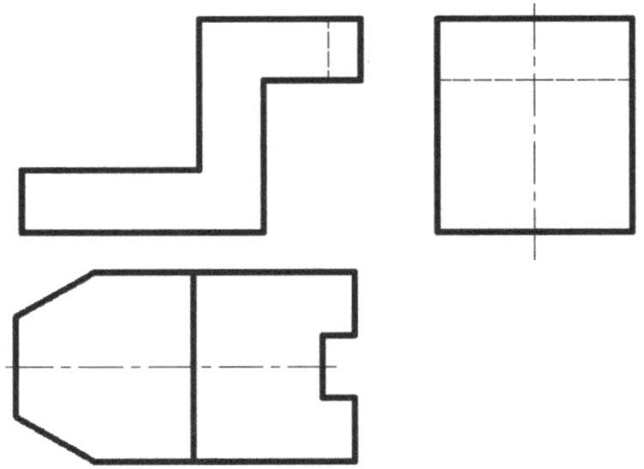

(c)

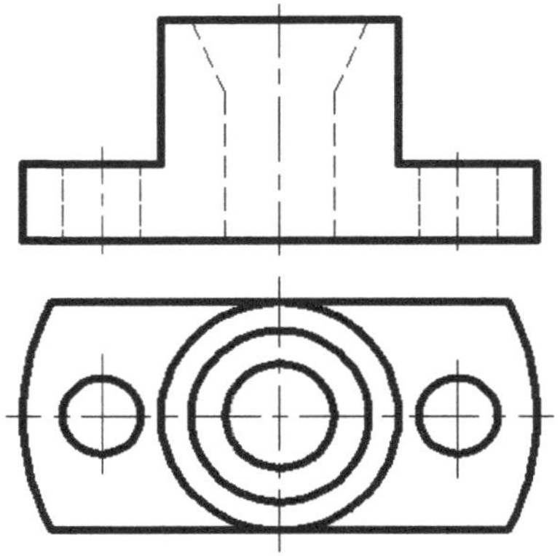

(d)

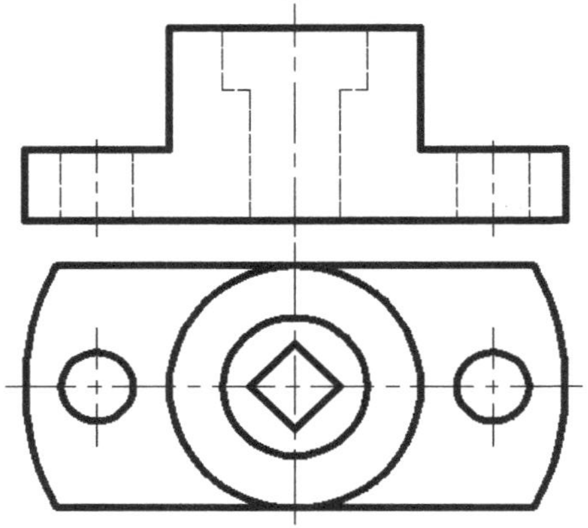

(e)

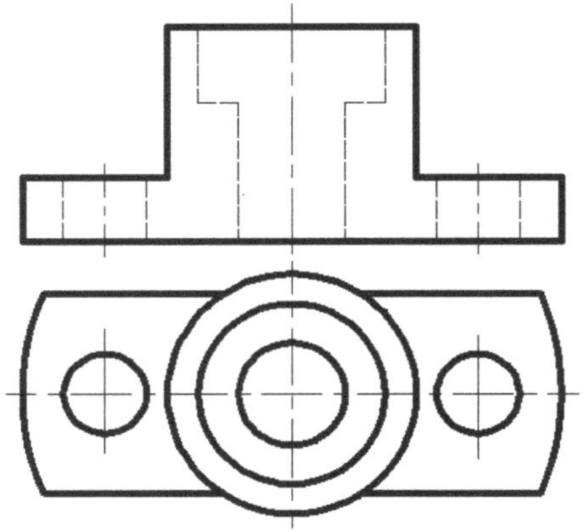

(f)

班级　　姓名　　学号

3.2　分析下图(a)、(b)、(c)、(d)中所分别给出的组合体两视图，补全第三视图，尺寸从图上按1∶1量取(以mm为单位，保留整数)。

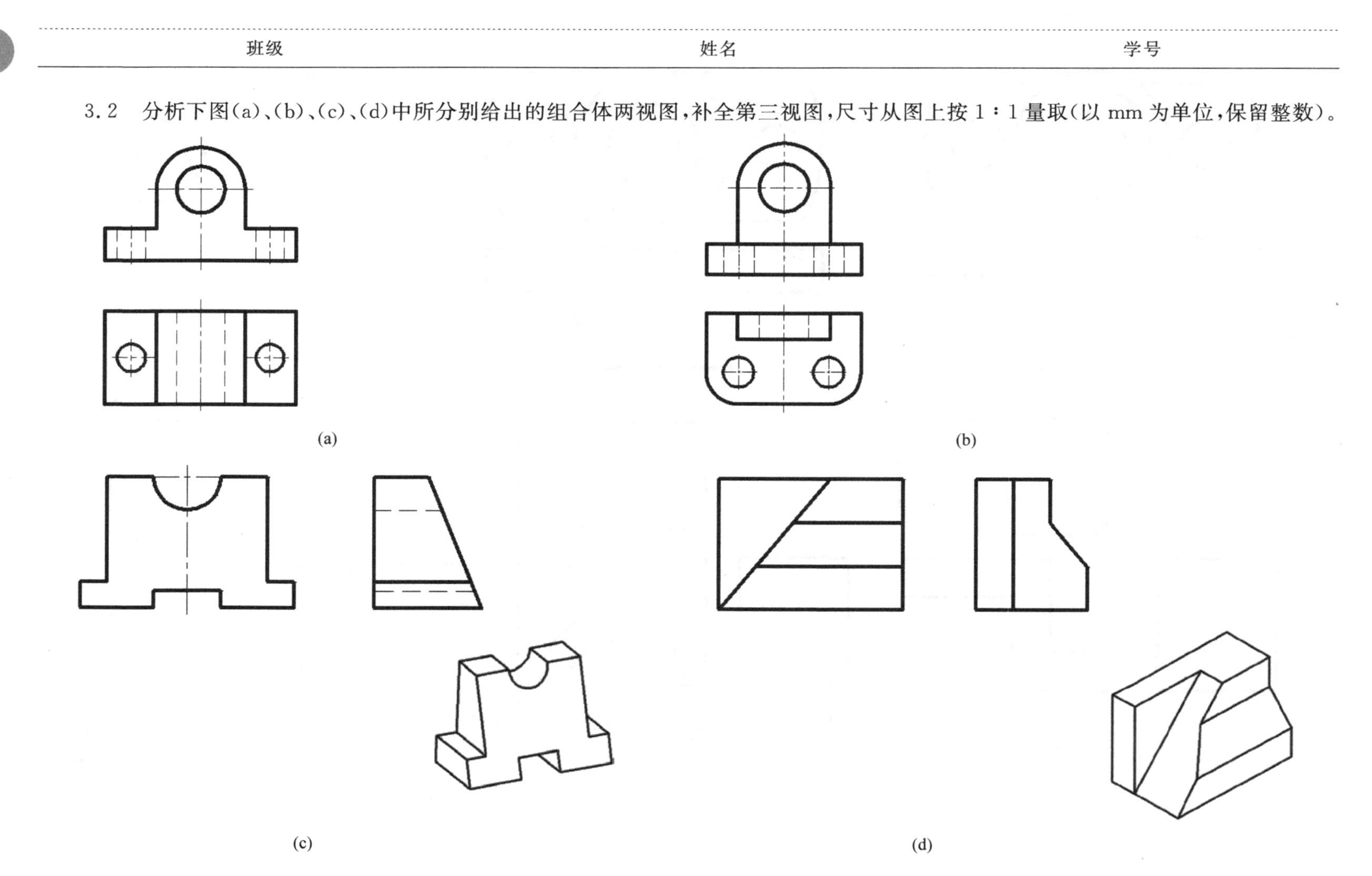

3.3 分析下图(a)、(b)、(c)、(d)中所分别给出的组合体两视图，补全第三视图，尺寸从图上按1∶1量取(以mm为单位，保留整数)。

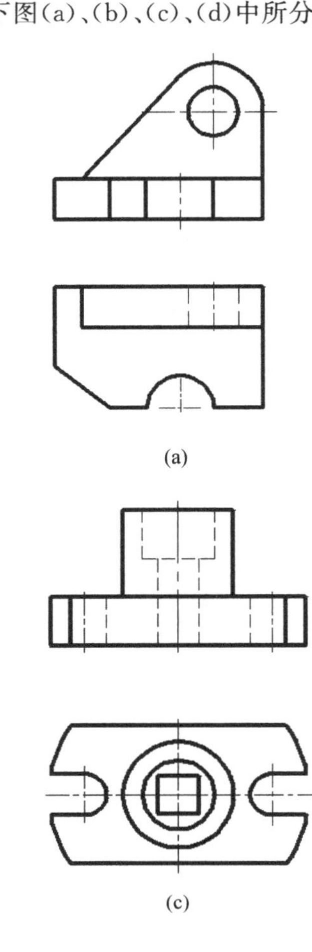

(a)

(c)

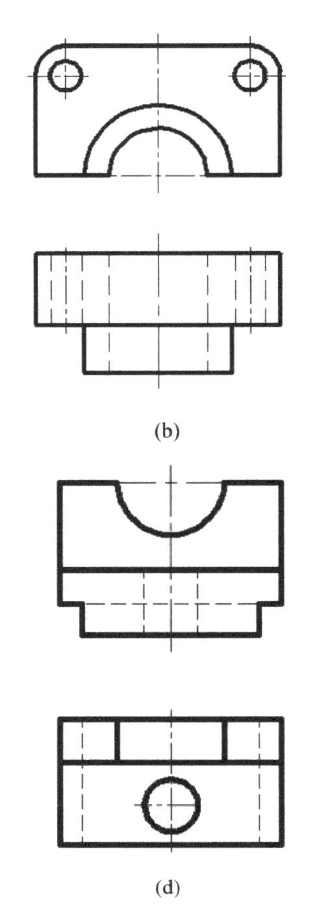

(b)

(d)

3.4　分析下图(a)、(b)、(c)、(d)中所分别给出的组合体两视图，补全第三视图，尺寸从图上按1：1量取(以mm为单位，保留整数)。

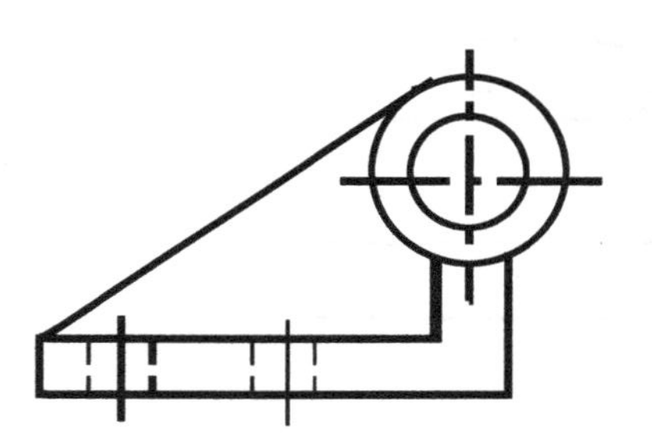

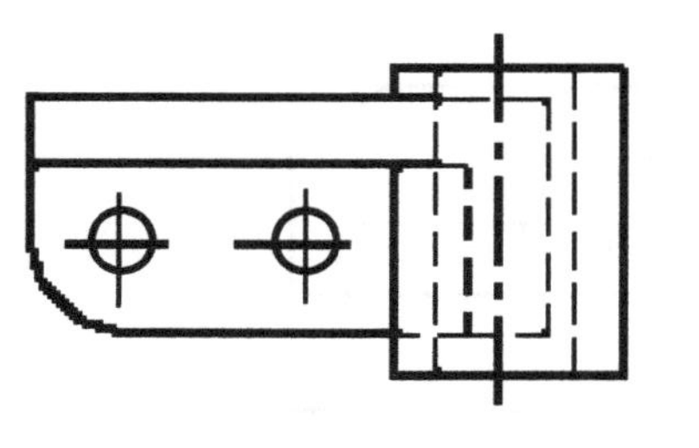

(a)

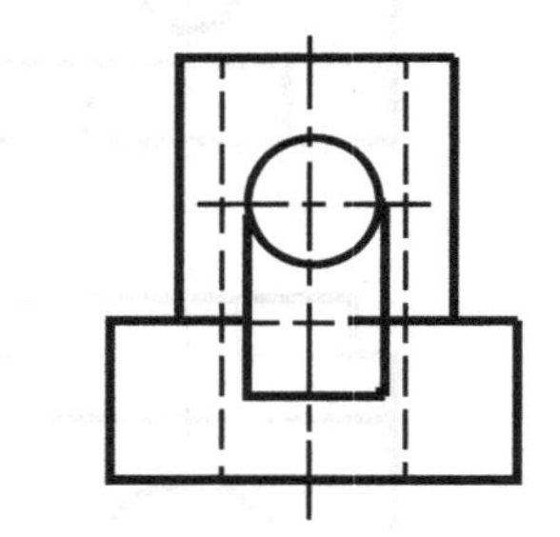

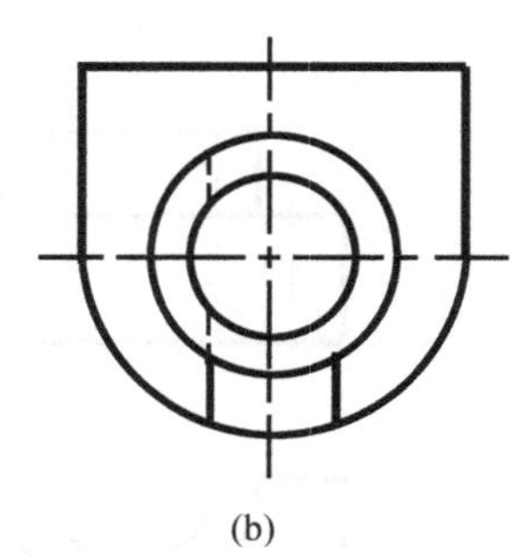

(b)

班级　　　　姓名　　　　学号

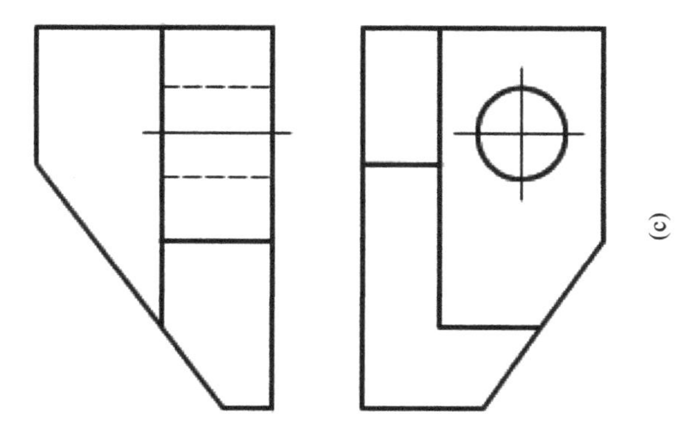

(c)

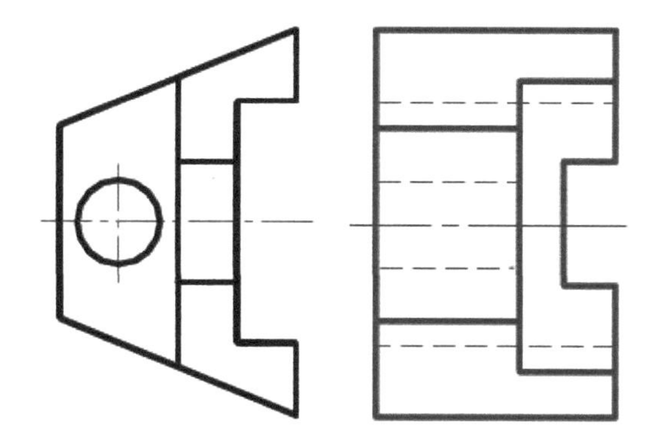

(d)

班级　　　　姓名　　　　学号

3.5　下图(a)和(b)已给定形体的主、俯视图，试通过构型不同左视图，从而得到不同的组合体。

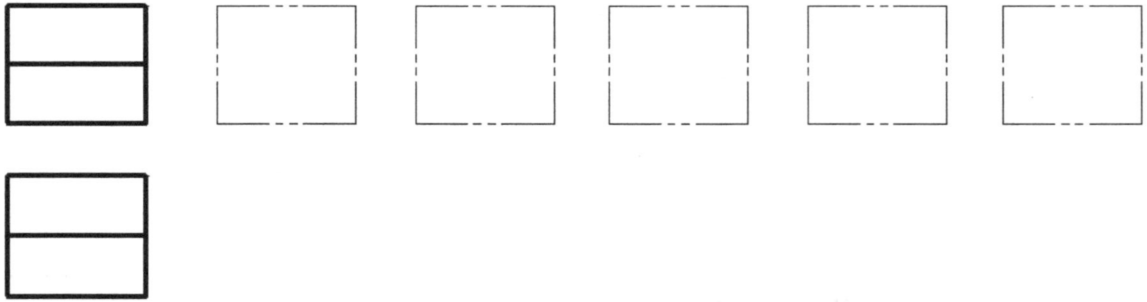

(a)

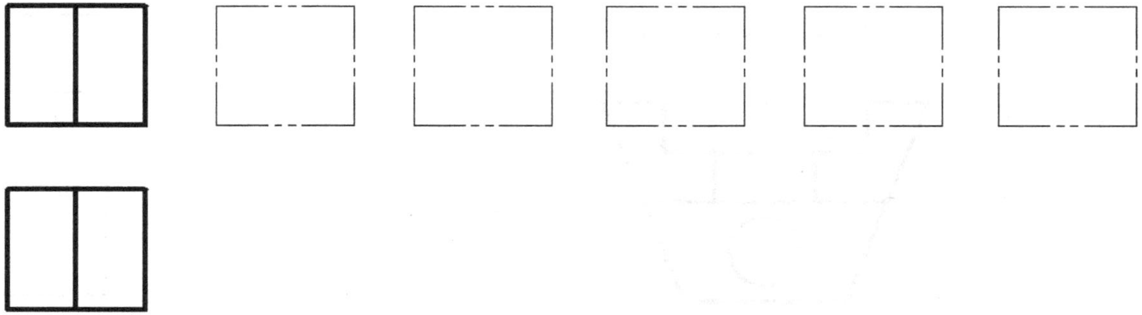

(b)

班级　　　　姓名　　　　学号

3.6　下图给定了三个基本体的形状和尺寸，通过叠加、切割等方式进行组合构型设计，要求每个构成的组合体都有包含这三个基本体。

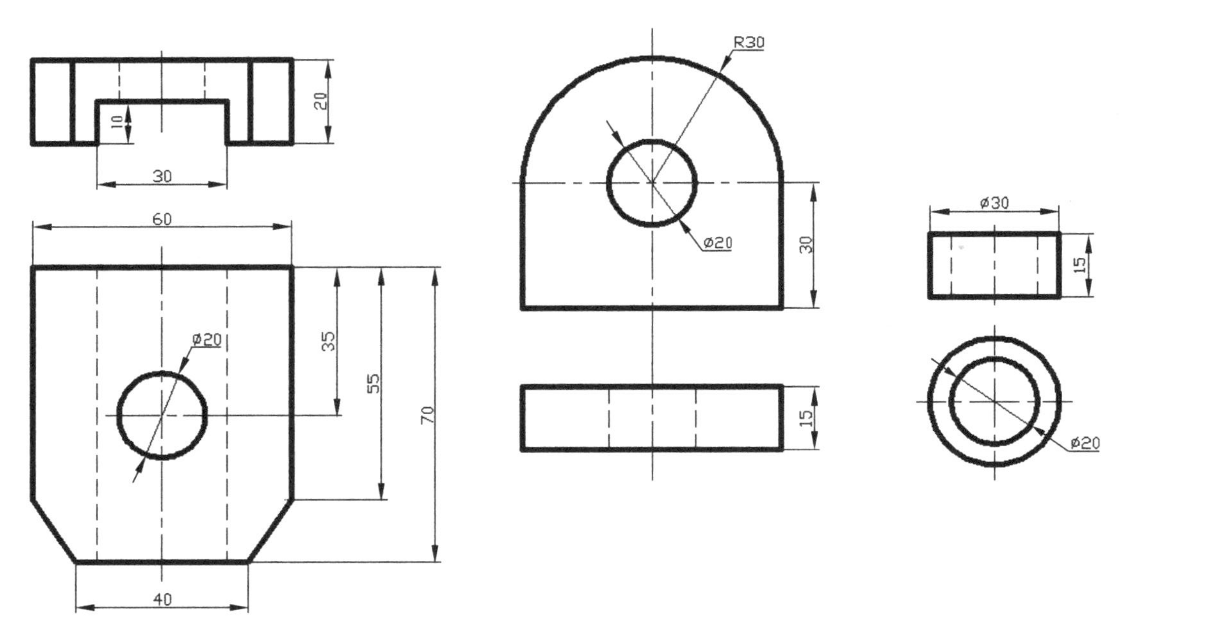

班级　　姓名　　学号

习题 5

5.1　AutoCAD 计算机绘图。应用 297×210 图纸界限,按1：1 比例绘制下图(a)、(b)的几何图形。

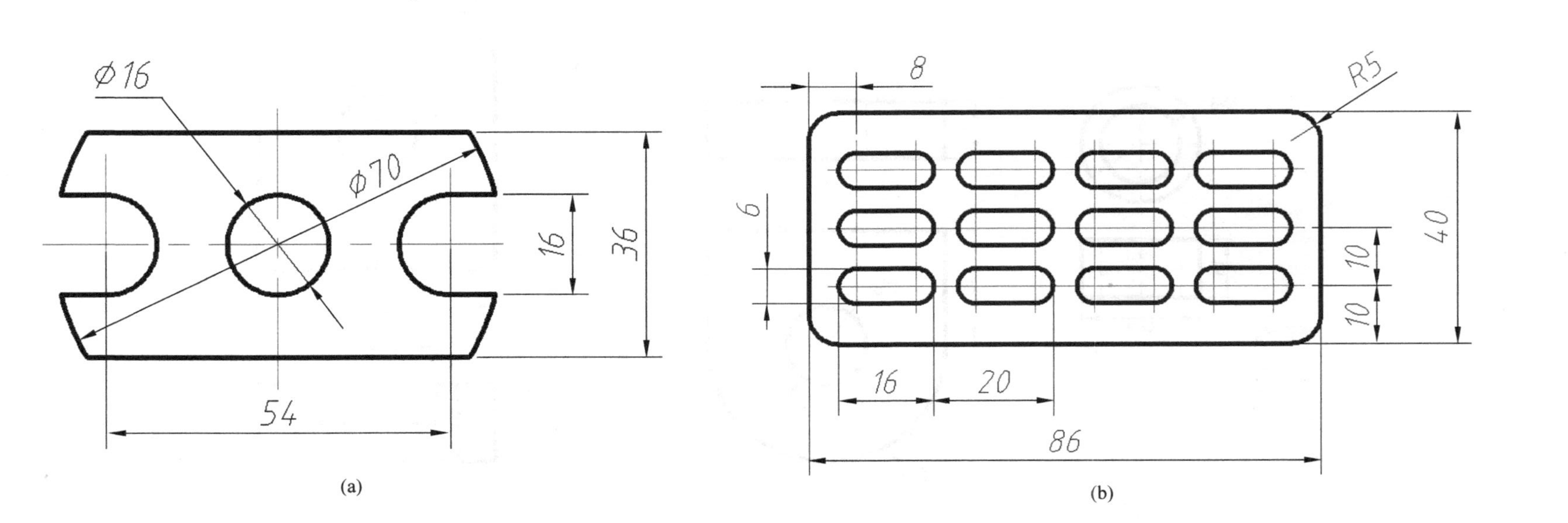

(a)　　(b)

班级　　　　姓名　　　　学号

5.2　AutoCAD 计算机绘图。应用 420×297 的图纸，按不同比例绘制几何图形。要求图纸横置左右放置两张图形，且图(a)按 1∶1 比例绘制，图(b)按 2∶1 比例绘制。

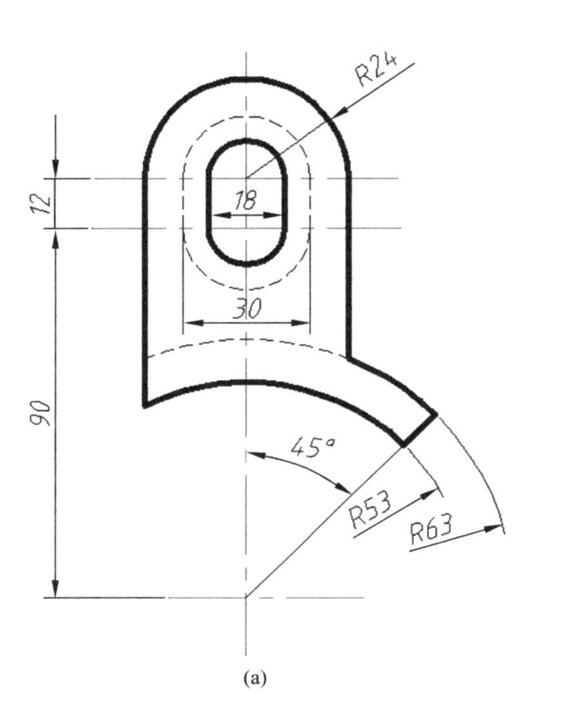

(a)

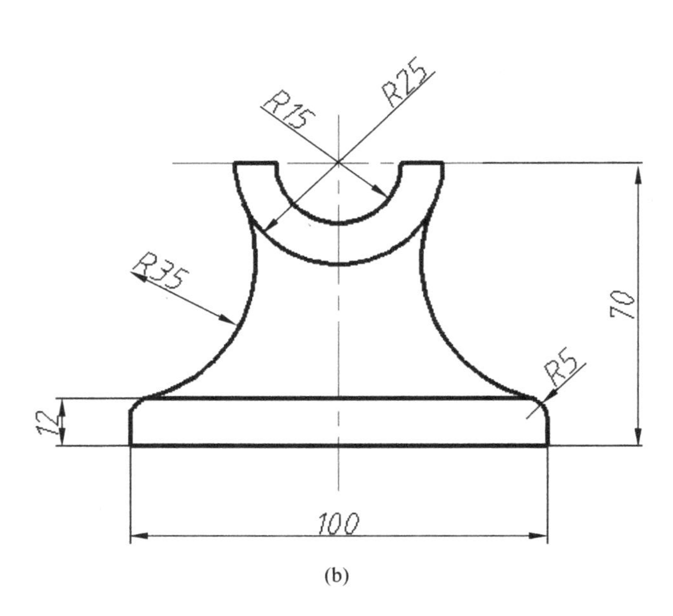

(b)

5.3　AutoCAD 计算机绘图。应用 420×297 的图纸，插入标题栏图块，绘制组合体的三视图，并标注尺寸。

(1) 组合体三视图 1

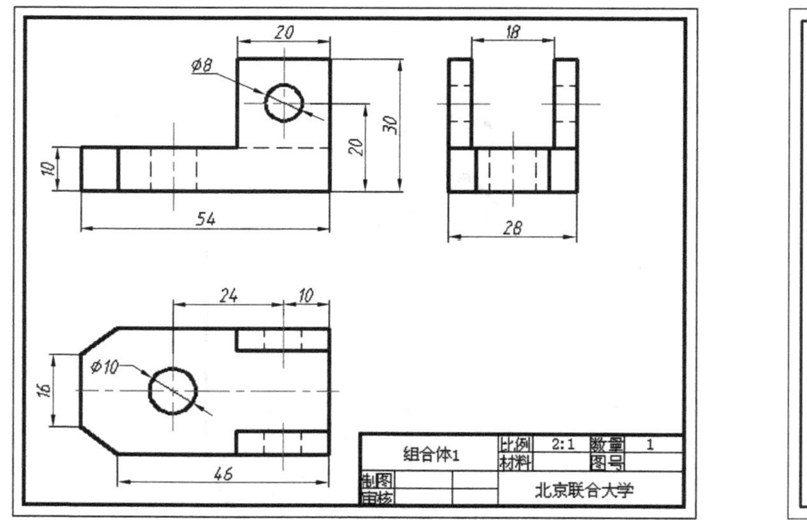

(2) 组合体三视图 2

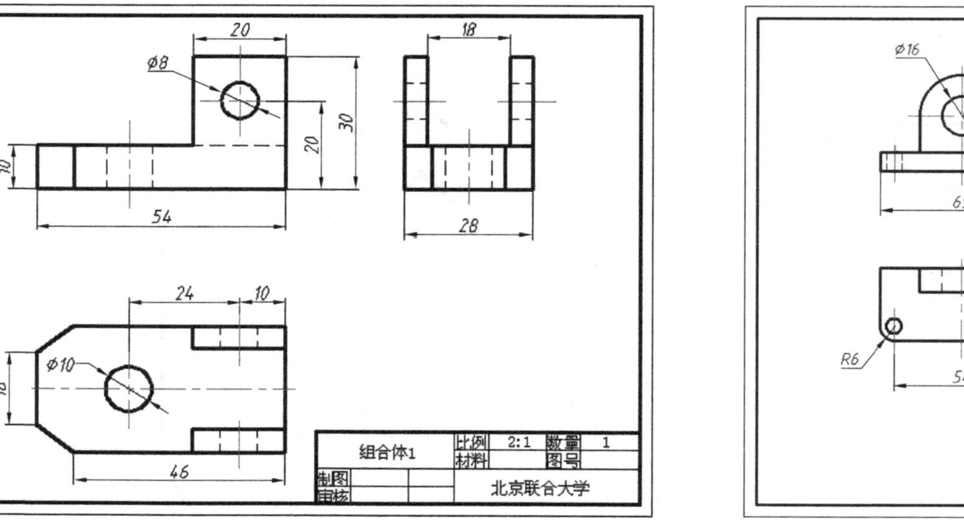

习题 6

6.1　绘制下图(a)所示的轮廓图形(最好在“前视图”中绘制),创建完成下图(b)所示的三维实体模型,拉伸高度为35。

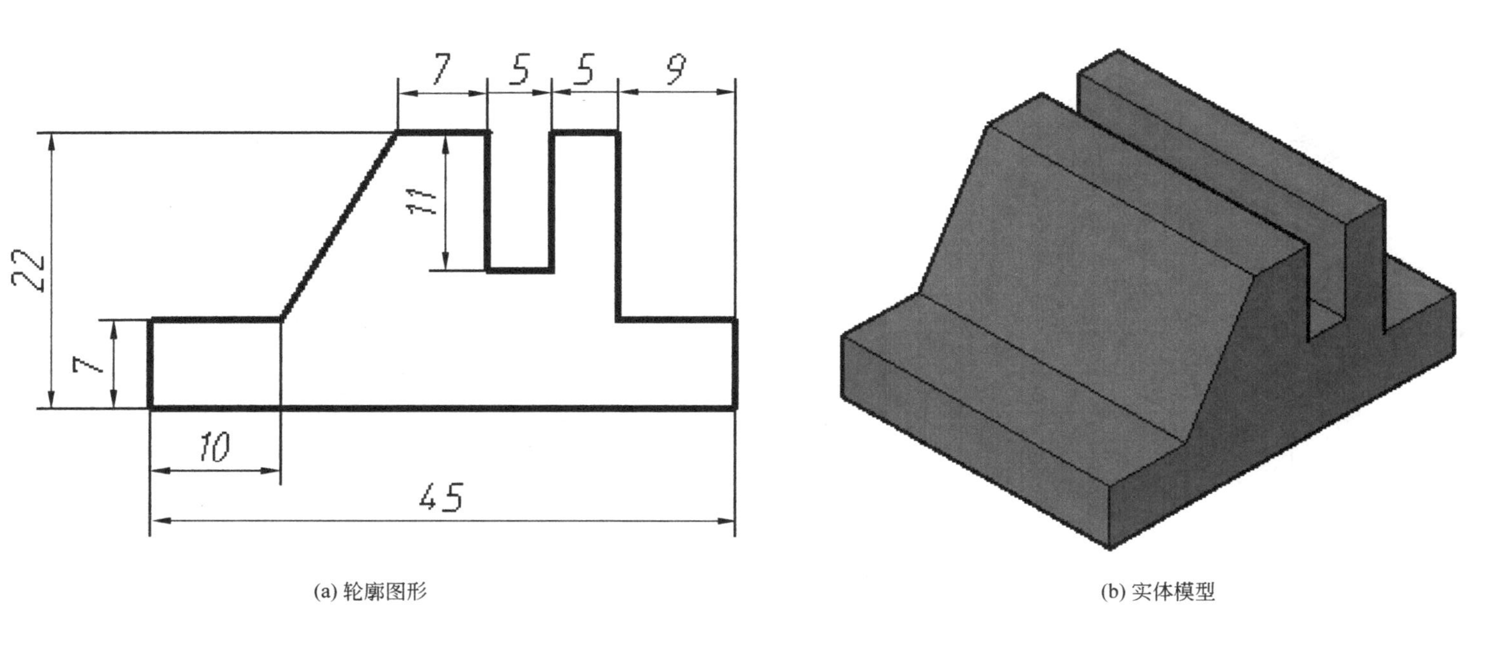

(a) 轮廓图形　　(b) 实体模型

班级　　　　姓名　　　　学号

6.2　根据组合体标注的尺寸绘制三维实体图。

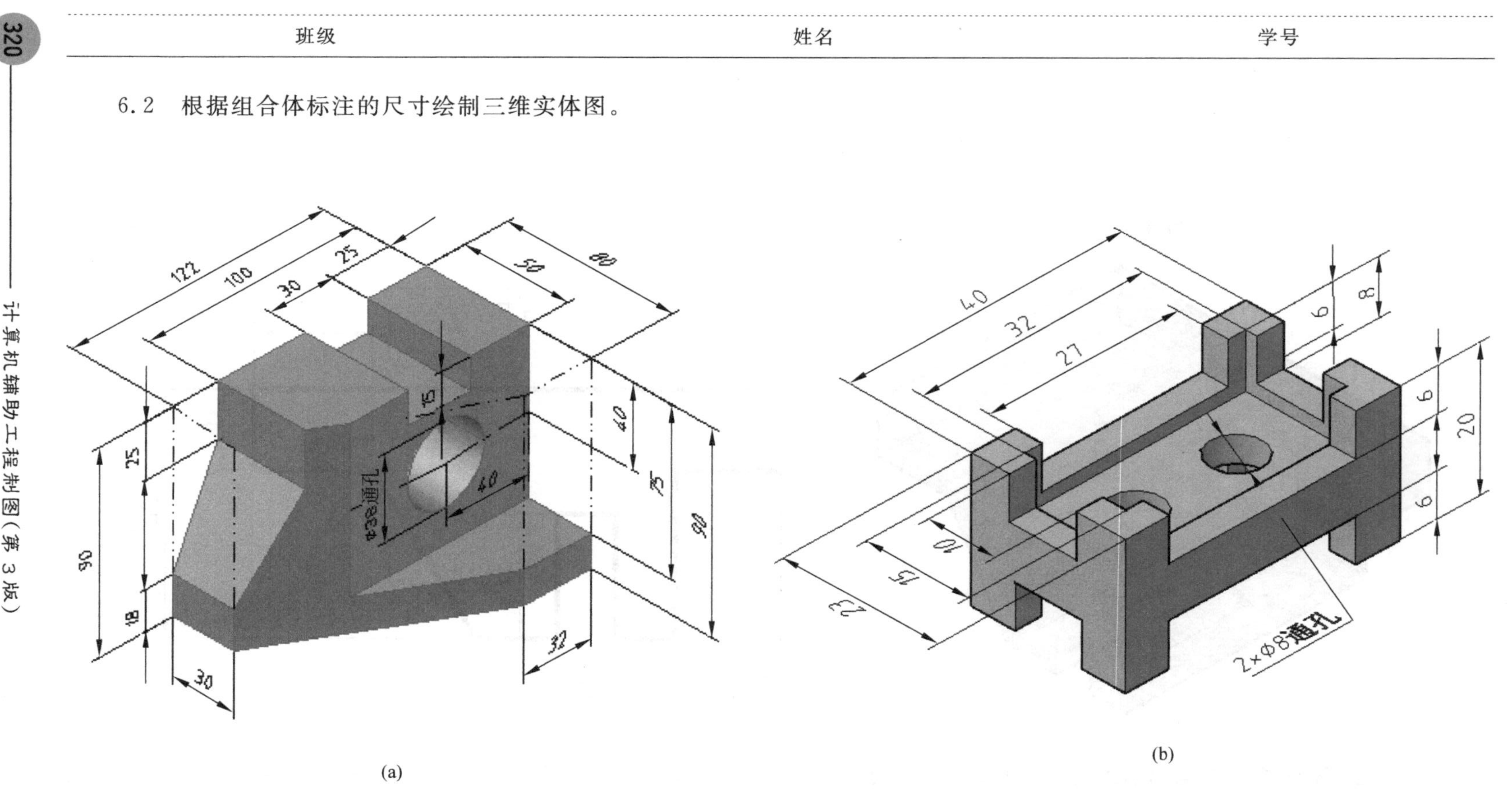

(a)

(b)

班级　　　　姓名　　　　学号

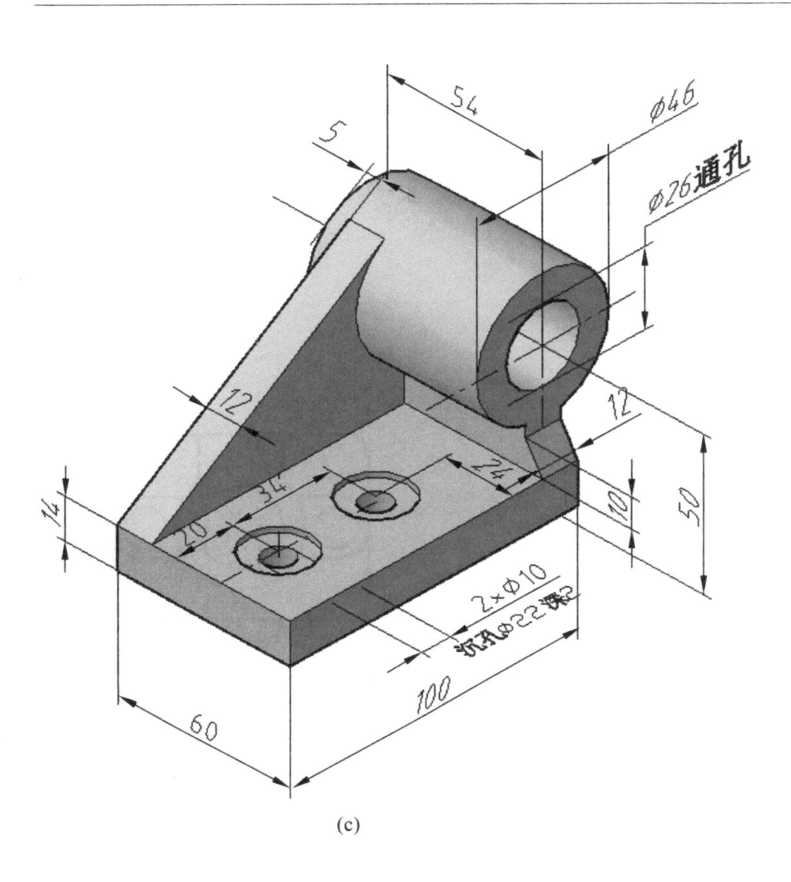

54
5
Φ46
Φ26通孔
12
12
24
34
20
14
10
50
2×Φ10
沉孔Φ22深2
60
100

(c)

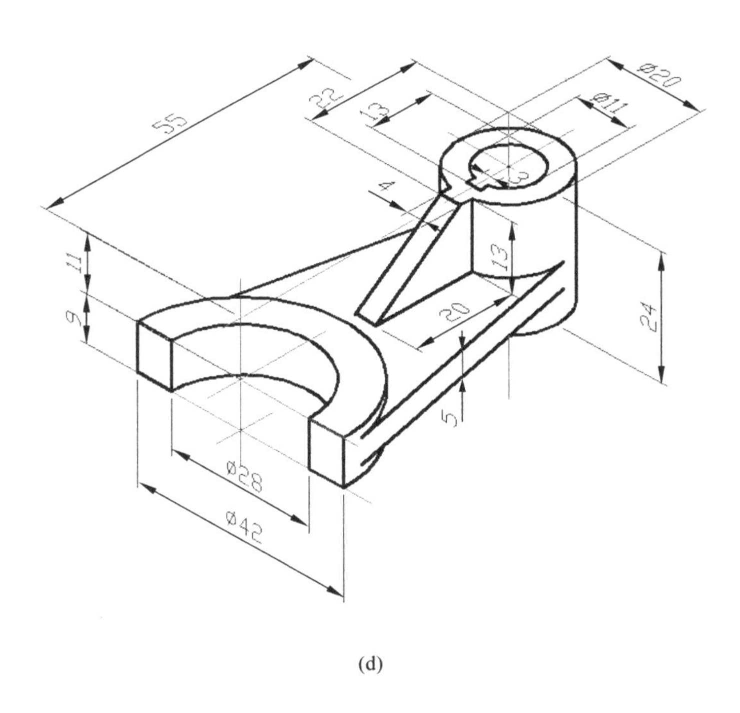

55
22
13
Φ20
Φ11
4
13
11
9
20
24
5
Φ28
Φ42

(d)

6.3　量取组合体的尺寸(取整数)绘制三维实体图。

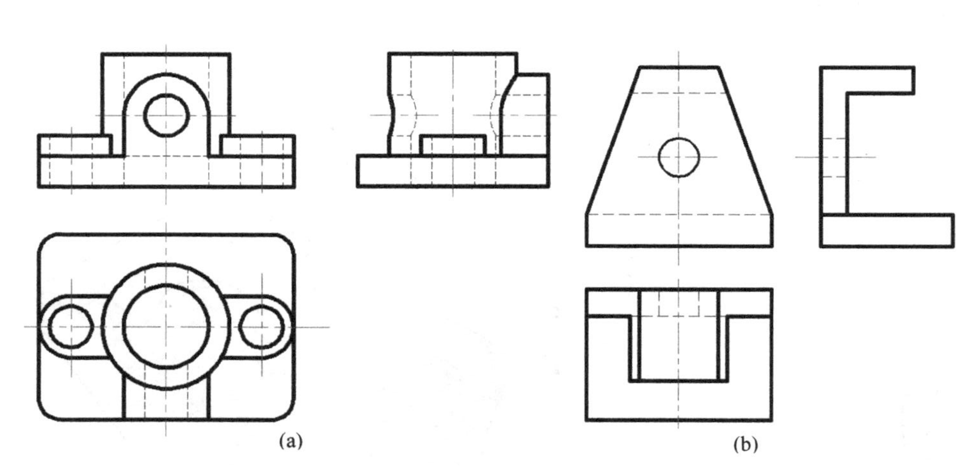

(a)　　(b)

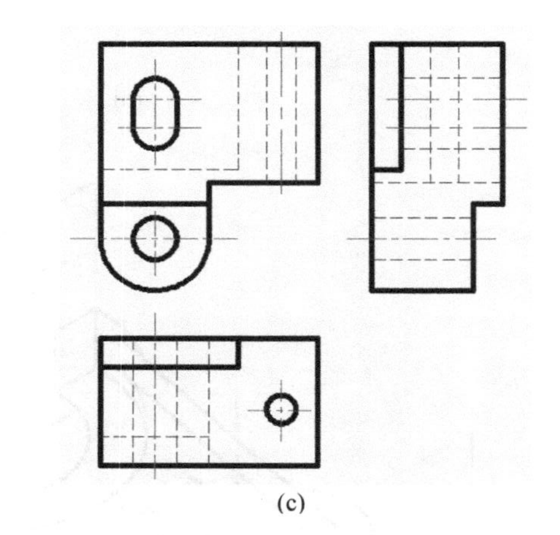

(c)

班级　　　　姓名　　　　学号

习题 7

7.1　补全剖视图中所漏的图线。

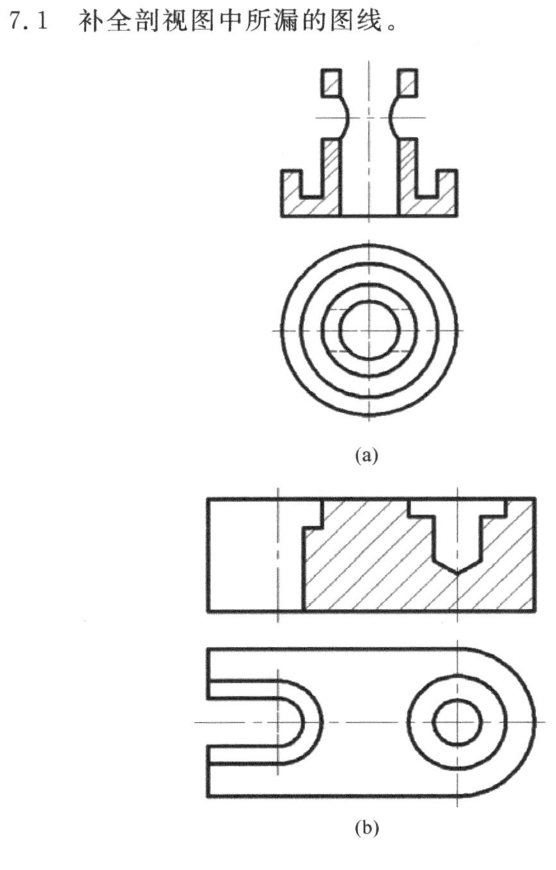

(a)

(b)

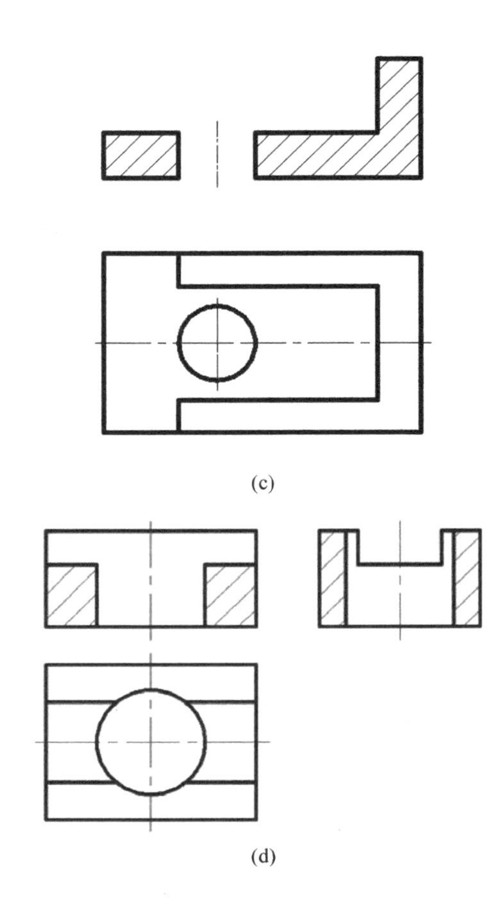

(c)

(d)

班级　　　　姓名　　　　学号

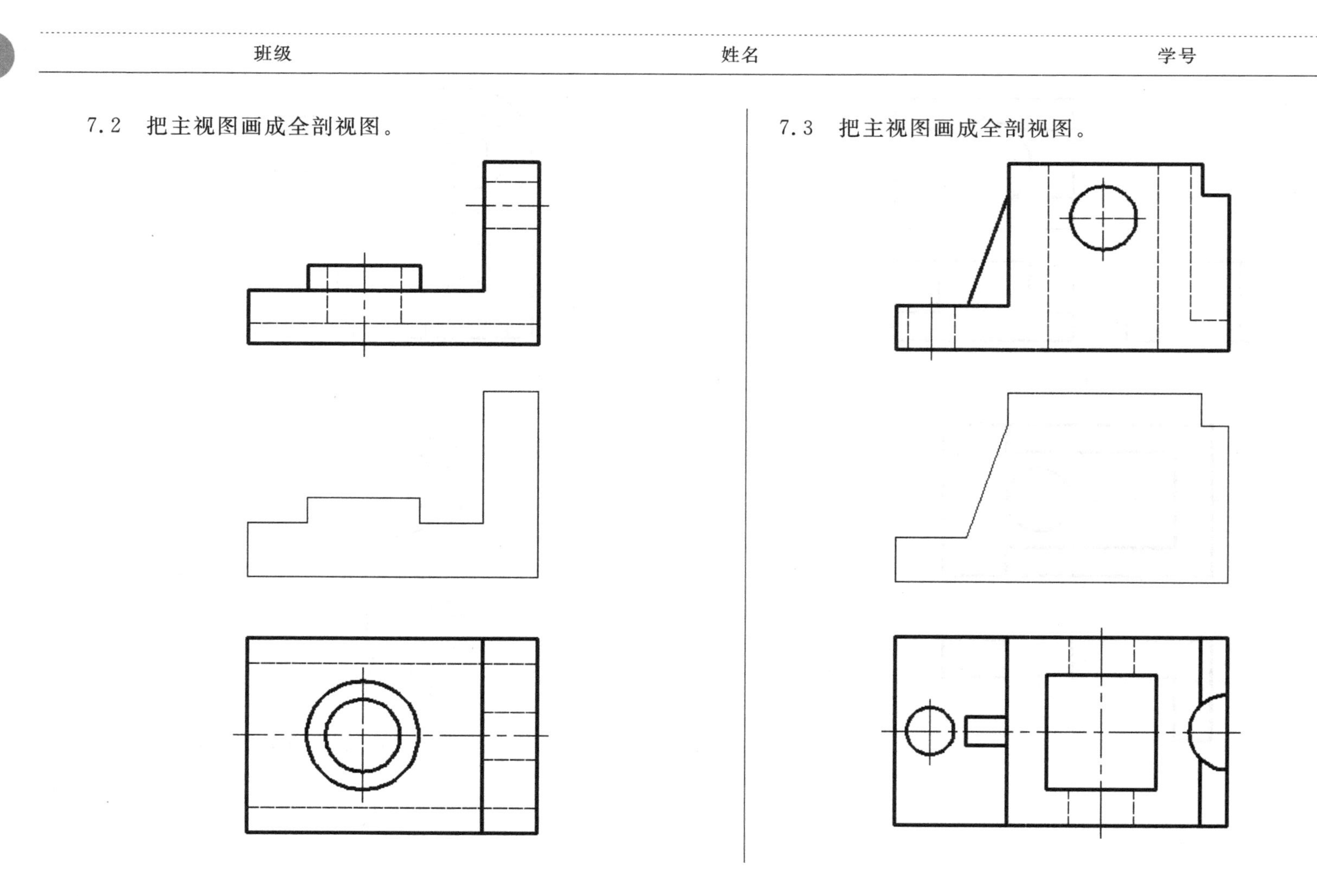

7.2　把主视图画成全剖视图。

7.3　把主视图画成全剖视图。

班级　　　　姓名　　　　学号

7.4　把主视图画成半剖视。

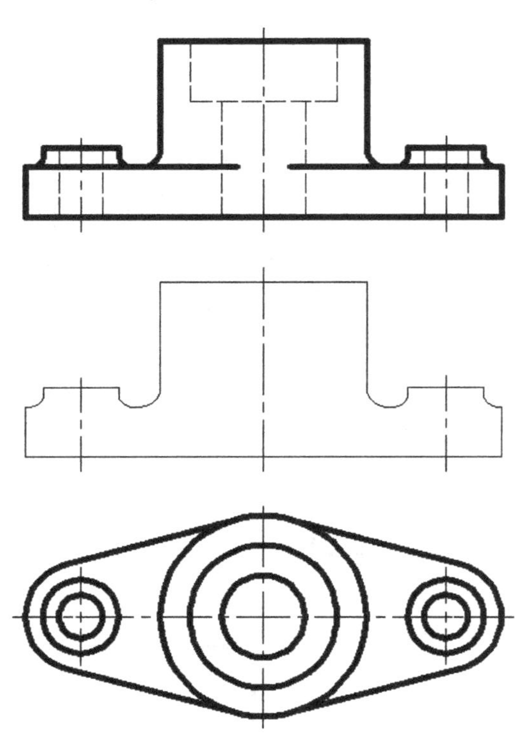

7.5　把主视图画成半剖视。

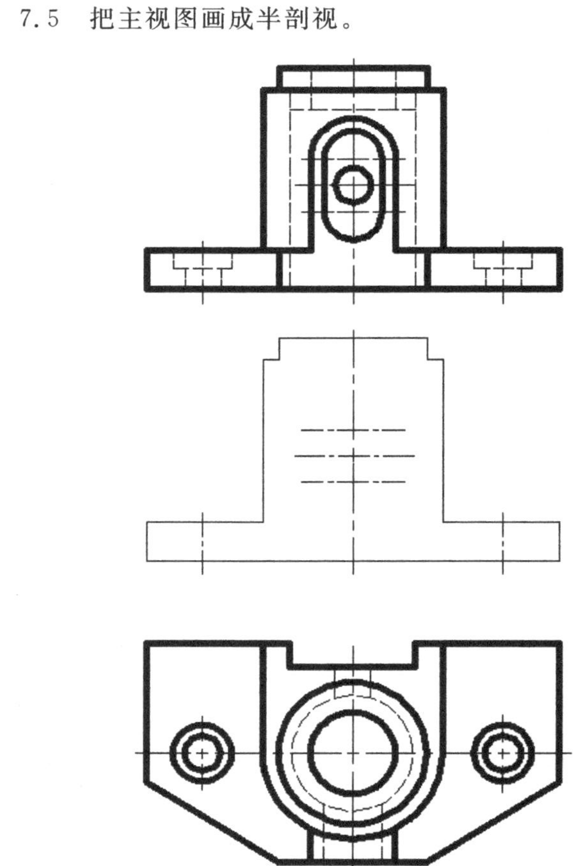

班级　　姓名　　学号

7.6　把主视图画成局部剖视。

7.7　把主、俯视图画成局部剖视。

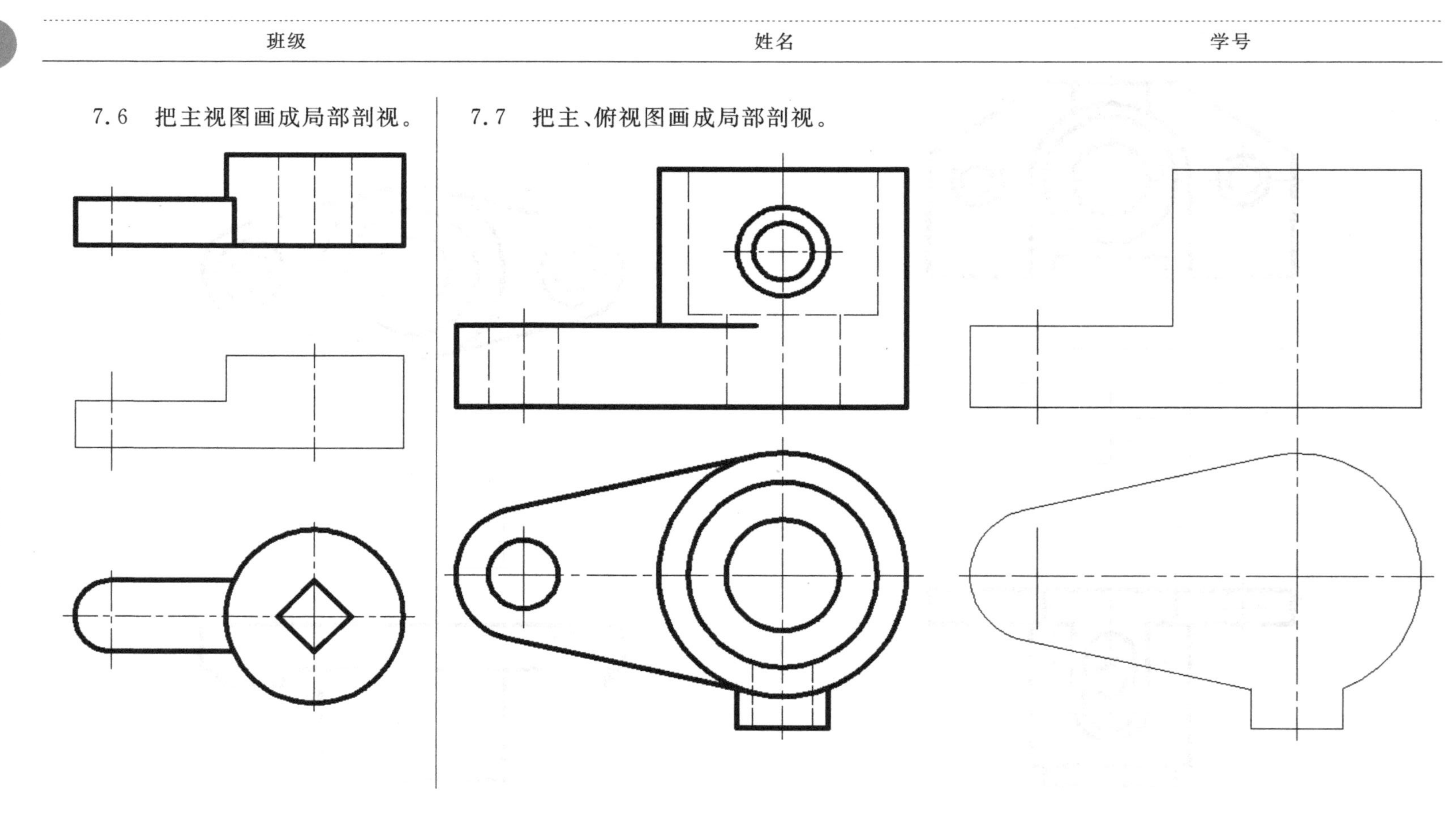

班级　　　　姓名　　　　学号

7.8　画出 A-A 断面图。

7.9　画出指定位置的断面图(左面键槽深 4mm,右面键槽深 3mm)。

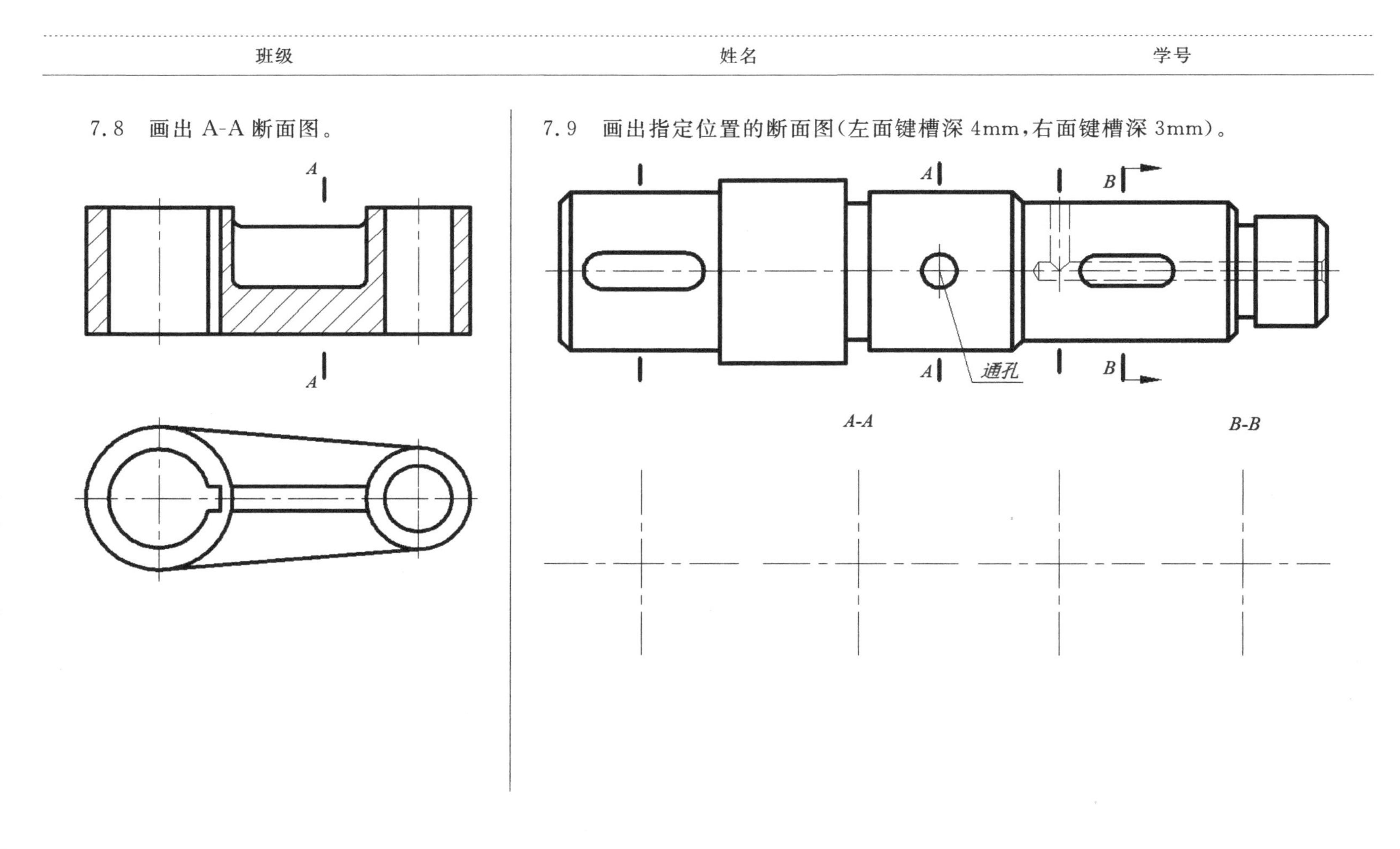

班级　　　　姓名　　　　学号

习题 8

8.1　标出下列螺纹代号的意义。

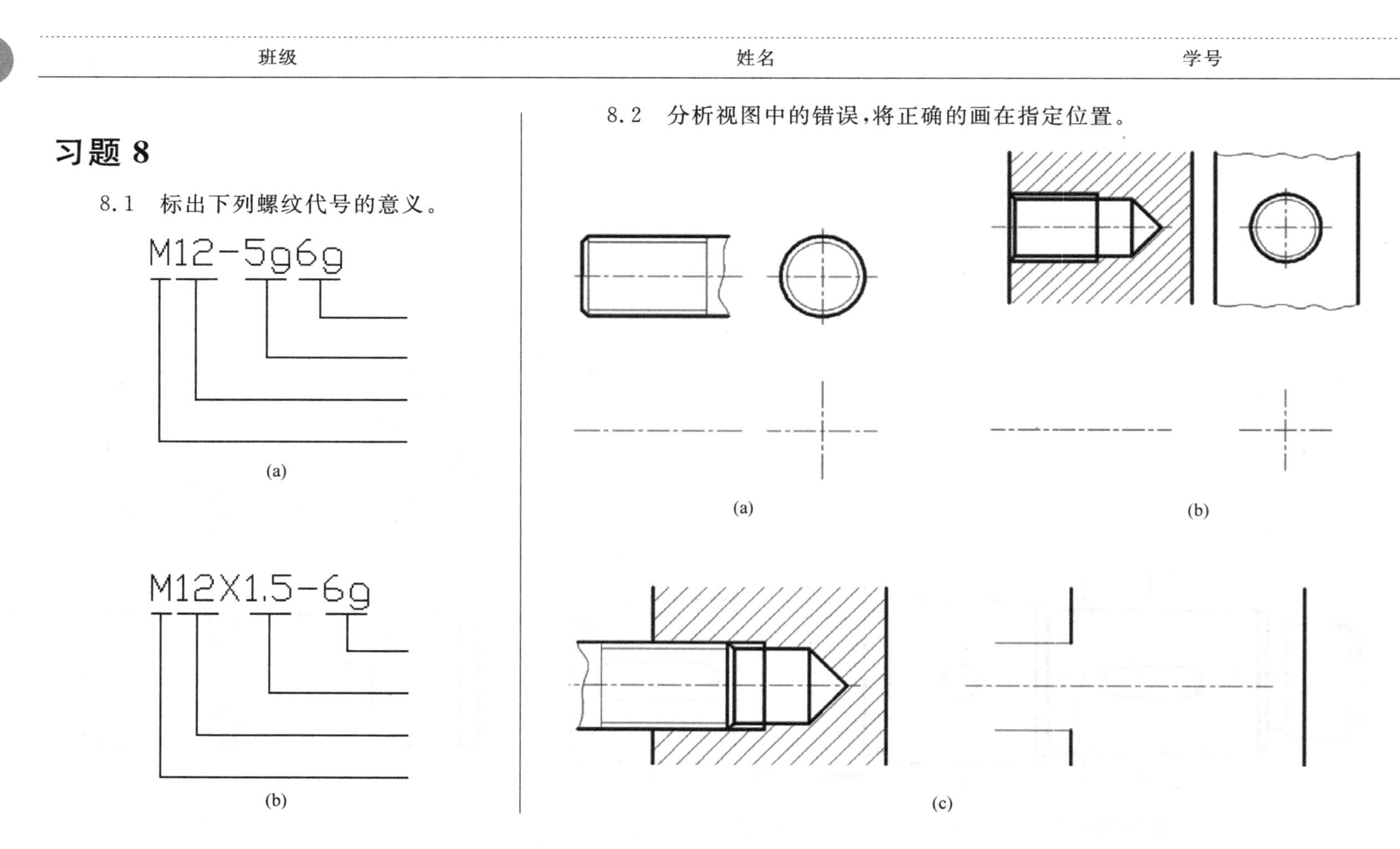

8.2　分析视图中的错误,将正确的画在指定位置。

班级　　　　姓名　　　　学号

8.3　内、外螺纹配合：螺纹的公称直径为20，螺距为2.5，旋入深度为20，将内、外螺纹的装配图画在指定的位置上。

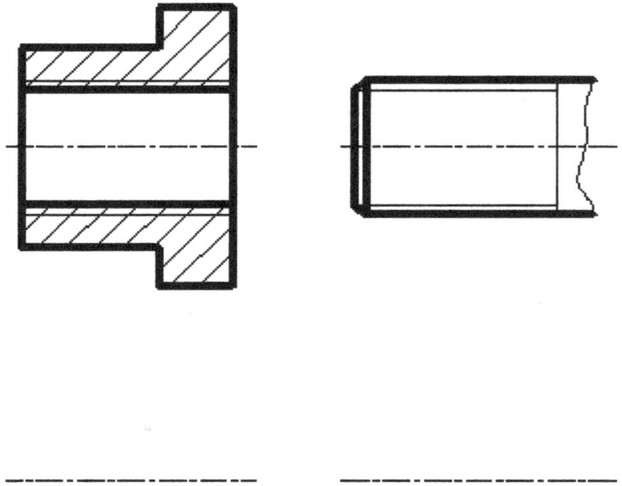

8.4　分析视图中的错误，补全所缺的图线。

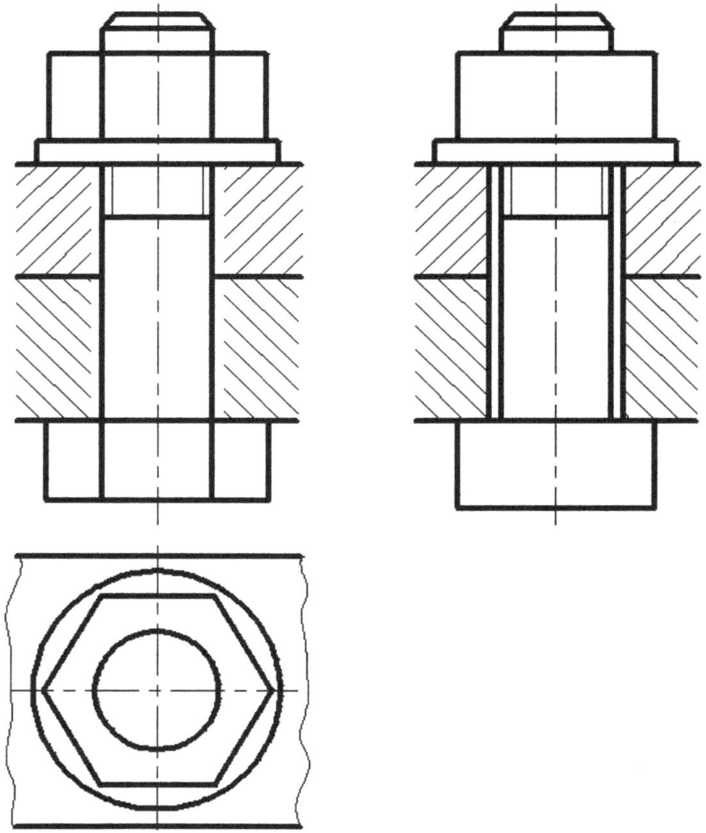

班级　　　　　　　　　　姓名　　　　　　　　　　学号

8.5　分析视图中的错误,将正确的视图画在指定位置。

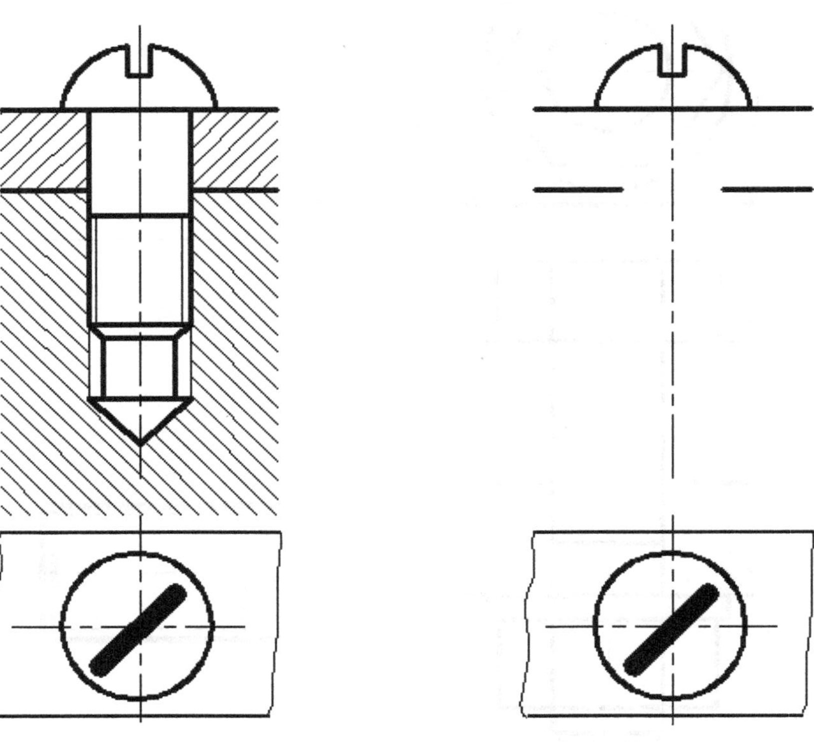

8.6　有两金属板,厚度分别为 $\delta1=10mm$、$\delta2=16mm$,用 M12 螺栓(GB/T 5782—2016)、螺母(GB/T 41—2016)和垫圈(GB/T 97.1—2002)将两块金属板连接。按 1∶1 的比例用 AutoCAD(要求设置图层)画出螺栓连接的三视图(主视图为全剖视,俯、左视图为外形图)。

8.7　有两个零件通过螺钉 M10(GB/T 68—2016)连接,它们的厚度分别为 $\delta1=8mm$、$\delta2=30mm$,用 AutoCAD(要求设置图层)画出螺钉连接的装配图。

班级　　　　姓名　　　　学号

习题 9

9.1　通过阅读下图所绘制的零件图及其尺寸标注，分析并标出零件长、宽、高三个方向的尺寸基准。

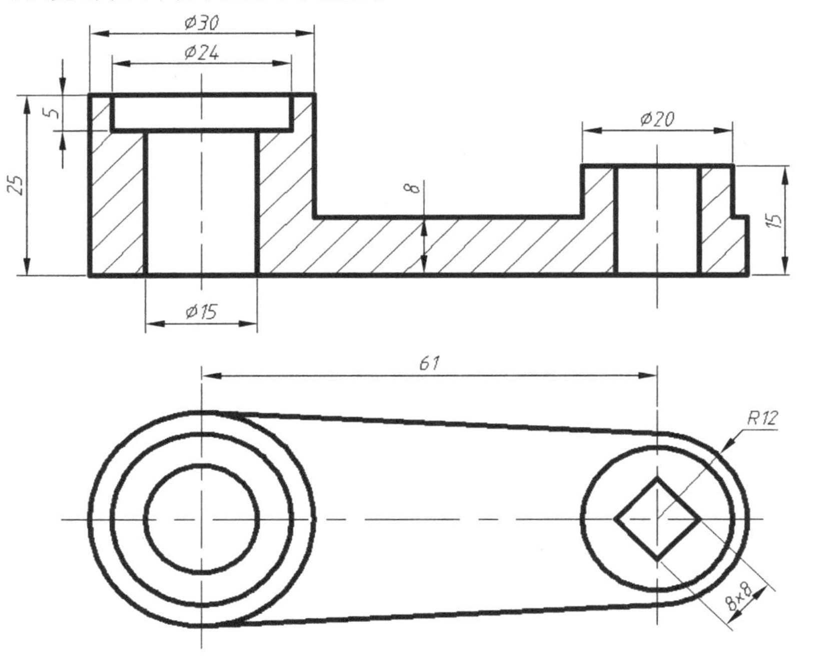

9.2　应用 AutoCAD 绘制下图并按图标注尺寸。

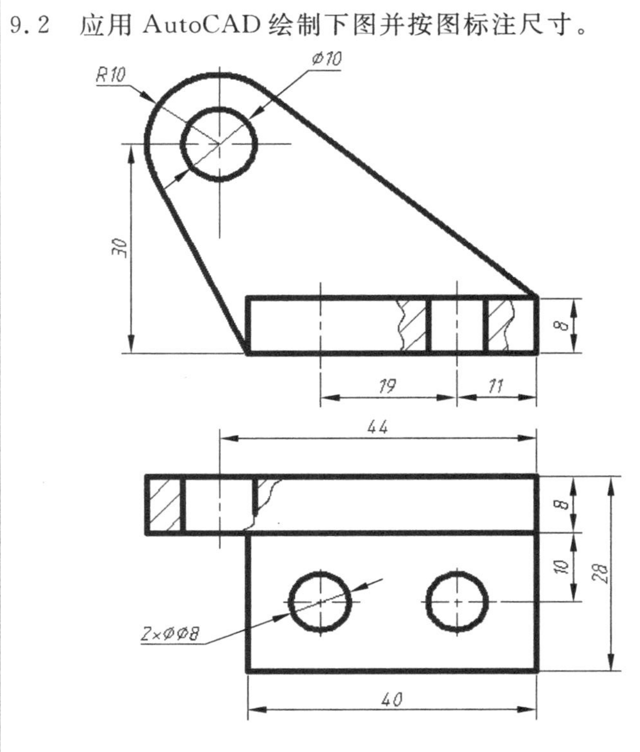

班级　　　　　　　　　　姓名　　　　　　　　　　学号

9.3　已知基本尺寸和极限偏差，请填表回答问题。

	基本尺寸	最大极限尺寸	最小极限尺寸	上偏差	下偏差	公差
$\phi35^{+0.25}_{-0.30}$						
120±0.035						

9.4　已知基本尺寸和配合代号，请填表回答问题。

基本尺寸和配合代号	基准制	配合种类	孔的上、下偏差	轴的上、下偏差	公差带图
$\phi24\,\frac{H7}{e7}$					
$\phi30\,\frac{H6}{js6}$					
$\phi50\,\frac{P6}{h6}$					
$\phi100\,\frac{M6}{h7}$					

9.5　AutoCAD 计算机绘图。按 1∶1 比例抄绘底座零件图,添加 A3 图框和标题栏,并按图标注。

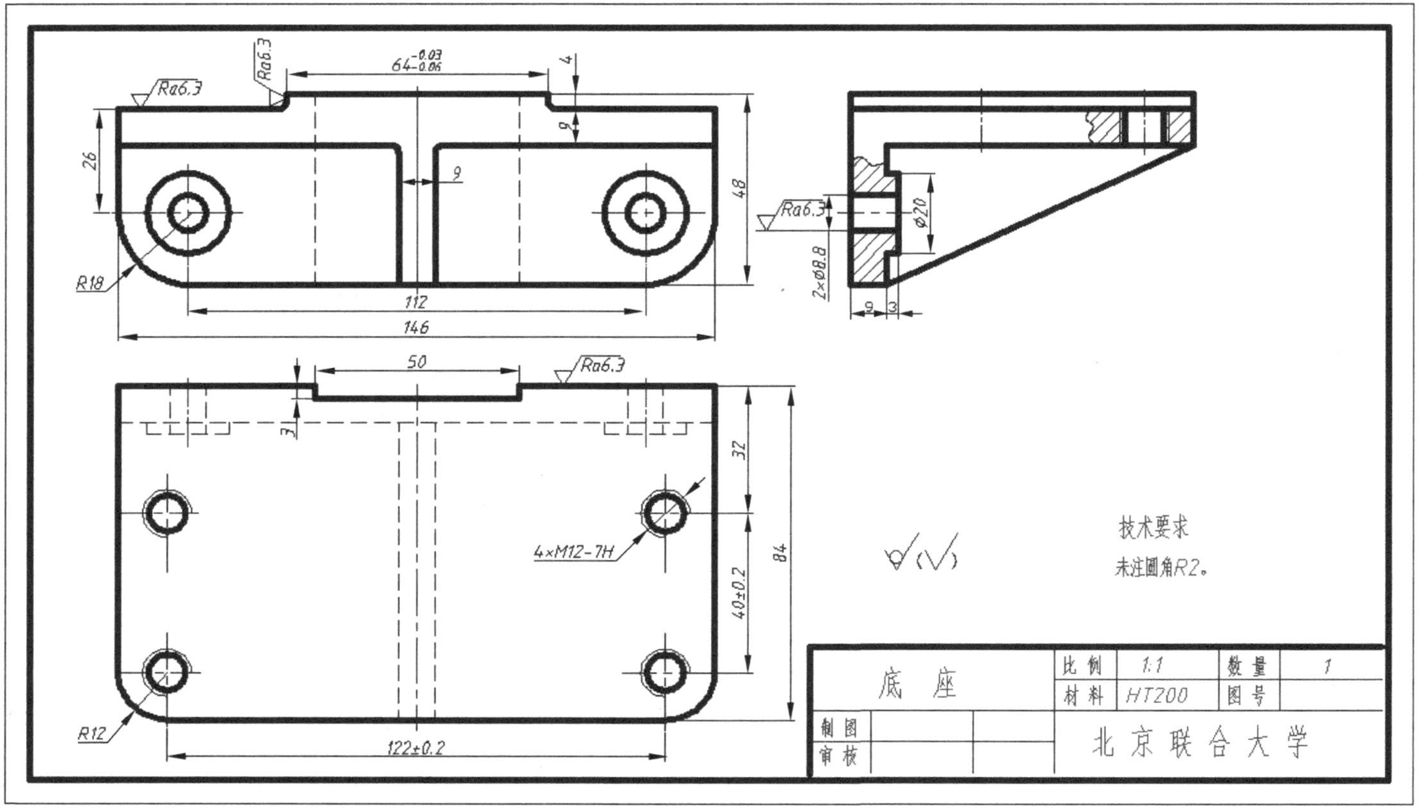

技术要求

未注圆角R2。

底　座			比 例	1:1	数 量	1
			材 料	HT200	图 号	
制 图			北京联合大学			
审 核						

班级　　　　　　　　　　姓名　　　　　　　　　　学号

9.6　读懂变换杆零件图，并利用 AutoCAD 应用程序抄绘此图。

要求：读懂视图想出其空间形状，指出该零件长、宽、高三个方向的尺寸基准，理解零件图中所标注的粗糙度符号和形位公差符号含义。按照国家标准挑选图框，设置相关尺寸变量。将粗糙度符号做成图块，插入图中，并标注形位公差。

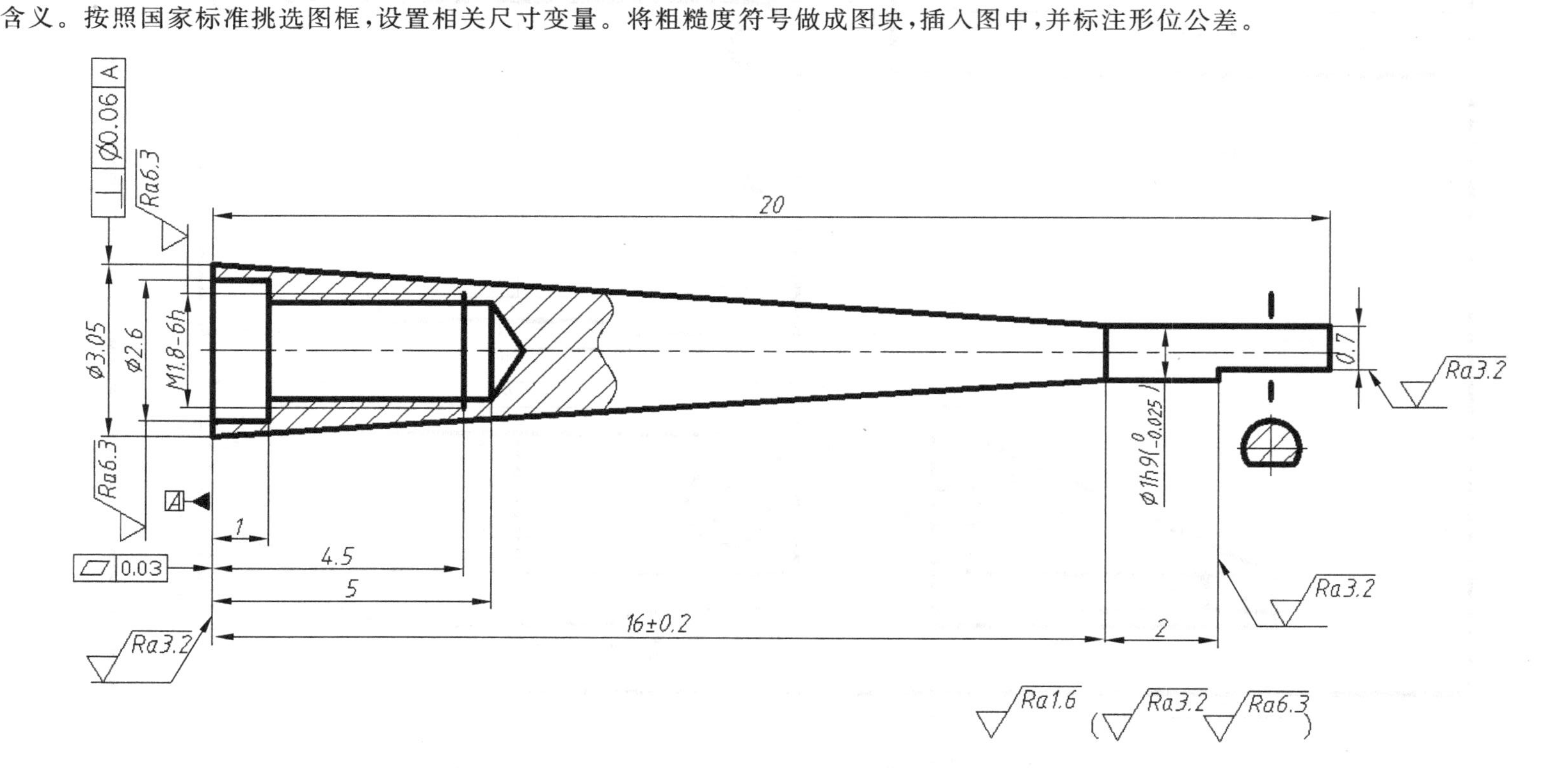

习题 10

10.1　根据下图(a)、(b)、(c)、(d)、(e)所给千斤顶的示意图和零件图，拼画装配图(选择适当的图幅和比例)。

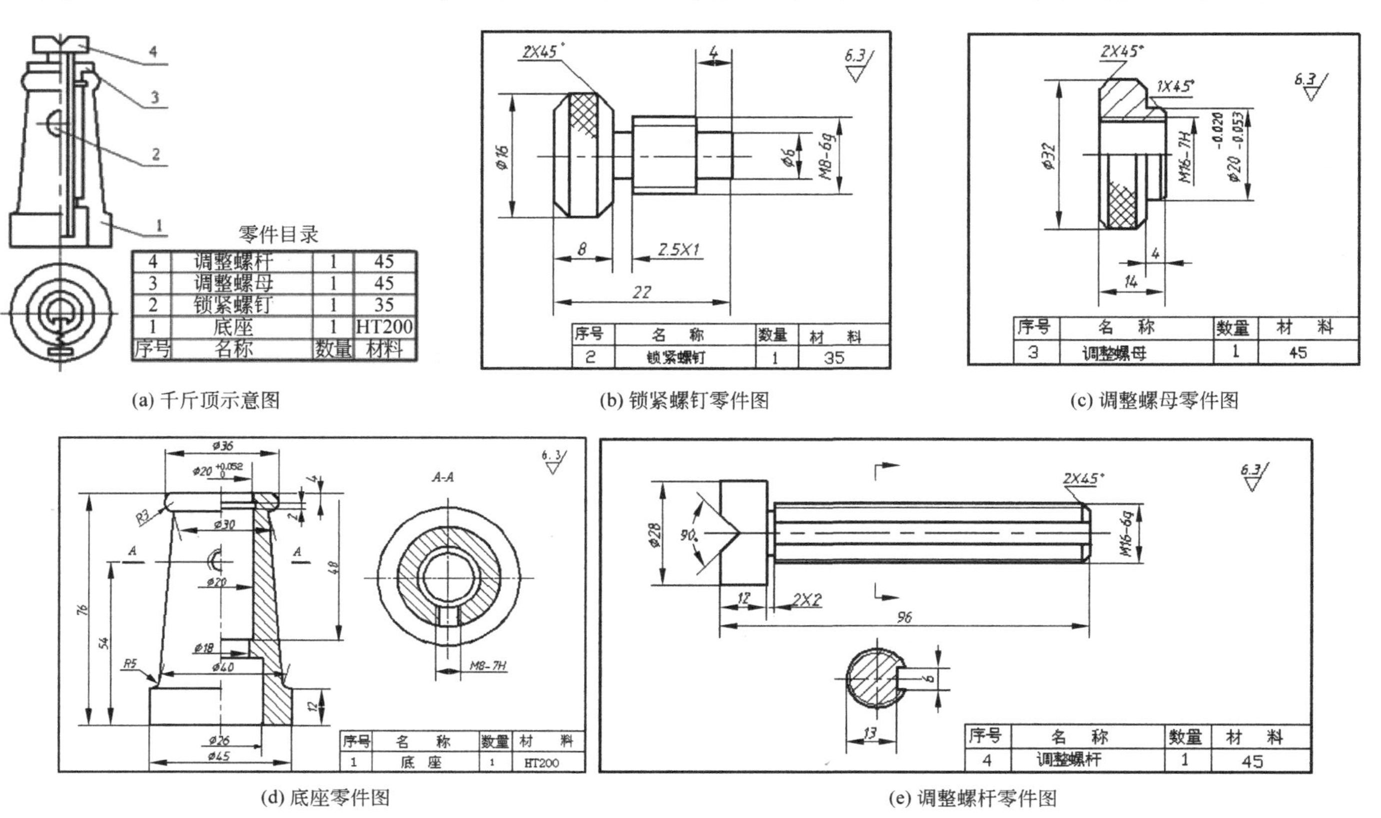

(a) 千斤顶示意图　(b) 锁紧螺钉零件图　(c) 调整螺母零件图

(d) 底座零件图　(e) 调整螺杆零件图

班级　　　　　　　　姓名　　　　　　　　学号

10.2　根据下图(a)、(b)、(c)、(d)、(e)、(f)、(g)所给的定位器示意图和零件图，拼画装配图(选择适当的图幅和比例)。

工作原理:定位器工作时，定位轴1左端插入被定位零件中。拉动把手6和螺钉7控制定位轴1的插入和拉出。

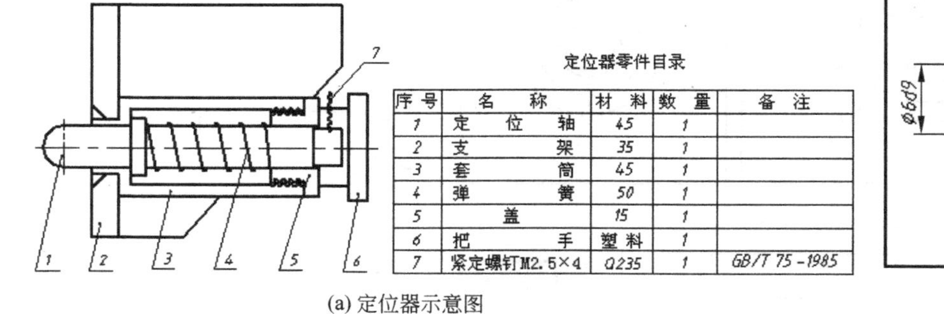

定位器零件目录

序号	名称	材料	数量	备注
1	定位轴	45	1	
2	支架	35	1	
3	套筒	45	1	
4	弹簧	50	1	
5	盖	15	1	
6	把手	塑料	1	
7	紧定螺钉M2.5×4	Q235	1	GB/T 75-1985

(a) 定位器示意图

(b) 定位轴零件图

(c) 支架零件图

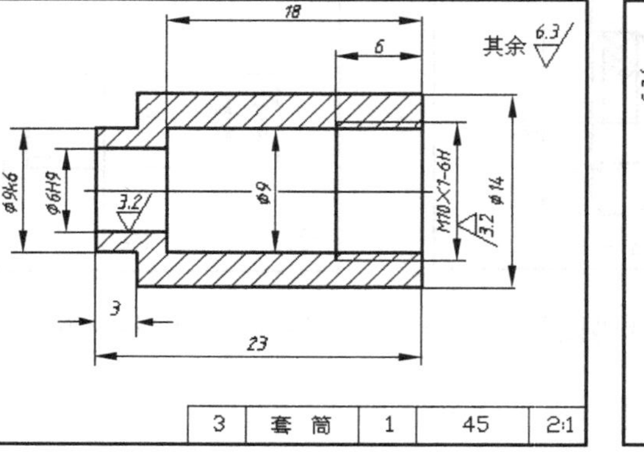

(d) 套筒零件图

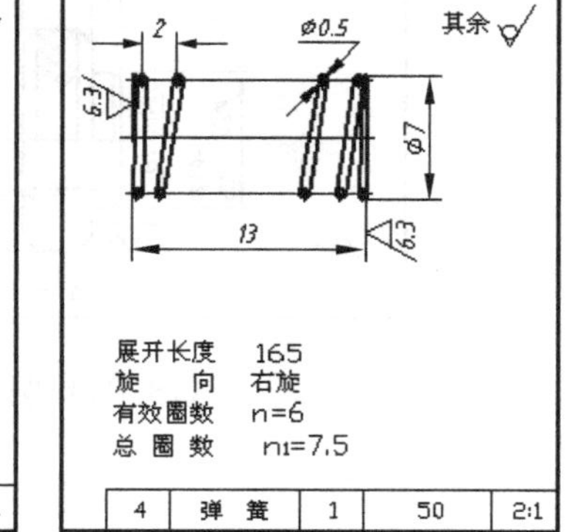

(e) 弹簧零件图

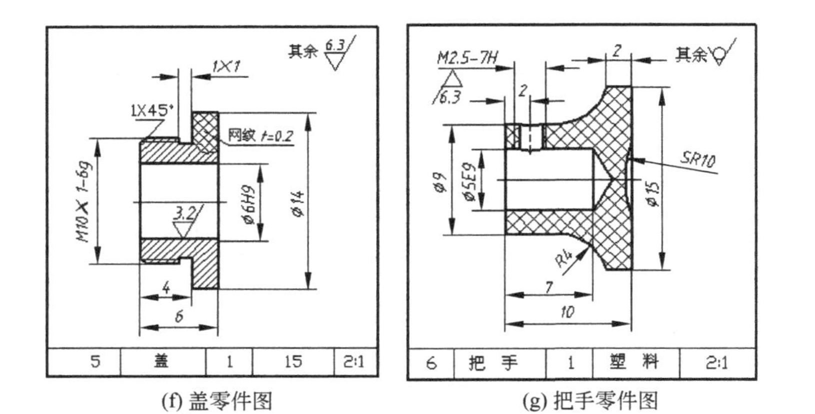

(f) 盖零件图　　(g) 把手零件图

10.3　读“题 10.3 泄气阀装配图”，回答下述问题，并拆画零件图。

(1) 泄气阀由________种零件组成。零件阀套的序号是________。

(2) 两个视图采用的表达方式分别是：主视图采用________视图，俯视图采用________视图。

(3) 钢球 4 是依靠________压紧在推动阀杆 6 上的。

(4) 零件 1 的作用是________。

(5) 主视图中尺寸 86，俯视图中尺寸 86 和尺寸 45，属于________尺寸。

(6) ϕ6H7/g6 是________和________的配合代号，轴孔配合属于________制。

(7)用适当的比例，拆画零件 5 阀座的零件图(只画视图，可以不标注尺寸和表面粗糙度等)。

班级　　　　姓名　　　　学号

工作原理：推动阀杆6，顶起钢球4打开或关闭阀口，从而达到泄气。

7	阀杆套	1	35	
6	阀杆	1	35	
5	阀座	1	HT200	
4	钢球	1	45	
3	弹簧	1	55Si2Mn	
2	阀套	1	Q35	
1	调整螺套	1	Q35	
序号	名称	数量	材料	备注

泄气阀		比例	1:1	
		材料		
制图			北京联合大学	
审核				

题 10.3　泄气阀装配图

参 考 文 献

[1] 李学京.机械制图国家标准应用指南[M].北京:中国标准出版社,2008.

[2] 邹玉堂.现代工程制图及计算机辅助绘图[M].北京:机械工业出版社,2004.

[3] 陆载涵,赵大兴.现代工程图学多媒体辅助教学系统[M].武汉:湖北科学技术出版社,2002.

[4] 冯开平,左宗义.画法几何与机械制图(机械类 近机类)[M].广州:华南理工大学出版社,2001.

[5] 北京邮电大学工程画教研室.工程制图与计算机绘图基础[M].北京:人民邮电出版社,2002.

[6] 邹宜候,窦墨林.机械制图(非机械类专业用)[M].4版.北京:清华大学出版社,2001.

[7] 崔洪斌,肖新华.AutoCAD 2010 中文版实用教程[M].北京:人民邮电出版社,2009.

[8] 王征,王仙红.AutoCAD 2010 实用教程[M].北京:清华大学出版社,2009.

[9] 胡腾,张伟.精通 AutoCAD 2010 中文版[M].北京:清华大学出版社,2010.

[10] 孙力红,乐娜.计算机辅助机械设计与绘图[M].2版.北京:清华大学出版社,2010.

本 书 特 色

* 依据现代设计理念，强调从模型（三维实体造型）到图纸（二维视图）的设计思想。
* 本书可作为高等学校相关课程的教材，也可作为自学者的参考用书。

书圈

清华社官方微信号

扫 我 有 惊 喜

定价：66.00元